全国高等职业教育土建类新形态教材

建筑结构

（活页式）

主　编　任红梅　傅赛男　刘振勇
副主编　黄天荣　吴香香　安东亚
主　审　刘亚龙

同济大学出版社·上海

内 容 提 要

本书是根据建筑行业对新时代高等职业院校建筑技术类人才的要求，依据我国最新标准规范，并结合1+X证书和世界技能大赛相关考核知识点编写而成的活页式教材。全书分为11个模块，内容包括：绪论、建筑结构的设计原则、钢筋和混凝土的共同作用、钢筋混凝土受弯构件、钢筋混凝土受压构件、钢筋混凝土受扭构件、预应力混凝土构件、钢筋混凝土梁板结构、砌体结构、建筑结构抗震设计、结构施工图等，知识点与典型实例相结合，逻辑清晰，重点突出，方便专业知识的学习和掌握。

本书主要用作高等职业院校建筑工程技术、装配式建筑工程技术等土建类相关专业的教学用书，也可作为土木工程技术人员的参考资料。

图书在版编目(CIP)数据

建筑结构 ：活页式/ 任红梅，傅赛男，刘振勇主编. -- 上海：同济大学出版社，2022.8

ISBN 978-7-5765-0222-0

Ⅰ.①建… Ⅱ.①任…②傅…③刘… Ⅲ.①建筑结构—高等职业教育—教材 Ⅳ.①TU3

中国版本图书馆CIP数据核字(2022)第074361号

全国高等职业教育土建类新形态教材

建筑结构(活页式)

主编 任红梅 傅赛男 刘振勇 **副主编** 黄天荣 吴香香 安东亚 **主审** 刘亚龙

责任编辑 马继兰 **责任校对** 徐春莲 **封面设计** 陈益平

出版发行 同济大学出版社 www.tongjipress.com.cn

(地址：上海市四平路1239号 邮编：200092 电话：021-65985622)

经　　销 全国各地新华书店

制　　作 南京月叶图文制作有限公司

印　　刷 苏州古得堡数码印刷有限公司

开　　本 787mm×1092mm 1/16

印　　张 18

字　　数 449 000

版　　次 2022年8月第1版

印　　次 2022年8月第1次印刷

书　　号 ISBN 978-7-5765-0222-0

定　　价 68.00元

前　言

根据高等职业院校建筑工程技术、装配式建筑工程技术等专业建筑结构课程的教学要求，紧跟中国特色高水平高等职业院校的相关专业建设计划，结合教学改革的实践经验以及我国当前建筑结构方面的新发展和新动态，我们编写了本书。

本书依据最新国家相关标准规范及图集编制，如《建筑结构可靠性设计统一标准》(GB 50068—2018)和《混凝土结构施工图平面整体表示方法制图规则和构造详图》(22G101 图集)，同时涵盖 1+X 证书的“建筑工程识图”及“建筑工程施工工艺实施与管理”职业技能等级要求，并将世界技能大赛相关考核标准知识点融入各章节。全书共分为 11 个模块，内容包括绪论、建筑结构的设计原则、钢筋和混凝土的共同作用、钢筋混凝土受弯构件、钢筋混凝土受压构件、钢筋混凝土受扭构件、预应力混凝土构件、钢筋混凝土梁板结构、砌体结构、建筑结构抗震设计、结构施工图，每个模块后面均附有模块小结和复习思考题。

高等职业教育旨在培养高素质的技能型人才。建筑工程技术、装配式建筑工程技术等专业的培养目标是建筑行业一线的高级技术与管理人才，因此，建筑结构课程的教学目标是使学生具备建筑结构基本概念和结构构造知识，能正确进行结构基本构件设计计算和结构施工图识读。基于此，本书重点介绍了结构基本概念、结构构造、基本构件计算以及结构受力特点分析等内容，力争使教材内容与专业岗位需求紧密结合，体现工学结合的培养模式。

本书由上海城建职业学院任红梅、傅赛男，上海应用技术大学刘振勇担任主编；上海城建职业学院刘亚龙担任主审；上海城建职业学院黄天荣、吴香香，华东建筑设计研究院有限公司安东亚担任副主编；上海城建职业学院任红梅负责统稿。

本书编写过程中，参阅了一些公开出版和发表的文献资料，并得到了编者所在院校、同济大学出版社等单位的大力支持，同时，本书还获得上海市一流专业建设项目(YZ-2019-F-01)资助。谨此一并致谢。

由于编者水平有限，书中难免有不妥之处，敬请读者批评指正。

编　者

2022 年 5 月

课程思政元素

党的十八大首次提出“把立德树人作为教育的根本任务”，党的十九大进一步提出，要“落实立德树人根本任务”。这是强调在育人过程中要重视对学生道德品行的培养，道德素质与文化素质相互推进、相辅相成。

本书的课程思政元素设计以习近平新时代中国特色社会主义思想为指导，通过课程设计把思政元素转化为建筑结构专业课的教学内容，引导学生树立正确的学习观、质量观和人才观，激发学习的自主性、自律性和创新性。通过工程案例、知名人物事迹等教学素材的设计运用，加强学生的爱国情怀与理想信念教育、职业素养与工匠精神教育以及科技创新教育，培养德才兼备、全面发展的新时代高素质技能型人才。

在教学过程中，教师可结合下表中的思政内容，引导学生对相关知识点进行思考或展开讨论，让专业课程的思政内容起到润物细无声的效果。

课程思政教学设计

序号	章节	思政元素映射点	思政教学目的
1	绪论	1. 建筑结构的概念 2. 我国建筑结构的发展历史 3. 课程特点和学习方法	1. 培养学生的爱国情怀和使命担当，发扬敢为人先、吃苦耐劳的精神 2. 重视工作、学习方法，达到事半功倍的效果
2	建筑结构的设计原则	1. 结构设计遵循的基本要求 2. 合理考虑结构作用、正确计算结构荷载	1. 没有规矩不成方圆，培养学生的规则意识 2. 培养大国工匠，大力弘扬工匠精神
3	钢筋和混凝土的黏结作用	1. 钢筋和混凝土的材料特点 2. 钢筋和混凝土共同作用的原理和效果	1. 运用辩证思维看待人和物，注重发挥自身优势，扬长避短 2. 重视团队合作意识
4	钢筋混凝土受弯构件	1. 钢筋混凝土受弯承载能力计算 2. 钢筋混凝土正常使用指标及计算 3. 引入典型工程事故案例，分析其原因	1. 培养学生的社会责任感，增强遵纪守法意识 2. 提高学生学习能力、分析能力和解决问题的能力
5	钢筋混凝土受压构件	1. 钢筋混凝土受压构件破坏特征 2. 钢筋混凝土受压承载力计算 3. 引入典型工程事故案例，分析其原因	1. 培养学生知其然并知其所以然的思考习惯 2. 让学生认识到细微的差别有可能导致完全不同的结果

（续表）

序号	章节	思政元素映射点	思政教学目的
6	钢筋混凝土受扭构件	1. 钢筋混凝土受扭构件破坏特征 2. 钢筋混凝土受扭承载力计算 3. 引入典型工程事故案例，分析其原因	1. 培养学生分析问题、解决问题的能力 2. 强化团队合作意识
7	预应力混凝土构件	1. 预应力混凝土的基本原理 2. 预应力施工工艺 3. 预应力损失类型及减小预应力损失的方法	1. 引导学生利用已有知识进行创新 2. 引导学生保持好奇心
8	钢筋混凝土梁板结构	1. 钢筋混凝土梁板结构受力时的计算模型 2. 案例计算	1. 强化团队合作意识 2. 抓住问题本质，学会化繁为简的问题解决方法
9	砌体结构	1. 砌体材料的特点 2. 砌体结构的受力特点 3. 砌体结构承载力计算	1. 要求学生严格按照规范设计、按图施工 2. 不可随意破坏砌体结构承重墙，保护人民生命和财产安全
10	建筑结构抗震设计	1. 工程抗震基本知识 2. 建筑结构震害特点 3. 建筑结构抗震措施	1. 培养学生认真严谨的工作态度 2. 提高学生的职业道德意识 3. 建立爱岗敬业的价值观
11	结构施工图	1. 施工图的种类及其作用 2. 平法识图及结构施工图的绘制	1. 培养学生突破成规、勇于创新的品质 2. 培养学生严格按照规则和规定办事的意识

目　　录

模块1　绪　　论

思维导图

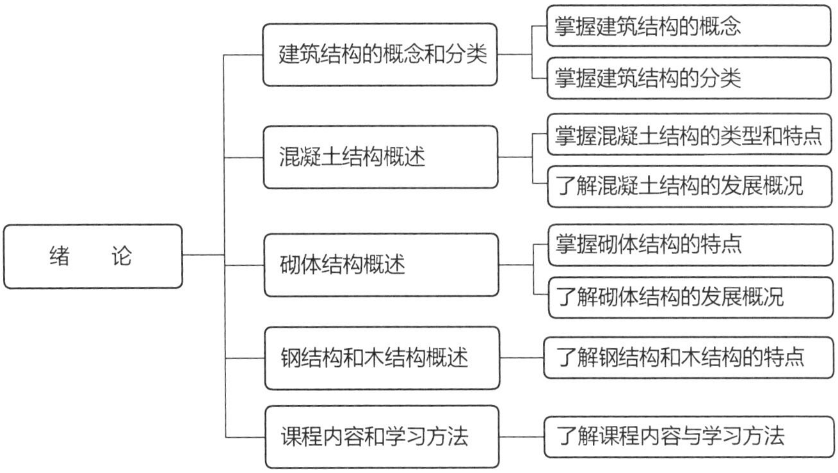

知识点滴

人们的生活和生产离不开建筑。我国建筑发展有着悠久的历史，从古代的岩洞、巢居到现在的高楼大厦。按照使用材料，建筑结构可分为钢筋混凝土结构、砌体结构、钢结构、木结构等；按照结构承重类型，建筑结构可分为框架结构、剪力墙结构、框架-剪力墙结构以及框架-核心筒结构等。每类建筑结构都有其自身的特点和适用范围，在工程应用中，要根据具体要求选择合适的建筑结构。

1.1　建筑结构的概念和分类

想一想

在日常生活中，人们会看到不同类型的建筑，试试给它们分类，并说说每类建筑的特点。

1.1.1 建筑结构的定义

建筑结构是指建筑物中用来承受各种作用的受力体系,又被称为建筑物的骨架。组成建筑结构的各个部件称为构件。在房屋建筑中,组成结构的构件有板、梁、屋架、柱、墙、基础等(图 1-1)。

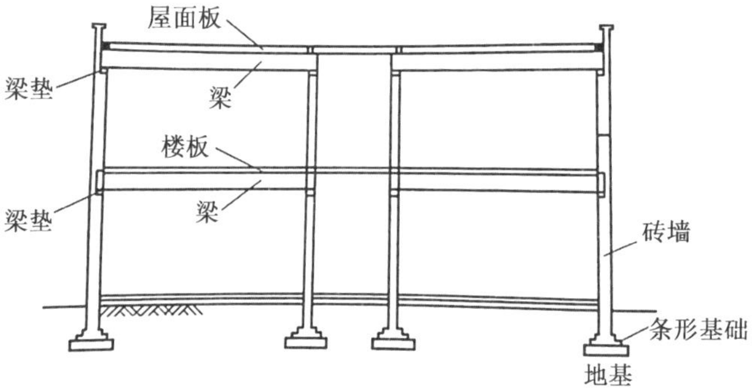

图 1-1 建筑结构的组成

1.1.2 建筑结构的组成

按照构件的功能和受力方式,建筑结构的构件类型大致可分为以下三类。

(1) 水平构件:主要作用是承受竖向荷载,如梁、板、桁架、网架等。

(2) 竖向构件:主要用于支撑水平构件或承受水平荷载,如柱、墙、框架等。

(3) 基础:将建筑物承受的荷载传至地基,基础是上部建筑物与地基相联系的部分。

在结构计算中,按照构件受力特点的不同,建筑结构构件主要有以下几类。

(1) 受弯构件:截面受有弯矩作用的构件称为受弯构件,梁、板是工程结构中常见的受弯构件。

(2) 受压构件:截面受有压力作用的构件称为受压构件,如柱、承重墙、屋架中的压杆等。

(3) 受拉构件:截面受有拉力作用的构件称为受拉构件,如屋架中的拉杆。

(4) 受剪构件:以剪力作用为主的构件称为受剪构件,如无拉杆的拱支座截面。

(5) 受扭构件:截面中有扭矩作用的构件称为受扭构件,如雨篷梁、框架结构中的边梁等。

1.1.3 建筑结构的分类

建筑结构有多种分类方法。按照所用的材料,建筑结构可分为钢筋混凝土结构、砌体结构、钢结构、木结构、混合结构等;按照承重结构的结构形式和受力体系,建筑结构还可分为框架结构、剪力墙结构、框架-剪力墙结构、筒体结构、砖混结构等。

1.2 混凝土结构概述

想一想

混凝土结构可分为什么类型？有什么特点？它们的发展状况如何？

1.2.1 混凝土结构类型

素混凝土结构、钢筋混凝土结构、预应力混凝土结构等以混凝土为主制成的结构统称为混凝土结构。

(1) 素混凝土结构。素混凝土结构是指无筋或不配置受力钢筋的混凝土结构。在建筑工程中一般只用作基础垫层或室外地坪。

(2) 钢筋混凝土结构。钢筋混凝土结构是指配置受力普通钢筋的混凝土结构(图 1-2)。混凝土的抗压强度较高,而抗拉强度很低,不宜用来受拉和受弯。钢筋的抗拉和抗压强度都很高,但单独用来受压时容易失稳,且钢材易被腐蚀。二者结合在一起工作,混凝土主要承受压力,钢筋主要承受拉力,这样就可以有效地利用材料各自的性能长处,更合理地满足工程结构的要求。在混凝土内配置受力钢筋,能明显提高结构或构件的承载能力和变形性能。

图 1-2 钢筋混凝土结构示意图

(3) 预应力混凝土结构。预应力混凝土结构是在结构构件受外力荷载作用前,先人为地对其施加压力,由此产生的预应力状态用以减小或抵消外荷载所引起的拉应力,达到推迟受拉区混凝土开裂的目的。以预应力混凝土制成的结构称为预应力钢筋混凝土结构。同钢筋混凝土结构相比,预应力混凝土结构可延缓开裂,提高构件的抗裂性能和刚度,并可节约钢筋,减轻结构自重,但其计算和施工均较复杂。

1.2.2 钢筋混凝土结构的特点

钢筋混凝土结构是建筑工程领域应用最广泛的混凝土结构,主要有以下特点。

(1) 整体性好:现浇钢筋混凝土结构的整体性较好,设计合理时具有良好的抗震、抗爆和抗振动性能。

(2) 就地取材:钢筋混凝土的主要材料是砂和石,易于就地取材;水泥和钢材的产地在我国分布也较广,且可有效利用矿渣、粉煤灰等工业废渣,有利于保护环境。

（3）可模性好：新拌和的混凝土是可塑的，可根据设计需要制成各种形状和尺寸的结构或构件。

（4）耐久性好：钢筋混凝土结构具有很好的耐久性。正常使用条件下不需要经常性地保养和维修。

（5）耐火性好：混凝土是不良传热体，钢筋外面有混凝土保护层，与钢结构相比具有较好的耐火性。

（6）自重大：钢筋混凝土自重可达 25 kN/m^3，结构自重大，不利于结构抗震，也使其在大跨度结构、高层建筑结构中应用受限。

（7）抗裂性能差，隔热隔声性能差：钢筋混凝土结构在正常使用时往往是带裂缝工作的；对一些不允许出现裂缝或者对裂缝宽度有严格限制的结构，要满足这些要求就需要采取限制裂缝的构造要求和施工措施，从而导致工程造价高昂。

（8）施工复杂：钢筋混凝土结构施工易受环境、气候条件的限制，雨季、冬季以及高温干燥情况下施工，均需要采取特别措施以保证工程质量，建造耗工较多，进行补强修复也比较困难。

1.2.3 钢筋混凝土结构的发展概况

钢筋混凝土结构是19世纪后期，随着水泥和钢铁工业的发展而发展起来的，迄今有160多年的历史。1824年，英国泥瓦工约瑟夫·阿斯普丁(Joseph Aspadin)发明了波特兰水泥并获得专利，随后混凝土问世。20世纪30年代，预应力混凝土结构的出现是混凝土结构发展的一次飞跃，它使混凝土结构在材料性能、结构形式、应用范围、施工方法和设计理论等方面都得到了迅速发展。目前，混凝土结构已成为建筑工程中应用最广泛的一种结构，具有很大的发展潜力。

在材料方面，混凝土结构的材料将向高强、轻质、耐久、复合方向发展。目前，国内常用的混凝土强度等级为C20～C50，部分工程已应用到C80。我国已制成C100的混凝土，美国已制成C200的混凝土，这为混凝土在超高层建筑、大跨度桥梁等方面的应用创造了条件。改善混凝土性能的另一个重要方面就是减轻混凝土自重，目前国内外都在发展轻质混凝土，如陶粒混凝土、浮石混凝土、加气混凝土等，其自重为14～18 N/mm^3，与普通混凝土相比，自重可减小10%～30%。此外，各种纤维混凝土和聚合物混凝土的研究与应用大大改善了混凝土的抗拉性能。钢筋的强度也有新的提高，现在强度达400～600 N/mm^2的高强钢筋已开始应用。为了提高钢筋的防腐性能，带有环氧树脂涂层的热轧钢筋已开始在某些有特殊防腐要求的工程中应用。

目前，混凝土结构的应用范围在不断扩大，已从工业与民用建筑、桥梁工程、水工及港口工程和特种结构扩大到了近海工程、地下工程、国防工程、核电站等领域。随着轻质高强材料的使用，在大跨度、高层、高耸建筑中钢筋混凝土结构的应用更加广泛。例如，我国台湾地区的台北101大厦建成于2005年，101层，高达508 m，属钢-混凝土组合结构，是当时世界高度第一的高层建筑。2016 年建成的上海中心大厦目前是中国第一高楼、世界第二高楼，楼高 632 m，地上 127 层，是钢-混凝土组合结构。已经建成的长江三峡水电站拦河大坝为混凝土重力坝，坝高 178 m，坝顶高程为 185 m，总水库容量达3.93×10^{10} m^3，是世界上最大的水利枢纽工程之一。

装配式结构是发展方向。装配式结构是指在工厂生产各种部品部件，在施工现场通过组装和连接而成的结构。装配式结构大大减少了人工作业和现场湿法作业，且融合了大量数字化技术，符合建筑业产业现代化、智能化、绿色化的发展方向。我国将积极推动装配式混凝土结构、钢结构和现代木结构等装配式结构发展，引导新建公共建筑优先采用钢结构，鼓励景区、农村建筑推广采用现代结构。

1.3 砌体结构概述

想一想

砌体结构的特点和适用范围是什么？它们的发展状况如何？

1.3.1 砌体结构的特点

由块体和砂浆砌筑而成的墙、柱作为建筑物主要受力构件的结构称为砌体结构(图 1-3)。砌体结构在建筑工程领域的应用非常广泛，特别是在多层民用建筑中。砌体结构具有以下特点。

(1) 取材方便，造价低廉。砌体结构的原材料黏土、砂、石为天然材料，分布极广，取材方便。

(2) 具有良好的耐火性及耐久性。砖是经烧结而成，本身具有较好的耐高温能力。砖墙的热传导性能较差，在火灾中还能起到防火墙的作用，能阻止或延缓火灾的蔓延。砖、石等材料具有良好的化学稳定性及大气稳定性，抗腐蚀性强，这就保证了砌体结构的耐久性。

图 1-3 砌体结构图

(3) 具有良好的保温、隔热、隔声性能，节能效果好。

(4) 施工简单。砌体结构不需支模、养护，且施工工具简单，工艺易于掌握。

(5) 强度低、自重大、抗震性能差、砌

筑工作量大，这使得砌体结构不能用于建造层数较高和跨度较大的房屋。

1.3.2 砌体结构的发展概况

砌体结构在我国具有悠久的历史。我国在 3 000 多年前的西周时期已开始生产和使用烧结砖，在秦、汉时期，砖瓦已广泛应用于房屋建筑。由于砌体材料强度低，结构整体性和延性差，砌体结构的应用范围受到一定的限制。

砌体结构在 20 世纪获得了较大发展。为充分发挥其优势，研究人员在砌体结构的材料和构造方式上进行了很多探索和改进。如采用空心承重砌块，以降低结构自重；进行墙体材料改革，大力发展轻质高强、节能利废的新型墙体材料，逐步替代实心黏土砖。另外，经过修订后的《砌体结构设计规范》(GB 50003—2011)增加了节能减排、墙材革新背景下新型砌体材料的内容，优化了原有内容，使砌体结构的计算理论和设计方法更趋完善。

1.4 钢结构和木结构概述

想一想

钢结构和木结构的特点和适用范围是什么？它们的发展状况如何？

1.4.1 钢结构的特点及应用

以钢材为主制作的结构称为钢结构(图 1-4)，钢结构具有以下主要特点。

图 1-4 钢结构图

(1) 材料强度高，自身重量轻。与混凝土相比，钢材强度较高，可以减小构件截面，减轻结构自重(当屋架的跨度和承受荷载相同时，钢屋架的重量仅为钢筋混凝土屋架的 1/4～1/3)，有利于运输和安装，适用于跨度大、高度高、承载重的结构。

（2）韧性和塑性好，结构可靠性高。适合承受冲击和动力荷载，具有良好的抗震性能。钢材内部组织结构均匀，近于各向同性匀质体。钢结构的实际工作性能比较符合计算理论，所以钢结构可靠性高。

（3）制造安装机械化程度高。钢结构构件便于在工厂制造、工地拼装。工厂机械化制造钢结构构件成品精度高、生产效率高，工地拼装速度快、工期短。

（4）密封性能好。钢结构焊接结构可以做到完全密封，可以做成气密性、水密性均很好的高压容器、大型油池、压力管道等。

（5）耐火性差。钢材长期经受100℃辐射热时，强度不会发生大的变化。但当温度达到250℃时，钢结构的材质将会发生较大变化；当温度达到500℃时，结构会瞬间崩溃，完全丧失承载能力。

（6）易腐蚀，维护费用高。钢材在潮湿和腐蚀性介质环境中，容易锈蚀。一般钢结构要除锈、镀锌或刷涂料，且要定期维护。对处于海水中的海洋平台结构，需采用特殊措施以防腐蚀。

（7）低碳、节能、绿色环保，可重复利用。钢结构建筑拆除几乎不会产生建筑垃圾，钢材可以回收再利用，符合建筑可持续发展的原则。

随着我国建筑工业化的发展和钢产量的增加，钢结构的应用范围日益增多，尤其是在屋架、网架、悬索等大跨度结构及高层建筑中。

1.4.2 木结构的特点及应用

木结构是指全部或大部分用木材制作的结构（图1-5）。木结构易于就地取材，制作简单，对环境污染小，同时木材具有材质轻、强度较高、可再生、可回收等优点。但由于木材资源短缺，木材使用受到国家的严格限制，加上木材易燃、易腐蚀、变形大，因此目前木结

图1-5 木结构图

构应用较少。随着建筑工业化的推进，木结构的应用将会增多。

1.5 课程内容与学习方法

想一想

本课程主要包含哪些内容？课程学习特点及学习方法是什么？

1.5.1 课程内容

本课程是建筑工程技术、装配式建筑工程技术等专业的专业核心课程，主要内容包括建筑结构的设计原则，钢筋混凝土和砌体结构材料的基本力学性能，结构基本构件的受力特点、计算原理和构造要求，建筑结构抗震设计以及结构施工图等。根据专业培养目标和实际情况，本书仅介绍钢筋混凝土结构和砌体结构，钢结构和木结构内容暂时不做介绍。

1.5.2 学习方法

由于本课程理论性较强，因此要学好本课程，除了做到刻苦努力之外，还应注意以下要点。

（1）理论联系实际。学习本课程时，应通过实习、参观等各种渠道从工程实践中学习，加强练习、课程设计等，真正做到理论联系实际。

（2）要注意同力学课程的联系和区别。力学课程是建筑结构的前置课程，本课程所研究的对象都不符合弹性材料的条件，因此力学公式多数不能直接应用，但从通过几何、物理和平衡关系建立基本方程来说，二者是相通的。所以，在应用力学原理和方法时，必须考虑材料性能上的特点，不可生搬硬套。

（3）要注意培养自己综合分析问题的能力。结构问题的答案往往不是唯一的，即使是同一构件在给定荷载作用下，其截面形式、截面尺寸、配筋方式和数量都可以有多种答案。这时往往需要综合考虑适用、材料、造价、施工等多方面因素，才能作出合理选择。

（4）要重视各种构造措施。所谓构造措施，就是对结构计算中未能详细考虑或难以定量计算的因素所采取的技术措施，构造措施与结构计算是结构设计中相辅相成的两个方面。因此，学习时不但要重视各种计算，还要重视构造措施，设计时必须满足各项构造要求。

（5）培养结构施工图识图能力。学完本课程，学生应能识读钢筋混凝土结构、砌体结构等结构的施工图。为了达到这一目的，一方面要注意掌握基本的结构概念，另一方面应理解和熟悉有关结构构造要求，这是识图的基础。

（6）结合有关工程建设标准规范学习。本书主要涉及的是工程建设标准的结构设计标准规范，它们是国家颁布的关于结构设计计算和构造要求的技术规定和标准，设计、施工等工程技术人员都应遵循。

本书涉及的标准规范(程)主要有：

①《混凝土结构设计规范(2015 年版)》(GB 50010—2010)(以下简称《混凝土规范》)；

②《砌体结构设计规范》(GB 50003—2011)(以下简称《砌体规范》)；

③《建筑抗震设计规范(2016 年版)》(GB 50011—2010)(以下简称《抗震规范》)；

④《建筑结构荷载规范》(GB 50009—2012)(以下简称《荷载规范》)；

⑤《建筑结构可靠度设计统一标准》(GB 50068—2018)(以下简称《统一标准》)；

⑥《建筑工程抗震设防分类标准》(GB 50223—2015)(以下简称《抗震设防分类标准》)；

⑦《高层建筑混凝土结构技术规程》(JGJ 3—2010)(以下简称《高规》)；

⑧《砌体结构工程施工质量验收规范》(GB 50203—2011)(以下简称《砌体验收规范》)；

⑨《装配式混凝土结构技术规程》(JGJ 1—2014)(以下简称《装配式规程》)；

⑩《装配式住宅建筑检测技术标准》(JGJ/T 485—2019)(以下简称《装配式标准》)。

此外，还涉及国家建筑标准设计图集《混凝土结构施工图平面整体表示方法制图规则和构造详图》(22G101)系列图集，包括：

①《混凝土结构施工图平面整体表示方法制图规则和构造详图(现浇混凝土框架、剪力墙、梁、板)》(22G101-1)，本书中简称《22G101-1 图集》；

②《混凝土结构施工图平面整体表示方法制图规则和构造详图(现浇混凝土板式楼梯)》(22G101-2)，本书中简称《22G101-2 图集》；

③《混凝土结构施工图平面整体表示方法制图规则和构造详图(独立基础、条形基础、筏形基础、桩基础)》(22G101-3)，本书中简称《22G101-3 图集》。

模块小结

在建筑物中承受各种作用的骨架体系称为建筑结构。建筑结构的基本构件主要有板、梁、墙、柱、基础等。建筑结构按构成的材料不同，可分为混凝土结构、砌体结构、钢结构和木结构；按其承重结构的类型，可分为混合结构、排架结构、框架结构、剪力墙结构、框架-剪力墙结构、筒体结构等。

混凝土结构的主要优点是抗压强度高、整体性好、可模性好、耐久性好、耐火性好、易于就地取材等。混凝土结构已成为建筑工程中应用最广泛的一种结构。砌体结构是砖砌体、石砌体和砌块砌体结构的统称，近年来，砌体结构在既有建筑中有着广泛的应用。

建筑结构是建筑工程技术、装配式建筑工程技术等专业的专业核心课，本课程所包含的专业知识在工程实际中运用最广泛，与学生走向工作岗位后的设计、施工、管理等岗位联系密切。为了学好本课程，首先应对课程的特点有所了解，学习时要做到目标明确、方法得当、训练到位，真正做到理论联系实际。

复习思考题

简答题

1. 什么是建筑结构？
2. 按组成材料分类，建筑结构可分为哪些类型？
3. 钢筋混凝土结构的特点是什么？
4. 学习本课程应注意哪些问题？

模块2 建筑结构的设计原则

思维导图

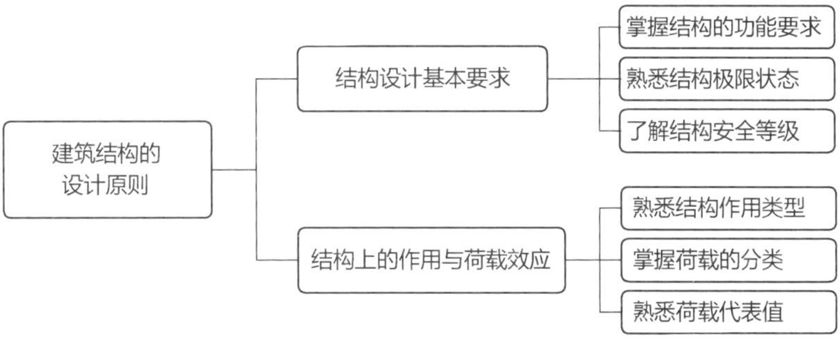

知识点滴

正确的建筑结构设计是保证建筑结构安全的重要内容之一。首先，要掌握结构设计的基本要求，包括结构的功能要求、结构极限状态及结构的安全等级；其次，要熟悉作用在结构上的荷载类型及计算荷载代表值。

2.1 结构设计的基本要求

想一想

结构的功能要求、结构极限状态及结构的安全等级分别是什么？

2.1.1 结构的功能要求

结构的安全性、适用性和耐久性称为结构的可靠性，即结构在设计使用年限内，在规定条件下完成预定功能的能力。

安全性是指在正常施工和正常使用的条件下，能承受可能出现的各种作用；在设计规定的偶然事件（如强烈地震、爆炸、车辆撞击等）发生时和发生后，仍能保持必需的整体稳定性，即结构仅产生局部的损坏而不致发生连续倒塌。

适用性是指结构在正常使用时具有良好的工作性能。例如，不会出现影响正常使用的过大变形或振动；不会产生让使用者感到不安的裂缝等。

耐久性是指结构在正常维护条件下具有足够的耐久性能，即在正常维护条件下结构能够正常使用到规定的设计使用年限。例如，结构材料不致出现影响功能的损坏，钢筋混凝土构件的钢筋不会因保护层过薄或裂缝过宽而锈蚀等。

结构的设计使用年限，是指设计规定的结构或构件，在正常施工、正常使用和维护下，不需进行大修即可达到其预定功能要求的使用年限。我国建筑结构的设计使用年限应按表 2-1 采用。

表 2-1　结构的设计使用年限分类

类别	设计使用年限/年	示　例
1	5	临时性结构
2	25	易于替换的结构构件
3	50	普通房屋的构筑物
4	100	纪念性建筑和特别重要的建筑结构

2.1.2　结构功能极限状态

1. 极限状态的定义与分类

结构能满足功能要求，则称结构“可靠”或“有效”，否则称结构“不可靠”或“失效”。区分结构工作状态“可靠”与“失效”的界限是“极限状态”。因此，结构的极限状态可定义为：整个结构或结构的一部分，超过某一特定状态就不能满足设计规定的某一功能（安全性、适用性、耐久性）要求，该特定状态称为该功能的极限状态。

结构极限状态分为承载能力极限状态和正常使用极限状态两类。

承载能力极限状态对应于结构或结构构件达到最大承载力、出现疲劳破坏、发生不适于极限承载的变形或因局部破坏而发生连续倒塌；结构或结构构件的疲劳破坏。承载能力极限状态主要考虑关于结构安全性的功能，超过这一状态，便不能满足安全性的功能。例如，当结构或结构构件出现下列状态之一时，则认为超过了承载能力极限状态：①结构构件或连接因材料强度不够而破坏；②整个结构或结构的一部分作为刚体失去平衡（如倾覆等）；③结构转变为机动体系；④结构或结构构件的疲劳破坏等。

正常使用极限状态对应于结构或结构构件达到正常使用的某项规定限值或耐久性能的某种规定状态。超过这一状态，便不能满足适用性或耐久性的功能。例如，当结构或结构构件出现下列状态之一时，则认为超过了其正常使用的极限状态：①影响正常使用或外观的变形；②影响正常使用或耐久性能的局部损坏（包括裂缝）；③影响正常使用的振动；④影响正常使用的其他特定状态等。

对承载能力极限状态：主要是以结构的内力超过其承载能力为依据；对正常使用极限状态，主要是以结构的变形、裂缝、震动参数超过设计允许的限值为依据来保证结构满足正常使用的要求。在工程设计时，一般先按承载力极限状态设计结构构件，必要时再按正常使用极限状态验算。

2. 极限状态方程

结构的工作性能取决于作用效应和结构或构件承受作用效应的能力，作用效应用 S 表示，承受作用效应的能力称为结构抗力，用 R 表示，如构件的承载力、刚度、抗裂度等。结构抗力是结构内部固有的，其大小主要取决于材料性能、构件几何参数及计算模式的精确性等。

现引入结构的功能函数：

$$Z = g(R, S) = R - S \tag{2-1}$$

在实际工程中，可能出现以下三种情况：

(1) $Z > 0$，即 $R > S$，此时结构处于可靠状态；

(2) $Z < 0$，即 $R < S$，此时结构处于失效状态；

(3) $Z = 0$，即 $R = S$，此时结构处于极限状态。

可见，结构可靠工作的条件为 $R \geqslant S$。

关系式 $Z = g(R, S) = R - S = 0$ 称为极限状态方程。

2.1.3 结构的安全等级

不同用途的建筑物，发生破坏后产生的后果是不同的。为使结构具有合理的安全性，根据结构破坏所产生后果的严重程度而划分的设计等级称为安全等级。在《统一标准》中，根据破坏后果的严重程度，建筑结构被划分为三个安全等级（表 2-2）。设计时应根据具体情况，按照表 2-2 的规定选用适当的安全等级。

表 2-2　建筑结构的安全等级

安全等级	一级	二级	三级
破坏后果	很严重	严重	不严重
建筑物类型	重要的房屋	一般的房屋	次要的房屋

2.2　结构上的作用与荷载效应

想一想

什么是结构作用？有哪些类型？荷载是如何分类的？荷载代表值是如何确定的？

2.2.1 结构上的作用

使结构产生内力或变形的各种原因统称为作用。作用分为直接作用和间接作用两种。

直接作用习惯上称为荷载，指施加在结构上的集中力或分布力系，如结构的自重、楼面荷载、雪荷载、风荷载等。直接作用的特点是以力的形式出现。间接作用指引起结构外加变形或约束变形的原因。间接作用不仅与外界因素有关，而且与结构本身的特性有关，如地基变形、混凝土收缩、温度变化、地震作用等。本书主要讨论荷载。

2.2.2 荷载的分类

按照随时间的变化，《荷载规范》将结构上的荷载分为以下三类。

（1）永久荷载。永久荷载又称恒荷载，是指在结构使用期间其值不随时间变化，或者其变化与平均值相比可忽略不计的荷载，如结构自重、土压力、预应力等。

（2）可变荷载。可变荷载也称为活荷载，是指结构使用期间其值随时间变化，且变化值与平均值相比不可忽略的荷载，如楼面活荷载、屋面活荷载、风荷载、雪荷载、吊车荷载等。

（3）偶然荷载。在使用期间不一定出现，而一旦出现，其量值很大且持续时间很短的荷载称为偶然荷载，如爆炸力、撞击力等。

2.2.3 荷载代表值

荷载是随机变量，任何一种荷载的大小都有一定的变异性。因此，在结构设计时，对不同的荷载和不同的设计情况，应赋予荷载不同的量值，该量值即荷载代表值。本书仅介绍永久荷载和可变荷载的代表值。

1. 永久荷载的代表值

《荷载规范》规定，永久荷载采用标准值作为代表值。所谓荷载标准值，是指结构在设计基准期内可能发现的最大荷载值，它是荷载的基本代表值。设计基准期一般取为50年，即普通房屋和构筑物的设计使用年限。

永久荷载主要是结构自重及粉刷、装修、固定设备的重量。由于结构或非承重构件的自重的变异性不大，一般以其平均值作为荷载标准值，即可按结构构件的设计尺寸和材料或结构构件单位体积（或面积）的自重标准值确定。对于自重变异性较大的材料，在设计中应根据其对结构有利或不利的情况，分别取其自重的下限值或上限值。

常用材料和构件的自重见《荷载规范》。现将几种常用材料单位体积的自重摘录并列于表2-3中。

表2-3 部分常用材料和构件的自重

序号	名 称	单位	自重	备 注
1	混凝土	kN/m^3	22～24	振捣或不振捣
2	钢筋混凝土	kN/m^3	24～25	

（续表）

序号	名　称	单位	自重	备　注
3	水泥砂浆	kN/m^3	20	
4	石灰砂浆、混合砂浆	kN/m^3	17	
5	普通砖	kN/m^3	18	
6	普通砖（机器制）	kN/m^3	19	
7	砂浆砌普通砖砌体	kN/m^3	18	
8	钢	kN/m^3	72.5	
9	木门	kN/m^2	0.1～0.2	
10	水泥粉刷墙面	kN/m^2	0.36	20 mm 厚，水泥粗砂
11	石灰粉刷墙面	kN/m^2	0.34	20 mm 厚

根据构件的设计尺寸和材料或结构构件单位自重即可计算出自重标准值。例如，已知某钢筋混凝土矩形截面梁的截面尺寸为 200 mm×500 mm，若取钢筋混凝土单位体积自重标准值为 25 kN/m^3，则其自重标准值为 0.2×0.5×25＝2.5 kN/m。

2. 可变荷载的代表值

《荷载规范》规定，可变荷载的代表值有四种，即标准值、组合值、频遇值、准永久值。其中，可变荷载标准值是基本代表值，组合值、频遇值、准永久值都是由标准值乘以相应系数得出。

（1）可变荷载标准值。《统一标准》规定，可变荷载的标准值应根据荷载在设计基准期间可能出现的最大荷载概率分布并满足保证率来确定。目前，《荷载规范》规定的可变荷载标准值主要是根据历史经验确定的。《荷载规范》给出了各种可变荷载的标准值，设计时可直接查用。现将部分民用建筑楼面、屋面均布荷载标准值摘录并列于表 2-4 和表 2-5 中。

表 2-4　民用建筑楼面均布活荷载

项次	类别	均布活荷载标准值 /($kN\cdot m^{-2}$)	组合值系数 ψ_c	频遇值系数 ψ_f	准永久值系数 ψ_q
1	（1）住宅、宿舍、旅馆、办公楼、医院病房、托儿所、幼儿园； （2）实验室、阅览室、会议室、医院门诊室	2.0	0.7	0.5 0.6	0.4 0.5
2	教室、食堂、餐厅、一般资料档案室	2.5	0.7	0.6	0.5
3	（1）礼堂、剧场、影院、有固定座位的看台； （2）公共洗衣房	3.0 3.0	0.7 0.7	0.5 0.6	0.3 0.5

（续表）

项次	类别	均布活荷载标准值/(kN·m^{-2})	组合值系数 ψ_c	频遇值系数 ψ_f	准永久值系数 ψ_q
4	（1）商店、展览厅、车站、港口、机场大厅及其旅客等候室； （2）无固定座位的看台	3.5 3.5	0.7 0.7	0.6 0.5	0.5 0.3
5	（1）书库、档案库、储藏室； （2）密集柜书库	5.0 12.0	0.9	0.9	0.8
6	通风机房、电梯机房	7.0	0.9	0.9	0.8
7	（1）厨房、餐厅； （2）其他	4.0 2.0	0.7 0.7	0.7 0.6	0.7 0.5
8	浴室、卫生间、盥洗室	2.5	0.7	0.6	0.5
9	走廊、门厅 （1）宿舍、旅馆、医院病房、托儿所、幼儿园、住宅； （2）办公楼、餐厅、医院门诊部； （3）教学楼及其他人员可能密集的情况	2.0 2.5 3.5	0.7 0.7 0.7	0.5 0.6 0.5	0.4 0.5 0.3

注：1. 本表所列各项活荷载适用于一般使用条件，当使用荷载大、情况特殊或有专门要求时，应按实际情况采用。
2. 本表各项荷载不包括隔墙自重和二次装修荷载。

表 2-5 屋面均布活荷载

项次	类别	标准值/(kN·m^{-2})	组合值系数 ψ_c	频遇值系数 ψ_f	准永久值系数 ψ_q
1	不上人的屋面	0.5	0.7	0.5	0
2	上人的屋面	2.0	0.7	0.5	0.4
3	屋顶花园	3.0	0.7	0.6	0.5
4	屋顶运动场	3.0	0.7	0.6	0.4

注：1. 不上人的屋面，当施工或维修荷载较大时，应按实际情况采用。
2. 上人的屋面，当兼作其他用途时，应按相应楼面活荷载采用。
3. 对于因屋面排水不畅、堵塞等引起的积水荷载，应采取构造措施加以防止；必要时，应按积水的可能深度确定屋面活荷载。
4. 屋顶花园活荷载不包括花圃、土石等材料自重。

（2）可变荷载准永久值。可变荷载在设计基准期内会随时间而发生变化，并且不同可变荷载在结构上的变化情况不一样。如住宅楼面活荷载、人群荷载的流动性较大，而家具荷载的流动性相对较小。可变荷载准永久值就是在设计基准期内经常达到或超过的那部分荷载值。它对结构的影响类似于永久荷载。

可变荷载准永久值可表示为 $\psi_q Q_k$，其中 Q_k 为可变荷载标准值，ψ_q 为可变荷载准永久值系数。ψ_q 的值按表 2-4、表 2-5 取用。

(3) 可变荷载组合值。两种或两种以上可变荷载同时作用于结构上时，所有可变荷载同时达到其单独出现时可能达到的最大值的概率极小，因此，除主导荷载（产生最大效应的荷载）仍可以其标准值为代表值外，其他伴随荷载均应以小于标准值的荷载值为代表值，此即可变荷载组合值。

可变荷载组合值可表示为 $\psi_c Q_k$，其中 ψ_c 为可变荷载组合值系数，其值按表 2-4、表 2-5 取用。

(4) 可变荷载频遇值。对于可变荷载，在设计基准期内，其超越的总时间为规定的较小比率或超越频率为规定频率的荷载值称为可变荷载频遇值。换言之，可变荷载频遇值是指在设计基准期内被超越的总时间仅为设计基准期一小部分的荷载值。

2.3 建筑结构概率极限状态设计方法

想一想

建筑结构概率极限状态设计方法包含哪些内容？分别是什么？荷载分项系数如何取值？

现行规范采用以概率理论为基础的极限状态设计方法，用分项系数的设计表达式进行计算。

2.3.1 按承载能力极限状态设计的实用表达式

1. 实用表达式

结构构件的承载力设计应采用下列极限状态设计表达式：

$$S_d \leqslant R_d \tag{2-2}$$

式中 S_d—— 荷载组合的效应设计值；

R_d—— 结构构件的承载力设计值，即抗力设计值。

考虑荷载出现的变化性质，这种组合可以多种多样，要取其中最不利的一组作为该极限状态的设计依据。

《统一标准》规定，对于承载能力极限状态的荷载效应组合，对持久和短暂设计状况应采用基本组合，对偶然设计状况应采用偶然组合。荷载的基本组合，是指在承载能力极限状态计算时，永久荷载和可变荷载的组合；而荷载的偶然组合是永久荷载、可变荷载和一个偶然荷载的组合。

2. 荷载基本组合

《荷载规范》规定，荷载基本组合的效应设计值应取式(2-3)和式(2-4)中的最不利值。

由可变荷载效应控制的组合：

$$S_{\mathrm{d}}=\gamma_0\left(\sum_{j=1}^{m}\gamma_{G_j}S_{G_j\mathrm{k}}+\gamma_{Q_1}\gamma_{\mathrm{L}_1}S_{Q_1\mathrm{k}}+\sum_{i=2}^{n}\gamma_{Q_i}\gamma_{\mathrm{L}_i}\psi_{\mathrm{c}_i}S_{Q_i\mathrm{k}}\right) \tag{2-3}$$

由永久荷载效应控制的组合：

$$S_{\mathrm{d}}=\gamma_0\left(\sum_{j=1}^{m}\gamma_{G_j}S_{G_j\mathrm{k}}+\sum_{i=1}^{n}\gamma_{Q_i}\gamma_{\mathrm{L}_i}\psi_{\mathrm{c}_i}S_{Q_i\mathrm{k}}\right) \tag{2-4}$$

式中 γ_{L_1}，γ_{L_i}——第 1 个、第 i 个可变荷载考虑设计使用年限的调整系数，设计使用年限为 5 年、50 年、100 年时其值分别为 0.9，1.0，1.1，设计使用年限不为上述值时采用线性内插确定；

γ_{G_j}——第 j 个永久荷载分项系数，按表 2-6 采用；

$S_{G_j\mathrm{k}}$——按第 j 个永久荷载标准值 G_{j_k} 计算的荷载效应值；

γ_{Q_i}——第 i 个可变荷载的分项系数，按表 2-6 采用；

$S_{Q_i\mathrm{k}}$——按第 i 个可变荷载标准值 Q_{i_k} 计算的荷载效应值，其中 $S_{Q_1\mathrm{k}}$ 为各可变荷载效应的最大值；

ψ_{c_i}——可变荷载 Q_i 的组合值系数，民用建筑楼面均布活荷载、屋面均布活荷载的组合值系数按表 2-4、表 2-5 采用；

m，n——参与组合的永久荷载数、可变荷载数；

γ_0——结构构件的重要性系数，对安全等级为一级或设计使用年限为 100 年及以上的结构构件，不应小于 1.1；对安全等级为二级或设计使用年限为 50 年及以上的结构构件，不应小于 1.0；对安全等级为三级或设计使用年限为 5 年及以下的结构构件，不应小于 0.9；在抗震设计中，不考虑结构构件的重要性系数。

表 2-6 荷载分项系数的取值

荷载特性			荷载分项系数
永久荷载	永久荷载效应对结构不利	由可变荷载效应控制的组合	1.2
		由永久荷载效应控制的组合	1.35
	永久荷载效应对结构有利		1.0
可变荷载	一般情况		1.4
	对标准值大于 4 kN/m^2 的工业房屋楼面结构的活荷载		1.3

应用式(2-3)、式(2-4)时应注意以下问题。

(1) 当考虑以竖向的永久荷载效应控制的组合时，参与组合的可变荷载仅限于竖向荷载。

(2) 式中 $\gamma_G S_{Gk}$ 为永久荷载效应设计值，$\gamma_{Q_1} S_{Q_1 k}$ 和 $\gamma_{Q_i} \psi_{c_i} S_{Q_i k}$ 为可变荷载效应设计值。相应地，$\gamma_G G_k$ 称为永久荷载的设计值，$\gamma_{Q_1} Q_{1k}$ 和 $\gamma_{Q_i} \psi_{c_i} Q_{ik}$ 分别为第一可变荷载和第 i 个可变荷载的设计值。可见，荷载设计值是荷载代表值与荷载分项系数的乘积。通常，集中永久荷载、均布永久荷载设计值分别用 G 和 g 表示，集中活荷载、均布活荷载设计值分别用 Q 和 q 表示。

(3) 当采用内力形式表达时，S_d 即为内力(轴力、弯矩、剪力、扭矩)设计值，本书中分别用 N, M, V, T 表达。

例 2-1 某办公楼钢筋混凝土矩形截面简支梁，安全等级为二级，设计使用年限为 50 年，计算跨度 $l_0=5\,\text{m}$，净跨度 $l_n=4.86\,\text{m}$。承受均布线荷载：活荷载标准值为 8 kN/m，永久荷载标准值为 10 kN/m(包括自重)。试计算荷载基本组合时的跨中弯矩设计值和支座边缘截面剪力设计值。

【解】 由表 2-4 查得办公楼活荷载组合值系数 $\psi_c=0.7$，安全等级为二级，则 $\gamma_0=1.0$。设计使用年限为 50 年，则 $\gamma_L=1.0$。

永久荷载产生的跨中弯矩标准值和支座边缘截面剪力标准值分别为

$$M_{gk}=\frac{1}{8}g_k l_0^2=\frac{1}{8}\times 10\times 5^2=31.25\ \text{kN}\cdot\text{m}$$

$$V_{gk}=\frac{1}{2}g_k l_n=\frac{1}{2}\times 10\times 4.86=24.30\ \text{kN}$$

活荷载产生的跨中弯矩标准值和支座边缘截面剪力标准值分别为

$$M_{qk}=\frac{1}{8}q_k l_0^2=\frac{1}{8}\times 8\times 5^2=25\ \text{kN}\cdot\text{m}$$

$$V_{qk}=\frac{1}{2}q_k l_n=\frac{1}{2}\times 8\times 4.86=19.44\ \text{kN}$$

本例只有一个活荷载，即为第一可变荷载，计算由活荷载控制的跨中弯矩设计值时，$\gamma_G=1.2$, $\gamma_Q=\gamma_{Q_1}=1.4$。

由活荷载控制的跨中弯矩设计值和支座边缘截面剪力设计值分别为

$$\gamma_0(\gamma_G M_{gk}+\gamma_Q\gamma_L M_{qk})=1.0\times(1.2\times 31.25+1.4\times 1.0\times 25)=72.5\ \text{kN}\cdot\text{m}$$

$$\gamma_0(\gamma_G V_{gk}+\gamma_Q\gamma_L V_{qk})=1.0\times(1.2\times 24.30+1.4\times 1.0\times 19.44)=56.38\ \text{kN}$$

计算由永久荷载控制的跨中弯矩设计值时，$\gamma_G=1.35$, $\gamma_Q=1.4$, $\psi_c=0.7$。

由永久荷载控制的跨中弯矩设计值和支座边缘截面剪力标准值分别为

$$\gamma_0(\gamma_G M_{gk}+\psi_c\gamma_Q\gamma_L M_{qk})=1.0\times(1.35\times 31.25+0.7\times 1.4\times 1.0\times 25)=66.69\ \text{kN}\cdot\text{m}$$

$$\gamma_0(\gamma_G V_{gk}+\psi_c\gamma_Q\gamma_L V_{qk})=1.0\times(1.35\times 24.30+0.7\times 1.4\times 1.0\times 19.44)=60.02\ \text{kN}$$

取较大值的跨中弯矩设计值 $M=72.5\ \text{kN}\cdot\text{m}$，支座边缘截面剪力设计值 $V=60.02\ \text{kN}$。

2.3.2 按正常使用极限状态设计的实用表达式

1. 实用表达式

对于正常使用极限状态，应根据不同的设计要求采用荷载效应标准值、组合值、频遇值或准永久值，按下列设计表达式进行设计：

$$S_d \leqslant C \tag{2-5}$$

式中 S_d ——正常使用极限状态荷载组合的效应设计值，如挠度、裂缝宽度等；

C ——结构构件达到正常使用要求所规定的限值，如变形、裂缝宽度、应力和自振频率等的限值。

在结构设计计算中，混凝土结构的正常使用极限状态主要是验算构件的变形、抗裂度或裂缝宽度，使其不超过相应的规定限值；钢结构通过构件的变形（刚度）验算保证；而砌体结构一般情况下可不做验算，由相应的构造措施保证。

2. 荷载组合的效应设计值 S_d

结构或结构构件超过正常使用极限状态时会影响结构正常使用，但对生命财产的危害程度较超过承载能力极限状态要小得多，因此，可适当降低对可靠度的要求。为了简化计算，正常使用极限状态设计表达式中，荷载取用代表值，不考虑分项系数，也不考虑结构重要性系数 γ_0。

（1）对于标准组合，其荷载效应组合的表达式为

$$S_d = \sum_{j=1}^{m} S_{G_j k} + S_{Q_1 k} + \sum_{i=2}^{n} \psi_{c_i} S_{Q_i k} \tag{2-6}$$

式中，ψ_{c_i} 为可变荷载 Q_1 的组合值系数。

（2）对于频遇组合，其荷载效应组合的表达式为

$$S_d = \sum_{j=1}^{m} S_{G_j k} + \psi_{f_1} S_{Q_1 k} + \sum_{i=2}^{n} \psi_{q_i} S_{Q_i k} \tag{2-7}$$

式中 ψ_{f_1} —— 可变荷载 Q_1 的频遇值系数；

ψ_{q_i} —— 可变荷载 Q_i 的准永久值系数。

③ 对于准永久组合，荷载效应组合的表达式为

$$S_d = \sum_{j=1}^{m} S_{G_j k} + \sum_{i=1}^{n} \psi_{q_i} S_{Q_i k} \tag{2-8}$$

式中符号含义同前。

模块小结

建筑结构的功能要求包括安全性、适用性和耐久性。结构在规定的时间内、规定的条

件下，完成预定功能的概率称为结构的可靠度。

结构功能的极限状态分为承载能力极限状态和正常使用极限状态两类。所有的结构构件均应进行承载能力极限状态的计算，必要时还要求对正常使用极限状态进行验算。

荷载分永久荷载、可变荷载和偶然荷载。结构设计时，对不同的荷载应采用不同的代表值。荷载标准值与荷载分项系数的乘积称为荷载设计值，材料强度标准值除以材料分项系数称为材料强度设计值。

结构上的作用、作用效应 S 与结构抗力都是随机变量。当 $S < R$ 时，结构可靠：当 $S > R$ 时，结构失效；当 $S=R$ 时，结构处于极限状态。发生 $S<R$ 的情况的概率称为结构的可靠度。

以概率理论为基础的极限状态设计法是采用多个分项系数表达的实用设计表达进行结构设计。承载能力极限状态设计时，采用荷载的基本组合，设计表达式中应考虑结构的重要性系数；正常使用极限状态设计时，采用荷载的标准组合或准永久组合，设计表达式中不考虑结构的重要性系数。

复习思考题

1. 填空题

(1) 建筑结构的可靠性是指__________、__________和__________。

(2) 结构的极限状态包括__________和__________。

(3) 按照荷载随时间的变异性，荷载可分为________、________和________。

2. 简答题

(1) 承载能力极限状态包括哪些方面？

(2) 结构的安全等级有几类？

模块 3　钢筋和混凝土的共同作用

思维导图

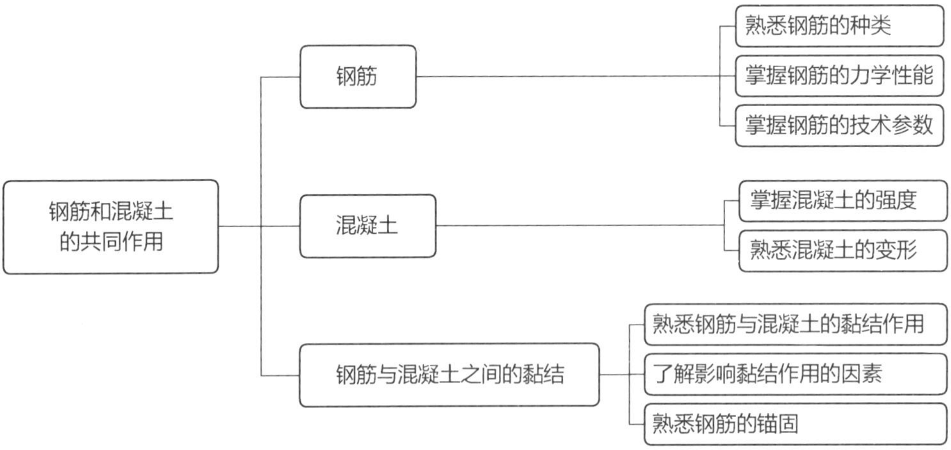

知识点滴

钢筋混凝土结构是建筑工程中应用最广泛的结构形式之一。钢筋和混凝土两种不同的材料是如何共同发挥作用的？首先弄清钢筋和混凝土两种材料的力学性能和技术参数，然后探讨钢筋与混凝土的黏结作用原理。

3.1 钢　筋

想一想

用于钢筋混凝土结构的钢筋有哪些品种和规格？钢筋的力学性能包括哪些方面？钢筋的技术参数是如何确定的？

3.1.1　钢筋的种类

目前，用于混凝土结构的钢筋主要有热轧钢筋、余热处理钢筋、中强度预应力钢丝、预应力螺纹钢筋和钢绞线等。

1. 热轧钢筋

热轧钢筋是由低碳钢、普通低合金钢在高温状态下轧制而成，包括以下几个品种。

（1）热轧光圆钢筋（即 HPB 系列钢筋），HPB 系列钢筋的牌号为 HPB300，其强度等级为 300 MPa。这种钢筋的延性、可焊性和机械连接性能好，但强度低、锚固性能差，主要用作板、基础和荷载不大的梁、柱的受力主筋、箍筋及其他构造钢筋。

（2）普通热轧带肋钢筋（即 HRB 系列钢筋），HRB 系列钢筋包括 HRB335，HRB400，HRB500 三种牌号，其强度等级分别为 335 MPa，400 MPa，500 MPa。此系列钢筋的延性、可焊性、机械连接性能和锚固性能均较好，主要用作结构构件的受力主筋、箍筋等。

（3）细晶粒热轧带肋钢筋（即 HRBF 系列钢筋），HRBF 系列钢筋包括 HRBF400，HRBF500 两种牌号，其强度等级分别为 400 MPa，500 MPa。此系列钢筋特点和适用范围同普通热轧带肋钢筋类似。

2. 余热处理钢筋

余热处理钢筋是热轧后利用热处理原理进行表面控制冷却，并利用芯部余热自身完成回火处理所得的成品钢筋，其牌号为 RRB400。这种钢筋强度高，但延性、可焊性、机械连接性能及施工适应性均较低，一般用于基础、大体积混凝土、楼板、墙体以及次要的中小结构构件。

用于钢筋混凝土结构中的钢筋和预应力混凝土结构中的预应力钢筋称为普通钢筋，其公称直径和符号见表 3-1。

表 3-1　普通钢筋符号及公称直径

牌号	符号	公称直径/mm
HPB300	Φ	6～14
HRB335	Φ	6～14
HRB400 HRBF400 RRB400	Φ $Φ^F$ $Φ^R$	6～50
HRB500 HRBF500	Φ $Φ^F$	6～50

3.1.2　钢筋的力学性能

钢筋的主要力学性能包括强度和变形性能，相关参数可通过试验测出。根据钢筋的应力-应变曲线特点，将钢筋分为有屈服点的钢筋和无屈服点的钢筋。

1. 有明显屈服点的钢筋应力-应变曲线

由图 3-1(a)可以看出构件从受荷到破坏的受力过程。Oa 段处于弹性阶段，a 点对应的应力称为比例极限。到达 b 点后，钢筋进入屈服阶段，b 点对应的应力称为屈服上限，c 点对应的应力称为屈服下限，c 点对应的钢筋应力称为屈服强度，c 点到 d 点的水平部分称为屈服台阶。过 d 点以后，应力又继续增长，直至达到最高点 e，此 de 阶段称为强化阶段，e 点对应的应力称为钢筋的极限强度 σ_p。过了 e 点以后，应变迅速增加，应力也随之下降，试件发生局部径缩现象，变形迅速增加，到 f 点试件被拉断。

2. 无明显屈服点钢筋的应力-应变曲线

图 3-1(b)是没有明显流幅的钢筋应力-应变关系曲线，即钢筋没有明显的屈服点，通常取相应于残余应变为 0.2%时的应力 $\sigma_{0.2}$ 作为名义屈服点，称为条件屈服强度。一般取 $\sigma_{0.2}=0.8\sigma_p$ 作为其设计强度。此类钢筋在钢筋混凝土结构中较少使用。

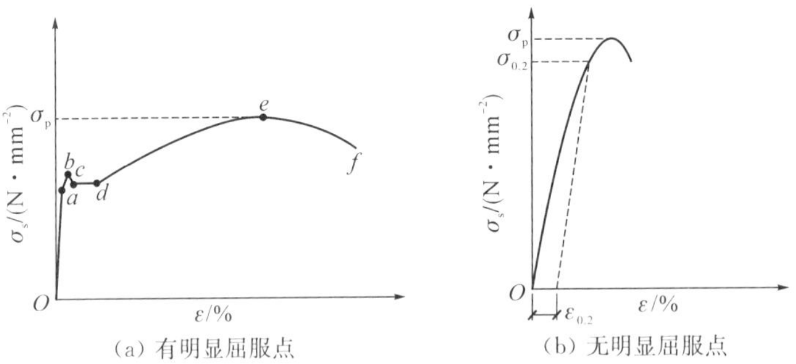

图 3-1　钢筋的应力-应变曲线

计算钢筋混凝土结构时，对于有明显屈服点的钢筋，取它的屈服强度作为设计强度的依据；对没有明显屈服点的钢筋，在实用上取残余应变为 0.2%时的应力(相当于极限强度的 80%)作为假定的屈服点，即条件屈服点，以 $\sigma_{0.2}$ 表示。

3. 钢筋的塑性指标

钢筋除要有足够的强度外，还应有一定的塑性变形能力，钢筋的塑性通常用伸长率和冷弯性能两个指标来衡量。

(1) 伸长率。钢筋试件拉断后的伸长值与原长的比值，即：

$$\delta=\frac{l-l_1}{l_1}\times 100\% \tag{3-1}$$

式中　δ——伸长率；

l_1——试件受力前的标距长度；

l——试件拉断后的标距长度。

伸长率越大，标志着钢筋的塑性指标越好。由于断裂前钢筋有相当大的变形，有明显的预兆，钢筋不致突然发生危险的脆性破坏。

(2) 冷弯性能。弯转角度越大、弯心直径 D 越小，钢筋的塑性就越好。

有明显屈服点的钢筋，其主要指标为屈服强度、抗拉强度、伸长率和冷弯性能四项；没有明显屈服点的钢筋，其主要指标为抗拉强度、伸长率和冷弯性能三项。

3.1.3 钢筋的设计参数

1. 钢筋强度标准值

材料的强度具有变异性。在结构设计中，采用正常情况下可能出现的最小材料强度值作为基本代表值，该值称为材料强度标准值。《统一标准》规定，材料强度标准值应具有不小于95%的保证率。对构件计算配筋时，热轧钢筋的强度标准值根据屈服强度确定，用 f_{yk} 表示。普通钢筋的强度标准值 f_{yk} 可查规范获得。

2. 钢筋强度设计值

材料强度设计值等于材料强度标准值除以材料分项系数。材料分项系数大于1，考虑了材料强度的变异等不利影响。延性较好的热轧钢筋的材料分项系数取1.1，但500 MPa级钢筋取1.15，混凝土的材料分项系数为1.4。普通钢筋的强度设计值见表3-2。

3. 钢筋的弹性模量

钢筋的弹性模量是指在比例极限范围内应力与应变的比值，用 E_s 表示，其值可按表3-2采用。

表3-2 普通钢筋的设计参数 单位：N/mm^2

牌号	强度标准值		强度设计值		弹性模量
	屈服强度标准值 f_{yk}	极限强度标准值 f_{stk}	f_y	f'_y	E_s
HPB300	300	420	270	270	2.1×10^5
HRB335	335	455	300	300	2.0×10^5
HRB400，HRBF400，RRB400	400	540	360	360	
HRB500，HRBF500	500	630	435	410	

注：1. 上标′表示抗压强度设计值。
2. 对轴心受压构件，当采用HRB500和HRBF500钢筋时，f'_y 应取400 N/mm^2。
3. 横向钢筋的抗拉强度设计值 f_{yv} 应按表中 f_y 的数值采用；但用作受剪、受扭、受冲切承载力计算时，其数值大于360 N/mm^2 时应取360 N/mm^2。

3.2 混凝土

想一想

混凝土的强度等级是如何确定的？混凝土的强度参数包括哪些？混凝土的变形特点是什么？

3.2.1 混凝土的强度

在工程应用中，混凝土的强度指标主要有立方体抗压强度、轴心抗压强度、轴心受拉强度等，其中立方体抗压强度是衡量混凝土强度大小的基本指标。

1. 立方体抗压强度

《混凝土规范》规定，混凝土强度等级应按立方体抗压强度标准值确定。立方体抗压强度标准值 $f_{cu,k}$ 是指按照标准方法制作养护的边长为 150 mm 的立方体试块，在标准养护条件下养护 28 d 后，用标准试验方法测得的具有 95%保证率的抗压强度。

根据立方体抗压强度标准值 $f_{cu,k}$ 的大小，混凝土强度等级分为 19 级。混凝土结构中使用的混凝土分为 14 个强度等级，即 C15，C20，C25，C30，C35，C40，C45，C50，C55，C60，C65，C70，C75，C80。符号 C 代表混凝土，C 后面的数字表示以 N/mm^2 为单位的立方体抗压强度标准值。

2. 轴心抗压强度

以 150 mm×150 mm×300 mm 的棱柱体作为标准试件，按照标准试验方法测得的混凝土受压强度为轴心抗压强度。《混凝土规范》中混凝土轴心抗压强度标准值按式(3-2)计算：

$$f_{ck}=0.88\alpha_1\alpha_2 f_{cu,k} \tag{3-2}$$

式中 α_1——棱柱体强度与立方体强度之比，对混凝土等级为 C50 及以下取 $\alpha_1=0.76$，对 C80 取 $\alpha_1=0.82$，在此之间按线性变化取值；

α_2——高强度混凝土的脆性折减系数，对 C40 取 $\alpha_2=1.00$，对 C80 取 $\alpha_2=0.87$，中间按线性变化取值。

3. 轴心抗拉强度

混凝土的抗拉强度很低，与立方体抗压强度之间为非线性关系，一般只有其立方体抗压强度的 1/17～1/8。钢筋混凝土的抗裂性、抗剪承载力、抗扭承载力等均与混凝土的抗拉强度有关。

4. 混凝土最低等级

《混凝土规范》规定，素混凝土结构的混凝土强度等级不应低于 C15；钢筋混凝土结构的混凝土强度等级不应低于 C20；当采用 HRB400 级及以上的钢筋时，混凝土强度等级不应低于 C25。预应力混凝土结构强度等级不宜低于 C40，且不应低于 C30。承受重复荷载的钢筋混凝土构件，混凝土强度等级不应低于 C30。

5. 混凝土的设计参数

(1) 强度标准值和强度设计值。各种强度等级的混凝土强度标准值、强度设计值按表 3-3 采用。

表 3-3　混凝土的设计参数

单位：N/mm^2

设计指标		混凝土强度等级													
		C15	C20	C25	C30	C35	C40	C45	C50	C55	C60	C65	C70	C75	C80
强度标准值	f_{ck}	10.0	13.4	16.7	20.1	23.4	26.8	29.6	32.4	35.5	38.5	41.5	44.5	47.4	50.2
	f_{tk}	1.27	1.54	1.78	2.01	2.20	2.39	2.51	2.64	2.74	2.85	2.93	2.99	3.05	3.11
强度设计值	f_c	7.2	9.6	11.9	14.3	16.7	19.1	21.1	23.1	25.3	27.5	29.7	31.8	33.8	35.9
	f_t	0.91	1.1	1.27	1.43	1.57	1.71	1.80	1.89	1.96	2.04	2.09	2.14	2.18	2.22
弹性模量	E_c	2.20×10^4	2.55×10^4	2.80×10^4	3.0×10^4	3.15×10^4	3.25×10^4	3.35×10^4	3.45×10^4	3.55×10^4	3.60×10^4	3.65×10^4	3.70×10^4	3.75×10^4	3.80×10^4

注：下标 c 表示抗压，下标 t 表示抗拉。

（2）弹性模量。《混凝土规范》经统计分析得到混凝土的受拉或受压弹性模量 E_c（N/mm²）的经验计算公式：

$$E_c=\frac{10^5}{2.2+\frac{34.7}{f_{cu,k}}} \tag{3-3}$$

式中，$f_{cu,k}$ 为混凝土的立方体抗压强度标准值（N/mm²）。

3.2.2 混凝土的变形

混凝土的变形分为混凝土的受荷变形和混凝土体积变形。前者包括一次短期加载作用下的变形、长期荷载作用下的变形以及重复荷载作用下的变形，后者则是由于混凝土收缩产生的变形或温度变化产生的变形等。

1. 混凝土在一次短期荷载作用下的变形性能

混凝土在短期荷载作用下的应力-应变曲线体现了其最基本的力学性能，曲线大体上呈上升段与下降段两个阶段，如图 3-2 所示。

上升段（OC）：从加荷至 A 点的 OA 段为第一阶段，一般称 A 点为比例极限点，超过 A 点进入第二阶段，即稳定裂缝扩展阶段至临界点 B，临界点应力可作为长期抗压强度的依据。此后，试件中所积蓄的弹性应变能始终保持大于裂缝发展所需要的能量，形成裂缝不稳定的快速发展状态直至峰点 C，即第三阶段。这时，达到的峰值应力为 σ_{max}，称为混凝土棱柱体抗压强度 f_c，相应的应变称为峰值应变 ε_0，其值在 0.0015～0.0025 波动，平均值为 $\varepsilon_0=0.002$。

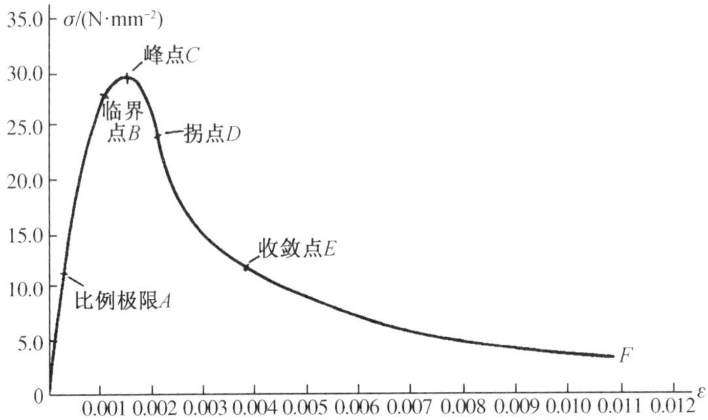

图 3-2　混凝土受压时应力-应变曲线

下降段（CE）：混凝土达到峰值应力后裂缝继续迅速扩展，试件的平均应力强度下降，试件还能承受一定的荷载。此后，应变持续增长，应力-应变曲线在 D 点出现反弯，称该点为拐点。超过拐点，此时混凝土达到极限压应变 ε_{cu}。超过收敛点 E，试件宏观上已经破坏,但通过骨料间的咬合力或摩擦力还能承受一定荷载。随着应变继续增加,应力下降缓慢,之后趋向于稳定的残余应力。

综上所述,混凝土的应力-应变关系不是直线,这说明它不是弹性材料,而是弹塑性材料。试验表明,随着混凝土强度等级的提高,混凝土的极限压应变明显减小,说明混凝土强度越高,其脆性越明显,延性也越差。

2. 混凝土在荷载长期作用下的变形性能

混凝土在荷载长期作用下,应变随时间继续增长的现象称为混凝土徐变。混凝土的徐变对结构构件将产生十分不利的影响,如增大混凝土结构的变形,会使钢筋与混凝土间产生应力重分布,对预应力构件会产生预应力损失等。

试验表明,徐变与下列一些因素有关。

(1) 混凝土的组成成分。水泥用量越多,水灰比越大,徐变越大;骨料越坚硬,弹性模量越高,对徐变的约束作用越大,混凝土徐变就越小。

(2) 混凝土的制作、养护。养护环境湿度越大、温度越高,徐变就越小,因此加强混凝土的养护是减少徐变的有效措施。

(3) 施加荷载时,混凝土的龄期越小,徐变越大;受荷后,所处环境的温度越高、湿度越低,则徐变越大;构件加载前,混凝土强度越高,徐变就越小。

(4) 构件截面的形状、尺寸对徐变产生影响,大尺寸混凝土构件内部失水受到限制,徐变就小。

(5) 钢筋的存在以及应力的性质(拉、压应力等对徐变也有影响)。

3. 混凝土的收缩、膨胀和温度变形

混凝土在空气中结硬而发生的体积减小的现象称为收缩,混凝土在水中结硬而发生的体积增大称为膨胀,二者统称为混凝土的体积变形,它与荷载无关。

当混凝土的收缩受到限制时,将在混凝土中产生拉应力,甚至导致混凝土产生收缩裂缝,还会使预应力混凝土发生预应力损失,因此,应当设法减小混凝土的收缩,避免对结构产生有害的影响。

3.3 钢筋与混凝土之间的黏结

想一想

钢筋与混凝土是两种不同的建筑材料,它们是如何共同发挥作用来承担内力的?

3.3.1 钢筋与混凝土的黏结作用

钢筋与混凝土是两种物理力学性质不同的材料，它们之所以能够在结构中共同作用，主要有以下三方面的原因。

（1）钢筋表面与混凝土之间存在黏结作用，包括：①混凝土结硬时体积收缩，将钢筋紧紧握住而产生的摩擦力；②钢筋表面凹凸不平产生的机械咬合力；③混凝土与钢筋接触表面间的胶结力。

（2）钢筋和混凝土的温度线膨胀系数接近，温度变化时二者的变形基本相等，不致破坏钢筋混凝土结构的整体性。

（3）钢筋表面有混凝土保护层，从而使钢筋不会因大气的侵蚀而生锈变质。

其中，钢筋表面与混凝土之间存在黏结作用是它们共同工作最主要的原因。

3.3.2 影响黏结作用的因素及保证措施

1. 影响因素

影响钢筋与混凝土之间黏结强度的因素主要有以下方面。

（1）混凝土强度等级。混凝土的强度等级越高，黏结强度越大。

（2）钢筋外观特征。由于变形钢筋表面凹凸不平，其黏结强度高于光面钢筋。

（3）浇筑位置。混凝土浇筑后有下沉及泌水现象，因此，处于水平位置的钢筋比竖向钢筋的黏结强度显著降低。

（4）钢筋净距及保护层厚度。当构件截面上有多根钢筋并列一排时，若净距不足，钢筋外包混凝土将在钢筋位置水平面上发生贯穿整个梁宽的劈裂裂缝。梁截面上一排钢筋的根数越多，净距越小，黏结强度降低就越多。若混凝土保护层太薄，特别是当采用变形钢筋时，则容易发生沿纵向钢筋方向的劈裂裂缝，并使黏结强度显著降低。

2. 保证黏结作用的措施

（1）保证钢筋的锚固长度和搭接长度。

（2）钢筋周围的混凝土应有足够的厚度。

（3）在光面钢筋的末端加弯钩。

（4）加强混凝土的振捣，保证混凝土的密实性。对高度较大的梁，采用分层浇筑和二次振捣等方法来保证施工质量。

3.3.3 钢筋的锚固*

1. 钢筋的锚固长度

为了保证钢筋与混凝土之间有足够的黏结作用，规范规定了钢筋锚固长度、钢筋搭接

---

* 此知识点为世界技能大赛相关考核点，参考网址：https://worldskills.org/what/projects/wsos/，WorldSkills Occupational Standards：Concrete Construction Work.

长度、混凝土保护层厚度等构造措施。

(1) 受拉锚固长度。受拉普通钢筋的锚固长度按式(3-4)、式(3-5)计算：

$$l_a = \zeta_a l_{ab} \tag{3-4}$$

$$l_{ab} = \alpha \frac{f_y}{f_t} d \tag{3-5}$$

式中 l_a——受拉普通钢筋的锚固长度，且 l_a 不小于 200 mm；

l_{ab}——受拉普通钢筋的基本锚固长度；

f_y——钢筋的抗拉强度设计值；

f_t——混凝土轴心抗拉强度设计值，当混凝土强度等级大于 C60 时按 C60 考虑；

d——钢筋的公称直径；

α——锚固钢筋的外形系数，按表 3-4 采用；

ζ_a——锚固长度修正值。当带肋钢筋的公称直径大于 25 mm 时，取 $\zeta_a=1.1$；对环氧树脂涂层带肋钢筋，取 $\zeta_a=1.25$；对施工过程中易受扰动(如滑模施工)的钢筋，取 $\zeta_a=1.1$；当纵向受力钢筋的实际配筋面积大于其设计计算面积时，ζ_a 取为设计计算面积与实际配筋面积的比值，但对有抗震设防要求和直接承受动力荷载的结构不考虑此项修正；锚固钢筋的保护层厚度为 $3d$ 时取 $\zeta_a=0.8$，保护层厚度为 $5d$ 时取 $\zeta_a=0.7$，保护层厚度为 $3d \sim 5d$ 时按线性内插法取值，当上述修正系数多于一项时，可按连乘计算，但 ζ_a 不应小于 0.6。

表 3-4 锚固钢筋的外形系数

钢筋类型	光圆钢筋	带肋钢筋	螺旋肋钢丝	三股钢绞线	七股钢绞线
外形系数 α	0.16	0.14	0.13	0.16	0.17

注：光面钢筋系指 HPB235 级热轧钢筋，末端应做 180°弯钩，但作为受压钢筋时可不做弯钩；带肋钢筋系指 HRB335 级及以上钢筋。

(2) 受压锚固长度。混凝土结构中的纵向受压钢筋，当计算中充分利用其抗压强度时，其锚固长度不应小于按式(3-4)计算的锚固长度的 70%。

2. 钢筋的搭接长度

钢筋在施工中经常因长度不够需在受力较小处进行钢筋的连接。钢筋的连接形式有绑扎搭接、焊接和机械连接。《混凝土规范》规定，轴心受拉及小偏心受拉构件的纵向受力钢筋不得采用绑扎搭接；其他构件中的钢筋采用绑扎搭接时，受拉钢筋直径不宜小于 25 mm，受压钢筋直径不宜大于 28 mm。

(1) 绑扎搭接。对于钢筋绑扎搭接接头，应满足下列要求：同一构件中相邻纵向受力钢筋的绑扎搭接接头宜相互错开。钢筋绑扎搭接接头连接区段的长度为 1.3 倍搭接长度，凡搭接接头中点位于该长度范围内的搭接接头均属同一连接区段(图 3-3)。位于同一连接区段内的受拉钢筋搭接接头面积百分率(即该区段内有搭接接头的纵向受力钢筋截面面积与全部纵向受力钢筋截面面积之比)：梁和板不宜大于25%，柱类构件不宜大于50%。

纵向受拉钢筋绑扎搭接接头的搭接长度按式(3-6)计算，且在任何情况下均不应小于300 mm。

$$l_1 = \zeta_1 l_a \tag{3-6}$$

式中 l_1——纵向受拉钢筋的搭接长度；

l_a——受拉钢筋的锚固长度；

ζ_1——受拉钢筋搭接长度修正系数，按表3-5取用。

表3-5 受拉钢筋搭接长度修正系数

同一连接区段搭接钢筋面积百分率/%	≤25	50	100
搭接长度修正系数 ζ_1	1.2	1.4	1.6

受压钢筋采用搭接连接时，其受压搭接长度不应小于按式(3-6)计算的受拉搭接长度的70%，且在任何情况下均不应小于200 mm。

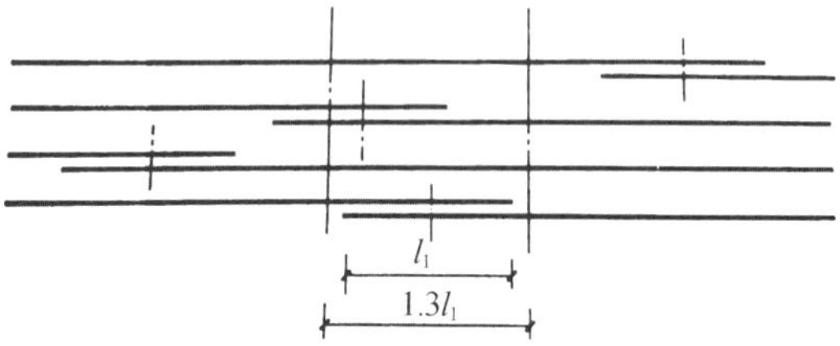

图3-3 同一连接区段内的纵向受拉钢筋绑扎搭接接头

(2) 机械连接。直径大于25 mm的受拉钢筋和直径大于28 mm的受压钢筋接头宜采用机械连接，且接头位置宜相互错开，并设在结构受力较小处。当钢筋机械连接接头位于不大于35d(d为连接钢筋的较小直径)的范围内时，应视为处于同一连接区段内。在受力较大处，位于同一连接区段内的纵向受拉钢筋机械连接接头面积百分率不宜大于50%。

(3) 焊接。采用焊接接头时，纵向受力钢筋的焊接接头应相互错开。当钢筋的焊接接头位于不大于35d且不小于500 mm的长度范围内时，应视为位于同一连接区段内。位于同一连接区段内纵向受拉钢筋的焊接接头面积百分率应符合下列要求：受拉钢筋的接头面积百分率不宜大于50%，受压钢筋的接头百分率可不受限制。

模块小结

混凝土的立方体抗压强度是混凝土最基本的强度指标。混凝土的强度等级是按标准试验方法测得的立方体抗压强度标准值来划分的。混凝土的轴心抗压强度和轴心抗拉强度均可由混凝土的立方体抗压强度换算得出。

钢筋和混凝土之间的黏结作用是保证二者能共同工作的主要原因。为使钢筋与混凝土之间有足够的黏结作用,我国设计规范是采用规定的钢筋锚固长度和搭接长度等构造措施来保证的,在设计和施工时必须严格遵守相应的规定。

复习思考题

1. 填空题

(1) 混凝土的立方体抗压强度试验采用的试块尺寸是________________。

(2) 目前,我国结构用混凝土强度等级分____________个等级。

(3) 钢筋的屈服强度是指____________________________________。

(4) 建筑常用的钢筋等级有__________________________________。

2. 简答题

(1) 混凝土的强度等级是如何确定的?混凝土的基本强度指标有哪些?

(2) 混凝土受压时的应力-应变曲线有何特点?

(3) 什么是混凝土的徐变?影响徐变的主要因素有哪些?

(4) 我国建筑结构用钢筋有哪些种类?热轧钢筋的级别有哪些?

(5) 钢筋与混凝土之间的黏结力由哪几部分组成?影响黏结强度的主要因素有哪些?

(6) 纵向受拉钢筋的锚固长度和搭接长度应如何确定?

模块 4　钢筋混凝土受弯构件

思维导图

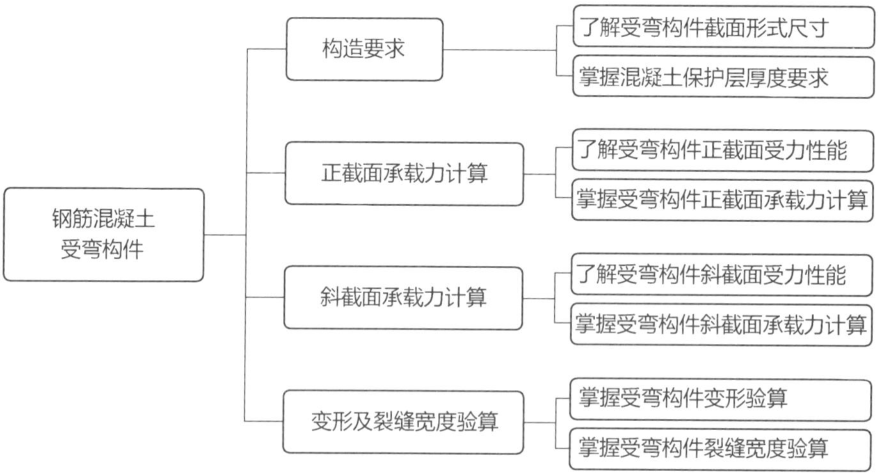

知识点滴

钢筋混凝土受弯构件是建筑工程中最常见的构件之一，主要包括梁和板。钢筋混凝土受弯构件的设计包括承载能力极限状态设计和正常使用极限状态设计。承载能力极限状态设计包括正截面承载力计算和斜截面承载力计算，正常使用极限状态设计包括变形验算和裂缝宽度验算。另外，钢筋混凝土受弯构件还应满足相关的构造要求（图 4-1）。

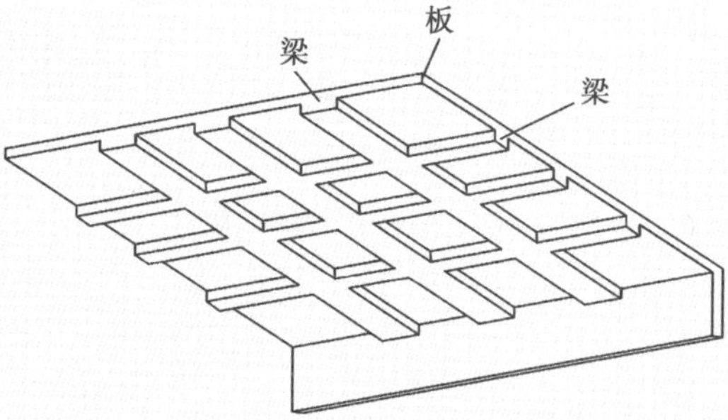

图 4-1　常见的受弯构件

4.1 构造要求

想一想

日常生活中见到的钢筋混凝土梁与板的形状是什么样的？梁板中的钢筋是怎么布置的？

受弯构件通常是指截面上作用弯矩和剪力的构件。各种类型的梁和板是典型的受弯构件。

4.1.1 梁的构造要求

1. 梁的截面形式

梁常用的截面形式有矩形截面和 T 形截面，此外还可做成 I 形、L 形、倒 T 形及花篮形等形式(图 4-2)。

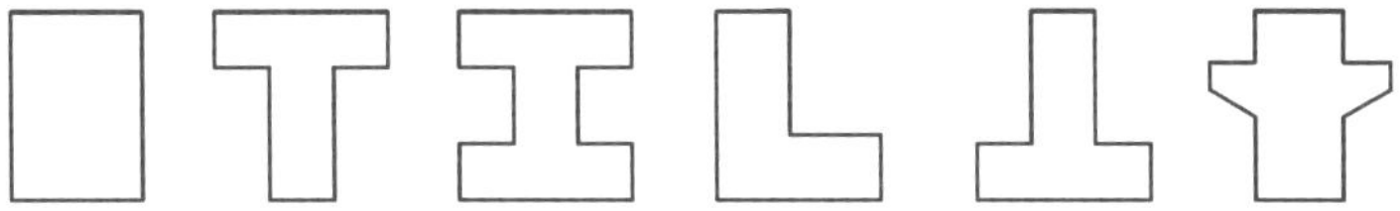

图 4-2 梁的截面形式

2. 梁的截面尺寸

梁的截面尺寸主要是指梁的截面高度和梁的截面宽度，梁的截面高度 h 可根据跨度 l_0 估算，如表 4-1 所示。梁的截面宽度 b 可按工程经验估算。矩形截面梁 $b=(1/3.5\sim1/2)h$，T 形截面梁 $b=(1/4\sim1/2.5)h$。

表 4-1 梁、板截面高度

梁的类型	截面高度 h
独立简支梁	$(1/12\sim1/8)l_0$
独立连续梁	$(1/14\sim1/8)l_0$
独立悬臂梁	$(1/6\sim1/5)l_0$

为了便于施工，统一模板尺寸，梁的截面高度不大于 800 mm 时宜以 50 mm 为模数，梁的截面高度大于 800 mm 时宜以 100 mm 为模数。矩形梁的截面宽度和 T 形截面的肋宽宜采用 100 mm，120 mm，150 mm，180 mm，200 mm，220 mm，250 mm，数值大于 250 mm时以 50 mm 为模数递增。

3. 梁的配筋

在钢筋混凝土梁中，通常配置有纵向受力钢筋、弯起钢筋、箍筋及架立钢筋，它们构成了钢筋骨架，如图 4-3 所示。当梁的截面高度较大时，还应在梁侧面设置构造钢筋及相应的拉筋。

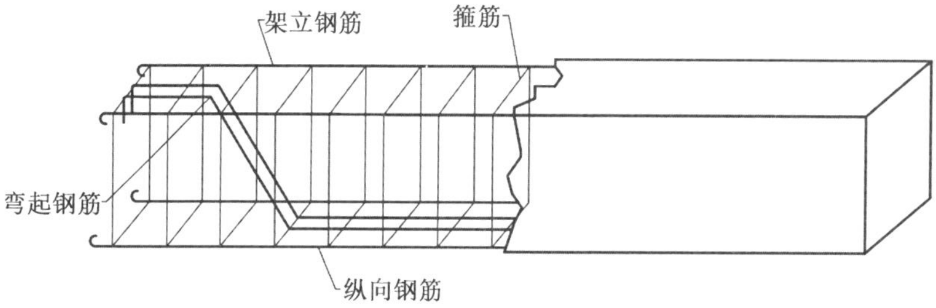

图 4-3　梁的配筋

1）纵向受力钢筋

在受弯构件中，仅在截面受拉区配置纵向受力钢筋的截面称为单筋截面，同时在截面受拉区和受压区配置纵向受力钢筋的截面称为双筋截面。因此，梁内纵向受力钢筋按其受力不同，有纵向受拉钢筋和纵向受压钢筋两种，其作用分别承受由弯矩在梁内产生的拉应力和压应力，纵向受力钢筋的数量应通过计算来确定。

梁中纵向受力钢筋宜采用 HRB400 级、HRB500 级、HRBF500 级，常用直径为 12～28 mm，伸入梁支座范围内的纵向受力钢筋不应少于 2 根。

为保证钢筋与混凝土之间的黏结力，以及避免因钢筋过密而妨碍混凝土的捣实，纵向受力钢筋之间必须留有足够的净间距，如图 4-4 所示。

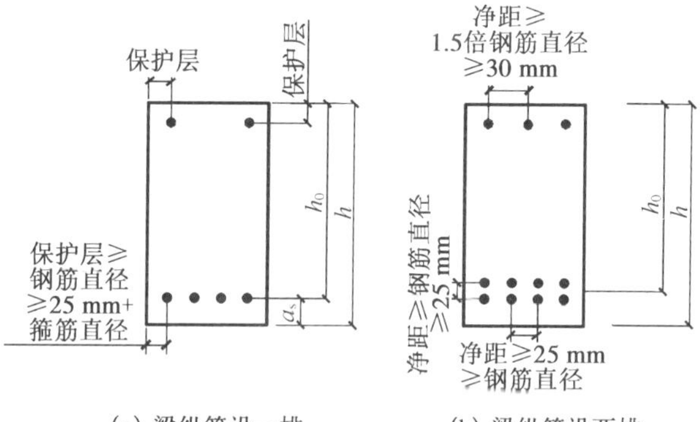

(a) 梁纵筋设一排　　(b) 梁纵筋设两排

图 4-4　受力钢筋的排列

2）架立钢筋

通常无受压钢筋的梁在其上部需配置 2 根架立钢筋，其作用是固定箍筋的正确位置，并与梁底纵向受拉钢筋形成钢筋骨架。当梁的跨度 l_0<4 m 时，架立钢筋的直径不宜小于 8 mm；当梁的跨度 l_0 在 4～6 m 时，其直径不宜小于 10 mm；当梁的跨度 l_0>6 m 时，其直径不宜小于 12 mm。

3）弯起钢筋

弯起钢筋在跨中是纵向受力钢筋的一部分，在靠近支座的弯起段弯矩较小处则用来承受弯矩和剪力共同产生的主拉应力，即作为受剪钢筋的一部分。

钢筋的弯起角度一般为 45°，梁高 h>800 mm 时可采用 60°。

4）箍筋

箍筋主要用来承受由剪力和弯矩在梁内引起的主拉应力，并通过绑扎或焊接把其他钢筋联系在一起，形成空间骨架。

箍筋应根据计算确定。按承载力计算不需要箍筋的梁，当梁的截面高度 $h>300$ mm 时，应沿梁全长按构造配置箍筋；当 h 在 150～300 mm 时，可仅在梁的端部各 1/4 跨度范围内设置箍筋，但当梁的中部 1/2 跨度范围内有集中荷载作用时，仍应沿梁的全长设置箍筋；若 $h<150$ mm，可不设箍筋。

当梁截面高度 $h<800$ mm 时，箍筋直径不宜小于 6 mm；当 $h>800$ mm 时，箍筋直径不宜小于 8 mm。当梁中配有计算需要的纵向受压钢筋时，箍筋直径还不应小于纵向受压钢筋最大直径的 1/4。为了便于加工，箍筋直径一般不宜大于 12 mm。

箍筋的形式可分为开口式和封闭式两种。开口式箍筋不利于纵向钢筋的定位，且不能约束芯部混凝土。因此除小过梁以外，一般均采用末端带有弯钩的封闭式箍筋。当梁中配有按计算需要的纵向受压钢筋时，应采用封闭式箍筋。箍筋的肢数(图 4-5)应符合下列规定：当梁的宽度 $b\leqslant150$ mm 时，可采用单肢；当 $b\leqslant400$ mm，且一层内的纵向受压钢筋不多于 4 根时，可采用双肢箍筋；当 $b>400$ mm，且一层内的纵向受压钢筋多于 3 根，或当梁的宽度不大于 400 mm 但一层内的纵向受压钢筋多于 4 根时，应设置复合箍筋。在箍筋弯钩的末端应加平直段，其长度不应小于箍筋直径的 5 倍，对抗震结构不应小于箍筋直径的 10 倍。

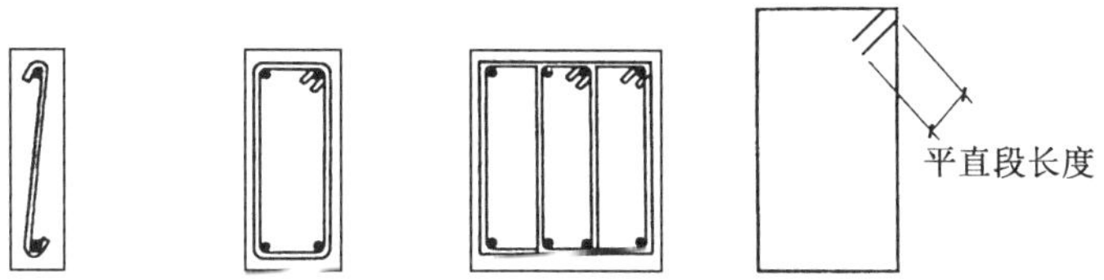

图 4-5　箍筋的肢数及末端构造

5）梁侧构造钢筋

当梁的腹板高度 $h_w\geqslant450$ mm 时，在梁的两个侧面设置纵向构造钢筋，用于抵抗由于温度应力及混凝土收缩应力在梁侧面产生的裂缝，其间距不宜大于 200 mm。每侧纵向构造钢筋的截面面积不应小于腹板截面面积(bh_w)的 0.1%。梁两侧的纵向构造钢筋宜用拉筋联系，拉筋直径与箍筋直径相同，间距常取箍筋间距的两倍(图 4-6)。腹板高度 h_w，对矩形截面取有效高度；对 T 形截面，取有效高度减去翼缘高度；对 I 形截面，取腹板净高。

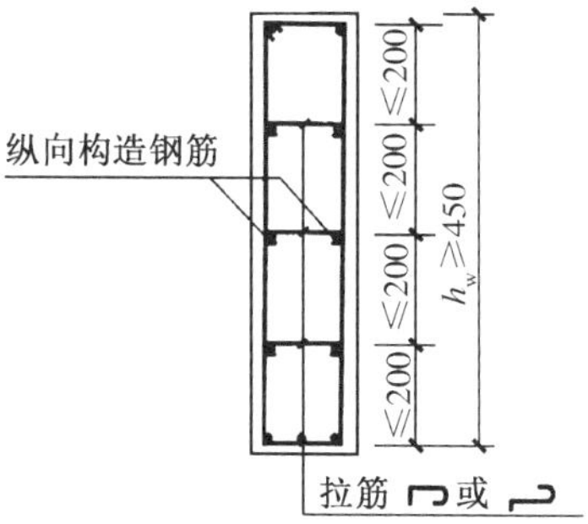

图 4-6　梁侧构件钢筋

4.1.2 板的构造要求

1. 板的截面形式

板的截面形式一般为矩形、空心板、槽形板等(图 4-7)。

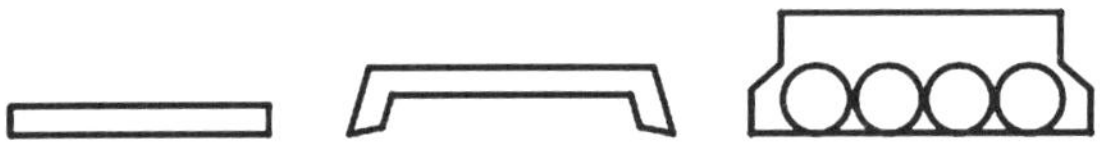

图 4-7 板的截面形式

2. 板的尺寸

板的截面高度 h 可根据跨度 l_0 估算。对现浇钢筋混凝土单向板,可取 $h \geqslant l_0/30$;对现浇钢筋混凝土双向板,可取 $h \geqslant l_0/40$。

板的厚度除满足承载力、刚度和裂缝控制等方面的要求外,还应考虑使用要求、施工要求及经济方面的因素。根据工程经验,现浇板的厚度一般以 10 mm 为模数,且不应小于表 4-2 所列数值。

表 4-2 现浇钢筋混凝土板的最小厚度　　单位:mm

板的类型		厚度
单向板	屋面板	60
	民用建筑楼板	60
	工业建筑楼板	70
	行车道下楼板	80
双向板		80
密肋板	面板	50
	肋高	250
悬臂板(根部)	悬臂长度≤500 mm	60
	悬臂长度 1 200 mm	100
无梁楼板		150
现浇空心楼盖		200

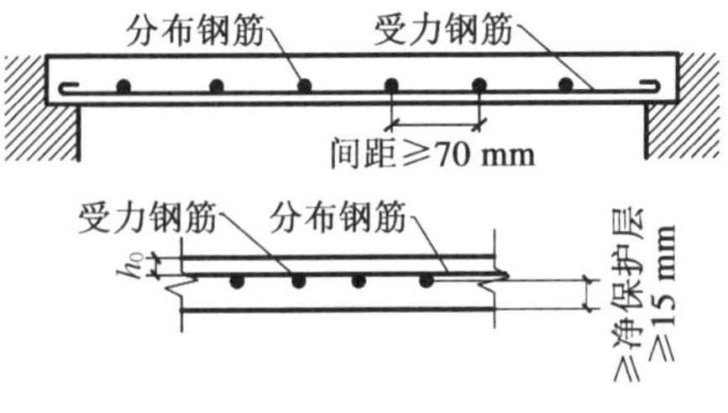

图 4-8 板的配筋

3. 板的配筋

板中通常布置有两种钢筋,即受力钢筋和分布钢筋,其配筋如图 4-8 所示。

(1) 受力钢筋。板中受力钢筋沿板的跨度方向布置在板的受拉区,承担由弯矩产生的拉应力。受力钢筋常采用的直径为 6～12 mm。板中受力钢筋的间距不宜过大，也不宜过密，一般不小于 70 mm。当板厚 $h \leqslant 150$ mm 时，钢筋间距不宜大于 200 mm；当板厚 $h > 150$ mm 时，不宜大于 250 mm 且不宜大于 $1.5h$。

(2) 分布钢筋。板中的分布钢筋与受力钢筋垂直，并放置于受力钢筋的内侧，其作用是将板上荷载均匀地传递给受力钢筋，在施工中固定受力钢筋的位置，抵抗因温度变化和混凝土收缩而产生的拉应力。分布钢筋宜采用 HPB300 级、HRB335 级钢筋，常用直径是 6 mm，8 mm。《混凝土规范》规定：板中单位长度上分布钢筋的配筋面积不小于受力钢筋截面面积的 15%，且配筋率不宜小于 0.15%；间距不宜大于 250 mm。当有较大的集中荷载作用于板面上时，间距不宜大于 200 mm。

4.1.3 混凝土保护层厚度及截面有效高度*

1. 混凝土保护层厚度

为了使钢筋不发生锈蚀，保证钢筋与混凝土间有足够的黏结强度，梁、板中的钢筋表面必须有足够厚度的混凝土保护层。结构构件中钢筋外边缘至构件表面混凝土外边缘的距离，称作混凝土保护层厚度 c。

纵向受力钢筋的混凝土保护层最小厚度应不小于受力钢筋的直径。设计使用年限为 50 年的混凝土结构，最外层钢筋的保护层厚度应符合表 4-3 的规定；设计使用年限为 100 年的混凝土结构，最外层钢筋的保护层厚度不应小于表 4-3 中数值的 1.4 倍。

表 4-3 混凝土保护层的最小厚度 单位：mm

环境类别		板、墙、壳	梁、柱、杆
一		15	20
二	a	20	25
	b	25	35
三	a	30	40
	b	40	50

注：1. 混凝土强度等级不大于 C25 时，表中保护层厚度数值应增加 5 mm。
2. 钢筋混凝土基础宜设置混凝土垫层，基础中钢筋的保护层厚度应从垫层顶面算起，且不应小于 40 mm。

2. 截面有效高度

在进行截面受弯配筋计算时，要确定梁、板截面的有效高度 h_0。所谓截面有效高度 h_0 是指受拉钢筋的合力点到截面受压边缘的垂直距离，它与受拉钢筋的直径及排数有关（图 4-4）。截面有效高度可表示为

$$h_0 = h - a_s \tag{4-1}$$

---

* 此知识点为世界技能大赛相关考核点，参考网址：https://worldskills.org/what/projects/wsos/，WorldSkills Occupational Standards：Concrete Construction Work.

式中　h_0—— 截面高度；

　　a_s—— 受拉钢筋合力点到截面受拉边缘的垂直距离。

在正截面承载力设计中，由于钢筋数量和布置情况都是未知的，需要预先估计，一类环境下梁、板的 a_s 估算值可按表 4-4 采用。

表 4-4　一类环境下的梁、板的 a_s 估算值　　单位：mm

构件种类	纵向受力钢筋层数	混凝土强度等级	
		≤C25	>C25
梁	一层	45	40
	二层	70	65
板	一层	25	20

4.2　正截面承载力计算

想一想

日常生活中见到的钢筋混凝土梁里面的纵向钢筋有什么作用？如何计算梁正截面承载力？如何配置纵向钢筋？

受弯构件通常承受弯矩和剪力共同作用，可能产生以下两种破坏形式。

（1）受弯构件沿弯矩最大截面破坏，破坏截面与构件的轴线正交称为正截面破坏[图 4-9(a)]。

（2）受弯构件沿剪力最大或弯矩和剪力都较大的截面破坏，破坏截面与构件的轴线斜交，称为斜截面破坏[图 4-9(b)]。

(a) 正截面破坏　　(b) 斜截面破坏

图 4-9　受弯构件的两种破坏形式

4.2.1　单筋矩形截面梁受弯构件正截面的受力性能

1. 受弯构件正截面的应力分析

对于配有适量纵向受拉钢筋的梁，从开始加载到完全破坏，其应力变化大致经历了三个阶段，如图 4-10 所示。

1）第Ⅰ阶段（弹性工作阶段）

刚开始加荷时，由于弯矩很小，混凝土处于弹性工作阶段，故截面应力分布呈直线形变化，受拉区的拉应力由钢筋与混凝土共同承担。随着荷载的增加，受拉区混凝土出现塑性特征，应变较应力增加速度快，受拉区混凝土的拉应力为曲线分布。当截面受拉区边缘纤维应变达到混凝土极限拉应变 ε_{tu} 时，截面处在即将开裂的极限状态，即第 Ⅰa 状态，相应的弯矩为开裂弯矩 M_{cr}。此时，受压区混凝土的压应力较小，仍处于弹性阶段，应力为直线分布。

对于不允许出现裂缝的构件，第Ⅰa 应力状态将作为其抗裂度验算的依据。

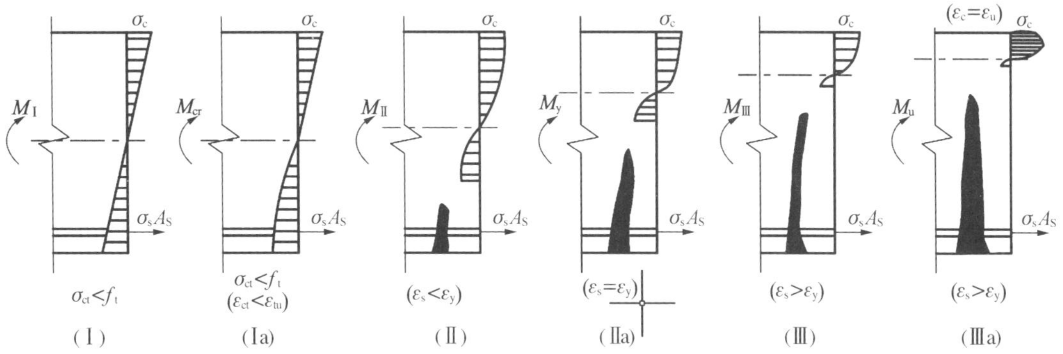

图 4-10　钢筋混凝土梁正截面三个工作阶段的应力变化图

2）第Ⅱ阶段（带裂缝工作阶段）

当梁达到其开裂状态的瞬间时，在“纯弯段”受拉区最薄弱截面处首先出现第一条裂缝，进入带裂缝工作阶段。在裂缝截面处受拉区混凝土退出工作，其所承担的拉力转移给受拉钢筋承担，导致钢筋应力突然增大。随着荷载的增加，裂缝逐渐向上扩展，中和轴位置也随之上升，受压区混凝土高度将逐渐减小。受压区混凝土的应力与应变不断增加，其塑性特征越来越明显，其压应力图形为曲线分布。当荷载增加到使受拉钢筋应力恰好达到屈服强度 f_y 时，此时即为第Ⅱa 状态，相应的弯矩为屈服弯矩 M_y。

第Ⅱ阶段的应力状态代表了受弯构件在正常使用时的应力状态，因此使用阶段的裂缝宽度和变形验算以此应力状态为依据。

3）第Ⅲ阶段（破坏阶段）

对于配筋适量的梁，钢筋应力屈服后，其应力 f_y 基本不再增加，但钢筋应变 ε_s 迅速增大，裂缝开展显著，中和轴迅速上移，导致受压区高度进一步减小，混凝土的压应力和压应变不断增大，受压区混凝土的塑性特征表现得更加充分，压应力曲线趋于丰满。当荷载增加到混凝土受压区边缘纤维压应变达到混凝土极限压应变时，混凝土被压碎甚至崩脱，截面破坏，即达到第Ⅲa 状态，此时对应的弯矩称为极限弯矩 M_u。

第Ⅲa 状态，构件处于正截面破坏的极限状态，其应力状态将作为构件正截面承载力计算的依据。

2. 受弯构件正截面的破坏形式

根据试验研究，当梁的截面尺寸和材料强度一定时，其正截面的破坏形式与纵向受拉钢筋配筋率 ρ 有关。配筋率为

$$\rho = A_s/(bh_0) \tag{4-2}$$

式中 A_s—— 纵向受拉钢筋截面面积；

b—— 梁的截面宽度；

h_0—— 梁的截面有效高度。

梁的破坏形式一般可分为适筋梁、超筋梁和少筋梁三种，如图 4-11 所示。

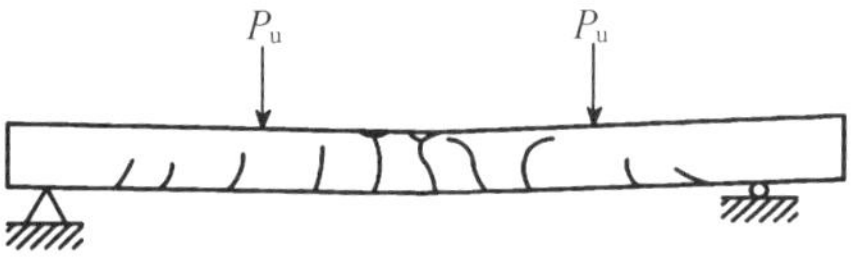

(a) 适筋梁

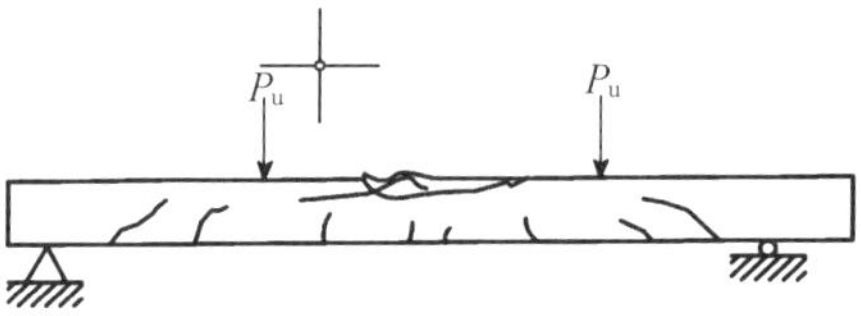

(b) 超筋梁

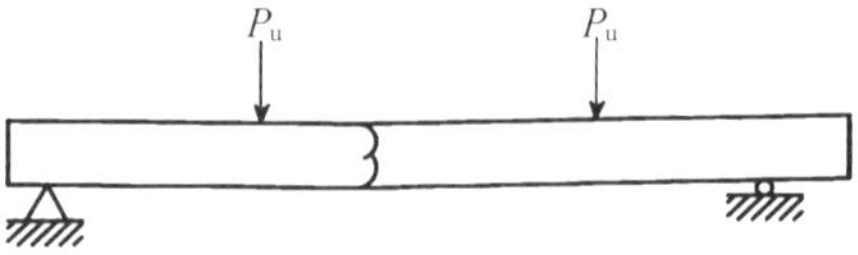

(c) 少筋梁

图 4-11 梁的三种破坏形式

(1) 适筋梁。截面受拉钢筋配筋率 ρ 适中的梁称为适筋梁。其特点是梁破坏始于纵向受拉钢筋的屈服，钢筋屈服后经过一段过程的变化，受压区混凝土才被压碎，达到极限弯矩 M_u，这种破坏从受拉钢筋屈服到极限状态有一个较长的塑性变形过程，随之引起的裂缝开展和挠度增长，能够给人以明显的破坏预兆。适筋梁受力合理，钢筋与混凝土均能充分发挥作用，因此广泛应用于实际工程中。

(2) 超筋梁。截面受拉钢筋的配筋率 ρ 很大的梁称为超筋梁。其特点是梁破坏始于受压区混凝土的压碎，这时受拉钢筋应力小于屈服强度，但受压区边缘混凝土应变因达到极限压应变 ε_u 而产生受压破坏。由于受拉钢筋在梁破坏前仍处于弹性阶段，所以钢筋的伸长量较小，混凝土裂缝开展不宽，挠度不大，破坏前没有明显的预兆，这种破坏称为脆性破坏。工程设计中不允许采用超筋梁。

(3) 少筋梁。截面受拉钢筋配筋率 ρ 很小的梁称为少筋梁。其发生破坏的特点是一旦受拉区混凝土开裂梁即破坏。由于受拉区混凝土开裂退出工作，拉力全部转由过少的钢筋承担，导致钢筋应力突增且迅速屈服并进入强化阶段，裂缝往往只有一条，不仅宽度很大而且贯穿截面高度的大部分，致使梁的裂缝过宽和挠度过大，从而达到其承载能力极限状态。这种破坏发生时，材料未被充分利用，破坏十分突然，属脆性破坏。工程设计中

也不允许采用少筋梁。

为将受弯构件设计成适筋梁，要求梁内纵向钢筋的配筋率 ρ 具有一定范围，其下限值为最小配筋率 ρ_{min}，其上限值为最大配筋率 ρ_{max}。

4.2.2 单筋矩形截面梁正截面受弯承载力分析

1. 计算原则的基本假定

根据适筋受弯构件正截面的破坏特征，其正截面承载力计算以第Ⅲa 状态的应力为依据，并采用以下基本假定。

(1) 截面应变保持平面。即构件正截面弯曲变形后仍保持一平面，其截面上的应变沿截面高度呈线性分布。

(2) 不考虑混凝土的抗拉作用。

(3) 受压混凝土理想化的应力-应变关系曲线如图 4-12 所示，当混凝土强度等级为 C50 及以下时，混凝土极限压应变 $\varepsilon_{cu}=0.0033$。

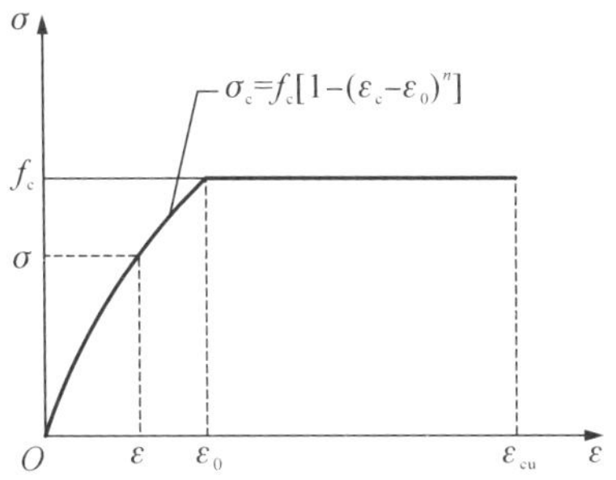

图 4-12 混凝土应力-应变曲线

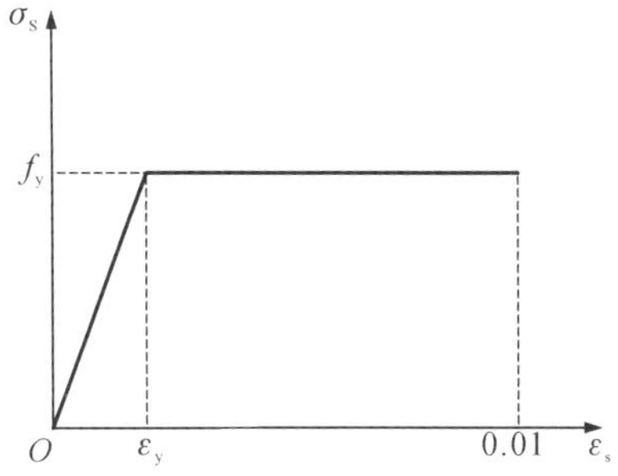

图 4-13 钢筋应力-应变曲线

(4) 纵向受拉钢筋采用的应力-应变关系如图 4-13 所示。钢筋的应力 σ_s 等于其应变 ε_s 与其弹性模量 E_s 的乘积，但其值不应大于相应的强度设计值。纵向受拉钢筋的极限拉应变取为 0.01。

2. 受压区混凝土的等效矩形应力图形

有了以上正截面受力性能试验分析和基本假定，就可以利用平衡条件进行正截面承载力计算，但因达到极限弯矩 M_u 时，受压区混凝土压应力图形为曲线形，进行计算时仍很复杂，为简化计算，可采用等效矩形应力图形代替曲线应力图形，如图 4-14 所示。

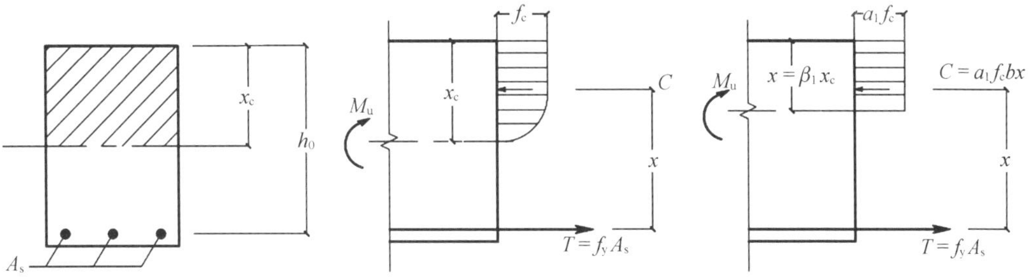

(a) 截面示意图　(b) 曲线应力图　(c) 等效应力图

图 4-14 等效矩形应力图形代替曲线应力图形

等效代换的原则是：等效矩形应力图形和曲线应力图形二者压应力的合力 C 大小相等，压应力合力 C 的作用点位置不变。简化后等效矩形应力图形的应力取值为 $\alpha_1 f_c$，其受压区高度取为 x，实际受压区高度为 x_c，令 $x=\beta_1 x_c$。α_1，β_1 的取值由表 4-5 确定。

表 4-5　混凝土受压区等效矩形应力图形系数

系数	混凝土强度等级						
	≤C50	C55	C60	C65	C70	C75	C80
α_1	1.00	0.99	0.98	0.97	0.96	0.95	0.94
β_1	0.80	0.79	0.78	0.77	0.76	0.75	0.74

3. 适筋梁的界限条件

1）相对界限受压区高度 ξ_b

适筋梁与超筋梁破坏的区别在于：前者破坏始于受拉钢筋的屈服，后者破坏始于受压区混凝土的压碎。二者之间存在一种界限状态，即纵向受拉钢筋屈服的同时，受压区混凝土边缘纤维达到极限压应变，这种破坏称为界限破坏。

根据平截面假定，可同时画出适筋梁破坏、界限破坏、超筋梁破坏时截面的应变图形，如图 4-15 所示。它们在受压混凝土边缘的极限压应变值 ε_{cu} 相同，但纵向受拉钢筋的应变却各不相同，混凝土受压区的高度也不相同。当受弯构件处于界限破坏时，等效矩形截面的高度 x_b 与截面有效受压区高度 h_0 之比，称为相对界限受压区高度 ξ_b。

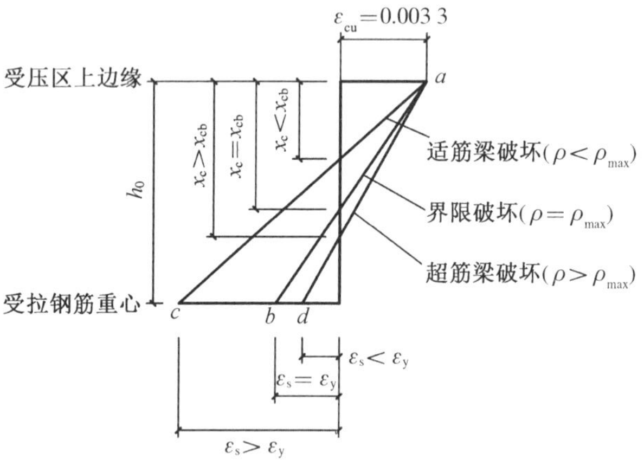

图 4-15　不同配筋率的截面应变图

由图 4-15 中界限破坏时应变三角形的几何关系，再引入 $x=\beta_1 x_c$ 关系，对于有屈服点的钢筋，得出其相对界限受压区高度 ξ_b 的计算式为

$$\xi_b=\frac{x_b}{h_0}=\frac{\beta_1 x_{cb}}{h_0}=\frac{\beta_1\varepsilon_{cu}}{\varepsilon_{cu}+\varepsilon_y}=\frac{\beta_1}{1+\dfrac{\varepsilon_y}{\varepsilon_{cu}}}=\frac{\beta_1}{1+\dfrac{f_y}{E_s\varepsilon_{cu}}} \tag{4-3}$$

式中　x_{cb}—— 界限破坏时截面实际受压区高度；

x_b—— 界限破坏时截面换算受压区高度；

ξ—— 相对受压区高度；

ξ_b—— 相对界限受压区高度，对于常用钢筋种类所对应的 ξ_b 值参见表 4-6。

表 4-6　相对界限受压区高度 ξ_b 值

钢筋级别	混凝土强度等级						
	≤C50	C55	C60	C65	C70	C75	C80
HPB300	0.576	—	—	—	—	—	—
HRB335	0.550	0.541	0.531	0.522	0.512	0.503	0.493
HRB400，HRBF400，RRB400	0.518	0.508	0.499	0.490	0.481	0.472	0.463
HRB500/HRBF500	0.482	0.473	0.464	0.455	0.447	0.438	0.429

由图 4-14 可得出：保证不出现超筋梁破坏的条件是 $\xi \leqslant \xi_b$。

2）最大配筋率 ρ_{max}

当 $\xi = \xi_b$ 时，可求出界限破坏时的特定配筋率，即适筋梁的最大配筋率 ρ_{max} 值。

根据截面上力的平衡条件，由图 4-14(c)则有 $\alpha_1 f_c bx = f_y A_s$，即

$$\xi = \frac{x}{h_0} = \frac{A_s}{bh_0} = \frac{f_y}{\alpha_1 f_c} = \rho \frac{f_y}{\alpha_1 f_c} \tag{4-4a}$$

或

$$\rho = \xi \frac{\alpha_1 f_c}{f_y} \tag{4-4b}$$

当 ξ 达到适筋梁的界限值 ξ_b 时，相应的 ρ 达到界限配筋率，即适筋梁的最大配筋率 ρ_{max} 计算式如下：

$$\rho_{max} = \xi_b \frac{\alpha_1 f_c}{f_y} \tag{4-5}$$

3）最小配筋率 ρ_{min}

为了避免发生少筋梁的破坏形态，必须确定受弯构件的截面最小配筋率 ρ_{min}。

最小配筋率 ρ_{min} 是适筋梁与少筋梁的界限配筋率。《混凝土规范》规定：钢筋混凝土构件纵向受力钢筋的最小配筋百分率取 0.2%和 $45f_t/f_y$% 中的较大值，即

$$\rho_{min} = \max(45f_t/f_y,\ 0.2)\% \tag{4-6}$$

对矩形或 T 形截面，其最小受拉钢筋面积为

$$A_{s,min} = \rho_{min} bh \tag{4-7}$$

根据《混凝土规范》规定，钢筋混凝土结构构件纵向受力钢筋的最小配筋率不应小于表 4-7 规定的数值。

表 4-7　钢筋混凝土结构构件中纵向受力钢筋的最小配筋率

受力类型			最小配筋率
受压构件	全部纵向钢筋	强度等级 500 MPa	0.50%
		强度等级 400 MPa	0.55%
		强度等级 300 MPa，335 MPa	0.60%
	一侧纵向钢筋		0.20%
受弯构件、偏心受拉、轴心受拉构件一侧的受拉钢筋			0.20%和 $45f_t/f_y\%$ 中的较大值

注：1. 受压构件全部纵向钢筋最小配筋百分率，当采用 C60 以上强度等级混凝土时，应按表中规定增大 0.10。
2. 板类受弯构件(不包括悬臂板)的受拉钢筋，当采用强度等级 400 MPa，500 MPa 的钢筋时，其最小配筋百分率应允许采用 0.15%和 $45f_t/f_y\%$ 中的较大值。
3. 偏心受拉构件中的受压钢筋，应按受压构件一侧纵向钢筋考虑。
4. 受压构件全部纵向钢筋和一侧纵向钢筋网的配筋率以及轴心受拉构件和小偏心受拉构件一侧受拉钢筋的配筋率均应按构件的全截面面积计算。
5. 受弯构件、大偏心受拉构件一侧受拉钢筋的配筋率应按全截面面积扣除受压翼缘面积 $(b'_f-b)h'_f$ 后的截面面积计算。
6. 当钢筋沿构件截面周边布置时，“一侧纵向钢筋”指沿受力方向两个对边中的一边布置的纵向钢筋。

4.2.3　单筋矩形截面受弯承载力计算

1. 基本公式

根据适筋梁在破坏时的应力状态及基本假定，并用等效矩形应力图形代替混凝土实际应力图形，则单筋矩形截面受弯构件正截面承载力计算的应力图形如图 4-16 所示。

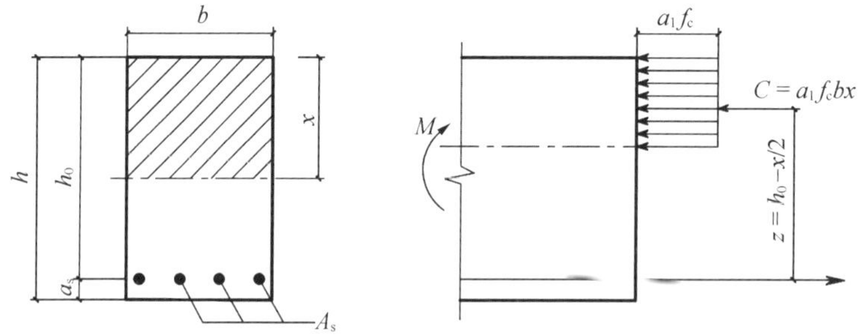

图 4-16　单筋矩形截面受弯构件正截面受弯承载力计算图

根据静力平衡条件，同时从满足承载能力极限状态出发，应满足 $M\leqslant M_u$。所以单筋矩形截面受弯构件正截面承载力计算公式如下：

$$\sum N=0,\ \alpha_1f_cbx=f_yA_s \tag{4-8}$$

$$\sum M=0,\ M\leqslant M_u=\alpha_1f_cbx\left(h_0-\frac{x}{2}\right) \tag{4-9}$$

或

$$M\leqslant M_u=f_yA_s\left(h_0-\frac{x}{2}\right) \tag{4-10}$$

式中　M—— 作用在截面上的弯矩设计值；

M_u—— 截面破坏时的极限弯矩承载力；

f_c—— 混凝土轴心抗压强度设计值；

f_y—— 钢筋抗拉强度设计值；

b—— 截面宽度；

x—— 混凝土受压区高度；

A_s—— 纵向受拉钢筋截面面积；

h_0—— 截面有效高度，$h_0 = h - a_s$，其中 a_s 按表 4-4 采用；

α_1——系数，当混凝土强度等级≤C50 时，$\alpha_1 = 1.0$；当混凝土等级为 C80 时，$\alpha_1 = 0.94$；其间按线性内插法确定。

2. 适用条件

(1) 为了防止发生超筋破坏，保证构件破坏时纵向受拉钢筋首先屈服，应满足

$$\xi \leqslant \xi_b \quad 或 \quad x \leqslant x_b = \xi_b h_0 \quad 或 \quad \rho \leqslant \rho_{max} \tag{4-11}$$

(2) 为了防止发生少筋破坏，应满足

$$\rho \geqslant \rho_{min} \quad 或 \quad A_s \geqslant \rho_{min} bh \tag{4-12}$$

应注意的是，此处计算 ρ 时应采用全截面面积，即 $\rho = A_s bh$ 。

3. 基本公式的应用

钢筋混凝土受弯构件正截面承载力计算，根据已知及未知条件的不同分为两类问题，即截面设计和截面复核。

1) 截面设计

已知弯矩设计值 M，而材料的强度等级、截面尺寸均须设计人员选定，因此，未知数有 f_y，f_c，b，h(或h_0)，A_s 和 x。由于基本方程只有两个，不可能通过计算解决上述所有未知量。通常的做法是：设计人员根据材料供应、施工条件、使用要求等因素综合分析，增设补充条件，确定一个既经济合理又安全可靠的设计方案。

(1) 选择材料种类和强度等级。《混凝土规范》规定钢筋混凝土结构的混凝土强度等级不应低于 C20；当钢筋采用强度等级 400 MPa 及以上等级时，混凝土强度等级不应低于 C25。

(2) 确定截面尺寸。一般按高跨比 h/l_0 来估计截面高度；另外还需从经济角度进行分析，把配筋率 ρ 控制在一定的范围内最经济，即经济配筋率。钢筋混凝土受弯构件的经济配筋率范围：板为 0.3%～0.8%；矩形截面梁为 0.6%～1.5%；T 形截面梁为0.9%～1.8%。

(3) 根据式(4-9)求出截面受压区高度 x，并判别是否属超筋梁。

若 $x > \xi_b h_0$，则属于超筋梁，应加大截面尺寸，或提高混凝土强度等级，或改为双筋截

面重新计算。

若 $x \leqslant \xi_b h_0$ 则由式(4-10)或式(4-8)求出纵向受拉钢筋截面面积 A_s。

(4) 选配钢筋,并验算最小配筋率 ρ_{min}。

根据计算的 A_s,选择钢筋的直径和根数,并复核钢筋间距净保护层厚度。如果纵向钢筋需要按两排放置,则应改变截面有效高度 h_0,重新计算 A_s,并再次选择钢筋。用实际配筋的钢筋面积验算最小配筋率 ρ_{min}。

若 $A_s \geqslant \rho_{min} bh$,则不属于少筋梁;

若 $A_s < \rho_{min} bh$,按 $A_s = \rho_{min} bh$ 进行配筋。

例 4-1 已知某钢筋混凝土矩形截面简支梁,计算跨度 $l_0 = 6.0$ m,由荷载产生的跨中弯矩设计值 $M = 150$ kN·m,环境类别为一类,构件安全等级为二级,试确定该梁的截面尺寸和纵向受拉钢筋。

【解】 ① 选用材料并确定设计参数。

混凝土选用 C30,查表得 $f_c = 14.3$ N/mm^2, $f_t = 1.43$ N/mm^2, $\alpha_1 = 1.0$;采用 HRB400 级钢筋,查表得 $f_y = 360$ N/mm^2;取 $a_s = 40$ mm,结构重要性系数 $\gamma_0 = 1.0$。

② 确定截面尺寸。

按简支梁的高跨比估算:

$h = 10/12 = 6\,000/12 = 500$ mm

$b = \left(\frac{1}{3.5} \sim \frac{1}{2}\right) h = 143 \sim 250$,取 $b = 200$ mm

③ 计算 x 并验算适用条件。

假定钢筋一排布置,则截面实际有效高度 $h_0 = h - a_s = 500 - 40 = 460$ mm。

由式(4-9),可得

$$x = h_0 - \sqrt{h_0^2 - \frac{2M}{\alpha_1 f_c b}} = 460 - \sqrt{460^2 - \frac{2 \times 150 \times 10^6}{1.0 \times 14.3 \times 200}} = 133.3 \text{ mm} < \xi_b h_0$$
$$= 0.518 \times 460 = 238.3 \text{ mm(属适筋梁)}$$

④ 计算钢筋截面面积 A_s。

将 $x = 133.3$ mm 代入式(4-9),得

$$A_s = \frac{\alpha_1 f_c bx}{f_y} = \frac{1.0 \times 14.3 \times 200 \times 133.3}{360} = 1\,059.0 \text{ mm}^2$$

⑤ 选配钢筋并验算最小配筋率。

选用 3 根⌀22 的钢筋,实配 $A_s = 1\,170$ mm^2,钢筋按一排布置所需要的最小宽度 $b_{min} = 2 \times 30 + 3 \times 22 + 2 \times 25 = 176$ mm $< b = 200$ mm,与原假设一致,梁截面配筋如图 4-17 所示。

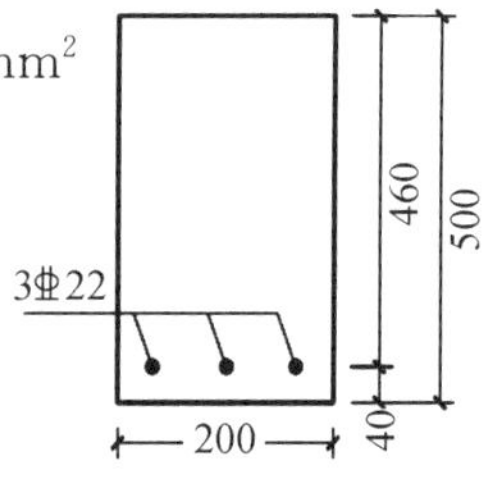

图 4-17 例 4-1 图

$$0.45\frac{f_t}{f_y}=0.45\times\frac{1.43}{360}=0.18\%<0.2\%\text{，取 }\rho_{\min}=0.2\%$$

$\rho_{\min}bh=0.2\%\times200\times500=200\ \text{mm}^2<A_s=1\ 170\ \text{mm}^2$，满足要求。

2）截面复核

截面复核时，已知：材料强度等级（f_c，f_y）、截面尺寸（b，h 及 h_0）和钢筋截面面积（A_s），要求计算该截面所能承担的受弯承载力设计值 M_u；或已知弯矩设计值 M，复核该截面是否安全。截面复核时的计算步骤如下。

（1）根据式（4-8）计算截面受压区高度 x。

（2）验算适用条件，并计算截面受弯承载力 M_u。

若 $x\leqslant\xi_b h_0$，且 $A_s\geqslant\rho_{\min}bh$，为适筋梁；将 x 的值代入式（4-9），得

$$M_u=\alpha_1\xi_b h_0 f_c bx\left(h_0-\frac{x}{2}\right)。$$

若 $x>\xi_b h_0$，取 $x=\xi_b h_0$，计算 $M_{u,\max}=\alpha_1 f_c bh_0^2\xi_b(1-0.5)\xi_b$。

若 $A_s<\rho_{\min}bh$，为少筋梁，应修改设计。

（3）复核截面是否安全。

若 $M_u\geqslant M$，则截面安全；若 $M_u<M$，则不安全，此时应修改原设计。

例 4-2 已知一钢筋混凝土梁，截面尺寸 $b\times h=300\ \text{mm}\times500\ \text{mm}$，混凝土强度等级 C30，纵向受拉钢筋采用 3 根⌀20（HRB400 级钢筋），箍筋采用直径为 8 的钢筋，该梁承受的最大弯矩设计值 $M=120\ \text{kN}\cdot\text{m}$，环境类别为一类，复核该梁是否安全。

【解】 ① 由已知材料强度等级查表得 $f_c=14.3\ \text{N/mm}^2$，$f_t=1.43\ \text{N/mm}^2$，$f_y=360\ \text{N/mm}^2$，$\alpha_1=1.0$，$\xi_b=0.518$，$A_s=942\ \text{mm}^2$。

② 确定截面尺寸。

环境类别为一类的梁混凝土保护层 $c=20\ \text{mm}$。

$$h_0=h-a_s=500-20-8-\frac{20}{2}=462\ \text{mm}\text{（用实际钢筋直径 }d\text{ 计算）}$$

③ 计算 x 并验算最小配筋率。

由式（4-8），得

$$x=\frac{f_yA_s}{\alpha_1 f_c b}=\frac{360\times942}{1.0\times14.3\times300}=79.0\ \text{mm}$$

$$x=79.0\ \text{mm}<\xi_b h_0=0.518\times462=239.3\ \text{mm}\text{（属适筋梁）}$$

$$0.45\frac{f_t}{f_y}=0.45\times\frac{1.43}{360}=0.18\%<0.2\%\text{，取 }\rho_{\min}=0.2\%$$

$\rho_{\min}bh=0.2\%\times300\times500=300\ \text{mm}<A_s=942\ \text{mm}^2$。满足使用条件。

④ 复合截面安全。

由式（4-9），得

$$M_u = \alpha_1 f_c bx\left(h_0 - \frac{x}{2}\right) = 1.0 \times 14.3 \times 300 \times 79.0 \times (462 - 0.5 \times 79.0)$$

$$= 143.2 \times 10^6\ \text{N} \cdot \text{mm} = 143.2\ \text{kN} \cdot \text{m} > M = 120\ \text{kN} \cdot \text{m}$$

故该梁正截面安全。

4.2.4 双筋矩形截面受弯承载力计算

双筋矩形截面受弯构件是指在截面的受拉区和受压区同时配置纵向受力钢筋的受弯构件。双筋截面梁虽然可以提高承载力，但利用受压钢筋来帮助混凝土承受压力是不经济的，故应尽量少用双筋截面梁。通常双筋矩形截面梁适用于下列情况。

(1) 按单筋截面计算出现 $x > \xi_b h_0$ 或 $M > M_{u,max} = \alpha_1 f_c bh_0^2 \xi_b (1 - 0.5\xi_b)$ 情况，而截面尺寸及材料强度又由于种种原因不能再增大和提高时的情况。

(2) 构件在不同荷载的组合下，截面将承受变号弯矩作用时的情况。

(3) 在抗震设计中为提高截面的延性或由于构造原因，要求框架梁必须配置一定比例的受压钢筋时的情况。

试验表明，双筋矩形截面梁破坏时的受力特点与单筋矩形截面梁类似。双筋矩形截面适筋梁在满足 $x \leqslant \xi_b h_0$ 的条件下，受拉钢筋应力先达到屈服强度，然后受压区混凝土被压碎而破坏。二者的不同之处在于，双筋截面梁的受压区配有纵向受压钢筋，由平截面应变关系可以推出，当边缘混凝土达到极限压应变 ε_{cu} 时，受压钢筋的最大应力值为 400 kN/mm^2。若满足 $x \geqslant 2a'_s$，对于常有屈服点的普通钢筋，均能达到其抗压强度设计值 f'_y(即受压钢筋已屈服)；若 $x < 2a'_s$，则说明受压钢筋距中和轴太近，其应力达不到其抗压强度设计值 f'_y，使受压钢筋不能充分发挥作用。

为防止纵向受压钢筋在压力作用下发生压屈而侧向凸出，保证受压钢筋充分发挥其作用，《混凝土规范》规定，双筋梁必须采用封闭箍筋，且箍筋的间距不应大于 $15d$(d 为受压钢筋的最小直径)，同时不应大于 400 mm；箍筋直径不应小于受压钢筋最大直径的 1/4。当受压钢筋多于 3 根时，应设置复合箍筋。

1. 基本公式

与单筋矩形截面梁相似，双筋矩形截面适筋梁达到受弯极限状态时，受拉钢筋应力先达到抗拉强度设计值，受压区混凝土仍然采用等效矩形应力图形，而受压钢筋在满足一定条件下，其应力能达到抗压强度设计值，双筋矩形截面梁的计算应力简图如图 4-18 所示。

根据平衡条件，可写出下列基本公式：

$$\alpha_1 f_c bx + f'_y A'_s = f_y A_s \tag{4-13}$$

$$M \leqslant M_u = \alpha_1 f_c bx\left(h_0 - \frac{x}{2}\right) + f'_y A'_s (h_0 - a'_s) \tag{4-14}$$

式中　f'_y—— 钢筋抗压强度设计值；

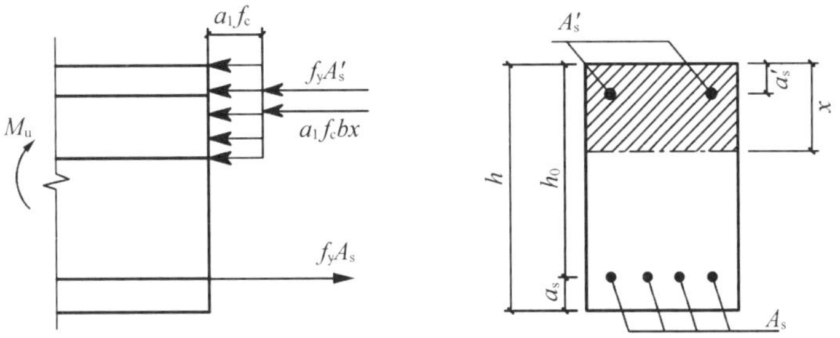

图 4-18　双筋矩形截面梁正截面承载力计算应力简图

A'_s—— 纵向受压钢筋截面面积；

a'_s——纵向受压钢筋合力作用点至截面受压边缘的距离。

2. 适用条件

(1) 为了防止双筋梁发生超筋破坏，应满足：

$$x \leqslant \xi_b h_0 \quad \text{或} \quad \xi \leqslant \xi_b \tag{4-15}$$

(2) 为了保证受压钢筋的压应力能达到 f'_y，受压钢筋的合力作用点不能距中和轴太近，应满足：

$$x \geqslant 2a'_s \tag{4-16}$$

双筋截面一般不会出现少筋破坏情况，故可不必验算最小配筋率。

3. 基本公式的应用

1) 截面设计

双筋截面的配筋计算，可能会遇到以下两类问题。

(1) 已知：弯矩设计值 M、截面尺寸 $b \times h$、混凝土强度等级和钢筋级别，且 $M > \alpha_{sb}\alpha_1 f_c bh_0^2$，求受压钢筋截面面积 A'_s 和受拉钢筋截面面积 A_s。

按双筋截面计算 A_s 和 A'_s 时，基本公式只有两个，但未知数却有三个，即 x、A_s 和 A'_s，因此需要补充一个条件才能求解。为取得较经济的设计，应充分利用混凝土受压，使总的钢筋截面面积 $(A_s + A'_s)$ 为最小。与之对应的相对受压区高度称为经济相对受压区高度，用符号 ξ_e 来表示。

对于普通钢筋，由于 $f_y = f'_y$，故由式(4-13)及式(4-14)可得

$$A_s + A'_s = \frac{\alpha_1 f_c}{f_y} bh_0 \xi_e + 2\frac{M - \alpha_1 f_c bh_0^2 \xi_e (1 - 0.5\xi_e)}{f'_y (h_0 - a'_s)} \tag{4-17a}$$

将式(4-17a)对 ξ_e 求导，并令 $\frac{\mathrm{d}(A_s + A'_s)}{\mathrm{d}\xi_e} = 0$，得出

$$\xi_e = 0.5\left(1 + \frac{a'_s}{h_0}\right) \leqslant \xi_b \tag{4-17b}$$

式(4-17b)也可近似地写成

$$\xi_e = 0.5h/h_0 \leqslant \xi_b \tag{4-17c}$$

当 $\xi_e > \xi_b$ 时，应 $\xi_e = \xi_b$。对于常见的钢筋种类和 a'_s/h_0 比值，由式(4-17)计算所得的值一般都大于 ξ_b，实用上为简化计算可直接取 $\xi_e = \xi_b$。

在确定了补充条件后，计算步骤如下：

① 取 $\xi = 0.5h/h_0$ 或近似取 $\xi = \xi_b$；

② 由式(4-14)可求得受压钢筋截面面积 A'_s；

③ 根据 ξ 及 A'_s，由式(4-13)可求得受拉钢筋截面面积 A_s；

④ 按 A_s、A'_s 值选用钢筋直径及根数，并在梁截面内布置。

(2) 已知：弯矩设计值 M、截面尺寸 $b \times h$、混凝土强度等级和钢筋级别，同时由计算或构造要求等确定的受压钢筋截面面积 A'_s 也已给定，求受拉钢筋截面面积 A_s。

由于 A'_s 为已知，这时基本公式中只有两个未知数 x 及 A_s，故可直接联立求解。计算步骤如下：

① 当 $2a'_s \leqslant x \leqslant \xi_b h_0$ 时，由式(4-13)可求得受拉钢筋截面面积 A_s；

② 当 $x < 2a'_s$ 时，说明给定的受压钢筋面积 A'_s 较多，其应力值达不到抗压强度设计值 f'_y 且为未知，通常可近似取 $x = a'_s$，并对受压钢筋合力点取距，即

$$M \leqslant M_u = f_y A_s (h_0 - a'_s) \tag{4-18}$$

由此可求得受拉钢筋截面面积为 A_s；

③ 当 $x > \xi_b h_0$ 时，则说明给定的受压钢筋截面面积 A'_s 太小，此时按 A_s 和 A'_s 均为未知计算。

根据计算所得的 A_s 选用钢筋直径及根数，并在梁截面内布置。

例 4-3 已知梁的截面尺寸 b=200 mm，h=500 mm，混凝土强度等级为 C30，钢筋采用 HRB400 级，截面弯矩设计值 M=250 kN·m，结构安全等级为二级，环境类别为一类。计算所需的纵向受力钢筋数量。

【解】 ① 选用材料并确定设计参数。查表或计算得：$\alpha_1 = 1.0$，$f_c = 14.3\ \text{N/mm}^2$，$f_y = f'_y = 360\ \text{N/mm}^2$，$\xi_b = 0.518$。

② 计算 x 并验算适用条件。

因弯矩设计值较大，受拉钢筋需两排布置，取 $a_s = 65$ mm，则加 $h_0 = 500 - 65 = 435$ mm。由式(4-9)可得 $x = 315.0\ \text{mm} > \xi_b h_0 = 225.3$ mm，不满足适筋梁条件。

由上可知，如果设计成单筋矩形截面，将会出现超筋梁的情况。若既不能加大截面尺寸，同时又不能提高混凝土强度等级，取 $a_s = 65$ mm，则应按双筋矩形截面进行设计。

③ 计算钢筋截面面积 A_s。

取 $a'_s = 35$ mm，则 $\xi_e = 0.5h/h_0 = 0.5 \times 500/435 = 0.575 > \xi_b = 0.518$

故取 $\xi_e = 0.518$，$x = \xi_e h_0 = 0.518 \times 435 = 225.3$ mm。

由式(4-14)计算 A'_s 得

$$A'_s=\frac{M-\alpha_1 f_c bx\left(h_0-\frac{x}{2}\right)}{f'_y(h_0-a'_s)}$$

$$=\frac{250\times10^6-1\times14.3\times200\times225.3\times(435-225.3/2)}{360\times(435-35)}=294\ \text{mm}^2$$

由式(4-13)计算 A_s 得

$$A_s=\frac{\alpha_1 f_c bx+f'_y A'_s}{f_y}=\frac{1.0\times14.3\times200\times225.3+360\times294}{360}$$

$$=2\,084\ \text{mm}^2$$

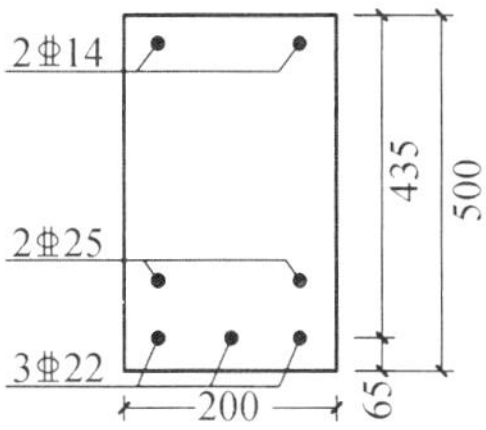

图 4-19 例 4-3 图

④ 选配钢筋。

受拉钢筋选用 3 Φ 22+2 Φ 25($A_s=2\,122\ \text{mm}^2$)，两排布置；受压钢筋选用 2 Φ 14($A'_s=308\ \text{mm}^2$)，截面配筋图见图 4-19。

2) 截面复核

已知：弯矩设计值 M、截面 $b\times h$、钢筋级别和混凝土强度等级、受压和受拉钢筋截面面积 A_s 和 A'_s。求截面所能承担的极限弯矩 M_u，并与弯矩设计值 M 比较，以验算构件是否安全。

这时基本公式中只有两个未知数 x 及 M_u，故可直接联立求解。计算步骤如下：

(1) 由式(4-13)求得截面受压区高度 x。

(2) 如果 $2a'_s\leqslant x\leqslant x_b=\xi_b h_0$，则将其代入式(4-14) 可求得截面极限弯矩 M_u。

(3) 如果 $x>\xi_b h_0$，说明原设计为不合理的超筋梁，这时可近似取 $x=\xi_b h_0$，按式(4-19) 计算 M_u，即

$$M_{u,\max}=\alpha_{sb}\alpha_1 f_c bh_0^2+f'_y A'_s(h_0-a'_s) \tag{4-19}$$

(4) 如果 $x<2a'_s$，则说明 A'_s的强度不能充分发挥，此时可按式(4-18) 计算截面极限弯矩 M_u。

(5) 比较截面极限弯矩值与弯矩设计值 M，以判断构件是否安全。

例 4-4 已知梁截面尺寸及配筋如图 4-20 所示，混凝土强度等级为 C30，钢筋采用 HRB400 级，结构安全等级为二级，环境类别为一类，受拉钢筋采用 3 Φ 25($A_s=1\,473\ \text{mm}^2$)。受压钢筋为 2 Φ 16($A'_s=402\ \text{mm}^2$)，要求承受的弯矩设计值 $M=180\ \text{kN}\cdot\text{m}$，验算此梁是否安全。

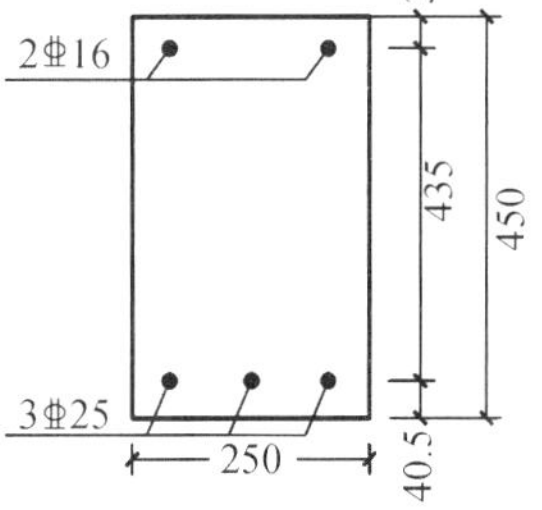

图 4-20 例 4-4 图

【解】 ① 选用材料并确定设计参数。查表或计算得：$\alpha_1=1.0$，$f_c=14.3\ \text{N/mm}^2$，$f_y=f'_y=360\ \text{N/mm}^2$，$\xi_b=0.518$。因环

境类别为一类，可知最外层钢筋的混凝土保护层最小厚度为20 mm，假定箍筋直径为8 mm，故 $a_s=20+8+25/2=40.5$ mm，$a'_s=20+8+16/2=36$ mm，则 $h_0=450-40.5=409.5$ mm

② 计算 x。

$$x=\frac{f_yA_s-f'_yA'_s}{\alpha_1f_cb}=\frac{360\times1\,473-360\times402}{1.0\times14.3\times250}=107.8\ \text{mm}$$

③ 计算 M_u 并判断截面是否安全。

$$2a'_s=2\times36\ \text{mm}\leqslant107.8\ \text{mm}\leqslant x_b=\xi_bh_0=0.518\times409.5=212.1\ \text{mm}$$

故代入式(4-14)，

$$\begin{aligned}M_u&=\alpha_1f_cbx\left(h_0-\frac{x}{2}\right)+f'_yA'_s(h_0-a'_s)\\&=1\times14.3\times250\times107.8\times\left(409.5-\frac{107.8}{2}\right)+360\times402\times(409.5-36)\\&=191.10\times10^6\ \text{N}\cdot\text{mm}=191\ \text{kN}\cdot\text{m}>M=180\ \text{kN}\cdot\text{m},\text{此梁安全。}\end{aligned}$$

4.2.5 T形截面梁正截面承载力计算

当矩形截面受弯构件产生裂缝后，在裂缝截面处，大部分受拉区混凝土已开裂退出工作。故可将受拉区混凝土的一部分挖去，并把原有的纵向受拉钢筋集中布置，就形成如图4-21(a)所示的T形截面。其中伸出部分称为翼缘，中间部分称为梁肋(或腹板)。b 为梁肋宽度，b'_f 为受压翼缘宽度，h'_f 为翼缘厚度，h 为全截面高度。该T形截面的正截面承载力既不会降低，而且又可以节省混凝土，减轻自重。

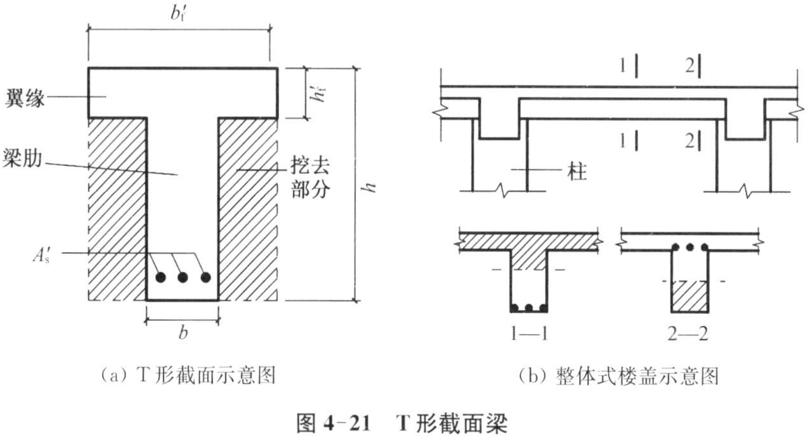

(a) T形截面示意图　　(b) 整体式楼盖示意图

图4-21　T形截面梁

1. T形截面的有效翼缘计算宽度

T形截面与矩形截面的主要区别在于翼缘参与受压。试验和理论分析均表明，翼缘内混凝土的压应力分布是不均匀的，距梁肋越远，应力越小，当翼缘超过一定宽度后，远离梁肋部分的翼缘承担的压应力几乎为零。为了简化计算，在设计中把翼缘宽度限制在一定范围内，即将翼缘上不均匀的压应力按中间最大压应力的数值折合成分布在一定宽度范围内的均匀压应力，此宽度即为有效翼缘计算宽度 b'_f。《混凝土规范》规定，b'_f 按表 4-8 所列情况中的最小值取用。

表 4-8　受弯构件受压区有效翼缘计算宽度 b'_f

受弯构件受压区情况		T形、I形截面		倒L形截面
		肋形梁（板）	独立梁	肋形梁（板）
1	按计算跨度 l_0 考虑	$l_0/3$	$l_0/3$	$l_0/6$
2	按梁（肋）净距 s_n 考虑	$b+s_n$	—	$b+s_n/2$
3	按翼缘高度 h'_f 考虑	$b+12h'_f$	b	$b+5h'_f$

注：表中 b 为梁的腹板宽度。

2. T形截面分类及判别

T形截面梁，根据其受力后受压区高度 x 的大小或中和轴所在位置的不同，可将 T 形截面分为两种类型（图 4-22）。

第一类 T 形截面：中和轴在翼缘内，即 $x \leqslant h'_f$，受压区面积为矩形；

第二类 T 形截面：中和轴在梁肋内，即 $x > h'_f$，受压区面积为 T 形。

两类 T 形截面的界限情况为 $x = h'_f$，如图 4-22 所示，由平衡条件可得

$$\sum F = 0 \qquad \alpha_1 f_c b'_f h'_f = f_y A_s \tag{4-20}$$

$$\sum M = 0 \qquad M_u = \alpha_1 f_c b'_f h'_f \left(h_0 - \frac{h'_f}{2}\right) \tag{4-21}$$

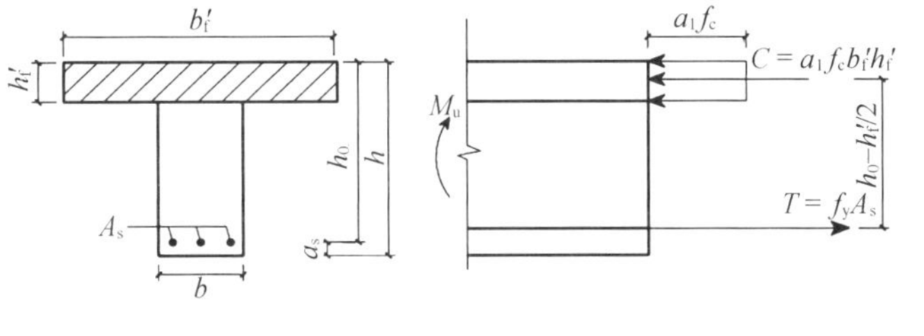

图 4-22　两类 T 形截面的判别界限

根据式（4-20）和式（4-21），两类 T 形截面的判别可按如下方法进行。

对第一类 T 形截面 $x \leqslant h'_f$，则有

$$f_y A_s \leqslant \alpha_1 f_c b'_f h'_f \tag{4-22}$$

$$M \leqslant \alpha_1 f_c b'_f h'_f \left(h_0 - \frac{h'_f}{2}\right) \tag{4-23}$$

对第二类 T 形截面 $x > h'_f$，则有

$$f_y A_s > \alpha_1 f_c b'_f h'_f \tag{4-24}$$

$$M > \alpha_1 f_c b'_f h'_f \left(h_0 - \frac{h'_f}{2}\right) \tag{4-25}$$

截面设计时，因受拉钢筋 A_s 未知，采用式(4-23)和式(4-25)判别 T 形截面类型；截面复核时，受拉钢筋 A_s 已知，采用式(4-22)和式(4-24)判别 T 形截面类型。

3. 基本计算公式及适用条件

1) 第一类 T 形截面

(1) 计算公式。由于不考虑受拉区混凝土的作用，受弯构件承载力主要取决于受压区的混凝土，故受压区混凝土形状为矩形的第一类 T 形截面，其正截面承载力与梁宽为 b'_f 的矩形截面完全相同，因此第一类 T 形截面的计算公式也与单筋矩形截面梁完全相同。仅需将公式中的 b 改为 b'_f，其计算应力图形如图 4-23 所示。

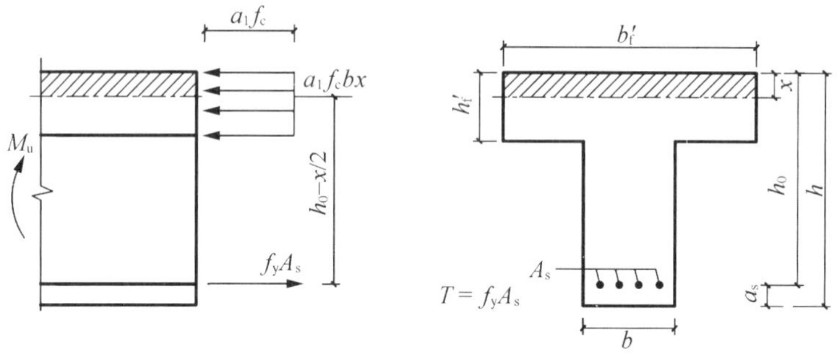

图 4-23　第一类 T 形截面的计算应力图

根据平衡条件可得其基本计算公式如下：

$$\alpha_1 f_c b'_f x = f_y A_s \tag{4-26}$$

$$M \leqslant \alpha_1 f_c b'_f x \left(h_0 - \frac{x}{2}\right) \tag{4-27}$$

(2) 适用条件如下所述：

① 为防止超筋破坏，应满足 $\xi \leqslant \xi_b$ 或 $x \leqslant \xi_b h_0$。

由于 T 形截面的 h'_f 较小，而第一类 T 形截面的受压区高度 $x \leqslant h'_f$，所以这个条件通常都能满足。

② 为防止少筋破坏，应满足 $A_s \geqslant \rho_{min} bh$ 或 $\rho \geqslant \rho_{min}$。

由于最小配筋率是由截面的开裂弯矩 M_{cr} 决定的，而 M_{cr} 主要取决于受拉区混凝土的面积，故最小钢筋面积 $A_{s,min} = \rho_{min} bh$，而不应按 $b'_f h$ 计算。

2) 第二类 T 形截面

(1) 计算公式。第二类 T 形截面的中和轴在梁肋内 ($x > h'_f$)，其混凝土受压区的形

状由矩形变为 T 形，其计算应力图形如图 4-24 所示。根据平衡条件可得

$$\alpha_1 f_c(b'_f - b)h'_f + \alpha_1 f_c bx = f_y A_s \tag{4-28}$$

$$M \leqslant \alpha_1 f_c(b'_f - b)h'_f\left(h_0 - \frac{h'_f}{2}\right) + \alpha_1 f_c bx\left(h_0 - \frac{x}{2}\right) \tag{4-29}$$

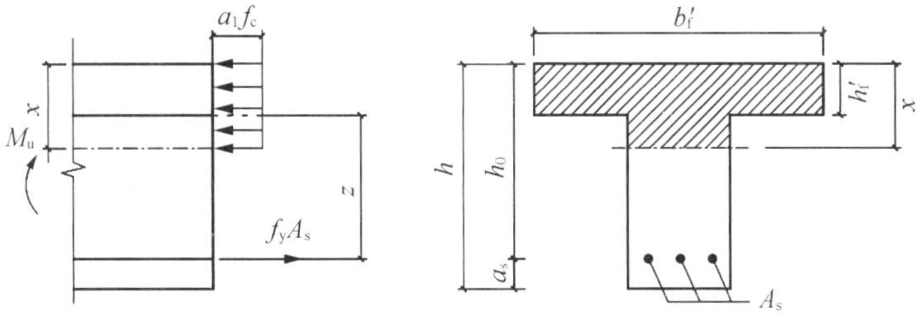

图 4-24　第二类 T 形截面的计算应力图

(2) 适用条件如下所述：

① 为防止超筋破坏，要求满足 $\xi \leqslant \xi_b$ 或 $x \leqslant \xi_b h_0$。

② 为防止少筋破坏，要求 $A_s \geqslant \rho_{min} bh$。

由于第二类 T 形截面梁受压区高度 x 较大，相应的受拉钢筋配筋面积 A_s 较多，故通常都能满足 ρ_{min} 的要求。

4. 基本公式的应用

T 形截面计算时，首先必须判别截面属于哪一类 T 形截面，然后正确应用两类 T 形截面的基本公式进行计算。

1) 截面设计

已知：弯矩设计值截面尺寸 (b, h, b'_f, h'_f)，材料强度设计值(α_1, f_c, f_y)，求纵向受拉钢筋截面面积 A_s。

当 $M \leqslant \alpha_1 f_c(b'_f - b)h'_f\left(h_0 - \frac{h'_f}{2}\right)$ 时，属第一类 T 形截面。其计算方法与 $b'_f \times h$ 的单筋矩形截面相同。

当 $M > \alpha_1 f_c(b'_f - b)h'_f\left(h_0 - \frac{h'_f}{2}\right)$ 时，属第二类 T 形截面，首先用式(4-29)计算，得出截面受压区高度 x。

若 $x > \xi_b h_0$，则属超筋梁，说明截面尺寸不够，应加大截面，或提高混凝土强度等级，或改为双筋 T 形截面，重新计算。

若 $x \leqslant \xi_b h_0$，则将 x 的值代入式(4-28)计算纵向受拉钢筋截面面积 A_s。

例 4-5　某现浇肋形楼盖中的次梁如图 4-25(a)所示。梁跨中承受弯矩设计值 $M = 124$ kN·m，梁的计算跨度 $l_0 = 5.1$ m，混凝土强度等级为 C25，钢筋采用 HRB400 级，环境类别为一类。求该次梁所需的纵向受拉钢筋截面面积 A_s。

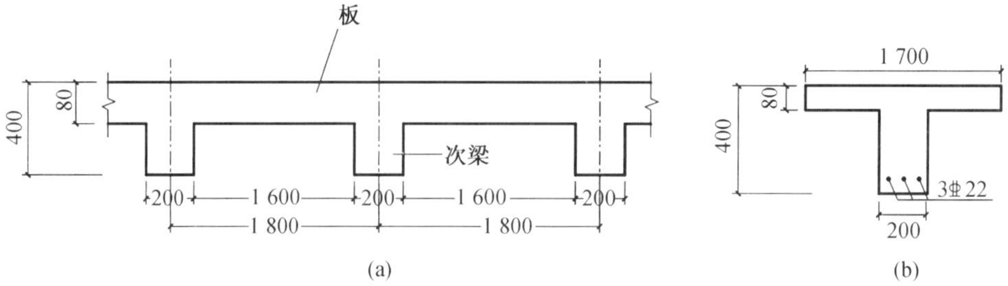

图 4-25　例 4-5 图

【解】 ① 选用材料并确定设计参数。

由已知材料强度等级，查表得 $f_c=11.9\ \text{N/mm}^2$，$f_t=1.27\ \text{N/mm}^2$，$f_y=360\ \text{N/mm}^2$，$\alpha_1=1.0$，$\xi_b=0.518$。

② 确定有效翼缘计算宽度 b'_f。

C25 混凝土保护层最小厚度为 25 mm，考虑箍筋直径为 10 mm，取 $h_0=400-45=355$ mm。

按计算跨径 l_0 考虑，　　$b'_f=l_0/3=5\,100/3=1\,700$ mm

按梁肋净距 s_n 考虑，　　$b+s_n=200+1\,600=1\,800$ mm

按翼缘高度 h'_f 考虑，　　$h'_f/h_0=80/355=0.22>0.1$，不受此项限制

故取三者中的最小值　　$b'_f=1\,700$ mm

③ 判别 T 形截面类型。

$$M=\alpha_1 f_c(b'_f-b)h'_f\left(h_0-\frac{h'_f}{2}\right)=1.0\times11.9\times1\,700\times80\times\left(355-\frac{80}{2}\right)$$

$$=509.8\times10^6\ \text{N}\cdot\text{mm}=509.8\ \text{kN}\cdot\text{m}>M=124\ \text{kN}\cdot\text{m}$$

属第一类 T 形截面，可按截面尺寸为 $b'_f\times h$ 的单筋矩形截面计算。

④ 计算钢筋截面面积并选配钢筋。

由式(4-27)得 $x=17.4\leqslant\xi_b h_0=183.9$ mm，将 x 代入式(4-26)，得

$$A_s=\frac{\alpha_1 f_c b'_f x}{f_y}=\frac{1.0\times11.9\times1\,700\times17.4}{360}=977.78\ \text{mm}^2$$

选用 3⌀22，实配 $A_s=1\,140\ \text{mm}^2$

⑤ 验算适用条件。

$$0.45\frac{f_t}{f_y}=0.45\times\frac{1.27}{355}=0.16\%<0.2\%，取\ \rho_{min}=0.2\%$$

$\rho_{min}bh=0.2\%\times200\times400=160\ \text{mm}^2<A_s=1\,140\ \text{mm}^2$，满足使用条件。

梁中受力钢筋布置如图 4-25(b)所示。

例 4-6　有一 T 形截面梁，截面尺寸 $b=250$ mm，$h=600$ mm，$b'_f=500$ mm，$h'_f=100$ mm，承受弯矩设计值 $M=420\ \text{kN}\cdot\text{m}$，采用 C25 混凝土，HRB400 级钢筋，环境类别为

一类，试确定该梁所需的受拉钢筋截面面积。

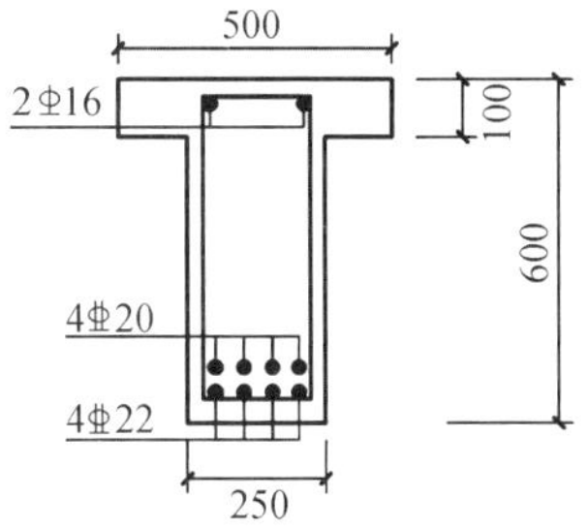

图 4-26　例 4-6 图

【解】 ① 选用材料并确定设计参数。

由已知材料强度等级查表得 $f_c=11.9\ \text{N/mm}^2$，$f_t=1.27\ \text{N/mm}^2$，$f_y=360\ \text{N/mm}^2$，$\alpha_1=1.0$，$\xi_b=0.518$，设采用两排纵向受力钢筋，取 $h_0=600-65=535\ \text{mm}$。

② 判别 T 形截面类型。

$$\alpha_1 f_c b'_f h'_f\left(h_0-\frac{h'_f}{2}\right)=1.0\times 11.9\times 500\times 100\times(535-100/2)$$
$$=288.6\times 10^6\ \text{N}\cdot\text{mm}=288.6\ \text{kN}\cdot\text{m}<M=420\ \text{kN}\cdot\text{m}$$

故属第二类 T 形截面。

③ 求受拉钢筋面积 A_s。

由式(4-29)可得 $x=217.4\ \text{mm}\leqslant\xi_b h_0=277.1\ \text{mm}$，

将 x 代入式(4-28) 得 $A_s=2\,623.0\ \text{mm}^2$

④ 选用 4 Φ 20＋4 Φ 22，实配 $A_s=2\,776\ \text{mm}^2$，按两排布置，截面配筋如图 4-26 所示。

2）截面复核

已知：截面尺寸 (b, h, b'_f, h'_f)，纵向受拉钢筋截面面积 A_s，材料强度设计值 (α_1, f_c, f_y)，求截面受弯承载力设计值 M_u（或已知弯矩设计值 M，复核该截面是否安全）。

计算步骤如下。

(1) 判断 T 形截面类型，根据类型选择相应的计算公式。

当满足式(4-22)，即 $f_y A_s\leqslant\alpha_1 f_c b'_f h'_f$ 时，属第一类 T 形截面，按 $b'_f\times h$ 的单筋矩形截面承载力复核验算的方法进行。

当满足式(4-24)，即 $f_y A_s>\alpha_1 f_c b'_f h'_f$ 时，属第二类 T 形截面，由式(4-28)求得截面受压区高度 x。

(2) 验算适用条件，若 $x<\xi_b h_0$，将 x 代入式(4-29) 求得 M_u；若 $x>\xi_b h_0$，则令 $x=\xi_b h_0$ 代入式(4-29) 计算 M_u。若 $M_u>M$，则承载力足够，截面安全。

例 4-7　有一 T 形截面梁，截面尺寸 $b=300\ \text{mm}$，$h=800\ \text{mm}$，$b'_f=600\ \text{mm}$，$h'_f=100\ \text{mm}$，采用 C25 混凝土，梁截面配有 8 根直径为 22 mm 的 HRB335 级钢筋，钢筋按两排布置，每排各 4 根，该梁承受最大弯矩设计值 600 kN · m，环境类别为一类，试复核该梁截面是否安全。

【解】 ① 选用材料并确定设计参数。

查表得 $f_c=11.9\ \text{N/mm}^2$，$f_t=1.27\ \text{N/mm}^2$，$f_y=300\ \text{N/mm}^2$，$\alpha_1=1.0$，$A_s=3\,041\ \text{mm}^2$。C25 混凝土保护层最小厚度为 25 mm，受拉钢筋两排布置，则 $h_0=h-a_s=800-65=735\ \text{mm}$。

② 判别 T 形截面类型。

$$\alpha_1 f_c b'_f h'_f = 1.0 \times 11.9 \times 600 \times 100 = 714\ 000\ \text{N}$$

$$f_y A_s = 300 \times 3\ 041 = 912\ 300\ \text{N} > 714\ 000\ \text{N}$$

故属第二类 T 形截面。

③ 计算 M_u 并复核截面。

$$x = \frac{f_y A_s - \alpha_1 f_c (b'_f - b) h'_f}{\alpha_1 f_c b}$$

$$= \frac{300 \times 3\ 041 - 1.0 \times 11.9 \times (600 - 300) \times 100}{1.0 \times 11.9 \times 300}$$

$$= 155.5\ \text{mm} < \xi_b h_0 = 0.55 \times 735 = 404.25\ \text{mm}\text{(属适筋梁)}$$

$$M_u = \alpha_1 f_c (b'_f - b) h'_f \left(h_0 - \frac{h'_f}{2}\right) + \alpha_1 f_c b x \left(h_0 - \frac{x}{2}\right)$$

$$= 1.0 \times 11.9 \times \left[(600 - 300) \times 100 \times \left(735 - \frac{100}{2}\right) + 300 \times 155.5 \times \left(735 - \frac{155.5}{2}\right)\right]$$

$$= 609.4 \times 10^6\ \text{N} \cdot \text{mm} = 609\ \text{kN} \cdot \text{m} > M = 600\ \text{kN} \cdot \text{m}$$

所以该梁正截面安全。

4.3 斜截面承载力计算

想一想

钢筋混凝土梁的腹筋有什么作用？如何计算梁斜截面承载力？如何配置腹筋？

4.3.1 受弯构件斜截面的破坏形态

钢筋混凝土受弯构件的斜截面破坏发生在剪力和弯矩共同作用的区段（称为剪弯段）。在弯矩 M 和剪力 V 的共同作用下，常产生斜裂缝，若受弯构件的抗剪能力不足，就会产生斜截面剪切破坏（图 4-27）。

在实际工程设计中，斜截面受剪承载力通过计算配置腹筋（箍筋和弯起钢筋）来保证，斜截面受弯承载力通过构造措施来保证。

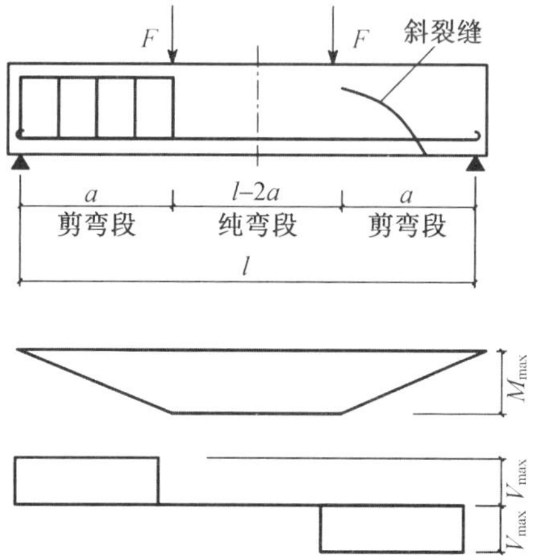

图 4-27　受弯构件斜裂缝出现示意图

受弯构件斜截面受剪破坏形态主要取决于箍筋数量和剪跨比 λ。

$$\lambda = a/h_0 \tag{4-30}$$

式中，a 为集中荷载作用点到支座之间的距离，称为剪跨。

根据剪跨比和箍筋数量的不同，受弯构件斜截面的受剪破坏形态有以下三种。

1. 斜拉破坏

当集中荷载作用点距支座较远，剪跨比 $\lambda > 3$，同时梁内腹筋配置的数量过少时，将会发生斜拉破坏。其特点是斜裂缝一旦出现，就会很快形成临界斜裂缝，并迅速向集中荷载作用点处延伸，属于危险性很大的脆性破坏[图 4-28(a)]。

2. 剪压破坏

当无腹筋梁剪跨比 $1 \leqslant \lambda \leqslant 3$，且梁中腹筋配置的数量适当时将发生剪压破坏。这种破坏在梁腹部出现斜裂缝后，随着荷载的增加，将陆续出现新的斜裂缝，在众多的斜裂缝中形成一条延伸较长、扩展较宽的临界斜裂缝。随着荷载的继续增加，与临界斜裂缝相交的腹筋应力增大直至达到屈服，随后，临界斜裂缝向集中力作用点处发展，导致剪压区混凝土达到极限强度而破坏，剪压破坏也属于脆性破坏[图 4-28(b)]。

3. 斜压破坏

当集中荷载作用点距支座较近，剪跨比 $\lambda < 1$，或梁的箍筋配置过多过密时，将会发生斜压破坏。其受力特点是：在集中荷载与支座之间的梁腹部，出现一些大体相互平行的斜裂缝，随着荷载的增加，这些斜裂缝将梁腹部混凝土分割成斜向的受压短柱，在箍筋应力未达到屈服强度前，斜向混凝土受压短柱已达到极限强度而被压碎，这种破坏也是危险性很大的脆性破坏[图 4-28(c)]。

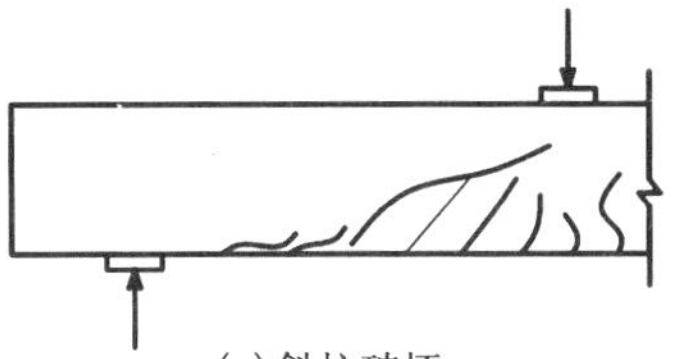

(a)斜拉破坏

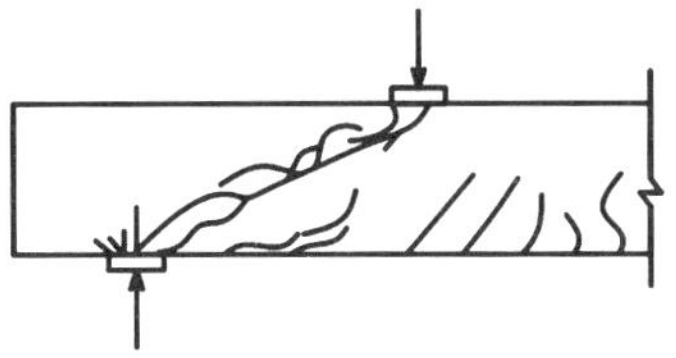

(b)剪压破坏

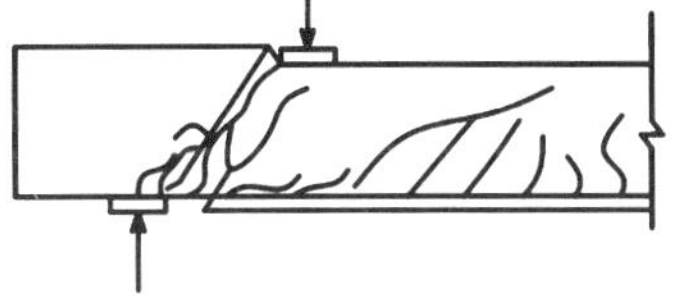

(c)斜压破坏

图 4-28　斜截面的破坏形态

从上述三种破坏形态可知，斜拉破坏发生十分突然，而斜压破坏时箍筋未能充分发挥作用，故这两种破坏在结构设计中均应避免。《混凝土规范》通过采用截面限制条件来防止斜压破坏；通过控制箍筋的最小配筋率来防止斜拉破坏；而剪压破坏，则是通过受剪承载力的计算配置箍筋及弯起钢筋来避免。

4.3.2　受弯构件斜截面受剪承载力计算

1. 影响斜截面受剪承载力的主要因素

影响钢筋混凝土梁受剪承载力的因素很多，主要有剪跨比 λ、混凝土的强度、箍筋的配

箍率 ρ_{sv}、弯起钢筋的配置、纵向钢筋的配筋率 ρ 等。

1）剪跨比 λ

试验结果表明，对于无腹筋梁，剪跨比 λ 是影响受剪承载力最主要的因素之一。在其他条件基本相同的条件下，剪跨比越大，梁的受剪承载力越低。

2）混凝土强度

试验表明，混凝土强度等级对梁的受剪承载力有显著影响。一般情况下，在其他条件基本相同的条件下，梁的受剪承载力随着混凝土强度等级的提高而提高。

3）配箍率 ρ_{sv}

构件中箍筋的配置数量可用配箍率 ρ_{sv} 表示，即

$$\rho_{sv}=\frac{A_{sv}}{bs}=\frac{nA_{sv1}}{bs} \tag{4-31}$$

式中 A_{sv} ——配置在同一截面内箍筋各肢的全部截面面积，$A_{sv}=nA_{sv1}$；

A_{sv1} ——单肢箍筋的截面面积；

n ——箍筋的肢数；

s ——沿构件长度方向的箍筋间距。

在其他条件基本相同的条件下，钢筋混凝土梁的配箍率在适当的范围内，受剪承载力将随着配箍率 ρ_{sv} 的增大而增大。

4）弯起钢筋

与斜裂缝相交的弯起钢筋能承担拉力，也能承担一部分剪力，所以在其他条件基本相同的条件下，弯起钢筋的截面面积越大，强度越高，梁的受剪承载力也越高。

由于弯起钢筋一般由纵向钢筋弯起而成，其直径较粗，根数较少，受力很不均匀；箍筋虽然不与斜裂缝正交，但分布均匀。因此，一般在配置腹筋时，应优先选用箍筋。

5）纵向钢筋配筋率 ρ

纵向钢筋能承受一定的剪力，起销栓作用，可以抑制斜裂缝的开展。在其他条件基本相同的条件下，梁的斜截面受剪承载力随纵向钢筋配筋率 ρ 的增大而提高。由于实际工程中受弯构件的纵向钢筋配筋率 $\rho\leqslant1.5\%$，故《混凝土规范》给出的斜截面承载力计算公式中没有考虑纵向钢筋配筋率的影响。

除上述因素外，截面形状、荷载种类和作用方式等对斜截面受剪承载力都有影响。

2. 斜截面受剪承载力的计算公式

斜截面受剪承载力的计算是以剪压破坏形态为依据的。图 4-29 为配置箍筋和弯起钢筋的简支梁发生斜截面剪压破坏时斜裂缝到支座之间的一段隔离体。为便于理解，假定斜截面受剪承载力由三部分组成，由隔离体竖向力的平衡条件，可列出受剪承载力的计算公式，即

$$V_u=V_c+V_{sv}+V_{sb} \tag{4-32}$$

$$V_u = V_{cs} + V_{sb} \tag{4-33}$$

式中 V_u——构件斜截面上受剪承载力值；

V_c——剪压区混凝土受剪承载力设计值，即无腹筋梁的受剪承载力；

V_{sv}——与斜裂缝相交的箍筋受剪承载力设计值；

V_{sb}——与斜裂缝相交的弯起钢筋受剪承载力设计值；

V_{cs}——斜截面上混凝土和箍筋的受剪承载力设计值，$V_{cs} = V_c + V_{sv}$。

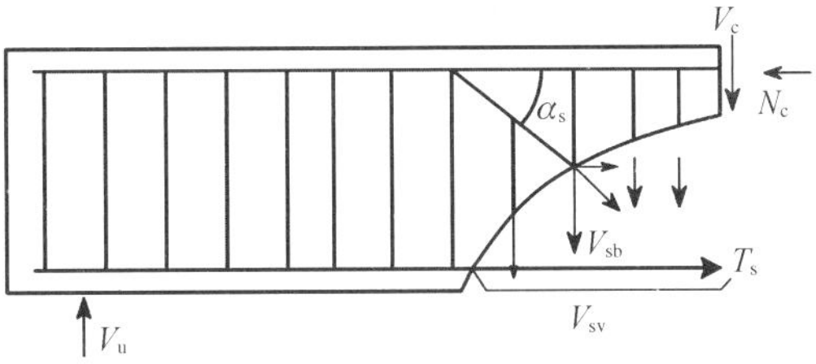

图 4-29　斜截面受剪承载力的计算简图

《混凝土规范》根据理论研究和试验数据分析，并结合工程实践经验，对不同情况的梁，给出以下斜截面受剪承载力的计算公式。

1) 仅配置箍筋的梁

对矩形、T 形和 I 形截面的受弯构件

$$V \leqslant V_{cs} = \alpha_{cv} f_t b h_0 + f_{yv} \frac{A_{sv}}{s} h_0 \tag{4-34}$$

式中 V——构件斜截面上的最大剪力设计值；

f_{yv}——箍筋抗拉强度设计值；

A_{sv}—— 配置在同一截面内箍筋各肢的全部截面面积，$A_{sv} = nA_{sv1}$；

s——箍筋间距；

f_t——混凝土轴心抗拉强度设计值；

α_{cv}——斜截面混凝土受剪承载力系数，对于一般受弯构件取 0.7；对集中荷载作用下的独立梁(包括作用有多种荷载，其中集中荷载对支座截面或节点边缘所产生的剪力值占总剪力值的 75%以上的情况)取 $\alpha_{cv} = \frac{1.75}{\lambda + 1}$，其中 λ 为计算截面的剪跨比，且有 $3 \geqslant \lambda \geqslant 1.5$。

2) 配有箍筋和弯起钢筋的梁

当梁需承受的剪力较大时，可配置箍筋和弯起钢筋共同承担，其斜截面受剪承载力由式(4-34)计算的 V_{cs} 和与斜裂缝相交的弯起钢筋受剪承载力 V_{sb} 组成。而弯起钢筋受剪承载力应等于弯起钢筋所承受的拉力在垂直于梁轴线方向上的分力值，具体计算公式如下：

$$V \leqslant V_u = V_{cs} + 0.8 f_y A_{sb} \sin \alpha_s \tag{4-35}$$

式中 f_y ——弯起钢筋抗拉强度设计值；

A_{sb} ——同一弯起截面内弯起钢筋的截面面积；

α_s—— 弯起钢筋与梁纵向轴线的夹角，一般取 $\alpha_s=45°$，当截面较高时可以取 $\alpha_s=60°$；

0.8——钢筋应力不均匀系数。

3. 计算公式的适用条件

1）防止斜压破坏的条件——最小截面尺寸的限制

试验表明，当截面尺寸过小时，即使箍筋配置很多，也不能完全发挥作用。因此，为防止斜压破坏，必须限值截面最小尺寸。《混凝土规范》规定，矩形、T 形和 I 形截面受弯构件，其截面尺寸应符合下列条件：

当 $h_w/b \leqslant 4.0$（一般梁）时，

$$V \leqslant 0.25\beta_c f_c bh_0 \tag{4-36}$$

当 $h_w/b \geqslant 6.0$（薄腹梁）时，

$$V \leqslant 0.2\beta_c f_c bh_0 \tag{4-37}$$

当 $4.0 < h_w/b < 6.0$（薄腹梁）时，按线性内插法确定。

式中 h_w ——截面的腹板高度，对矩形截面取有效高度；对 T 形截面取有效高度减去翼缘高度；对 I 形截面取腹板净高。

b——矩形截面宽度，T 形和 I 形截面的腹板宽度；

β_c ——混凝土强度影响系数，当混凝土强度等级≤C50 时，取 $\beta_c=1.0$；当混凝土强度等级为 C80 时，取 $\beta_c=0.8$；其间按线性内插法确定。

在工程设计中，如不能满足上述要求，应加大截面尺寸或提高混凝土强度等级。

2）防止斜拉破坏的条件——最小配箍率的限制

当出现斜裂缝后，斜裂缝上的主拉应力全部转移给箍筋。若箍筋配置过少，一旦斜裂缝出现，箍筋会立即屈服，造成斜裂缝的加速扩展，甚至箍筋被拉断而导致斜拉破坏。为防止出现斜拉破坏，《混凝土规范》规定了配箍率 $\rho_{sv,\min}$，即最小配箍率。箍筋的配置应满足下列条件：

$$\rho_{sv}=\frac{A_{sv}}{bs}=\frac{nA_{sv1}}{bs} \geqslant \rho_{sv,\min}=0.24\frac{f_t}{f_{yv}} \tag{4-38}$$

在工程设计中，如不能满足上述要求，则应按 $\rho_{sv,\min}$ 配箍筋，并满足构造要求。

4. 斜截面受剪承载力的计算截面

由于受剪承载力不足而出现的剪压破坏可能在多处发生，因而在进行斜截面受剪承载力计算时，计算截面的位置应选取剪力设计值较大的危险截面或受剪承载力较为薄弱的截面。在设计中，计算截面的位置应按下列规定采用。

(1) 支座边缘处的截面[图 4-30(a),(b)中截面 1—1]。

(2) 受拉区弯起钢筋弯起点处的截面[图 4-30(a)中截面 2—2 或 3—3]。

(3) 箍筋截面面积或间距改变处的截面[图 4-30(b)中截面 4—4]。

(4) 腹板宽度或截面高度改变处的截面。

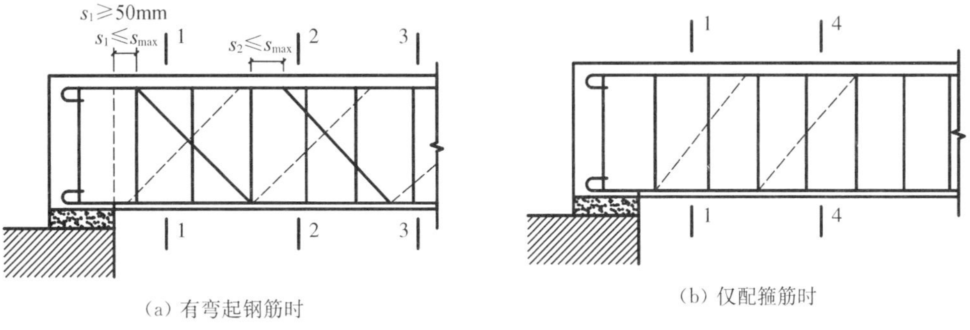

图 4-30 斜截面受剪承载力的计算截面

在计算弯起钢筋时,其计算截面的剪力设计值应取相应截面上的最大剪力设计值,通常按如下方法取用:如图 4-31 所示,计算第一排(对支座而言)弯起钢筋时,取支座边缘处的剪力设计值 V;计算以后的每一排弯起钢筋时,取前一排(对支座而言)弯起钢筋弯起点处的剪力值。

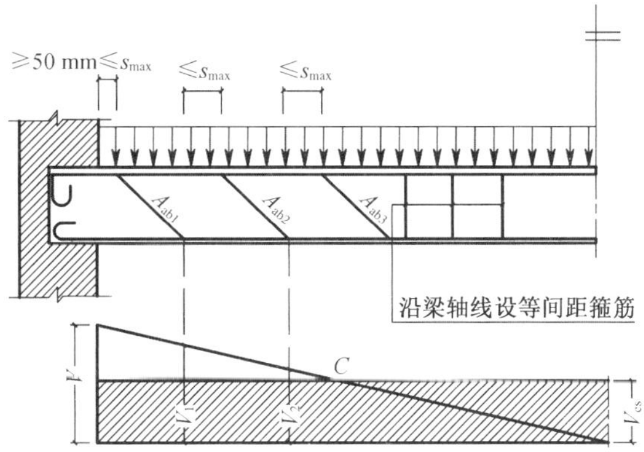

图 4-31 弯起钢筋承担剪力的位置要求

5. 斜截面受剪承载力的计算方法和步骤

与正截面受弯承载力计算一样,受弯构件斜截面承载力计算也有截面设计和截面复核两个方面。

1) 截面设计

受剪承载力的截面设计是在正截面承载力计算完成以后,即在截面尺寸、材料强度、纵向受力钢筋已知的条件下,计算梁内的腹筋数量。其计算方法和步骤如下。

(1) 复核截面尺寸,用防止斜压破坏的条件式(4-36)或式(4-37)对截面尺寸进行复核,如不满足要求,应加大截面尺寸或提高混凝土强度等级。

(2) 确定是否需要按计算配置箍筋。当满足式(4-39)时可按构造配置箍筋,否则需按计算配置箍筋:

$$V \leqslant \alpha_{cv} f_t b h_0 \tag{4-39}$$

按构造配置箍筋时,箍筋的直径、肢数、间距均按构造要求确定。其中,箍筋间距按表4-9中 $V \leqslant 0.7 f_t b h_0$ 一栏确定。

(3) 计算腹筋数量。梁内腹筋通常有两种配置方法,一种是只配箍筋,不设弯起钢筋;另一种是既配箍筋又设弯起钢筋。

只配箍筋时,可按下式计算:

$$\frac{A_{sv}}{s} = \frac{n A_{sv1}}{s} \geqslant \frac{V - \alpha_{cv} f_t b h_0}{f_{yv} h_0} \tag{4-40}$$

求出 A_{sv}/s 的值后,可按构造要求确定箍筋肢数 n 和箍筋直径 d,然后求出箍筋的间距 s,使选定的箍筋间距 $s \leqslant s_{max}$。梁中箍筋的最大间距 s_{max} 宜符合表4-9的规定。

表4-9 梁中箍筋的最大间距 s_{max} 单位:mm

梁高 h	$V > 0.7 f_t b h_0$	$V \leqslant 0.7 f_t b h_0$
$150 < h \leqslant 300$	150	200
$300 < h \leqslant 500$	200	300
$500 < h \leqslant 800$	250	350
$h > 800$	300	400

既配箍筋又配弯起钢筋时,一般先选定箍筋的肢数、直径和间距,并计算出 V_{cs},然后计算弯起钢筋的截面面积 A_{sb},可由式(4-35)计算得到。

(4) 最后验算最小配箍率,即满足式(4-38)的要求。

例4-8 已知钢筋混凝土矩形截面简支梁,截面尺寸 $b \times h = 200\ mm \times 500\ mm$,$a_s = 40\ mm$,由均布荷载在支座边缘处产生的剪力设计值 $V = 200\ kN$,混凝土采用C25,箍筋采用HRB335级钢筋,纵向受力钢筋采用HRB400级钢筋。试对该梁的斜截面进行计算,并确定箍筋数量。

【解】 由已知材料,查表得 $f_c = 11.9\ N/mm^2$,$f_t = 1.27\ N/mm^2$,$f_y = 360\ N/mm^2$,$f_{yv} = 300\ N/mm^2$,$\beta_c = 1.0$。

① 复核截面尺寸。

$$h_w = h_0 = h - a_s = 500 - 40 = 460\ mm$$

$$h_w / b = 460/200 = 2.3 < 4$$

$$0.25 \beta_c f_c b h_0 = 0.25 \times 1.0 \times 11.9 \times 200 \times 460 = 273\ 700\ N = 273.7\ kN > 200\ kN$$

截面尺寸符合要求。

② 确定是否需按计算配置箍筋。

$$0.7f_tbh_0 = 0.7 \times 1.27 \times 200 \times 460 = 81\ 788\ \text{N} = 81.79\ \text{kN} < 200\ \text{kN}$$

故需要按计算配置箍筋。

③ 计算箍筋的数量。

因为是一般受弯构件，由式(4-40)可得

$$\frac{nA_{sv1}}{s} \geqslant \frac{V - 0.7f_tbh_0}{f_{yv}h_0} = \frac{200\ 000 - 81\ 788}{300 \times 460} = 0.857\ \text{mm}^2/\text{mm}$$

选用Φ8双肢箍筋（$A_{sv1} = 50.3\ \text{mm}^2$），则箍筋间距为

$$s \leqslant \frac{2 \times 50.3}{0.857} = 117\ \text{mm}$$

取 $s = 110\ \text{mm} < s_{max} = 200\ \text{mm}$，记作Φ8@110，沿梁全长均匀布置。

④ 验算最小配箍率。

$$\rho_{sv} = \frac{A_{sv}}{bs} = \frac{2 \times 50.3}{200 \times 110} = 0.457\% > \rho_{sv,min} = 0.24\frac{f_t}{f_{yv}} = 0.24 \times \frac{1.27}{300} = 0.102\%$$

箍筋的配筋率满足要求。

2）截面复核

受弯构件的斜截面复核是在已知截面尺寸（b，h，h_0），配箍量（n，A_{sv1}，s），弯起钢筋截面面积（A_{sb}），材料强度（f_c，f_t，f_y，f_{yv}）的条件下，验算梁的斜截面受剪承载力是否满足要求，即计算斜截面受剪的最大承载力 V_u 或能承受的最大剪力设计值。其计算步骤如下。

（1）用式(4-38)验算最小配箍率要求。

（2）用式(4-36)求出受剪承载力 V。

（3）用式(4-36)或式(4-37)复核最小截面尺寸要求。

例 4-9 某钢筋混凝土简支梁，其截面尺寸和配筋如图 4-32 所示。混凝土采用 C25，箍筋采用双肢Φ8@200 的 HPB300 级钢筋，纵向受拉钢筋为 HRB400 级 3Φ20 钢筋。试计算该梁能承担的最大剪力设计值 V_u。

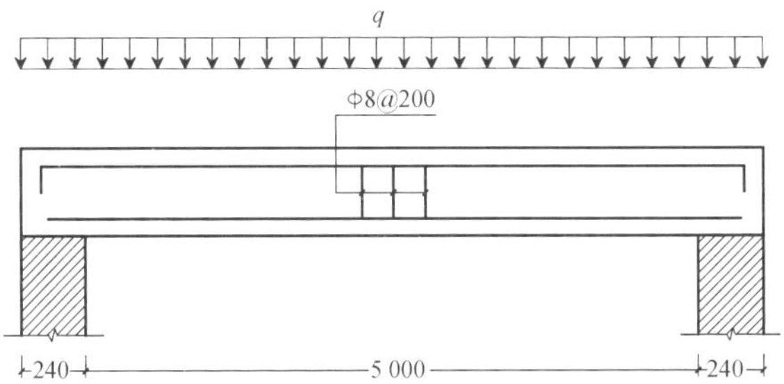

（a）截面尺寸示意图

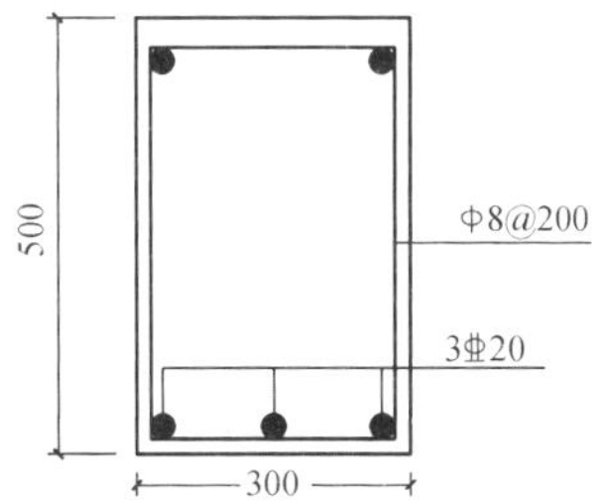

（b）配筋示意图

图 4-32　例 4-9 图

【解】 ① 查出材料强度设计值。

由所选材料查表得 $f_c=11.9\ N/mm^2$，$f_t=1.27\ N/mm^2$，$f_y=360\ N/mm^2$，$\beta_c=1.0$，$A_{sv1}=50.3\ mm^2$。

② 验算配箍率。

$$\rho_{sv}=\frac{A_{sv}}{bs}=\frac{2\times50.3}{300\times200}=0.167\%\geqslant\rho_{sv,\ min}=0.24\frac{f_t}{f_{yv}}=0.24\times\frac{1.27}{270}=0.113\%$$

配箍率符合要求。

③ 计算梁的受剪承载力 V_u。

截面有效高度 $h_0=h-a_s=500-40=460\ mm$。

由于该梁受均布荷载，属于一般受弯构件，α_{cv} 取 0.7，由式(4-34)得

$$V_u=V_{cs}=0.7f_tbh_0+f_{yv}\frac{A_{sv}}{s}h_0$$

$$=0.7\times1.27\times300\times460+270\times\frac{2\times50.3}{200}\times460=185\ 154.6\ N=185.2\ kN$$

④ 复核截面尺寸。

$$\frac{h_w}{b}=\frac{h_0}{b}=\frac{460}{300}=1.53<4$$

$$0.25\beta_cf_cbh_0=0.25\times1.0\times11.9\times300\times460$$

$$=410\ 550\ N=410.5\ kN>185.2\ kN$$

截面尺寸符合要求。

故该梁能承担的最大剪力设计值 $V_u=185.2\ kN$。

4.3.3 保证斜截面受弯承载力的构造要求

受弯构件在弯矩和剪力的共同作用下，沿斜截面除了有可能发生受剪破坏外，由于弯矩的作用还有可能发生斜截面的弯曲破坏。纵向受拉钢筋是按照正截面最大弯矩计算确定的，如果纵向受拉钢筋在梁的全跨内既不弯起，也不截断，可以保证构件任何截面都不会发生弯曲破坏，也能满足任何斜截面的受弯承载力。但是如果一部分纵向受拉钢筋在某一位置弯起或截断时，则有可能使斜截面的受弯承载力得不到保证。而斜截面受弯承载力，是靠一定的构造措施来保证的。《混凝土规范》对纵向受拉钢筋正确的弯起或截断的位置，以及对纵向钢筋的锚固等构造要求都做出了相应的规定，而且这些构造要求一般要通过绘制正截面的抵抗弯矩图予以判断。

1. 抵抗弯矩图的概念

所谓抵抗弯矩图，是指按实际配置的纵向受拉钢筋所绘制的梁上各正截面所能承担弯矩的图形(即 M_u 图)。图上各纵坐标代表正截面实际所能抵抗的弯矩值，它与构件的材

料、截面尺寸、纵向受拉钢筋的数量及其布置有关，与所承担的荷载无关，故抵抗弯矩图又称材料图，如图 4-33 所示。

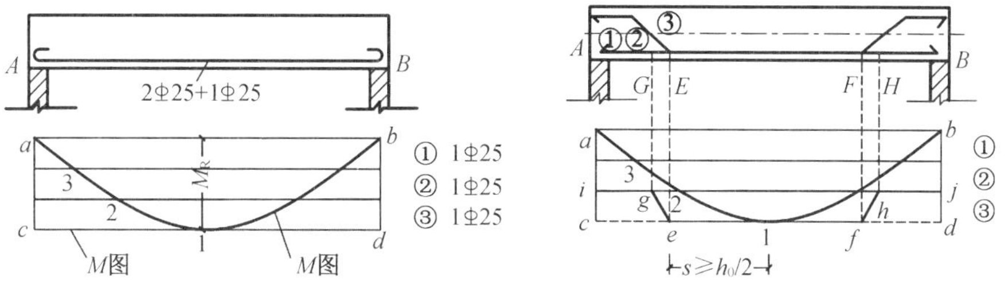

(a) 纵筋全部伸入支座时　　(b) 有纵筋弯起时

图 4-33　简支梁的抵抗弯矩图

表示承受均布荷载作用的简支梁，其设计弯矩图形为二次抛物线。若按跨中最大弯矩计算，梁下部需配置纵向受拉钢筋 3Φ25，该截面所能抵抗的弯矩可按下式计算：$M_u = f_y A_s \gamma_s h_0$，为简化计算，近似取 γ_s 为常数，h_0 的变化忽略不计，则各截面上的实配钢筋所能抵抗的弯矩与钢筋的截面面积 A_s 成正比。若 3Φ25 钢筋既不弯起也不截断，而是全部伸入支座，则其抵抗弯矩图为矩形。显然，梁各截面的受弯承载力均满足要求，但靠近支座截面的 M_u 远远大于 M，纵向钢筋没有被充分利用。因此，在保证正截面和斜截面受弯承载力的前提条件下，设计时可以把一部分纵筋在受弯承载力不需要的位置弯起或截断，使抵抗弯矩图尽量接近于设计弯矩图，以达到节约钢材的目的。下面介绍钢筋弯起或截断时抵抗弯矩图的画法。

首先将梁的抵抗弯矩图和设计弯矩图按同一比例、在同一基线上画出，然后计算每根钢筋所能承担抵抗弯矩 $M_{ui} = \dfrac{A_{si}}{A_s} M_u$ 的数值，并在 M_{ui} 图上最大弯矩截面处按比例画出每根钢筋的抵抗弯矩平行线，M_{ui} 从上向下的排列顺序依次为：从支座向跨中移动遇到的纵向钢筋和弯起钢筋的顺序，与设计弯矩图的交点称为该钢筋的“充分利用点”和“理论截断点”。所谓充分利用点是指某根钢筋按正截面承载力计算被充分利用的截面位置；某根钢筋按正截面承载力计算不被需要的截面称该根钢筋的理论截断点。在图 4-33(b)中，跨中 1 点处是③号钢筋的充分利用点；2 点处是②号钢筋的充分利用点，也是③号钢筋的理论截断点；3 点处是①号钢筋的充分利用点，也是②号钢筋的理论截断点。

当③号钢筋在 E 和 F 截面处开始弯起时，由于弯起后钢筋拉力的力臂逐渐减小，该钢筋的正截面抵抗弯矩将逐渐减小，直到弯起钢筋与梁轴线的交点 G、H 处抵抗弯矩减小为零，弯筋进入受压区。因此，在纵向受拉钢筋弯起的范围内，抵抗弯矩图为一斜线段，该斜线段始于钢筋弯起点，终止于弯起钢筋与梁轴线的交点，如图 4-33(b) 中的 eg 线段、fh 斜线段所示。

通过 M 图与 M_u 图的比较可以看出，为了保证正截面的受弯承载力，抵抗弯矩图必须包住设计弯矩图，即 $M \geqslant M_u$。从理论上讲，M 图与 M_u 图越接近，说明钢筋的利用越充分，因而设计越经济。但是考虑到施工方便，纵筋的配筋不宜过于复杂。应当注意的是，使抵抗弯矩图能包住设计弯矩图，只是保证了梁的正截面受弯承载力。实际上，纵向钢筋的弯起与截断，还必须考虑梁的斜截面受弯承载力的要求。

2. 纵向钢筋的弯起

梁内正、负纵向受拉钢筋都是根据跨中或支座最大弯矩值计算配置的。从经济角度考虑，当截面弯矩减小时，纵向受拉钢筋的数量也应随之减小。对于正弯矩区段内的纵向受拉钢筋，通常采用弯向支座(用来抗剪或承受负弯矩)的方式将多余钢筋弯起。纵向钢筋弯起的位置和数量必须满足以下三方面要求。

(1) 保证正截面受弯承载力。部分纵筋弯起后，纵筋的数量减少，正截面承载力降低，为了保证正截面受弯承载力，必须使梁的 M_u 图包住 M 图，即 $M \geqslant M_u$。

(2) 保证斜截面受剪承载力。当混凝土和箍筋的受剪承载力 $V_{cs} < V$ 时，需要弯起纵筋承担剪力，纵筋弯起的数量要通过斜截面受剪承载力计算确定。此外，弯起钢筋还应满足相应的构造要求。

(3) 保证斜截面受弯承载力。受弯构件斜截面受弯承载力是通过构造措施来保证的。《混凝土规范》规定：在混凝土梁的受拉区内，弯起钢筋的弯起点应设在按正截面受弯承载力计算不需要该钢筋的截面之前，且弯起钢筋与梁中心线的交点应位于该钢筋的理论截断点之外；同时，弯起点与该钢筋的充分利用点之间的距离 s 不应小于 $h_0/2$[图 4-33(b)]。

3. 纵向钢筋的截断

梁跨中承受正弯矩的纵向受拉钢筋不宜在受拉区截断，这是因为在截断处钢筋的截面面积突然减小，使混凝土的拉应力突然增大，在纵向钢筋截断处易出现裂缝，使构件承载力下降。因此，对梁中正弯矩区段的纵向钢筋，通常可将计算不需要的部分钢筋弯起，作为抗剪钢筋或承受支座负弯矩的钢筋，而不应将梁底部承受正弯矩的钢筋在受拉区截断。

对于连续梁和框架梁中承受支座负弯矩的纵向受拉钢筋，可以根据弯矩图的变化将计算不需要的钢筋进行截断，但其断点的位置应满足两个条件：一是保证该钢筋截断后斜截面仍有足够的受弯承载力，即钢筋实际截断点满足从理论截断点以外延伸的长度不小于 l_1；二是被截断的钢筋应保证必要的黏结锚固长度，即实际截断点满足从该钢筋充分利用点截面延伸的长度不小于 l_2。《混凝土规范》根据斜截面剪力值的大小规定出 l_1 和 l_2 的最小值，按表 4-10 取用，设计时钢筋截断点的实际延伸长度取 l_1 和 l_2 的较大值。连续梁支座上部抵抗负弯矩的纵向钢筋实际截断点如图 4-34 所示。

表 4-10　负弯矩钢筋延伸长度的最小值

截面条件	l_1	l_2
$V \leqslant 0.7f_tbh_0$	$20d$	$1.2l_a$
$V > 0.7f_tbh_0$	$\max(20d, h_0)$	$1.2l_a + h_0$
$V > 0.7f_tbh_0$，且按上述规定的截断点仍位于负弯矩受拉区内	$\max(20d, 1.3h_0)$	$\geqslant 1.2l_a + 1.7h_0$

注：l_1 为从该钢筋理论截断点伸出的长度，l_2 为从该钢筋强度充分利用截面伸出的长度。

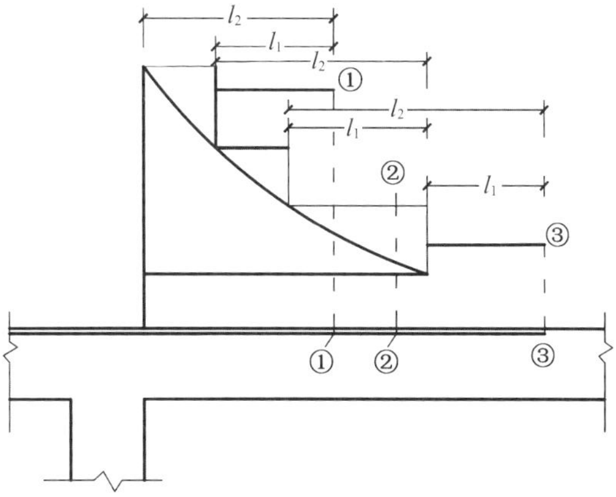

图 4-34　连续梁支座上部纵向钢筋截断的延伸长度

在钢筋混凝土悬臂梁中，应有不少于两根的上部钢筋伸至悬臂梁端部，并向下弯折不小于 $12d$；其余钢筋不应在梁的上部截断，而应按规定的弯起点位置将部分纵向受拉钢筋向下弯折，且在弯折钢筋的终点外留有平行于轴线方向的锚固长度，在受压区不应小于 $10d$，在受拉区不应小于 $20d$（图 4-35）。

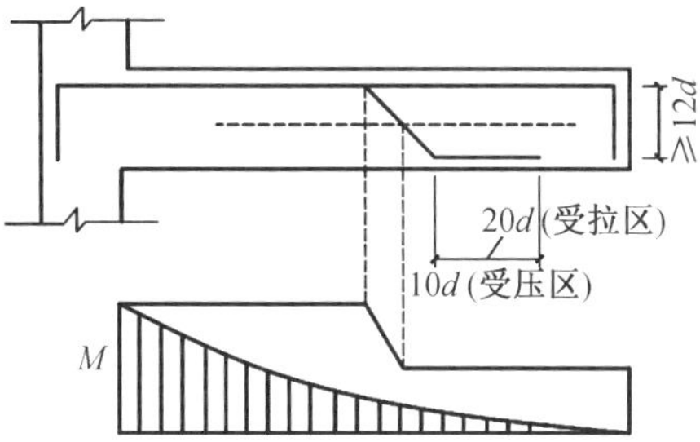

图 4-35　悬臂梁的配筋构造

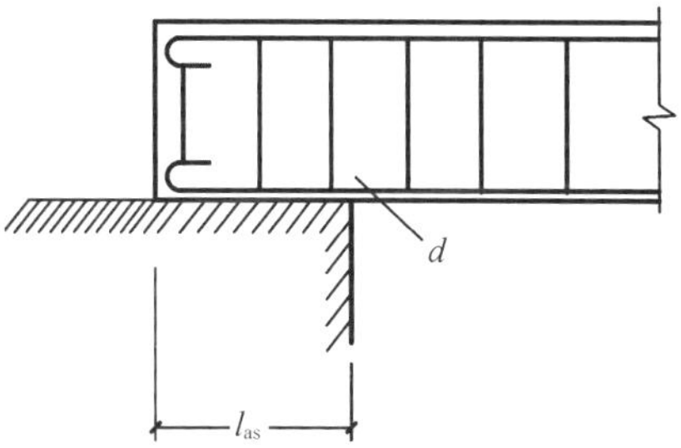

图 4-36　简支梁纵向受力钢筋在支座内的锚固长度

4. 纵向钢筋在支座处的锚固

为保证钢筋混凝土构件正常可靠地工作，防止纵向受力钢筋在支座处被拔出而导致构件发生沿斜截面的弯曲破坏，钢筋混凝土梁和板中的纵向受力钢筋伸入梁支座内的锚固长度应满足《混凝土规范》规定的构造要求。

1）梁端纵筋的锚固

对于简支梁和连续梁简支端的下部纵向受力钢筋，其伸入梁支座范围内的锚固长度 l_{as}（图 4-36）应符合下列要求。

（1）当 $V \leqslant 0.7f_tbh_0$ 时，$l_{as} \geqslant 5d$。

（2）当 $V > 0.7f_tbh_0$ 时，对带肋钢筋 $l_{as} \geqslant 12d$；对光面钢筋 $l_{as} \geqslant 15d$，此处 d 为纵向受力钢筋的直径。

当纵向受力钢筋伸入梁支座范围内的锚固长度 l_{as} 不符合上述要求时，应采用钢筋的附加机械锚固形式。

2）板端纵筋的锚固

简支板和连续板简支端的下部纵向受力钢筋伸入支座的锚固长度 l_{as} 不应小于 $5d$（d 为纵向受力钢筋的直径）。当板采用分离式配筋时，跨中纵向受力钢筋应全部伸入支座。

4.4 变形及裂缝宽度验算

想一想

钢筋混凝土构件正常使用极限状态指标有哪些？如何计算钢筋混凝土构件的挠度和裂缝宽度？

钢筋混凝土结构构件除考虑安全性要求进行承载能力计算外，对某些构件还需要考虑适用性和耐久性要求，进行正常使用极限状态的验算，即对构件进行变形及裂缝宽度验算。因为构件过大的变形和裂缝会影响结构的正常使用。为满足结构构件的适用性和耐久性要求，《混凝土规范》作出如下规定。

（1）钢筋混凝土受弯构件的最大挠度应按荷载的准永久组合并考虑荷载长期作用影响进行计算，其计算值不应超过表 4-11 规定的挠度限值 f_{lim}。

（2）对允许出现裂缝的钢筋混凝土构件，其正截面的裂缝宽度应按荷载的准永久组合并考虑荷载长期作用影响进行计算，构件的最大裂缝宽度不应超过表 4-12 规定的最大裂缝宽度限值 w_{lim}。

表 4-11　受弯构件的挠度限值 f_{lim}

构件类型		挠度限值
吊车梁	手动吊车	$l_0/500$
	电动吊车	$l_0/600$

(续表)

构件类型		挠度限值
屋盖、楼盖及楼梯构件	$l_0<7$ m	$l_0/200(l_0/250)$
	7 m$\leqslant l_0 \leqslant$9 m	$l_0/250(l_0/300)$
	$l_0>9$ m	$l_0/300(l_0/400)$

注：1. 表中 l_0 为构件的计算跨度，计算悬臂梁构件的挠度限值时，其计算跨度按实际悬臂长度的 2 倍取用。
2. 表中括号内的数值适用于使用上对挠度有较高要求的构件。
3. 如果构件制作时预先起拱，且使用上也允许，则在验算挠度时，可将计算所得的挠度值减去起拱值；对预应力混凝土构件，尚可减去预加力所产生的反拱值。
4. 构件制作时的起拱值和预加力所产生的反拱值，不宜超过构件在相应荷载组合作用下的计算挠度值。

表 4-12　结构构件的裂缝控制等级及最大裂缝宽度限值 w_{lim}　　单位：mm

环境类别	钢筋混凝土结构		预应力混凝土结构	
	裂缝控制等级	w_{lim}	裂缝控制等级	w_{lim}
一	三级	0.30(0.40)	三级	0.2
二 a		0.20		0.1
二 b			二级	—
三 a、三 b			一级	—

注：1. 对处于年平均相对湿度小于 60%地区一类环境下的受弯构件，其最大裂缝宽度可采用括号内的数值。
2. 在一类环境下，对钢筋混凝土屋架、托架及需做疲劳验算的吊车梁，其最大裂缝宽度限值应取 0.2 mm；对钢筋混凝土屋面梁和托梁，其最大裂缝宽度限值应取为 0.3 mm。
3. 表中的最大裂缝宽度限值为用于验算荷载作用引起的最大裂缝宽度。

4.4.1　受弯构件的变形验算

1. 钢筋混凝土梁抗弯刚度的特点

在材料力学中介绍了匀质弹性材料梁的挠度计算方法，如简支梁挠度计算的一般公式为

$$f=s\frac{Ml_0^2}{EI} \tag{4-41}$$

$$\frac{M}{EI}=\frac{1}{r} \tag{4-42}$$

式中　f——梁中最大挠度；

s——与荷载形式和支承条件有关的荷载效应系数，当计算均布荷载作用下的简支梁跨中挠度时，$s=5/48$；

M——梁中最大弯矩；

EI——匀质材料梁的截面抗弯刚度；

l_0——梁的计算跨度；

r ——曲率半径。

对匀质弹性材料，当梁的截面尺寸和材料给定时，EI 为常数，挠度 f 与弯矩 M 为线性关系。但对钢筋混凝土构件，材料属弹塑性，在受弯的全过程中，截面抗弯刚度不再是常数。随着 M 的增大以及裂缝的出现和开展，挠度 f 增大且速度加快，因而抗弯刚度逐渐减小。同时，随着荷载作用时间的增长，钢筋混凝土梁的截面抗弯刚度还将进一步减小，梁的挠度还将进一步加大，故不能用 EI 来表示钢筋混凝土梁的抗弯刚度。

因此，计算钢筋混凝土受弯构件的挠度，关键是确定截面的抗弯刚度。《混凝土规范》规定：按荷载准永久组合计算的钢筋混凝土受弯构件的截面抗弯刚度即短期刚度，用 B_s 表示；按荷载准永久组合并考虑荷载长期作用影响计算的截面抗弯刚度即长期刚度，用 B 表示。在求得构件截面抗弯刚度后，梁的挠度就可以根据材料力学的公式进行计算。

2. 受弯构件的短期刚度 B_s

根据理论分析和试验研究的结果，钢筋混凝土受弯构件短期刚度 B_s 的计算公式为

$$B_s = \frac{E_s A_s h_0^2}{1.15\psi + 0.2 + \dfrac{6\alpha_E \rho}{1 + 3.5\gamma_f'}} \tag{4-43}$$

$$\psi = 1.1 - 0.65\frac{f_{tk}}{\rho_{te}\sigma_{sq}} \tag{4-44}$$

式中 ψ ——纵向受拉钢筋应变不均匀系数，且 $0.2 \leqslant \psi \leqslant 1.0$；

f_{tk} ——混凝土轴心抗拉强度标准值；

σ_{sq} ——按荷载准永久组合 M_q 计算的纵向受拉钢筋应力，对钢筋混凝土受弯构件按下式计算：

$$\sigma_{sq} = \frac{M_q}{0.87 h_0 A_s} \tag{4-45}$$

式中，ρ_{te} 按有效受拉混凝土截面面积 A_{te} 计算的纵向受拉钢筋配筋率，且 $\rho_{te} \geqslant 0.01$：

$$\rho_{te} = \frac{A_s}{A_{te}} \tag{4-46}$$

式中，A_{te} 为有效受拉混凝土截面面积，如图 4-37 所示，可按下式计算：

$$A_{te} = 0.5bh + (b_f - b)h_f \tag{4-47}$$

式中，γ_f' 为受压翼缘挑出面积与腹板有效面积之比，可按下式计算：

$$\gamma_f' = \frac{(b_f' - b)h_f'}{bh_0} \tag{4-48}$$

式中，$h_f' \leqslant 0.2h_0$；当截面受压区为矩形时，$\gamma_f' = 0$。

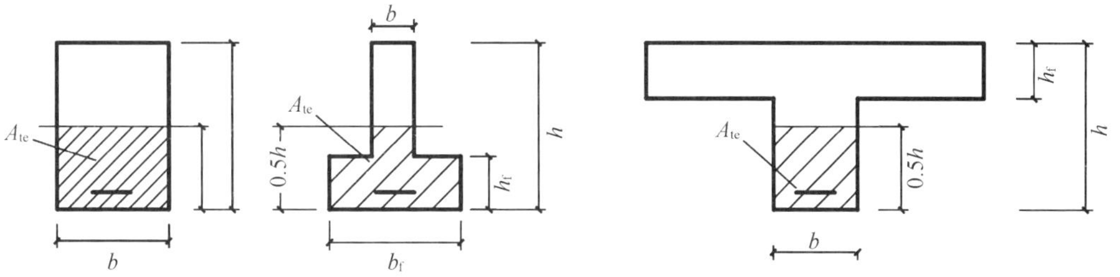

图 4-37　有效受拉混凝土截面面积 A_{te}

3. 受弯构件的长期刚度 *B*

考虑荷载长期作用对挠度增大的影响系数用 θ 表示,《混凝土规范》按下列规定取用:

$$\theta = 2.0 - 0.4\frac{\rho'}{\rho} \tag{4-49}$$

式中,ρ',ρ 分别为受压及受拉钢筋的配筋率,$\rho' = \frac{A'_s}{bh_0}$,$\rho = \frac{A_s}{bh_0}$。

对于翼缘位于受拉区的倒 T 形梁,θ 应增大 20%。

钢筋混凝土受弯构件的长期刚度是在短期刚度的基础上,考虑荷载长期作用的影响因素后确定的,可按下列规定计算:

$$B = \frac{B_s}{\theta} \tag{4-50}$$

4. 受弯构件的挠度验算

如前所述,钢筋混凝土受弯构件开裂后,其截面抗弯刚度是随弯矩增大而降低的。对于等截面受弯构件,各截面的弯矩 M 是变化的,所以截面抗弯刚度也是变化的。为了简化计算,可近似按纯弯区段平均的截面抗弯刚度,即将该区段最小刚度 B_{min} 作为全梁的抗弯刚度,这一计算原则通常称为"最小刚度原则"。

《混凝土规范》规定:在等截面构件中,可假定各同号弯矩区段内的刚度相等,并取用该区段内最大弯矩处的刚度(即最小刚度)。按照最小刚度 B_{min} 简化计算的结果与实测结果比较误差较小,可满足工程要求。

钢筋混凝土受弯构件的挠度计算,可按一般材料力学公式进行,但抗弯刚度 EI 应以长期刚度 B 代替,即

$$f = s\frac{M_q l_0^2}{B} \leqslant f_{lim} \tag{4-51}$$

式中　f ——受弯构件的最大挠度;

　　f_{lim} ——受弯构件的挠度限值,按表 4-11 采用。

当钢筋混凝土梁产生的挠度值不满足规范规定的限值要求时,可采取提高刚度的措

施，即增大截面高度、增大受拉钢筋配筋率、选择合理的截面形式、采用双筋截面以及提高混凝土的强度等级等，其中最有效的措施是增大截面高度，如果还不能满足要求，可采用预应力混凝土构件。

例 4-10 某办公楼钢筋混凝土矩形截面简支梁，截面尺寸 $b \times h$ 为 300 mm × 600 mm，计算跨度 $l_0 = 6$ m；承受均布荷载，其中永久荷载标准值(含自重)$g_k = 9$ kN/m，可变荷载标准值 $q_k = 8$ kN/m，准永久值系数 $\psi_q = 0.4$。采用 C30 混凝土，配置 HRB400 级 3⌀20 纵向受拉钢筋 ($A_s = 941\ \mathrm{mm}^2$)，⌀8 的箍筋。梁的允许挠度 $f_{lim} = l_0/200$，试验算该梁的跨中最大挠度是否满足要求。

【解】 ① 求梁内最大弯矩值。

按荷载准永久组合计算的弯矩值：

$$M_q = \frac{1}{8}(g_k + \psi_q q_k) l_0^2 = \frac{1}{8}(9 + 0.4 \times 8) \times 6^2 = 54.9\ \mathrm{kN \cdot m}$$

② 查出材料强度设计值。

$h_0 = 500 - (25 + 8 + 20/2) = 457$ mm(最小保护层厚度为 25 mm)。C30 混凝土，$f_{tk} = 2.01\ \mathrm{N/mm^2}$，$E_c = 3.0 \times 10^4\ \mathrm{N/mm^2}$；HRB400 级钢筋，$E_s = 2 \times 10^5\ \mathrm{N/mm^2}$。

③ 计算钢筋应变不均匀系数。

$$\rho_{te} = \frac{A_s}{0.5bh} = \frac{941}{0.5 \times 300 \times 600} = 0.010\,5 > 0.01$$

$$\sigma_{sq} = \frac{M_q}{0.87 h_0 A_s} = \frac{54.9 \times 10^6}{0.87 \times 457 \times 941} = 146.7\ \mathrm{N/mm^2}$$

$$\psi = 1.1 - 0.65\frac{f_{tk}}{\rho_{te}\sigma_{sq}} = 1.1 - 0.65 \times \frac{2.01}{0.010\,5 \times 146.7} = 0.252 > 0.2 \text{ 且} < 1.0$$

④ 计算短期刚度 B_s。

因为矩形截面 $\gamma'_f = 0$

$$\alpha_E = \frac{E_s}{E_c} = \frac{2.0 \times 10^5}{3.0 \times 10^4} = 6.67$$

$$\rho = \frac{A_s}{bh_0} = \frac{941}{300 \times 457} = 0.007$$

$$B_s = \frac{E_s A_s h_0^2}{1.15\psi + 0.2 + \dfrac{6\alpha_E \rho}{1 + 3.5\gamma'_f}}$$

$$= \frac{2.0 \times 10^5 \times 941 \times 457^2}{1.15 \times 0.252 + 0.2 + \dfrac{6 \times 6.67 \times 0.007}{1 + 3.5 \times 0}} = 5.105 \times 10^{13}\ \mathrm{N \cdot mm^2}$$

⑤ 计算长期刚度 B。

因为 $\rho'=0$，故 $\theta=2.0$。

$$B=\frac{B_s}{\theta}=\frac{5.105\times10^{13}}{2}=2.55\times10^{13}\ \text{N}\cdot\text{mm}^2$$

⑥ 计算跨中挠度 f。

$$f=s\frac{M_q l_0^2}{B}=\frac{5}{48}\times\frac{54.9\times10^6\times6\,000^2}{2.55\times10^{13}}=8.07\ \text{mm}\leqslant f_{\text{lim}}=\frac{6\,000}{200}=30\ \text{mm}$$

故梁的挠度满足要求。

4.4.2 裂缝宽度验算

钢筋混凝土构件形成裂缝的原因是多方面的。其中，一类是由荷载直接作用引起的，另一类是由于温度变化、混凝土收缩、地基不均匀沉降、钢筋锈蚀等非荷载原因引起的。对于由荷载直接作用引起的裂缝，主要通过计算加以控制；对于由非荷载原因引起的裂缝，可通过构造措施加以控制。下面介绍的裂缝宽度验算均指由荷载引起的裂缝。

由于混凝土组成的不均匀性，构件的裂缝宽度并不一致。试验证明，在荷载长期作用影响下，由于受拉混凝土的应力松弛、钢筋和混凝土间的滑移徐变、混凝土收缩等原因，裂缝宽度将随时间的延长而进一步增大。因此，综合上述因素，《混凝土规范》给出了钢筋混凝土受弯构件最大裂缝宽度 $w_{\max}$ 的计算公式：

$$w_{\max}=\alpha_{cr}\psi\frac{\sigma_{sq}}{E_s}\left(1.9c_s+0.08\frac{d_{eq}}{\rho_{te}}\right) \tag{4-52}$$

$$d_{eq}=\frac{\sum n_i d_i^2}{\sum n_i v_i d_i} \tag{4-53}$$

式中 α_{cr}——构件受力特征系数，对于受弯和偏心受压构件，$\alpha_{cr}=1.9$，对于轴心受拉构件，$\alpha_{cr}=2.7$，对于偏心受拉构件，$\alpha_{cr}=2.4$；

d_{eq}——纵向受拉钢筋的等效直径；

d_i——第 i 种纵向受拉钢筋的公称直径；

n_i——第 i 种纵向受拉钢筋的根数；

v_i——第 i 种纵向受拉钢筋的相对黏结特性系数，对光面钢筋，取 $v_i=0.7$，对带肋钢筋，取 $v_i=1.0$；对环氧树脂涂层的钢筋，v_i 按前述数值的 80%采用。

例 4-11 某矩形截面简支梁，已知条件同例 4-9，最大裂缝宽度限值 $w_{\lim}$ 为0.3 mm。试对该梁进行裂缝宽度验算。

【解】 ① 查取基本参数 $E_s=2.0\times10^5\ \text{N/mm}^2$，最外层钢筋保护层厚度为 25 mm，故

$c_s=25+8=33$ mm，因受力钢筋为同一直径，则 $d_{eq}=20$ mm。

由例 4-9 已求得：$\rho_{te}=0.0105$，$\sigma_{sq}=146.7\ \text{N/mm}^2$，$\psi=0.252$。

② 计算最大裂缝宽度为

$$w_{max}=1.9\psi\frac{\sigma_{sq}}{E_s}\left(1.9c_s+0.08\frac{d_{eq}}{\rho_{te}}\right)$$

$$=1.9\times0.252\times\frac{146.7}{2\times10^5}\left(1.9\times33+0.08\times\frac{20}{0.0105}\right)=0.25\ \text{mm}<w_{lim}=0.3\ \text{mm}$$

故裂缝宽度满足要求。

模块小结

钢筋混凝土受弯构件正截面工作分三个阶段，第 I_a 应力状态将作为受弯构件抗裂度验算的依据，第Ⅱ阶段的应力状态是使用阶段的裂缝宽度和变形验算的依据，第 III_a 阶段的应力状态是受弯构件正截面承载力计算的依据。受弯构件正截面破坏形态根据配筋率的不同分为适筋破坏、超筋破坏和少筋破坏，工程设计中要避免脆性破坏。

受弯构件正截面承载力的计算分截面设计和截面复核两个方面。在截面设计和复核时可直接采用基本公式进行计算，必须满足基本公式的适用条件，防止超筋破坏和少筋破坏发生。斜截面承载力包括斜截面受剪承载力和斜截面受弯承载力两个方面。斜截面受剪承载力是经过计算在梁中配置足够的腹筋来保证的，而斜截面受弯承载力则是通过构造措施来保证的。

钢筋混凝土构件在正常使用极限状态下，应满足规范规定的挠度及最大裂缝宽度的限值，若挠度和最大裂缝宽度不满足要求，应采取必要的措施。

复习思考题

1. 钢筋混凝土梁和板中通常配置哪几种钢筋？各起何作用？

2. 混凝土保护层的作用是什么？室内正常环境中梁、板保护层的最小厚度取多少？

3. 适筋梁正截面受弯全过程可划分为几个阶段？受弯构件正截面承载力计算是以哪个阶段为依据的？

4. 钢筋混凝土梁正截面有哪几种破坏形态？其破坏特征有何不同？

5. 两类 T 形截面梁如何判别？为何第一类 T 形梁可按 $b_f'\times h$ 的矩形截面计算？

6. 受弯构件斜截面受剪破坏有哪几种形态？如何防止各种破坏形态的发生？

7. 增大钢筋混凝土构件抗弯刚度和减小裂缝宽度的主要措施各有哪些？最有效的措施是什么？

8. 已知钢筋混凝土矩形截面简支梁，截面尺寸 $b\times h=250\ \text{mm}\times500\ \text{mm}$，需承受弯矩设计值 $M=170\ \text{kN}\cdot\text{m}$，$\gamma_0=1$，环境类别为一类，混凝土强度等级为 C30，纵向受拉钢筋为 HRB400 级。试分别用基本公式法和表格计算法计算纵向受拉钢筋的截面面积 A_S 并选配钢筋。

9. 某矩形截面梁，$b=250\ \text{mm}$，$h=500\ \text{mm}$，采用 C25 混凝土，HRB400 级钢筋，承受均布恒荷载标准值 $g_k=10\ \text{kN/m}$(包括梁自重)，均布活荷载标准值 $q_k=8\ \text{kN/m}$，计算跨度 $l_0=6\ \text{m}$，试求该梁的纵向受拉钢筋截面面积，并绘制截面配筋图。

10. 有一钢筋混凝土矩形截面梁，$b\times h$ 为 $250\ \text{mm}\times450\ \text{mm}$，混凝土等级为 C30，钢筋采用 HRB400 级，受拉钢筋为 4Φ18($A_S=1\ 017\ \text{mm}^2$)，环境类别为一类，弯矩设计值 $M=120\ \text{kN}\cdot\text{m}$，构件安全等级为二级。试复核该梁的正截面承载力是否安全。

模块 5　钢筋混凝土受压构件

思维导图

- 钢筋混凝土受压构件
  - 受压构件构造要求
    - 掌握截面形式及尺寸
    - 掌握钢筋形式及基本规定
  - 轴心受压构件承载力计算
    - 理解轴心受压构件受力分析及破坏形态
    - 运用普通箍筋柱的正截面承载力计算
  - 矩形截面单向偏心受压构件
    - 理解偏心受压构件的破坏形态
    - 理解对称配筋矩形截面偏心受压构件正截面承载力计算基本公式
    - 运用对称配筋矩形截面偏心受压构件正截面承载力计算方法
    - 掌握柱的构造

知识点滴

钢筋混凝土受压构件是建筑工程中应用最广泛的构件之一，常见的例子就是柱。如图 5-1 所示，受压构件包括轴心受压构件和偏心受压构件，偏心受压构件又分为单向偏心受压构件和双向偏心受压构件。实际工程中，由于构件制作、运输、安装等原因，真正的轴心受压构件是不存在的，但为了计算方便，当偏心不大时可以简化为轴心受压构件。

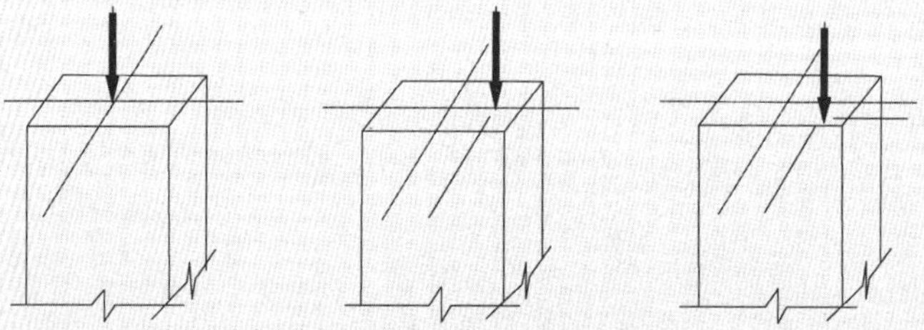

(a) 轴心受压　　(b) 单向偏心受压　　(c) 双向偏心受压

图 5-1　钢筋混凝土受压构件

5.1 受压构件构造要求

想一想

日常生活中见到的钢筋混凝土柱子形状是什么样的？柱中设置的钢筋是怎么布置的？

5.1.1 截面形式及尺寸

为便于制作模板，轴心受压构件一般为矩形或方形截面，偏心受压构件一般为矩形截面。柱截面尺寸主要根据内力的大小、构件长度及构造要求等确定；方形柱的截面尺寸不宜小于 300 mm×300 mm。为了避免长细比过大导致承载力降低过多，常取 $l_0/b \leqslant 30$ 及 $l_0/h \leqslant 25$（l_0 为柱的计算长度，b 为矩形截面短边边长，h 为长边边长）。为了施工支模方便，柱截面尺寸宜使用整数，边长 800 mm 及以下者，宜取 50 mm 的倍数，边长 800 mm 以上者，可取 100 mm 的倍数。

5.1.2 纵向受力钢筋

纵向受压构件的荷载主要由混凝土承担，纵筋的作用是提高柱的承载力，以减小构件的截面尺寸；防止因偶然偏心产生的破坏；改善破坏时构件的延性；减小混凝土的徐变变形。偏心受压构件的纵向受力钢筋除前述作用外，主要用来承受由弯矩在柱内产生的拉力和压力。

轴心受压构件的纵向受力钢筋应沿截面的四周均匀放置，偏心受压构件的纵向受力钢筋应放置在偏心方向截面的两对边，圆柱中纵向受力钢筋宜沿周边均匀布置。

柱纵向受力钢筋应采用 HRB400 级、HRB500 级、HRBF400 级、HRBF500 级钢筋。钢筋直径 d 不宜小于 12 mm，通常采用 12～32 mm。为保证骨架的刚度，宜采用直径较大的钢筋。方形和矩形截面柱中纵向受力钢筋不少于 4 根；圆柱中不宜少于 8 根且不应少于 6 根，并宜沿周边均匀布置。纵向受力钢筋的净距应≥50 mm，且不宜大于 300 mm；偏心受压柱中垂直于弯矩作用平面的侧面上的纵向受力钢筋及轴心受压柱中各边的纵向受力钢筋的中距不宜大于 300 mm。

5.1.3 箍筋

受压构件中箍筋的作用：一是与纵筋形成骨架，防止纵筋受力后外凸，从而提高柱的承载力；二是承担剪力和扭矩；三是与纵筋一起约束芯部混凝土。

(1) 为了能箍住纵筋，防止纵筋压曲，柱中箍筋应做成封闭式；在绑扎骨架中箍筋间距 $\leqslant 15d$，在焊接骨架中则 $\leqslant 20d$（d 为纵筋最小直径），且≤400 mm 和 b（b 为构件横截面的短边尺寸)。

(2) 箍筋直径 $\geqslant d/4$(d 为纵筋的最大直径),且≥6 mm。当纵筋配筋率超过 3%时,箍筋直径宜≥8 mm,其间距应 $\leqslant 10d$(d 为纵筋最小直径),且≤200 mm。

在纵筋搭接长度范围内,箍筋的直径不宜小于 $0.25d$(d 为搭接钢筋直径);箍筋间距应加密,当搭接钢筋为受拉时,其箍筋间距应 $\leqslant 5d$,且≤100 mm;当搭接钢筋为受压时,其箍筋间距应 $\leqslant 10d$,且≤200 mm。d 为受力钢筋中的最小直径。当搭接受压钢筋直径大于 25 mm 时,应在搭接接头两个端面外 100 mm 范围内各设置 2 根箍筋。

(3) 当柱截面短边尺寸大于 400 mm 且各边纵筋多于 3 根时,或当柱截面短边尺寸不大于 400 mm,但各边纵向钢筋多于 4 根时,应设置复合箍筋,以防止中间钢筋被压屈;当截面短边不大于 400 mm,且纵筋不多于 4 根时,可不设置复合箍筋(图 5-2)。

(4) 对于截面形状复杂的构件,不应采用具有内折角的箍筋(图 5-3),以免内折角处混凝土保护层崩裂。

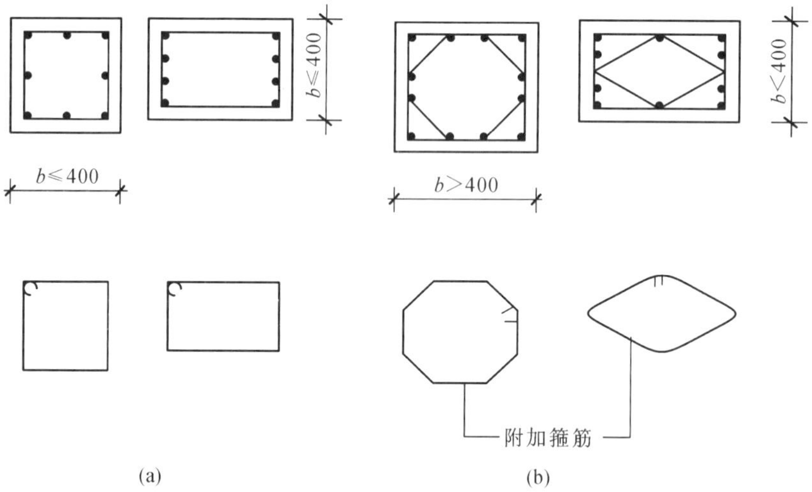

图 5-2　正方形、矩形截面配筋形式

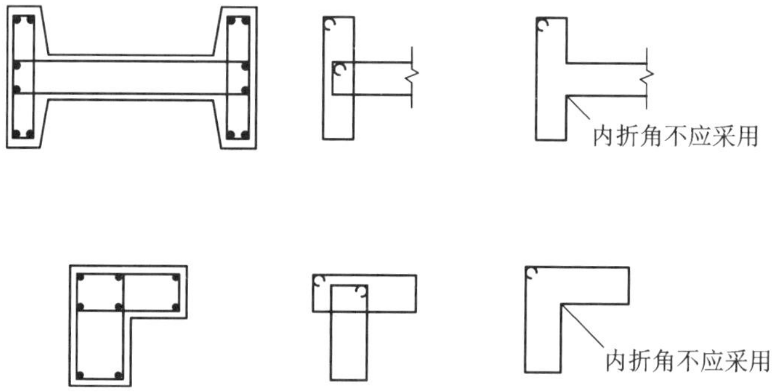

图 5-3　复杂截面的箍筋形式

5.2 轴心受压构件承载力计算

想一想

钢筋混凝土柱的纵向钢筋和箍筋分别有什么作用？如何计算柱子承载力？如何配置钢筋？

按照箍筋的作用及配置方式的不同，钢筋混凝土柱分为两种：配有纵向钢筋和普通箍筋的柱，简称普通箍筋柱[图 5-4(a)]；配有纵筋和螺旋式（或焊接环式）箍筋的柱，简称螺旋箍筋柱[图 5-4(b)]。

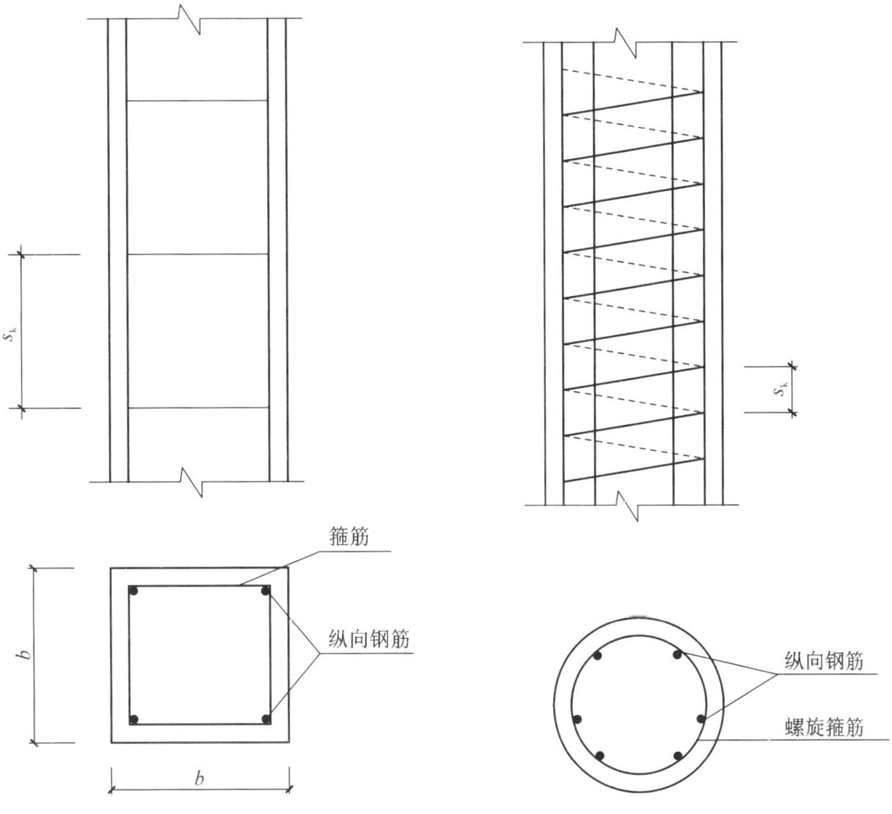

(a) 普通箍筋柱　　(b) 螺旋箍筋柱

图 5-4　轴心受压柱

5.2.1　轴心受压构件受力分析及破坏形态

按长细比 l_0/b 的不同，轴心受压柱可分为短柱和长柱。对方形和矩形柱，当 $l_0/b \leqslant 8$ 时属于短柱，否则为长柱。其中 l_0 为柱的计算长度，b 为矩形截面的短边尺寸。

1. 轴心受压普通箍筋柱

最常见的轴心受压柱是普通箍筋柱。配有纵筋和箍筋的短柱，在轴心荷载作用下，整个截面的应变基本上是均匀分布的。当荷载较小时，混凝土和钢筋均处于弹性阶段，柱子压缩变形的增加与荷载的增加成正比，随着荷载的增加，应变也迅速增加。柱中开始出现细微裂缝，最后，构件的混凝土达到极限应变，柱四周出现明显的纵向裂缝，箍筋间的纵筋发生压屈，向外凸出，混凝土被压碎，柱子即告破坏，如图 5-5(a)所示。

试验表明，混凝土短柱达到最大压应力值时的压应变值为 0.001 5～0.002，破坏时，一般是纵筋先达到屈服强度，最后混凝土达到极限压应变值，构件破坏。当纵向钢筋的屈服强度较高时，可能会出现钢筋没有达到屈服强度而混凝土达到了极限压应变值的情况。

如果控制构件的压应变达到 0.002，此时混凝土达到轴心抗压强度 f_c，相应的纵筋应力值 $\sigma_s'=E_s\varepsilon_s'=200\times10^3\times0.002=400\ \text{N/mm}^2$，这时 HRB400 级，HRB335 级，HPB235 级和 RRB400 级热轧钢筋已达到屈服强度。而对于屈服强度或条件屈服强度大于 400 N/mm² 的钢筋，在计算 f_y' 时只能取 400 N/mm²。显然，在受压构件内配置过高强度的钢筋是不能充分发挥其高强度的作用，这是不经济的。

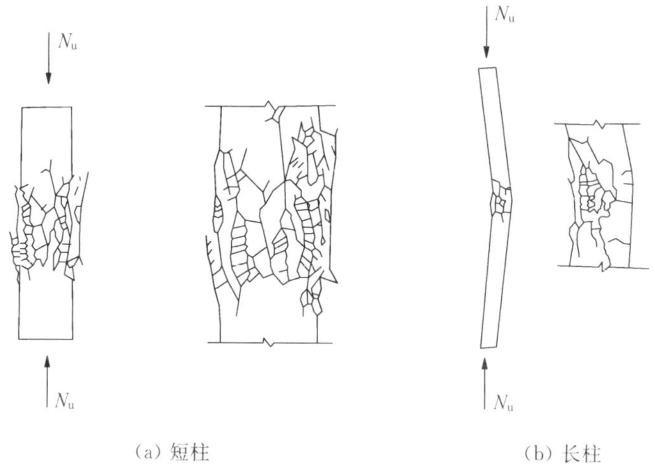

图 5-5　钢筋混凝土柱的破坏

对于钢筋混凝土长柱，试验表明，长柱的破坏荷载低于其他条件相同的短柱破坏荷载，长细比越大，承载力越低。其原因在于，长细比越大，由于各种偶然因素造成的初始偏心距越大，产生的附加弯矩和相应的侧向挠度也不断增大，在相互影响下，长柱在轴力和弯矩的共同作用下破坏。破坏时，首先在凹边出现纵向裂缝，接着混凝土被压碎，纵向钢筋被压弯向外凸出，侧向挠度急速发展，最终柱子失去平衡并将凸边混凝土拉裂而破坏[图5-5(b)]。长细比过大的细长柱，在附加弯矩和相应侧向挠度影响下，甚至可能发生失稳破坏。

2. 轴心受压螺旋式箍筋柱

当柱承受很大轴心受压荷载，并且柱截面尺寸由于建筑上及使用上的要求受到限制，若设计成普通箍筋的柱，即使提高了混凝土强度等级和增加了纵筋配筋量也不足以承受该荷载时，可考虑采用螺旋筋或焊接环筋以提高构件的承载能力。这种柱的截面形状一般为圆形或多边形。

螺旋箍筋柱和焊接环筋柱的配箍率高，而且不会像普通箍筋那样容易“崩出”，因而能约束核心混凝土在纵向受压时产生的横向变形，从而提高了混凝土抗压强度和变形能力。

5.2.2 普通箍筋柱的正截面承载力计算

1. 基本公式

如图 5-6 所示，钢筋混凝土轴心受压柱受压主要由混凝土及钢筋承担。构件破坏时，根据力的平衡条件得到短柱和长柱的承载力计算分式为

$$N \leqslant N_u = 0.9\varphi(f_c A + f'_y A'_s) \quad (5-1)$$

$$\varphi = \frac{1}{1+0.002(l_0/b-8)^2} \quad (5-2)$$

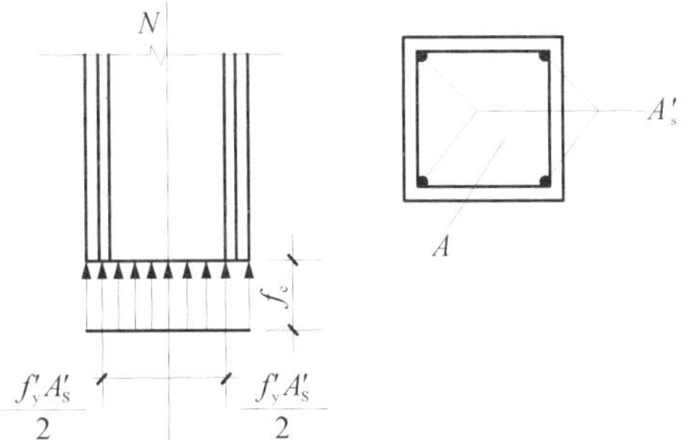

图 5-6 普通箍筋柱正截面承载力计算简图

式中 N_u——轴向压力承载力设计值；

N——轴向压力设计值；

φ——钢筋混凝土构件的稳定系数，也可根据 l_0/b 查规范表格；

f_c——混凝土的轴心抗压强度设计值；

f'_y——纵向钢筋的抗压强度设计值；

A——构件截面面积，当纵向钢筋配筋率大于 3%时，A 应改为 $A_c = A - A'_s$；

A'_s——全部纵向钢筋的截面面积；

l_0——柱的计算长度；

b——矩形截面的短边尺寸，圆形截面可取 $b=\frac{\sqrt{3}d}{2}$（d 为截面直径），对任意截面可取 $b=\sqrt{12}i$（i 为截面最小回转半径）。

2. 计算方法

在实际工程中，轴心受压构件的承载力计算问题主要有截面设计和截面复核两种。

1）截面设计

已知：构件截面尺寸 $b \times h$，轴向力设计值 N，构件计算长度 l_0，材料强度等级。

求：纵向钢筋截面面积 A'_s。

计算步骤如图 5-7 所示。

受压构件纵向钢筋应符合最小配筋率规定。

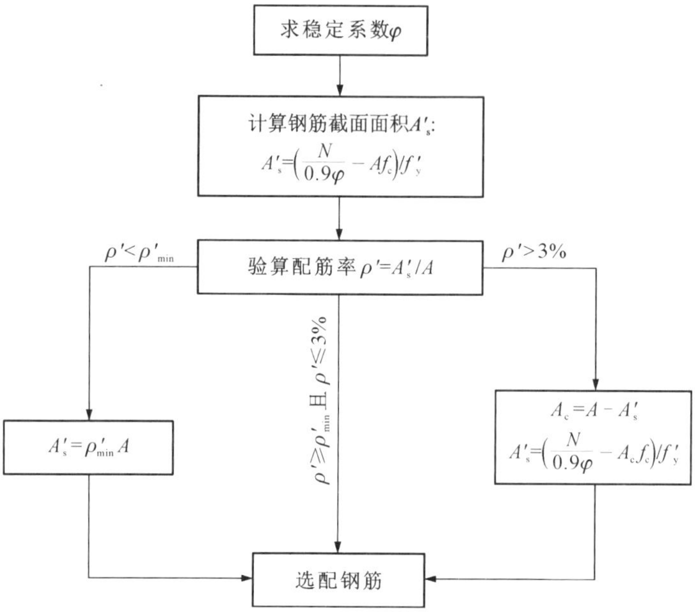

图 5-7　轴心受压构件截面设计步骤

2）截面承载力复核

已知：柱截面尺寸 $b\times h$，计算长度 l_0，纵向钢筋数量，材料强度等级。

求：柱的受压承载力 N_u，或已知轴向力设计值 N，判断截面是否安全。

复核步骤如图 5-8 所示。

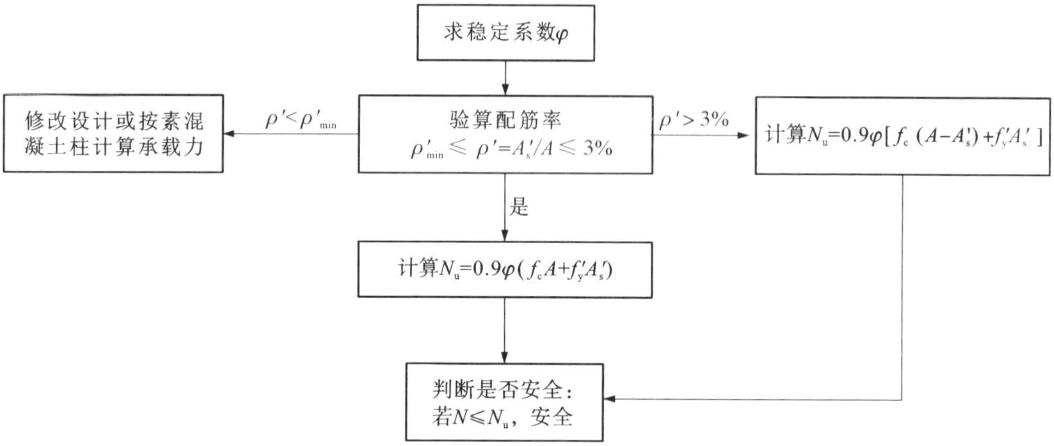

图 5-8　轴心受压构件截面复核步骤

例 5-1　某轴心受压柱，截面尺寸 $b\times h$ 为 400 mm×500 mm，计算长度 $l_0=4.8$ m，采用混凝土强度等级为 C25，HRB400 级钢筋，承受轴向力设计值 $N=2\ 670$ kN，计算纵筋数量。

【解】　由已知条件知：$f_c=11.9\ \text{N/mm}^2$，$f'_y=360\ \text{N/mm}^2$。

① 计算稳定系数 φ。

$$l_0/b = 4\,800/400 = 12$$

$$\varphi = \frac{1}{1+0.002(l_0/b-8)^2} = \frac{1}{1+0.002\,(12-8)^2} = 0.969$$

② 计算钢筋截面面积 A'_s。

$$A'_s = \frac{\dfrac{N}{0.9\varphi} - Af_c}{f'_y} = \frac{\left(\dfrac{2\,670\times10^3}{0.9\times0.969} - 400\times500\times11.9\right)}{360} = 1\,893\ \text{mm}^2$$

③ 验算配筋率。

$$\rho' = \frac{A'_s}{A} = \frac{1\,893}{400\times500} = 0.95\% > \rho'_{\min} = \max\left(45\,\frac{f_t}{f_y},\ 0.02\right)\% = 0.16\%$$

满足最小配筋率要求，且 $\rho' < 3\%$，不需重算。纵筋选用 4Φ25（A'_s=1 964 mm²），箍筋配置Φ 8@300。

例 5-2 某矩形截面柱，其尺寸 $b\times h$ 为 400 mm×500 mm，该柱承受的轴力设计值 N=2 000 kN，计算长度 l_0=4.5 m，采用 C30 混凝土，HRB400 级受力钢筋，配置有纵向受力钢筋面积 A'_s=1 256 mm²，$a_s = a'_s$=35 mm，结构安全等级为一级，试验算截面安全否。

【解】 由已知条件知：f_c=14.3 N/mm²，f'_y=360 N/mm²。

① 计算稳定系数 φ。

l_0/b=4 500/400=11.25，查表得 φ=0.96

② 确定柱截面承载力。

$$\frac{A'_s}{A} = \frac{1\,256}{400\times500} = 0.628\% < 3\%$$

由式(5-1)得

$$\begin{aligned} N_u &= 0.9\varphi(f_cA + f'_yA'_s) = 0.9\times0.96\times(14.3\times200\,000 + 360\times1\,256)\times10^{-3} \\ &= 2\,861.7\ \text{kN} > \gamma_0 N_d = 1.1\times2\,000 = 2\,200\ \text{kN} \end{aligned}$$

③ 该截面承载力满足要求。

5.3 矩形截面单向偏心受压构件

想一想

偏心受压构件受力与轴心受压构件有什么区别？如何计算柱子承载力？如何配置钢筋？

5.3.1 偏心受压构件的破坏形态

试验表明，钢筋混凝土偏心受压构件的破坏形态有受拉破坏和受压破坏两种。

1. 受拉破坏形态

受拉破坏又称大偏心受压破坏，其发生于轴向力 N 的相对偏心距较大，且受拉钢筋配置不太多时。此时，在靠近轴向力作用的一侧受压，另一侧受拉。破坏特点是：受拉钢筋首先达到屈服强度而导致受压混凝土压碎，构件破坏，属延性破坏；破坏时受压区的纵筋也能达到受压屈服强度，与适筋梁破坏形态相似，构件破坏外形如图 5-9(a)所示，相应的应力应变状态如图 5-9(b)所示。其临界破坏时有明显的征兆，横向裂缝开展显著，属于延性破坏，构件的承载力取决于受拉钢筋的强度和数量。

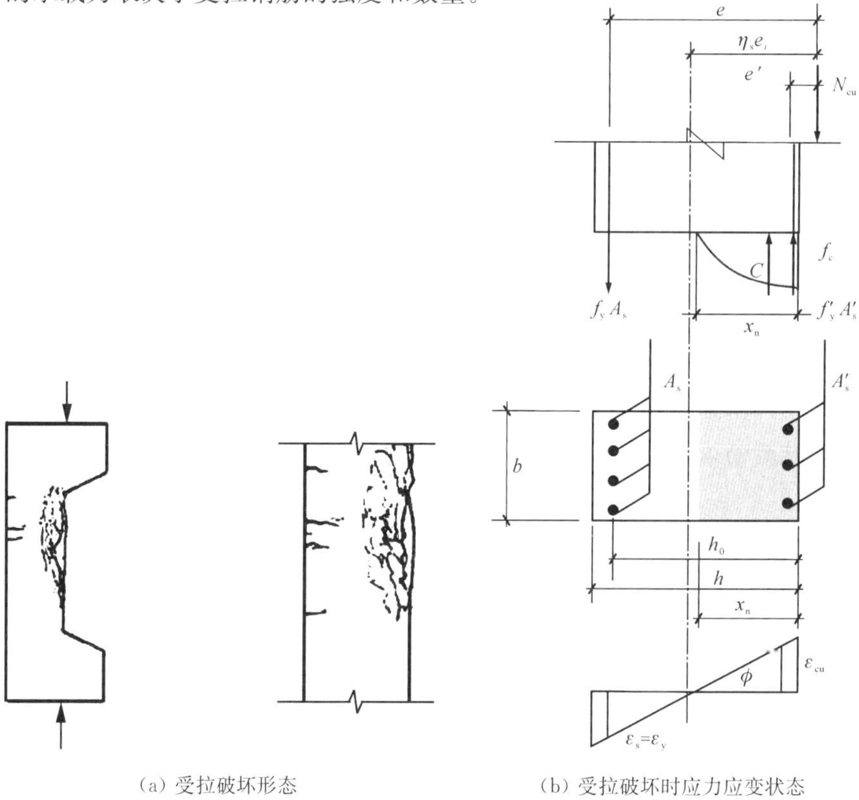

(a) 受拉破坏形态　　(b) 受拉破坏时应力应变状态

图 5-9 偏心受压短柱受拉破坏

2. 受压破坏形态

受压破坏形态又称小偏心受压破坏，截面破坏是从受压区开始的，当轴向力偏心距较小，构件截面大部分或全部受压，或轴向力偏心距较大，但受拉钢筋较多时，会发生这种破坏。其破坏特征是：受压区边缘混凝土达到极限压应变值，受压钢筋应力达到抗压屈服强度，离轴向力较远一侧的钢筋不论受拉还是受压，其应力一般都达不到屈服强度，属于脆性破坏，构件破坏外形如图 5-10(a)所示，相应的应力-应变状态如图 5-10(b)所示。其承载力取决于受压区混凝土及受压钢筋，破坏缺乏明显的预兆，具有脆性破坏的性质。

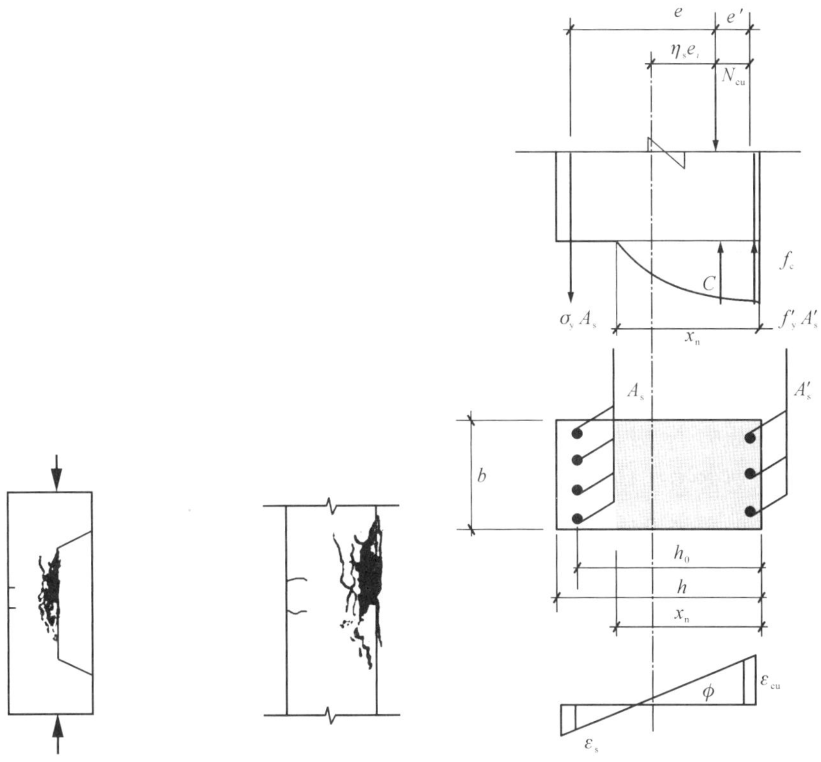

(a) 受压破坏形态　　(b) 受压破坏时应力应变状态

图 5-10　偏心受压短柱受压破坏

综上可知，“受拉破坏形态”与“受压破坏形态”都属于材料发生破坏，其相同之处是，截面的最终破坏都是受压区边缘混凝土达到其极限压应变值而被压碎；不同之处在于截面破坏的起因，即截面受拉部分和受压部分谁先发生破坏。前者是受拉钢筋应力先达到屈服强度而后受压混凝土被压碎；后者是截面的受压部分先发生破坏。

3. 大、小偏心界限

在受拉破坏和受压破坏之间存在着一种界限状态，称为界限破坏。在受拉钢筋应力达到屈服强度的同时，受压混凝土被压碎。根据界限破坏特征和平截面假定，当 $\xi \leqslant \xi_b$ 时，为大偏心受压破坏形态；当 $\xi > \xi_b$ 时，为小偏心受压破坏形态。ξ_b 为界限破坏形态的相对受压区高度，其取值按表 4-6 采用。

5.3.2　对称配筋矩形截面偏心受压构件正截面承载力计算基本公式

1. 大偏心受压($\xi \leqslant \xi_b$)

为简化计算，对图 5-9(b)所示的应力图进行简化，得到如图 5-11 所示的等效矩形图。由于静力平衡，可得到大偏心受压的基本公式：

$$N_{cu}=\alpha_1 f_c bx+f'_y A'_s-f_y A_s \tag{5-3}$$

$$N_{cu}e=\alpha_1 f_c bx(h_0-0.5x)+f'_y A'_s(h_0-a'_s) \tag{5-4}$$

式中 N_{cu}——轴向压力设计值；

x——混凝土受压区高度；

e——轴向压力作用点至纵向受拉钢筋合力点之间的距离；

$$e=e_i+\frac{h}{2}-a_s \tag{5-5}$$

$$e_i=e_0+e_a \tag{5-6}$$

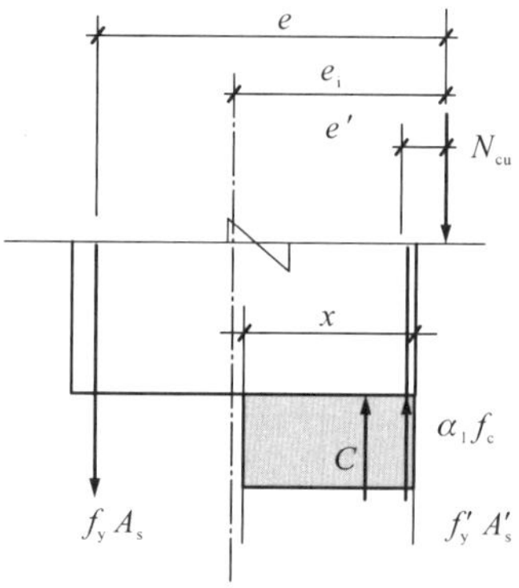

图 5-11 大偏心受压构件等效矩形应力图

e_i——初始偏心距；

e_0——轴向压力 N 对截面重心的偏心距，$e_0=M/N$，当需要考虑二阶效应时，M 为考虑二阶效应影响后的弯矩设计值；

e_a——附加偏心距，取 20 mm 和偏心方向截面最大尺寸 h 的 1/30 二者中的较大值，是考虑施工误差、计算误差等的综合影响系数；

a_s，a'_s——纵向受拉钢筋、纵向受压钢筋合力作用点至截面近边缘的距离，截面设计时可近似按下列数值采用，混凝土强度等级≤C25 时取 45 mm，否则取 40 mm。

上述基本公式的适用条件为

$$\xi\leqslant\xi_b \tag{5-7}$$

$$x\geqslant 2a'_s \tag{5-8}$$

式(5-7)是为了保证构件破坏前，受拉钢筋应力能达到抗拉强度设计值，式(5-8)是为了保证构件在破坏时，受压钢筋应力能达到抗压强度设计值。

当 $x<2a'_s$ 时，受压钢筋的应力可能达不到 f'_y，此时，近似取 $x=2a'_s$，构件正截面承载力按下式计算：

$$Ne'=f_y A_s(h_0-a'_s) \tag{5-9}$$

式中，e' 为轴向压力作用点至纵向受压钢筋合力点之间的距离：

$$e'=e_i-\frac{h}{2}+a'_s \tag{5-10}$$

2. 小偏心受压($\xi>\xi_b$)

根据如图 5-12 所示的等效矩形应力图，由静力平衡条件可得出小偏心受压构件承载力计算基本公式：

$$N_{cu}=\alpha_1 f_c bx+f'_y A'_s-\sigma_s A_s \tag{5-11}$$

$$N_{cu}e=\alpha_1 f_c bx(h_0-0.5x)+f'_y A'_s(h_0-a'_s) \tag{5-12}$$

$$\sigma_s=\frac{f_y}{\xi_b-\beta_1}(\xi-\beta_1) \tag{5-13}$$

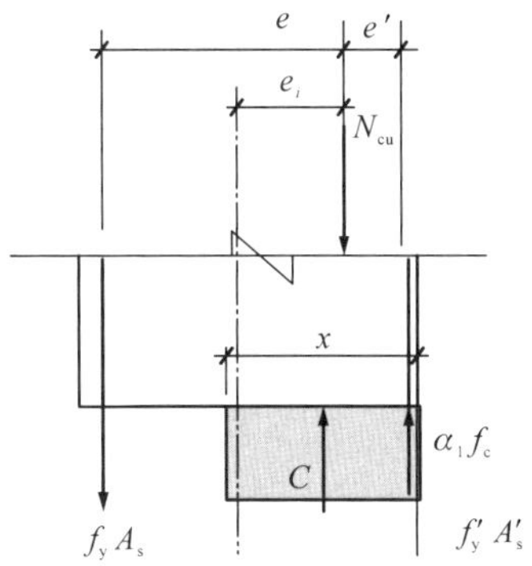

图 5-12 小偏心受压构件等效矩形应力图

式中 σ_s——远离纵向力一侧钢筋的应力，$\sigma_s<f_y$ 或 $\sigma_s<f'_y$；

β_1——等效矩形应力图受压区高度与中和轴高度的比值，当混凝土强度等级≤C50 时，$\beta_1=0.8$。

其余符号意义同前。

当应用式(5-11)、式(5-12)、式(5-13)求解对称配筋小偏心受压构件承载力时，将出现 ξ 的三次方程。为简化计算，《混凝土规范》给出了 ξ 的近似计算公式：

$$\xi=\frac{N-\alpha_1 f_c bh_0\xi_b}{\dfrac{N_c e-0.43\alpha_1 f_c bh_0^2}{(\beta_1-\xi_b)(h_0-a'_s)}+\alpha_1 f_c bh_0}+\xi_b \tag{5-14}$$

3. 轴向受压杆件的二阶效应影响

如图 5-13 所示，在偏心力作用下，钢筋混凝土受压构件将产生纵向弯曲变形，即会产生侧向挠度，从而导致截面的初始偏心距增大。如 1/2 柱高处的初始偏心距将由 e_i 增大为 e_i+f，截面最大弯矩也将由 Ne_i 增大为 $N(e_i+f)$。f 随着荷载的增大而不断增大，因而弯矩的增长也就越来越快，结果致使柱的承载力降低。截面弯矩中的 Ne_i 称为一阶弯矩，Nf 称为二阶弯矩或附加弯矩。研究表明，对于反弯点位于柱高中部的偏压构件，$P-\delta$ 效应通常不会对构件截面的偏心受压承载力产生不利影响。但是，对反弯点不在杆件高度范围内(即沿杆件长度均为同号弯矩)的偏压构件，$P-\delta$ 效应有可能对构件截面的偏心受压承载力产生不利影响。《混凝土规范》给出了考虑轴向压力的二阶效应的条件以及考虑二阶效应后控制截面的弯矩设计值 M 的计算公式。

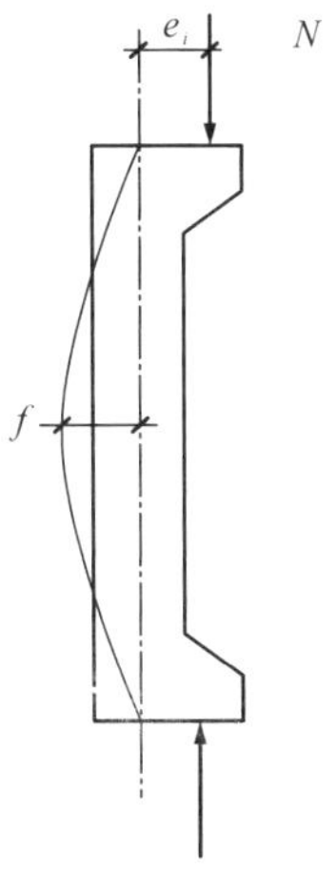

图 5-13 偏心受压柱的侧向挠曲

5.3.3 对称配筋矩形截面偏心受压构件正截面承载力计算方法

已知：构件截面尺寸 b、h，计算长度 l_0，材料强度，考虑轴向压力的二阶效应后的控制

截面的弯矩设计值 M，轴向压力设计值 N。

求：纵向钢筋面积。

计算步骤如图 5-14 所示。

需要注意的是：

（1）若已知弯矩为未考虑轴向压力的二阶效应的柱端弯矩 M_1、M_2，则应先计算考虑轴向压力的二阶效应后控制截面的弯矩设计值 M。

（2）轴向压力 N 较大且弯矩作用平面内的偏心距 e_i 较小，若垂直于弯矩平面的长细比 l_0/b 较大时，则有可能由垂直于弯矩作用平面的轴向压力起控制作用。因此，偏心受压构件除应计算弯矩作用平面的受压承载力外，还应验算垂直于弯矩作用平面的轴心受压承载力。垂直于弯矩作用平面的受压承载力按轴心受压构件计算，此时，式(5-1)中的 A'_s 应以 A'_s+A_s 代替。

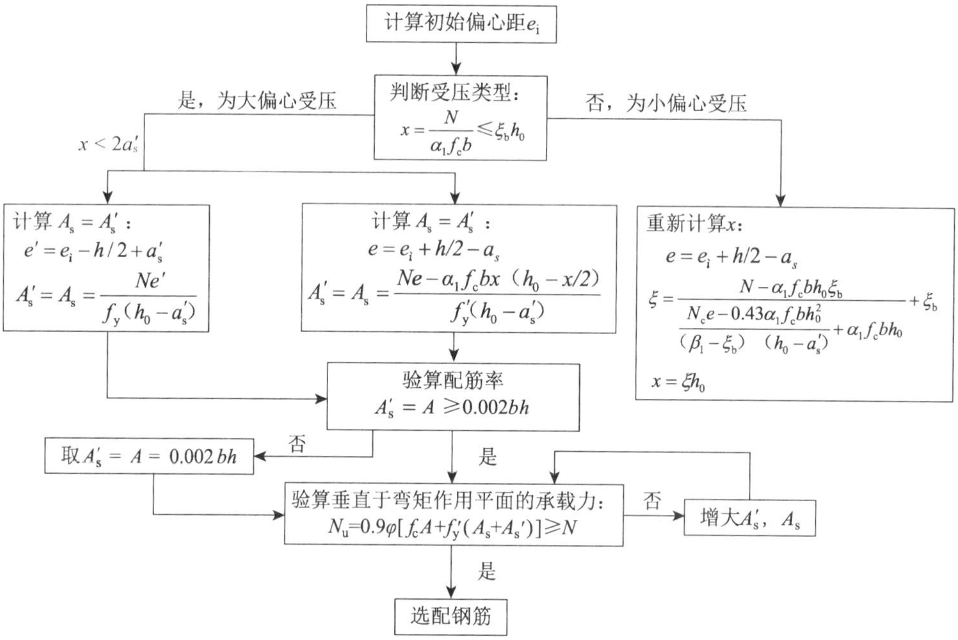

图 5-14　偏心受压构件截面设计步骤

例 5-3　某偏心受压柱，截面尺寸 $b\times h=300\ \mathrm{mm}\times 400\ \mathrm{mm}$，混凝土强度等级 C25，钢筋强度等级 HRB400，$l_0=4\ \mathrm{m}$，考虑轴向压力的二阶效应后控制截面的弯矩设计值 $M=150\ \mathrm{kN\cdot m}$，轴向压力设计值 $N=400\ \mathrm{kN}$，$a_s=a'_s=40\ \mathrm{mm}$，采用对称配筋。求纵向受力钢筋的截面面积 $A_s=A'_s$。

【解】　$f_c=11.9\ \mathrm{N/mm^2}$，$\alpha_1=1.0$，$f_y=f'_y=360\ \mathrm{N/mm^2}$，$\xi_b=0.518$

① 求初始偏心距 e_i。

$$e_0=\frac{M}{N}=\frac{150\times 10^6}{400\times 10^3}=375\ \mathrm{mm}$$

$h/30 = 400/30 < 20$ mm，取 $e_a = 20$ mm

$$e_i = e_0 + e_a = 375 + 20 = 395 \text{ mm}$$

② 判断受压类型。

$$x = \frac{N}{\alpha_1 f_c b} = \frac{400 \times 10^3}{1.0 \times 11.9 \times 300} = 112 \text{ mm} < \xi_b h_0 = 0.518 \times 360 = 186.5 \text{ mm}$$

属大偏心受压构件。

③ 求 $A_s = A'_s$。

$$x = 112 \text{ mm} > 2a'_s = 2 \times 40 = 80 \text{ mm}$$

$$e = e_i + h/2 - a_s = 395 + 400/2 - 40 = 555 \text{ mm}$$

$$A'_s = A_s = \frac{Ne - \alpha_1 f_c bx(h_0 - x/2)}{f'_y(h_0 - a'_s)}$$

$$= \frac{400 \times 10^3 \times 555 - 1.0 \times 11.9 \times 300 \times 112 \times (360 - 112/2)}{360 \times (360 - 40)}$$

$$= 872 \text{ mm}^2 > A_{s,\min} = 0.002 \times bh = 0.002 \times 300 \times 400 = 240 \text{ mm}^2$$

配筋率满足要求。

④ 验算垂直弯矩作用平面的承载力。

$$l_0/b = 4\,000/300 = 13.3 > 8$$

$$\varphi = \frac{1}{1 + 0.002(l_0/b - 8)^2} = \frac{1}{1 + 0.002 \times (13.3 - 8)^2} = 0.947$$

$$N_u = 0.9\varphi[f_c A + f'_y(A_s + A'_s)]$$

$$= 0.9 \times 0.947 \times (11.9 \times 300 \times 400 + 360 \times 872 \times 2) = 1\,752 \text{ kN} > N = 400 \text{ kN}$$

垂直弯矩作用平面的承载力满足要求。

⑤ 选配钢筋。

每侧纵筋选用 3⌀20($A_s = A'_s = 942$ mm^2)，箍筋配置Φ8@300。

例 5-4 某框架结构边柱，截面尺寸 $b \times h$ 为 400 mm×500 mm，混凝土强度等级 C30，钢筋强度等级 HRB400，$l_0 = 7.5$ m，考虑轴向压力的二阶效应后控制截面的弯矩设计值 $M = 160$ kN·m，轴向压力设计值 $N = 2\,500$ kN，$a_s = a'_s = 40$ mm，采用对称配筋。求纵向受力钢筋的截面面积 $A_s = A'_s$。

【解】 $f_c = 14.3$ N/mm^2，$\alpha_1 = 1.0$，$f_y = f'_y = 360$ N/mm^2，$\xi_b = 0.518$

① 求初始偏心距 e_i。

$$e_0 = \frac{M}{N} = \frac{160 \times 10^6}{2\,500 \times 10^3} = 64 \text{ mm}$$

$h/30 = 500/30 < 20$ mm，取 $e_a = 20$ mm

$$e_i = e_0 + e_a = 64 + 20 = 84\ \text{mm}$$

② 判断受压类型。

$$x = \frac{N}{\alpha_1 f_c b} = \frac{2\,500 \times 10^3}{1.0 \times 14.3 \times 400} = 437.1\ \text{mm} > \xi_b h_0 = 0.518 \times 460 = 238.3\ \text{mm}$$

属小偏心受压构件。

③ 计算真实的 x。

$$e = e_i + h/2 - a_s = 84 + 500/2 - 40 = 294\ \text{mm}$$

$$\xi = \frac{N - \alpha_1 f_c b h_0 \xi_b}{\dfrac{N_c e - 0.43\alpha_1 f_c b h_0^2}{(\beta_1 - \xi_b)(h_0 - a_s')} + \alpha_1 f_c b h_0} + \xi_b$$

$$= \frac{2\,500 \times 10^3 - 1.0 \times 14.3 \times 400 \times 460 \times 0.518}{\dfrac{2\,500 \times 10^3 \times 294 - 0.43 \times 1.0 \times 14.3 \times 400 \times 460^2}{(0.8 - 0.518) \times (460 - 40)} + 1.0 \times 14.3 \times 400 \times 460}$$

$$+ 0.518$$

$$= 0.774$$

$$x = \xi h_0 = 0.774 \times 460 = 356\ \text{mm}$$

④ 求 $A_s = A_s'$。

$$A_s' = A_s = \frac{Ne - \alpha_1 f_c b x (h_0 - x/2)}{f_y'(h_0 - a_s')}$$

$$= \frac{2\,500 \times 10^3 \times 294 - 1.0 \times 14.3 \times 400 \times 356 \times (460 - 356/2)}{360 \times (460 - 40)}$$

$$= 1\,063\ \text{mm}^2 > A_{s,\min} = 0.002bh = 0.002 \times 400 \times 500 = 400\ \text{mm}^2$$

配筋率满足要求。

⑤ 验算垂直弯矩作用平面的承载力。

$$l_0/b = 7\,500/400 = 18.75 > 8$$

$$\varphi = \frac{1}{1 + 0.002(l_0/b - 8)^2} = \frac{1}{1 + 0.002 \times (18.75 - 8)^2} = 0.812$$

$$N_u = 0.9\varphi[f_c A + f_y'(A_s + A_s')]$$

$$= 0.9 \times 0.812 \times (14.3 \times 400 \times 500 + 360 \times 1\,063 \times 2) = 2\,649.4\ \text{kN} > N$$

$$= 2\,500\ \text{kN}$$

垂直弯矩作用平面的承载力满足要求。

⑥ 选配钢筋。

每侧纵筋选用 3 Φ 22($A_s = A_s' = 1\,140\ \text{mm}^2$)，箍筋配置$\phi$ 8@300。

5.3.4 柱的构造

除了计算之外，柱子里面钢筋的构造措施也非常重要，它是保证我们计算实现的前提条件，22G101-1 图集对抗震框架柱、非抗震框架柱、墙柱以及芯柱的纵向钢筋连接构造、箍筋加密区范围、柱顶纵向钢筋构造等构造措施进行了规定。

模块小结

为便于制作模板，轴心受压构件截面一般采用方形或矩形，偏心受压构件一般采用矩形截面，里面配有纵向钢筋和箍筋，规范对尺寸及钢筋型号、箍筋配置方式等均有规定。

轴心受压短柱与长柱的受力状态和破坏形态不同，承载力计算时，通过钢筋混凝土构件的稳定系数来体现。

根据偏心距的大小和配筋量的不同，偏心受压构件的破坏形态有大偏心受压破坏和小偏心受压破坏两种形式，不同的形式，承载力计算时有所不同。

柱里面钢筋的构造措施是保证计算实现的前提条件，22G101-1 图集对抗震框架柱、非抗震框架柱、墙柱以及芯柱的纵向钢筋连接构造、箍筋加密区范围、柱顶纵向钢筋构造等构造措施进行了规定。

复习思考题

1. 填空题。

(1) 轴心受压构件中配置纵向钢筋的作用是________________________________。

(2) 受压构件的材料宜采用较高强度的________，不宜采用高强度________。

(3) 钢筋混凝土轴心受压构件计算公式中，φ 是考虑________的系数，φ 值随________增大而________。

(4) 钢筋混凝土轴心受压构件设计中，纵筋的抗压强度设计值主要是依据________为控制条件确定的。f'_y 最大取值为________。

(5) 钢筋混凝土偏心受压构件的破坏形态有________、________。

(6) 判别大小偏压破坏的界限条件是________。

(7) 附加偏心距 e_a 是考虑________而引入的系数。

(8) 受压构件中箍筋的作用是________。

(9) 大偏心受压截面的破坏特征是________，小偏心受压截面的破坏特征是________。

(10) 大偏心受压构件的承载力计算中,要保证受压筋屈服,其条件是________。

2. 判断题。

(1) 为了节约材料,减小构件的截面尺寸,受压构件中宜采用高强度的钢筋。 (   )

(2) 一般情况下,对于轴心受压构件,长细比愈大,稳定性系数愈大,构件载力愈大。 (   )

(3) 大偏压与小偏压破坏的共同点是受压区边缘的混凝土都能达到极限压应变,受压一侧纵向受力钢筋总能达到屈服强度。 (   )

3. 选择题(每题只有一个正确答案)。

(1) 螺旋箍筋柱与普通箍筋柱相比,二者承载能力关系为(   )。

A. 螺旋箍筋柱承载能力高　　B. 普通箍筋柱承载能力高

C. 二者承载能力相等　　D. 无法比较

(2) 关于受压构件的材料下列说法正确的是(   )。

A. 宜采用高强度等级的混凝土,以减小构件截面尺寸

B. 宜采用高强度等级的混凝土,以及高强钢筋

C. 宜采用高强钢筋,低强度等级的混凝土

D. 宜采用低强度等级的混凝土,以及低强度钢筋

(3) 均匀受压情况下,混凝土的极限压应变为(   )。

A. 0.002　　B. 0.003 3　　C. 0.001 5　　D. 0.008

(4) 关于轴心受压柱的纵筋,下列说法不正确的是(   )。

A. 可以协助混凝土承受压力,以减小构件尺寸

B. 应沿截面四周均匀对称布置

C. 可防止构件突然的脆性破坏

D. 宜采用多根数,小直径的钢筋

(5) 柱纵向钢筋连接接头应相互错开,对于焊接连接,在同一截面内钢筋接头面积百分率不应大于(   )。

A. 50%　　B. 40%　　C. 30%　　D. 20%

(6) 受压构件的箍筋采用(   )。

A. 开口箍筋　　B. 封闭箍筋　　C. 二者都可使用

模块 6　钢筋混凝土受扭构件

思维导图

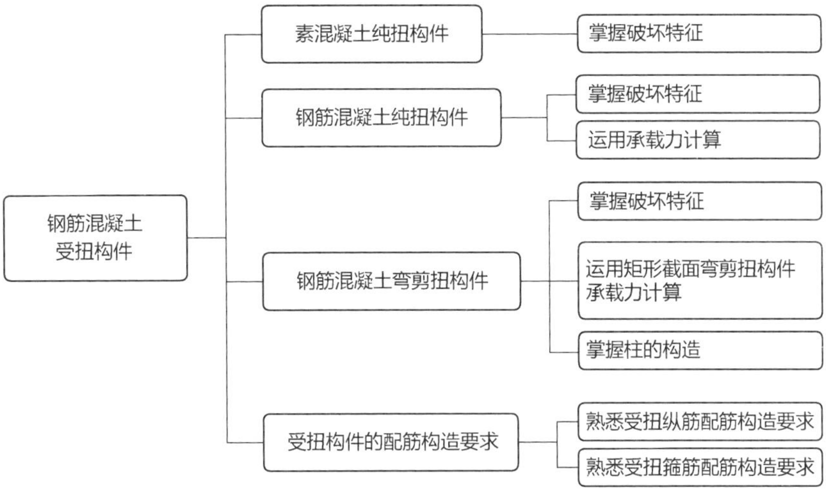

知识点滴

凡是在构件截面中有扭转作用的构件，都称为受扭构件。扭转是受力构件的基本形式之一，也是钢筋混凝土结构中常见的构件形式。例如钢筋混凝土雨篷、折梁、现浇框架边梁、吊车梁等结构构件都是受扭构件（图 6-1）。受扭构件根据截面上存在的内力情况，可分为纯扭、弯扭、剪扭、弯剪扭等多种受力情况。在实际工程中，纯扭、弯扭、剪扭的受力情况较少，弯剪扭的受力情况较普遍。钢筋混凝土结构中的受扭构件大都是矩形截面。

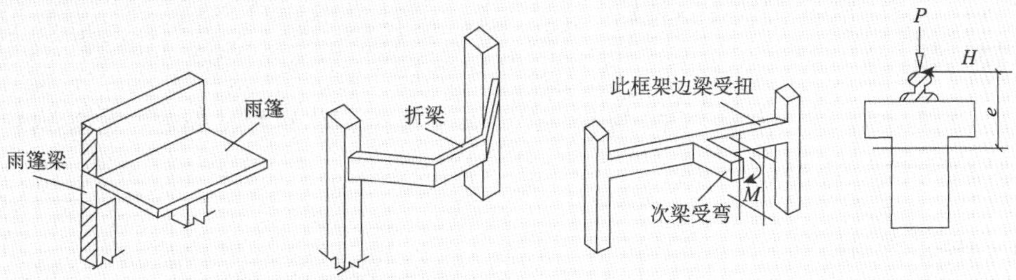

图 6-1　受扭构件示意图

6.1 素混凝土纯扭构件

想一想

平时我们扭断粉笔时，粉笔怎么破坏的？同样作用脆性材料构件，素混凝土构件是否有相似破坏形态？

由材料力学可知，对于矩形截面纯扭构件，在扭转剪应力的单独作用下，将在与构件纵轴成45°角和135°角的方向上产生主压应力和主拉应力(图6-2)。由于混凝土的抗拉强度低于其抗剪强度，当主拉应力达到混凝土的抗拉强度时，构件就会在垂直于主拉应力的方向产生斜裂缝，并迅速向相邻两面以螺旋形延伸，形成三面开裂、一面受压的空间扭曲面，构件随即破坏。破坏带有突然性，属于脆性破坏。

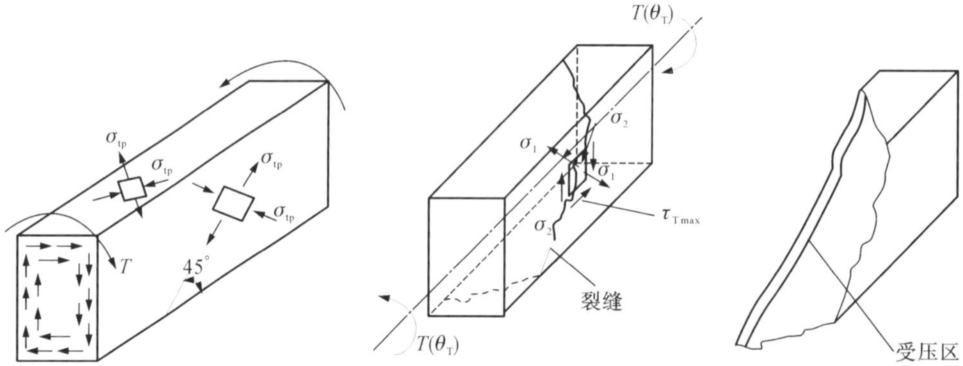

图6-2　矩形截面受扭构件

6.2 钢筋混凝土纯扭构件

想一想

加了钢筋之后，在受扭破坏中，钢筋起到什么作用？其破坏特征如何？配置钢筋的多少对破坏过程有没有影响？

6.2.1 破坏特征

试验表明，钢筋混凝土构件的开裂扭矩比相应的素混凝土构件略高，其比例为1.0～1.3。当混凝土开裂后，可由钢筋继续承担拉力，因此能使构件的受扭承载力大大提高。如前所述，扭矩在理想弹性材料杆件中引起的主拉应力方向与构件轴线成 45°角。因此从受力合理的角度看，受扭钢筋应采用与纵轴线成 45°的螺旋形钢筋，但这样施工不便，在实际工程中，一般采用横向箍筋和沿构件周边均匀对称布置的纵向钢筋共同组成的受扭钢筋骨架，如图 6-3(a)所示。

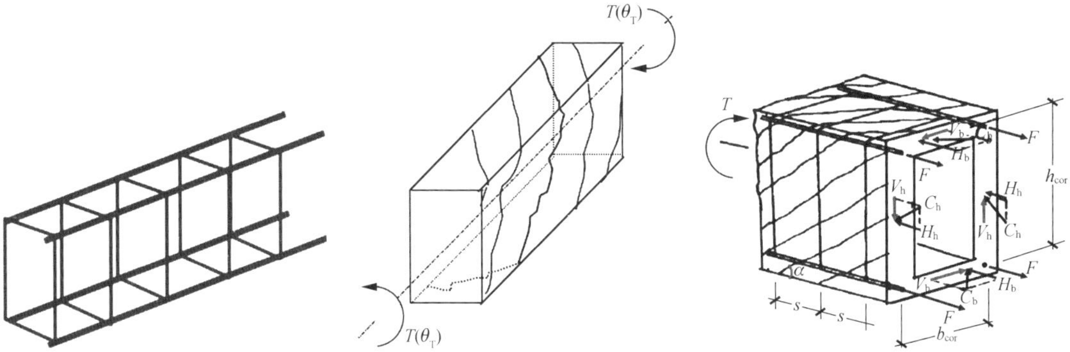

(a) 抗扭钢筋骨架　　(b) 受扭构件的裂缝　　(c) 受扭构件的空间桁架模型

图 6-3　钢筋混凝土受扭构件的受力性能

配置了适量受扭钢筋的构件，在开裂后不会立即破坏。随着外扭矩的不断增加，在构件表面逐渐形成多条大致沿 45°方向成螺旋形发展的裂缝[图 6-3(b)]。在裂缝处，混凝土退出工作，主拉应力主要由与裂缝相交的钢筋来承担。多条螺旋形裂缝形成后的钢筋混凝土构件可以看成如图 6-3(c)所示的空间桁架模型，其中纵向钢筋相当于受拉弦杆，箍筋相当于竖向受拉腹杆，而裂缝之间接近构件表面一定厚度的混凝土则形成承担斜向压力的斜腹杆。随着其中一条裂缝所穿越的纵向钢筋和箍筋受拉屈服，该裂缝不断加宽，直到最后形成三面开裂一面受压的空间扭曲破坏面，进而受压边混凝土被压碎，构件破坏(图6-4)。整个破坏过程具有一定的延性和较明显的预兆，类似受弯构件适筋破坏。

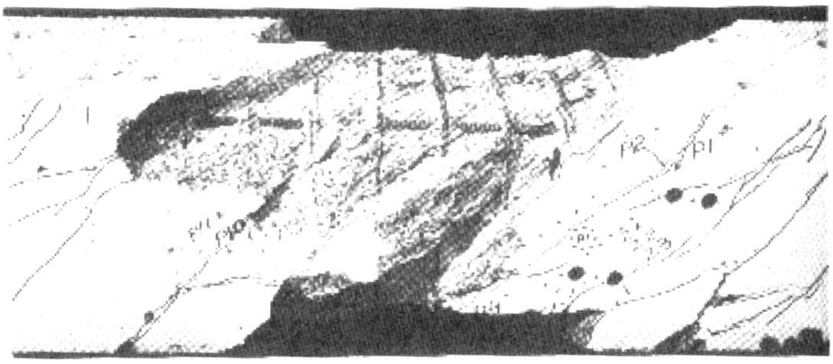

图 6-4　钢筋混凝土纯扭构件适筋破坏

当纵筋和箍筋配置均过少，一旦裂缝出现，构件会立即发生破坏，此时纵筋和箍筋应力不仅能达到屈服强度而且可能进入强化阶段，配筋只能稍微延缓构件的破坏，其破坏性质与素混凝土矩形截面构件类似，破坏过程急速而突然，破坏扭矩基本上等于开裂扭矩，类似于受弯构件的少筋梁，称为少筋受扭构件。如果纵筋和箍筋配置过多，钢筋未达到屈服，构件即由于斜裂缝间混凝土被压碎而破坏，类似于受弯构件的超筋梁，称为超筋受扭构件。少筋受扭构件和超筋受扭构件均属脆性破坏，在设计中应予以避免。

另外，由于受扭钢筋是由纵筋和箍筋两部分组成，两种钢筋的配筋比例对破坏强度也有影响。当其中某一种钢筋配置过多时，会使这种钢筋在构件破坏时达不到屈服强度，这种构件称为部分超筋受扭构件。此类构件破坏时，亦具有一定的延性，但比适筋构件的延性差，且不经济。为防止出现这种破坏，规范对抗扭纵筋和抗扭箍筋的配筋强度比 ζ 的适合范围做出了限定。

ζ 的取值按下式计算：

$$\zeta=\frac{f_{y}A_{stl}s}{f_{yv}A_{st1}u_{cor}} \tag{6-1}$$

式中 ζ ——受扭的纵向钢筋与箍筋的配筋强度比值；

A_{stl} ——受扭计算中取对称布置的全部纵向非预应力钢筋截面面积；

A_{st1} ——受扭计算中沿截面周边配置的箍筋单肢截面面积；

u_{cor} ——截面核心部分的周长，$u_{cor}=2(b_{cor}+h_{cor})$（$b_{cor}$、$h_{cor}$ 为箍筋内表面范围内截面核心部分的短边尺寸、长边尺寸）；

f_{yv} ——箍筋抗拉强度设计值；

s ——箍筋间距。

对钢筋混凝土结构构件，其 ζ 值应符合 $0.6\leqslant\zeta\leqslant1.7$ 的要求，当 $\zeta>1.7$ 时，取 $\zeta=1.7$；对偏心距 $e_{p0}\leqslant h/6$ 的预应力混凝土纯扭构件，当符合 $\zeta\geqslant1.7$ 时，可在式(6-1)的右边增加预应力影响项 $0.05\frac{N_{p0}}{A_0}W_t$（$N_{p0}$ 为计算截面上混凝土法向预应力等于零时的预加力，按《混凝土规范》第 10.1.7 条的规定计算）。

6.2.2 承载力计算

矩形截面纯扭构件的受扭承载力按下式计算：

$$T\leqslant0.35f_tW_t+1.2\sqrt{\zeta}f_{yv}\frac{A_{st1}A_{cor}}{s} \tag{6-2}$$

$$W_t=\frac{b^2}{6}(3h-b) \tag{6-3}$$

式中 T ——扭矩设计值；

f_t ——混凝土抗拉强度设计值；

W_t ——截面受扭塑性抵抗矩；

b, h ——矩形截面的短边尺寸、长边尺寸；

A_{cor} ——截面核心部分的面积，$A_{cor}=b_{cor}h_{cor}$。

式中其他符号含义同前。

当 $\zeta<1.7$ 或 $e_{p0}>h/6$ 时，不应考虑预加力影响项，而应按钢筋混凝土纯扭构件计算。

6.3 钢筋混凝土弯剪扭构件

想一想

钢筋混凝土构件在弯、剪、扭同时作用时，其破坏特征如何？不同的力相对大小不同时，对承载力有没有影响？

6.3.1 破坏特征

当构件处于弯、剪、扭共同作用的复合应力状态时，其受力情况比较复杂。试验表明，扭矩与弯矩或剪力同时作用于构件时，一种承载力会因为另一种内力的存在而降低，例如受弯承载力会因为扭矩的存在而降低，受剪承载力也会因为扭矩的存在而降低，反之亦然，这种现象称为承载力之间的相关性。

弯扭相关性，是因为扭矩产生的作用使纵筋产生拉应力，加重了受弯构件纵向受拉钢筋的负担，使其应力提前达到屈服强度，因而降低了受弯承载力。剪扭相关性，则是因为二者的剪应力在构件的一个侧面上是叠加的。图 6-5、图 6-6 分别为弯扭和剪扭承载力相关曲线。图中 T_{u0} 表示弯矩为零时纯扭构件的受扭承载力，M_{u0} 表示扭矩为零时纯弯构件的受弯承载力，T_{c0} 表示剪力为零时纯扭构件混凝土对抗扭承载力的贡献，V_{c0} 表示扭矩为零时纯剪构件混凝土对抗剪承载力的贡献。

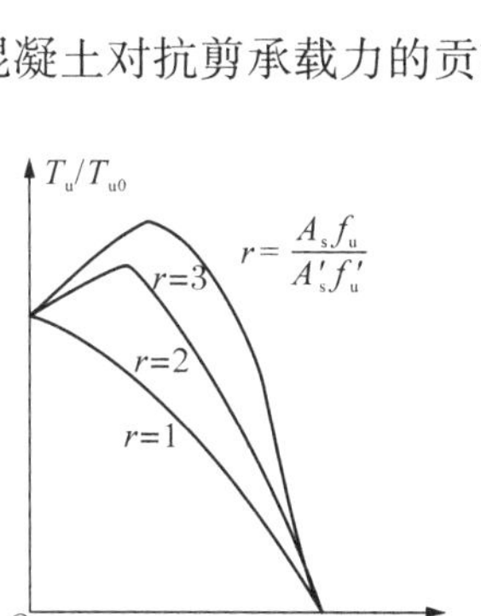

图 6-5 弯扭承载力相关曲线

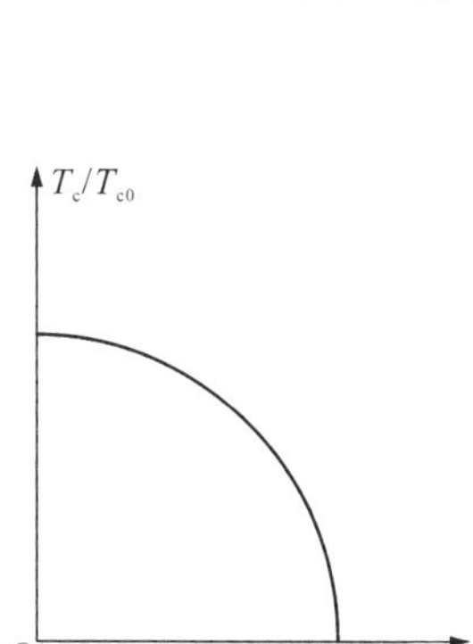

图 6-6 剪扭承载力相关曲线

弯剪扭复合受扭构件由于其3种内力的比值及配筋情况的不同影响，有3种典型的破坏形态。

(1) 弯型破坏。当剪力不起控制作用，扭矩/弯矩较小时，弯矩起控制作用，构件底部受拉，顶部受压。构件破坏开始于底面及两侧的混凝土开裂，若底部钢筋不是很多，底部钢筋屈服，然后顶部混凝土压碎。这类破坏主要由弯矩引起，所以称为弯型破坏，如图6-7(a)所示。

(2) 扭型破坏。当扭矩较大，弯矩和剪力较小，且上部钢筋较少时，由于扭矩在顶部产生的拉应力较大，而弯矩在顶部产生的压应力较小，构件破坏开始于顶面及两侧面的混凝土开裂，顶部钢筋因受扭而先屈服，最后底部混凝土压碎。此类破坏主要由扭矩引起，所以称为扭型破坏，如图6-7(b)所示。

(3) 剪扭破坏。当弯矩很小，剪力和扭矩较大时，剪力起控制作用，构件破坏开始于剪应力较大一侧长边的中点混凝土开裂，然后向顶面和底面扩展，此时，该侧的受扭纵筋和受扭、受剪箍筋屈服，最后另一长边压区混凝土压碎。此类主要由剪力和扭矩引起的破坏称为剪扭破坏，如图6-7(c)所示。

此外，若扭矩很小，而弯矩和剪力作用明显时，构件可能发生类似于剪压型的破坏。

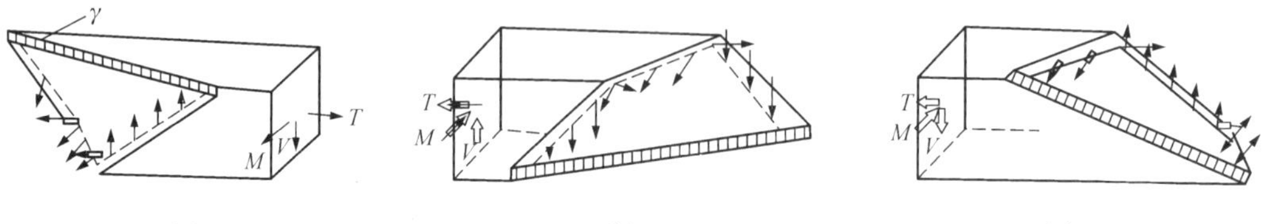

图6-7　弯剪扭复合受扭构件的破坏形态

6.3.2　承载力计算

1. 弯剪扭构件截面限制条件

(1) 在弯矩、剪力和扭矩共同作用下，对$h_w/b \leqslant 6$的矩形、T形、I形截面和$h_w/t_w \leqslant 6$的箱形截面构件(图6-8)，其截面应符合下列条件：

当h_w/b(或h_w/t_w)$\leqslant 4$时

$$\frac{V}{bh_0}+\frac{T}{0.8W_t} \leqslant 0.25\beta_c f_c \tag{6-4}$$

当h_w/b(或h_w/t_w)$=6$时

$$\frac{V}{bh_0}+\frac{T}{0.8W_t} \leqslant 0.2\beta_c f_c \tag{6-5}$$

当 $4 < h_w/b$(或 h_w/t_w)< 6 时,按线性内插法确定。

式中 T ——扭矩设计值;

V ——剪力设计值;

b ——矩形截面的宽度,T 形或 I 形截面的腹板宽度,箱形截面的侧壁总厚度,为 $2t_w$;

h_0——截面的有效高度;

W_t ——受扭构件的截面受扭塑性抵抗矩;

t_w ——箱形截面壁厚,其值不应小于 $b_h/7$(b_h 为箱形截面的宽度);

h_w——截面的腹板高度,对矩形截面,取有效高度 h_0;对 T 形截面,取有效高度减去翼缘高度;对 I 形和箱形截面,取腹板净高。

当 h_w/b(或 h_w/t_w)> 6 时,受扭构件的截面尺寸条件以及扭曲截面承载力计算应符合专业规定。

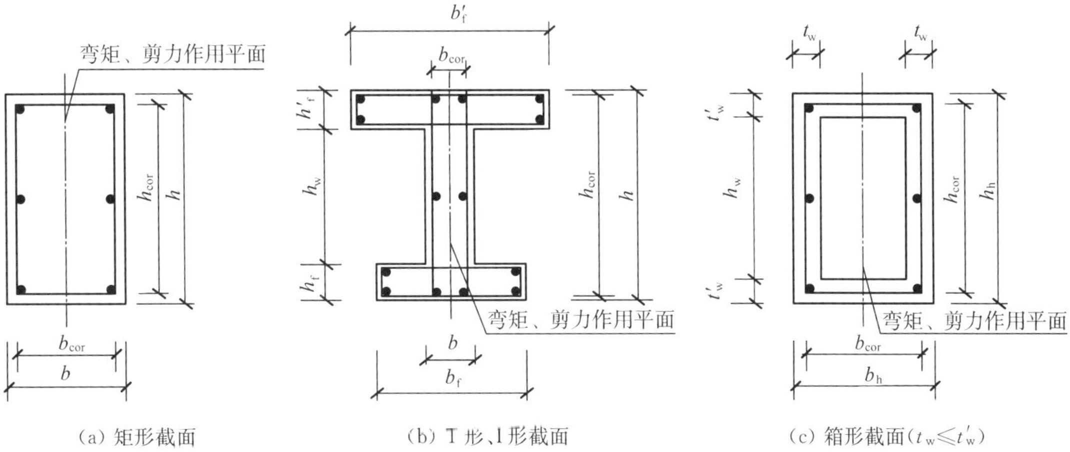

图 6-8　受扭构件截面

(2) 在弯矩、剪力的扭矩共同作用下的构件(图 6-8),当符合下列要求时,均可不进行构件受剪扭承载力计算,仅需按构造要求配置纵向钢筋和箍筋:

$$\frac{V}{bh_0} + \frac{T}{0.8W_t} \leqslant 0.7f_t + 0.05\frac{N_{p0}}{bh_0} \tag{6-6}$$

$$\frac{V}{bh_0} + \frac{T}{0.8W_t} \leqslant 0.7f_t + 0.07\frac{N}{bh_0} \tag{6-7}$$

式中 N_{p0} ——计算截面上混凝土法向预应力等于零时的预加力,当 $N_{p0} > 0.3f_cA_0$ 时,取 $N_{p0} = 0.3f_cA_0$(A_0 为构件换算面积);

N ——与剪力、扭矩设计值 V、T 相应的轴向压力设计值,当 $N > 0.3f_cA$ 时,取 $N = 0.3f_cA$(A 为构件的截面面积)。

2. 矩形截面构件弯剪扭构件承载力计算

1）轴向压力和扭矩共同作用下

在轴向压力和扭矩共同作用下的矩形截面钢筋混凝土构件，其受扭承载力应符合下列规定：

$$T \leqslant 0.35 f_t W_t + 1.2\sqrt{\zeta} f_{yv} \frac{A_{st1} A_{cor}}{s} + 0.07 \frac{N}{A} W_t \tag{6-8}$$

式中，N 为与扭矩设计值 T 相应的轴向压力设计值，当 $N > 0.3 f_c A$ 时，取 $N = 0.3 f_c A$。

其余符号意义同前。

2）剪力和扭矩共同作用下

（1）矩形截面一般剪扭构件的承载力应按下列公式计算：

受剪承载力 $$V \leqslant (1.5 - \beta_t)(0.7 f_t b h_0 + 0.05 N_{p0}) + f_{yv} \frac{A_{sv}}{s} h_0 \tag{6-9}$$

$$\beta_t = \frac{1.5}{1 + 0.5 \dfrac{V W_t}{T b h_0}} \tag{6-10}$$

受扭承载力 $$T \leqslant \beta_t \left(0.35 f_t + 0.05 \frac{N_{p0}}{A_0}\right) W_t + 1.2\sqrt{\zeta} f_{yv} \frac{A_{st1} A_{cor}}{s} \tag{6-11}$$

式中 A_{sv} ——受剪承载力所需的箍筋截面面积；

β_t ——一般剪扭构件混凝土受扭承载力降低系数（表 6-1），当 $\beta_t < 0.5$ 时，取 $\beta_t = 0.5$；当 $\beta_t > 1$ 时，取 $\beta_t = 1$。

其余符号意义同前。

（2）矩形截面集中荷载作用下的独立剪扭构件的承载力应按下列公式计算：

受剪承载力 $$V \leqslant (1.5 - \beta_t)\left(\frac{1.75}{\lambda + 1} f_t b h_0 + 0.05 N_{p0}\right) + f_{yv} \frac{A_{sv}}{s} h_0 \tag{6-12}$$

$$\beta_t = \frac{1.5}{1 + 0.2(\lambda + 1) \dfrac{V W_t}{T b h_0}} \tag{6-13}$$

受扭承载力仍按式（6-11）计算，但式中的 β_t 应按式（6-13）计算。

式中 λ ——计算截面的剪跨比；

β_t ——集中荷载作用下剪扭构件混凝土受扭承载力降低系数（表 6-1），当 $\beta_t < 0.5$ 时，取 $\beta_t = 0.5$；当 $\beta_t > 1$ 时，取 $\beta_t = 1$。

其余符号意义同前。

表 6-1　剪扭构件混凝土受扭承载力降低系数 β_t

<table>
<tr><th rowspan="2">项目</th><th colspan="2">内容</th></tr>
<tr><th>一般剪扭构件</th><th>集中荷载作用下的独立剪扭构件</th></tr>
<tr><td>矩形截面</td><td>$\beta_t = \dfrac{1.5}{1 + 0.5\dfrac{VW_t}{Tbh_0}}$</td><td>$\beta_t = \dfrac{1.5}{1 + 0.2(\lambda + 1)\dfrac{VW_t}{Tbh_0}}$</td></tr>
<tr><td>T 形截面和 I 形截面</td><td colspan="2">受剪及受扭承载力同矩形截面，但将 T 及 W_t 分别以 T_w 及 W_{tw} 代替；求受扭承载力时，受压翼缘及受拉翼缘可按纯扭构件的规定进行计算，但计算时应将 T 及 W_t 分别以 T_f' 及 W_{tf}' 或以 T_f 及 W_{tf} 代替</td></tr>
<tr><td>箱形截面</td><td colspan="2">一般剪扭构件的受剪承载力
$$V \leqslant 0.7(1.5 - \beta_t)f_t bh_0 + f_{yv}\frac{A_{sv}}{s}h_0$$
集中荷载作用下的独立剪扭构件的受剪承载力
$$V \leqslant (1.5 - \beta_t)\frac{1.75}{\lambda + 1}f_t bh_0 + f_{yv}\frac{A_{sv}}{s}h_0$$
任何情况下的受扭承载力
$$T \leqslant 0.35\alpha_h\beta_t f_t W_t + 1.2\sqrt{\zeta}f_{yv}\frac{A_{st1}A_{cor}}{s}$$
式中，β_t 按式(6-13)计算，但式(6-13)中的 W_t 应以 $\alpha_h W_t$ 代替</td></tr>
</table>

3）轴向拉力、弯矩、剪力和扭矩共同作用下

(1) 在轴向拉力、弯矩、剪力和扭矩共同作用下的钢筋混凝土矩形截面框架柱，其受剪扭承载力应符合下列规定：

受剪承载力
$$V \leqslant (1.5 - \beta_t)\left(\frac{1.75}{\lambda + 1}f_t bh_0 + 0.05N\right) + f_{yv}\frac{A_{sv}}{s}h_0 \tag{6-14}$$

受扭承载力
$$T \leqslant \beta_t\left(0.35f_t + 0.05\frac{N}{A_0}\right)W_t + 1.2\sqrt{\zeta}f_{yv}\frac{A_{st1}A_{cor}}{s} \tag{6-15}$$

式中，β_t 为受扭承载力降低系数。应按集中荷载作用下的独立剪扭构件的相关规定计算(表 6-1)。

(2) 在轴向压力、弯矩、剪力和扭矩共同作用下的钢筋混凝土矩形截面框架柱，当 $T \leqslant (0.175f_t + 0.035N/A)W_t$ 时，可仅计算偏心受压构件的正截面承载力和斜截面受剪承载力。

(3) 在轴向压力、弯矩、剪力和扭矩共同作用下的钢筋混凝土矩形截面框架柱，其纵向普通钢筋截面面积应分别按偏心受压构件的正截面承载力和剪扭构件的受扭承载力计算确定，并应配置在相应的位置；箍筋截面面积应分别按剪扭构件的受剪承载力和受扭承载力计算确定，并应配置在相应的位置。

4）弯矩、剪力和扭矩共同作用下

在弯矩、剪力和扭矩共同作用下的矩形截面构件，可按下列规定进行承载力计算：

(1) 当 $V \leqslant 0.35 f_t b h_0$ 或 $V \leqslant \frac{0.875}{\lambda+1} f_t b h_0$ 时，可仅按受弯构件的正截面受弯承载力和纯扭构件的受扭承载力分别进行计算；

(2) 当 $T \leqslant 0.175 f_t W_t$ 或 $T \leqslant 0.175 \alpha_h f_t W_t$ 时，可仅按受弯构件的正截面受弯承载力和斜截面受剪承载力分别进行计算。

6.4 受扭构件的配筋构造要求

想一想

钢筋混凝土受扭构件的钢筋配置构造要求？为什么？

6.4.1 受扭纵筋

纯扭构件的最小配筋率应符合下列要求：

$$\rho_{tl} = \frac{A_{stl}}{bh} \geqslant \rho_{tl,\min} = 0.6\sqrt{\frac{T}{Vb}}\frac{f_t}{f_y} \tag{6-16}$$

当 $\frac{T}{Vb} > 2.0$ 时，取 $\frac{T}{Vb} = 2.0$。

式中 ρ_{tl} ——梁内受扭纵向钢筋的配筋率；

A_{stl} ——沿截面周边布置的受扭纵向钢筋总截面面积。

受扭纵筋应沿构件截面周边均匀对称布置。矩形截面的四角以及 T 形和 I 形截面各分块矩形的四角，均应配筋受扭纵筋。受扭纵筋的间距不应大于 200 mm，且不应大于梁截面短边长度。受扭纵向钢筋的接头和锚固要求均应按受拉钢筋的相应要求考虑。梁侧构造纵筋也可以利用作为受扭钢筋。

6.4.2 受扭箍筋

弯剪扭构件的最小配箍率应符合下列要求：

$$\rho_{sv} = \frac{A_{sv}}{bs} \geqslant 0.28\frac{f_t}{f_{yv}} \tag{6-17}$$

式中，ρ_{sv} 为箍筋的配箍率，其他字母含义同前。

在受扭构件中，箍筋在整个周长上均承受力，因此，箍筋必须做成封闭式，且应沿截面周边布置，这样可保持构件受力后，箍筋不至于被拉开，可以很好地约束纵向钢筋。为了能将箍筋的端部锚固在截面的核心部分，当钢筋骨架采用绑扎骨架时，应将箍筋末端弯折135°，弯钩端头平直段不应小于10d（d为箍筋直径）。

受扭箍筋的间距s和直径d均应满足模块4受弯构件的最大箍筋间距和最小箍筋直径的要求。

模块小结

素混凝土纯扭构件的破坏形态为在垂直于主拉应力的方向产生斜裂缝，并迅速向相邻两面以螺旋形延伸，形成三面开裂、一面受压的空间扭曲面，构件随即破坏。破坏带有突然性，属于脆性破坏。

根据钢筋混凝土纯扭构件中两种钢筋的配筋数量及比例，钢筋混凝土纯扭构件分为4种：适筋受扭构件、少筋受扭构件和超筋受扭构件、部分超筋受扭构件，实际工程中应采用第1种，避免采用后几种。

弯剪扭复合受扭构件由于其3种内力的比值及配筋情况的不同影响，有3种典型的破坏形态：弯型破坏、扭型破坏和剪扭破坏。

复习思考题

1. 填空题

(1) 钢筋混凝土弯、剪、扭构件，剪力的增加将使构件的抗扭承载力________；扭矩的增加将使构件的抗剪承载力________。

(2) 由于配筋量不同，钢筋混凝土纯扭构件将发生________、________、________、________四种破坏。

(3) 抗扭纵筋应沿________布置，其间距________。

(4) 钢筋混凝土弯、剪、扭构件箍筋的最小配筋率________，抗弯纵向钢筋的最小配筋率________，抗扭纵向钢筋的最小配筋率________。

(5) 为了保证箍筋在整个周长上都能充分发挥抗拉作用，必须将箍筋做成________形状，且箍筋的两个端头应________。

2. 判断题

(1) 受扭构件中抗扭钢筋有纵向钢筋和横向钢筋，它们在配筋方面可以互相弥补，即一方配置少时，可由另一方多配置一些钢筋以承担少配筋一方所承担的扭矩。（　　）

(2) 在混凝土纯扭构件中，混凝土的抗扭承载力和箍筋与纵筋是完全独立的变量。

（　　）

(3) 矩形截面纯扭构件的抗扭承载力计算公式 $T \leqslant 0.35 f_t W_t + 1.2\sqrt{\zeta} f_{yv} \frac{A_{st1} A_{cor}}{s}$ 只考虑了混凝土和箍筋提供的抗扭承载力。 ( )

(4) 对于承受弯、剪、扭的构件，为计算方便，规范规定：当 $T \leqslant 0.175 f_t W_t$ 时，不考虑扭矩的影响，可仅按受弯构件的正截面和斜截面承载力分别进行计算。 ( )

(5) 对于承受弯、剪、扭的构件，为计算方便，规范规定：当 $V \leqslant 0.35 f_t b h_0$ 或 $V \leqslant \frac{0.875}{\lambda + 1} f_t b h_0$ 时，不考虑剪力的影响，可仅按受弯和受扭构件承载力分别进行计算。 ( )

(6) 弯、剪、扭构件中，按抗剪和抗扭计算分别确定所需的箍筋数量后代数相加，便得到剪扭构件的箍筋需要量。 ( )

3. 计算题

(1) 某矩形截面纯扭构件，承受扭矩设计值为 T=18 kN·m，截面尺寸 250 mm×500 mm，C25 混凝土，箍筋为 HRB335 级钢筋，纵筋为 HRB400 级钢筋。环境类别为二类，试计算截面的配筋数量。

(2) 某雨篷梁，承受弯矩、剪力、扭矩，其设计值为 M=25 kN·m，V=40 kN，T=6 kN·m，截面尺寸 240 mm×240 mm，C25 混凝土，箍筋为 HRB335 级钢筋，纵筋为 HRB400 级钢筋。环境类别为一类。试计算雨篷梁的配筋数量。

模块 7　预应力混凝土构件

思维导图

- 预应力混凝土构件
  - 预应力混凝土概述
    - 理解预应力混凝土的基本原理
    - 了解预应力混凝土的特点
    - 了解预应力混凝土的分类
  - 预应力混凝土材料
    - 熟悉预应力混凝土材料种类及要求
  - 施加预应力的方法
    - 掌握施加预应力的方法工艺流程
  - 张拉控制应力和预应力损失
    - 理解张拉控制应力概念
    - 掌握预应力损失种类
  - 预应力混凝土构件主要构造要求
    - 理解先张法预应力混凝土构件的构造要求
    - 理解后张法预应力混凝土构件的构造要求

知识点滴

预应力的概念在生产和生活中应用颇广。盛水的木桶在使用前要用铁箍把木板箍紧,就是为了使木块受到环向预压力,装水后,只要由水产生的环向拉力不超过预压力,就不会漏水。

7.1　预应力混凝土概述

想一想

什么是预应力?为什么要使用预应力?生活中有哪些预应力应用的例子?

7.1.1 预应力混凝土的基本原理

钢筋混凝土是由混凝土和钢筋两种物理力学性能不同的材料所组成的弹塑性材料。混凝土抗拉强度及极限拉应变值都很低，极限拉应变仅为 $0.1\times10^{-3}\sim0.15\times10^{-3}$，超过极限拉应变后就会出现裂缝。而钢筋达到屈服强度时的应变却要大得多，约为 $0.5\times10^{-3}\sim1.5\times10^{-3}$。对使用上不允许开裂的构件，不能充分利用受拉钢筋的强度。对于允许开裂的构件，当受拉钢筋应力达到 250 N/mm^2 时，裂缝宽度已达 0.2～0.3 mm，构件耐久性有所降低，不宜用于高湿度或侵蚀性环境中。

由于混凝土的抗拉性能很差，在使用荷载作用下，钢筋混凝土受拉、受弯等构件通常是带裂缝工作的。裂缝的存在，不仅使构件刚度大为降低，同时降低了结构的耐久性，而且不能应用于不允许开裂的结构中。为了满足变形和裂缝控制的要求，则需增大构件的截面尺寸和用钢量，这将导致自重增加，使钢筋混凝土结构难以用于大跨度或承受动力荷载的结构，或者很不经济。

为了避免钢筋混凝土结构的裂缝过早出现，充分利用高强度钢筋及高强度混凝土，可以设法在结构构件承受使用荷载前，预先对受拉区的混凝土施加压力，使它产生预压应力来减小或抵消荷载所引起的混凝土拉应力，从而将结构构件的拉应力控制在较小范围，甚至处于受压状态。也就是借助混凝土较高的抗压能力来弥补其抗拉能力的不足，以推迟混凝土裂缝的出现和开展，从而提高构件的抗裂性能和刚度。这就是预应力混凝土的基本原理。

现以如图 7-1 所示的简支梁为例，进一步说明预应力混凝土的基本原理。在构件承受使用荷载 q 以前，设法将钢筋（其截面面积为 A_p）拉伸一段长度，使其产生拉应力 σ_p，则钢筋中的总拉力为 $N=A_p\sigma_p$。将张拉后的钢筋设法固定在构件的两端，则相当于对构件两端施加了一对偏心压力，从而在受拉区建立起预压应力，如图 7-1(a)所示。当在梁上施加使用荷载 q 时，梁内将产生与预应力反号的应力，如图 7-1(b)所示。叠加后的应力如图 7-1(c)所示。显然，叠加后受拉区边缘的拉应力将小于由 q 在受拉区边缘引起的拉应力。若叠加后受拉区边缘的拉应力小于混凝土的抗拉强度，则梁不会开裂；若超过混凝土的抗拉强度，构件虽然开裂，但裂缝宽度较未施加预应力的构件小。

项目	预应力作用	外荷载作用	预应力＋外荷载
受力简图	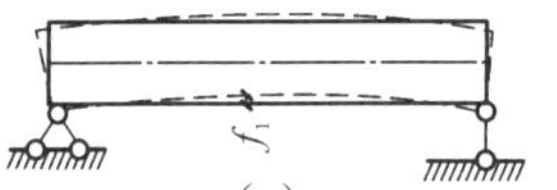 (a)	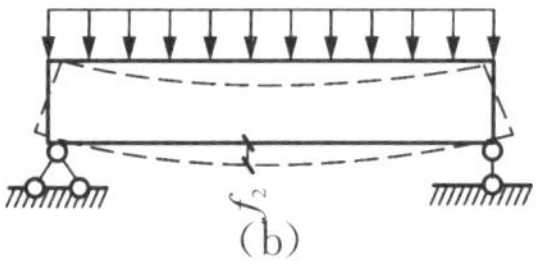 (b)	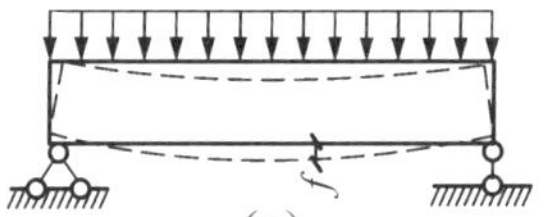 (c)
受力及变形特点	在预压力作用下，截面下边缘产生压应力 σ_1，形成反拱 f_1	在外荷载作用下，截面下边缘产生拉应力 σ_2，其挠度为 f_2	在预压力及外荷载作用下，截面下边缘产生应力 $\sigma_2-\sigma_1$，其挠度 $f=f_2-f_1$

图 7-1 预应力混凝土简支梁的原理

7.1.2 预应力混凝土的特点

与钢筋混凝土相比，预应力混凝土具有以下特点：

(1) 构件的抗裂性能较好。

(2) 构件的刚度较大。由于预应力混凝土能延迟裂缝的出现和开展，并且受弯构件要产生反拱，因而可以减小受弯构件在荷载作用下的挠度。

(3) 构件的耐久性较好。由于预应力混凝土能使构件不出现裂缝或减小裂缝宽度，因而可以减少大气或侵蚀性介质对钢筋的侵蚀，从而延长构件的使用期限。

(4) 可以减小构件截面尺寸，节省材料，减轻自重，既可以达到经济的目的，又可以扩大钢筋混凝土结构的使用范围，例如可以用于大跨度结构，代替某些钢结构。

(5) 工序较多，施工较复杂，且需要张拉设备和锚具等设施。

由于预应力混凝土具有以上特点，因而在工程结构中得到了广泛的应用。在工业与民用建筑中，屋面板、楼板、檩条、吊车梁、柱、墙板、基础等构配件，都可采用预应力混凝土。需要指出，预应力混凝土不能提高构件的承载能力。也就是说，当截面和材料相同时，预应力混凝土与普通钢筋混凝土受弯构件的承载能力相同，与受拉区钢筋是否施加预应力无关。

7.1.3 预应力混凝土的分类

根据预加应力值大小对构件截面裂缝控制程度的不同，预应力混凝土结构分为全预应力混凝土结构和部分预应力混凝土结构两类。

在使用荷载作用下，不允许混凝土截面上出现拉应力的结构，称为全预应力混凝土结构，属严格要求不出现裂缝的结构；允许出现裂缝，但最大裂缝宽度不超过允许值的结构，则称为部分预应力混凝土结构，属允许出现裂缝的结构。此外，还有一种有限预应力混凝土结构，一般也认为属于部分预应力混凝土结构，即在使用荷载作用下，根据荷载效应组合情况，不同程度地保证混凝土结构不开裂，也就是说，在准永久荷载组合作用下，受拉边缘不允许出现拉应力，但按荷载标准组合作用时，结构受拉边缘允许出现不超过规定值的拉应力，这种结构属一般要求不出现裂缝的结构。可见，部分预应力混凝土构件介于全预应力混凝土构件和钢筋混凝土构件二者之间。

按照黏结方式，预应力混凝土还可分为有黏结预应力混凝土和无黏结预应力混凝土。无黏结预应力混凝土，是指配置无黏结预应力钢筋的后张法预应力混凝土。无黏结预应力钢筋是将预应力钢筋的外表面涂以沥青、油脂或其他润滑防锈材料，以减小摩擦力并防锈蚀，并用塑料套管或以牛皮纸、塑料薄膜包裹，以防止施工中碰坏涂层，并使之与周围混凝土隔离，在后张法张拉预应力钢筋时可沿纵向发生相对滑移。无黏结预应力钢筋在施工时，像普通钢筋一样，可直接按配置的位置放入模板中，并浇灌混凝土，待混凝土达到规定强度后即可进行张拉。无黏结预应力混凝土不需要预留孔道，也不必灌浆，因此施工简便、快速，造价较低，易于推广应用。目前已在建筑工程中广泛应用此项技术。

7.2 预应力混凝土材料

想一想

预应力混凝土材料与普通钢筋混凝土材料要求有什么不同？

7.2.1 预应力筋

在预应力混凝土构件从制作到破坏的整个过程中，预应力筋始终处于高应力状态，故对预应力筋有较高的要求，具体有以下几个方面的要求。

1. 高强度

预应力筋中有效预应力的大小取决于预应力筋张拉控制应力的大小。考虑到预应力结构在施工以及使用的过程中将出现各种预应力损失，只有采用高强度材料，才有可能建立较高的有效预应力。

预应力结构的发展历史也表明，预应力筋必须采用高强材料。早在19世纪中后期，就进行了在混凝土梁中建立预应力的实验研究。由于采用了低强度的普通钢筋，加之预应力锚固损失以及混凝土的收缩徐变等原因，预应力随着时间的延长而丧失殆尽。直到约半个世纪后的1928年，法国工程师弗莱西奈特在采用高强度钢丝后才获得成功，从此，预应力结构才真正开始应用于工程实践。

提高钢材的强度通常有以下三种不同的方法：

（1）在钢材成分中增加某些合金元素，如碳、锰、硅、铬。

（2）采用冷拔、冷拉等方法来提高钢材屈服强度。

（3）通过调质热处理、高频感应热处理、余热处理等方法提高钢材强度。

2. 与混凝土要有较好的黏结力

在先张法预应力构件中，预应力筋与混凝土之间具有可靠的黏结力，以确保预应力筋的预加力能可靠地传递至混凝土中。在后张法预应力构件中，预应力筋也与孔道后灌的水泥浆之间有较高的黏结强度，以使预应力筋与周围的混凝土形成一个整体来共同承受外荷载作用。

3. 有足够的塑性和良好的加工性能

钢材强度越高，其塑性越低，当钢材塑性太低时，特别是当处于低温和冲击荷载条件下，就有可能发生脆性断裂。《混凝土规范》规定：预应力筋最大力下总伸长率 $\delta_{gt} \geqslant 3.5\%$。良好的加工性能是指钢材焊接性能好，以及采用镦头锚板时，预应力筋头部镦粗后不影响原有的力学性能等。

目前，国内常用的预应力钢材有中强度预应力钢丝（光圆或螺旋筋）、消除应力钢丝（光圆或螺旋筋）、钢绞线（图 7-2）和预应力螺纹钢筋等。对于中小构件中的预应力钢筋，也可采用冷拔中强度钢丝、冷拔低碳钢丝和冷轧带肋钢筋等。钢绞线是用冷拔钢丝绞扭机制成，其方法是在绞线机上以一种稍粗的直钢丝为中心，其余钢丝则围绕其进行螺旋状绞合，并经低温回火处理即可。根据钢绞线深加工的要求不同，又可将钢绞线分为普通松弛钢绞线（消除应力钢绞线）、低松弛钢绞线、镀锌钢绞线、涂环氧树脂钢绞线和模拔钢绞线等。钢绞线规格有 2 股、3 股、7 股和 19 股等。7 股钢绞线由于面积较大、柔软、施工定位方便，适用于先张法和后张法预应力结构构件，是目前国内外应用最广的一种预应力筋。

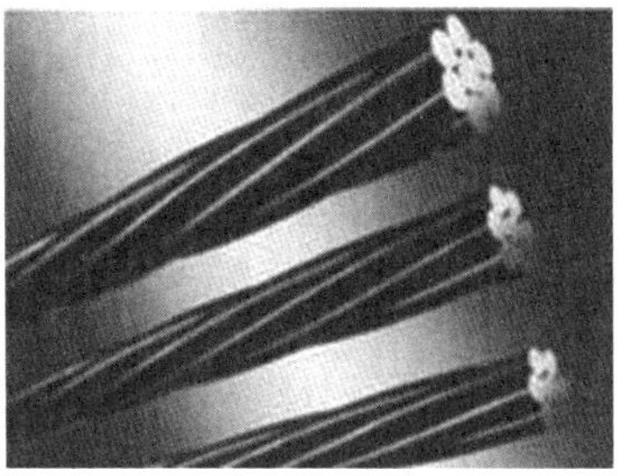
图 7-2　7 股钢绞线

7.2.2　混凝土

混凝土的种类很多，在预应力混凝土中一般采用以水泥为胶结料的混凝土。对混凝土的基本要求有以下几个方面。

1. 高强度

预应力混凝土要求采用高强度混凝土的原因如下：

（1）采用与高强度预应力筋相匹配的高强度混凝土，可以充分发挥材料强度，从而有效减小构件截面尺寸和自重，以利于适应大跨径构件的要求。

（2）高强度混凝土具有更高的抗拉强度、局部承压强度以及较强的黏结性能，从而可推迟构件正截面和斜裂缝的出现，有利于后张和先张预应力筋的锚固。

（3）高强度混凝土具有较高的弹性模量，从而具有更小的弹性变形以及与强度有关的塑性变形，预应力损失也可以相应减小。

预应力混凝土不仅要高强而且还要早期高强，以便早日施加预应力，提高构件的生产效率和设备的利用率。

目前，我国预应力混凝土的强度一般为 30～50 MPa（如采用钢绞线、钢丝和热处理钢筋作预应力筋时，混凝土强度等级不宜低于 C40），强度在 60～80 MPa 的混凝土则用得很少。在一些发达国家，工厂预制的预应力混凝土强度一般为 50～80 MPa，最高可达到 100 MPa。

2. 低收缩、低徐变

在预应力混凝土结构中采用低收缩、低徐变的混凝土，一方面可以减小由于混凝土收缩、徐变产生的预应力损失，另一方面也可以有效控制预应力混凝土结构的徐变变形。

3. 快硬、早强

预应力结构中的混凝土具有快硬、早强的性能，可尽早施加预应力，加快施工进度，提高设备以及模板的利用率。

混凝土的强度主要取决于集料和水泥浆的强度以及集料与浆体之间的界面过渡区的强度。由于混凝土是微孔脆性材料，各部分的孔隙率以及孔隙的大小与分布情况直接与混凝土的强度有关。水胶比越小，拌合料硬化后的孔隙率越低，混凝土的强度就越高。高效减水剂能够有效改善水泥的水化程度，缩短水化时间，因此，掺加高效减水剂有助于混凝土的快硬、早强。

7.3 施加预应力的方法

想一想

预应力怎么施加到构件上?

按照张拉钢筋与浇筑混凝土的先后关系，施加预应力的方法可分为先张法和后张法两类。

1. 先张法

先张拉预应力钢筋，然后浇筑混凝土的施工方法称为先张法，先张法的主要工艺过程是：将钢筋穿过台座→张拉预应力钢筋→浇筑混凝土并进行养护→切断预应力钢筋。预应力钢筋回缩时挤压混凝土，从而使构件产生预压应力。由于预应力的传递主要靠钢筋和混凝土间的黏结力，因此，必须待混凝土强度达到规定值时(达到强度设计值的75%以上)，方可切断预应力钢筋(图7-3)。

先张法的优点主要是，生产工艺简单，工序少，效率高，质量易于保证，同时由于省去了锚具和减少了预埋件，构件成本较低。先张法主要适用于工厂化大量生产，尤其适用于长线法生产中、小型构件。

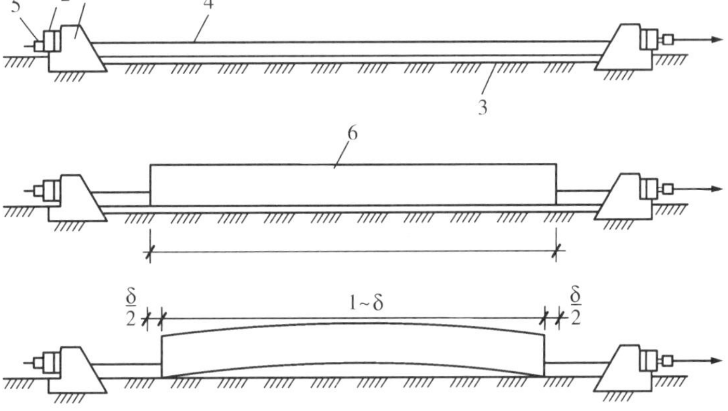

1—台座承力结构；2—横梁；3—台面；4—预应力筋；5—锚具；6—混凝土构件。

图7-3 先张法生产示意图

2. 后张法

先浇筑混凝土，待混凝土硬化后，在构件上直接张拉预应力钢筋，这种施工方法称为后张法。

后张法的主要工艺过程是：浇筑混凝土构件（在构件中预留孔道）并进行养护→穿预应力钢筋→张拉预应力钢筋并用锚具锚固→往孔道内压力灌浆。预应力钢筋的回弹力通过锚具作用到构件上，从而使混凝土产生预压应力（图 7-4）。后张法的预压应力主要通过工作锚传递。张拉预应力钢筋时，混凝土的强度必须达到设计值的 75%以上。

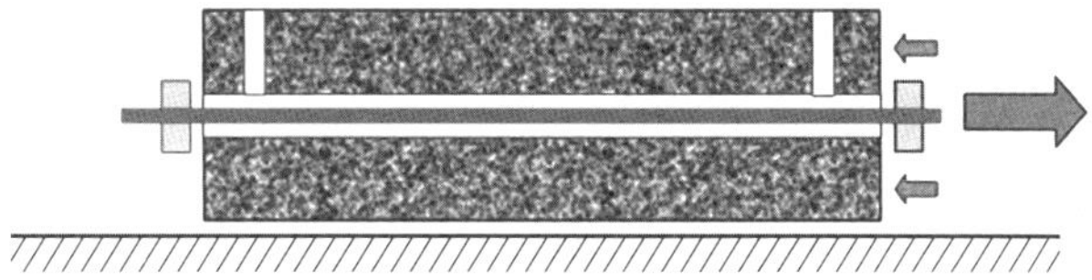

图 7-4　后张法示意图

后张法的优点是预应力钢筋直接在构件上张拉，不需要张拉台座，所以后张法构件既可以在预制厂生产，也可在施工现场生产。大型构件在现场生产可以避免长途搬运，故我国大型预应力混凝土构件主要采用后张法。

后张法的主要缺点是生产周期较长；需要利用工作锚锚固预应力钢筋，钢材消耗较多，成本较高；工序多，操作较复杂，造价一般高于先张法。

7.4　张拉控制应力和预应力损失

想一想

施加预应力时，力的大小控制依据是什么？在施工及使用过程中，会不会有应力损失？如果有，有哪些应力损失？

7.4.1　张拉控制应力

张拉控制应力是指预应力钢筋在进行张拉时所控制达到的最大应力值。其值为张拉设备（如千斤顶油压表）所指示的总张拉力除以应力钢筋截面面积而得的应力值，以 σ_{con} 表示。

张拉控制应力的取值，直接影响预应力混凝土的使用效果，如果张拉控制应力取值过低，则预应力钢筋经过各种损失后，对混凝土产生的预压应力过小，不能有效地提高预应力混凝土构件的抗裂度和刚度。如果张拉控制应力取值过高，则可能引起以下问题：

（1）在施工阶段会使构件的某些部位受到拉力（称为预拉力）甚至开裂，对后张法构件可能造成端部混凝土局压破坏。

（2）构件出现裂缝时的荷载值很接近，使构件在破坏前无明显的预兆，构件的延性较差。

（3）为了减少预应力损失，有时需进行超张拉，有可能在超张拉过程中使个别钢筋的应力超过它的实际屈服强度，使预应力钢筋产生较大塑性变形或脆断。

张拉控制应力值的大小与施加预应力的方法有关，对于相同的钢种，先张法取值高于后张法。这是由于先张法和后张法建立预应力的方式是不同的。先张法是在浇灌混凝土之前在台座上张拉预应力钢筋，故在预应力钢筋中建立的拉应力就是张拉控制应力 σ_{con}。后张法是在混凝土构件上张拉预应力钢筋，在张拉的同时，混凝土被压缩，张拉设备千斤顶所指示的张拉控制应力已扣除混凝土弹性压缩后的钢筋应力。为此，后张法构件的 σ_{con} 值应适当低于先张法。

张拉控制应力值大小的确定，还与预应力的钢种有关。由于预应力混凝土采用的都为高强度钢筋，其塑性较差，故控制应力不能取得太高。

根据长期积累的设计和施工经验，《混凝土规范》规定，在一般情况下，张拉控制应力不宜超过表 7-1 的限值。

表 7-1　张拉控制应力限值

钢种	张拉方法	
	先张法	后张法
消除应力钢丝、钢绞线	$0.75f_{ptk}$	$0.70f_{ptk}$
热处理钢筋	$0.70f_{ptk}$	$0.65f_{ptk}$
冷拉钢筋	$0.90f_{ptk}$	$0.85f_{ptk}$

注：1. 表中 f_{ptk} 为预应力钢筋的强度标准值，见《混凝土规范》。

2. 预应力钢丝、钢绞线、热处理钢筋的张拉控制应力值不应小于 $0.4f_{ptk}$。符合下列情况之一时，表中的张拉控制应力限值可提高 $0.05f_{ptk}$：

（1）要求提高构件在施工阶段的抗裂性能，而在使用阶段受压区内设置的预应力钢筋。

（2）要求部分抵消由于应力松弛、摩擦、分批张拉钢筋以及预应力钢筋与张拉台座之间的温差等因素产生的预应力损失。

7.4.2　预应力损失

按照某一控制应力值张拉的预应力钢筋，其初始的张拉应力会由于各种原因而降低，这种预应力降低的现象称为预应力损失，用 σ_l 表示。预应力损失值包括以下几种。

1. $\boldsymbol{\sigma_{l1}}$

锚具变形和预应力筋内缩引起的预应力损失。主要由张拉端锚具变形和预应力筋内缩引起。

（1）先张法构件。直线预应力筋由锚具变形和预应力筋内缩引起的预应力损失 σ_{l1} 应按式(7-1)计算：

$$\sigma_{l1}=\frac{a}{l}E_s \tag{7-1}$$

式中 a ——张拉端锚具变形和预应力筋内缩值(mm)，可按表7-2采用；

l ——张拉端至锚固端之间的距离(mm)；

E_s ——预应力钢筋的弹性模量。

表7-2 锚具变形和预应力筋内缩值 a

锚具类别		a/mm
支承式锚具(钢丝束镦头锚具等)	螺帽缝隙	1
	每块后加垫板的缝隙	1
夹片式锚具	有顶压时	5
	无顶压时	6～8

注：1. 表中的锚具变形和预应力筋内缩值也可根据实测数据确定。
2. 其他类型的锚具变形和预应力筋内缩值应根据实测数据确定。

块体拼成的结构，其预应力损失还应考虑块体间填缝的预压变形。当采用混凝土或砂浆为填缝材料时，每条填缝的预压变形值可取为1 mm。

(2) 后张法构件。后张法构件预应力筋或折线形预应力筋由于锚具变形和预应力筋内缩引起的预应力损失 σ_{l1}，应根据曲线预应力筋或折线预应力筋与孔道之间反向摩擦影响长度 l_f 范围内的预应力筋变形值由锚具变形和预应力筋内缩值的条件确定，反向摩擦系数可按表7-3采用。

表7-3 预应力钢筋与孔道壁之间的摩擦系数

孔道成型方式	κ	μ	
		钢绞线、钢丝束	预应力螺纹钢筋
预埋金属波纹管	0.001 5	0.25	0.50
预埋塑料波纹管	0.001 5	0.15	—
预埋钢管	0.001 0	0.30	—
抽芯成型	0.001 4	0.55	0.6
无黏结预应力筋	0.004 0	0.09	—

注：表中系数也可根据实测数据确定。

减少该项损失的措施：由于 a 越小或 l 越大，则 σ_{l1} 越小，所以尽量少用垫板。先张法采用长线台座张拉时 σ_{l1} 较小；而在后张法中构件长度越大，则 σ_{l1} 越小。

2. σ_{l2}

σ_{l2} 是由预应力钢筋与孔道壁之间的摩擦引起。

后张法构件预应力筋与孔道壁之间的摩擦力引起的预应力损失值 σ_{l2}，宜按式(7-2)计算：

$$\sigma_{l2}=\sigma_{con}\left(1-\frac{1}{e^{\kappa x+\mu\theta}}\right) \tag{7-2}$$

式中 x ——从张拉端至计算截面的孔道长度，可近似取该段孔道在纵轴上的投影长度(m)；

θ ——从张拉端至计算截面曲线孔道各部分切线的夹角之和(rad)；

κ ——考虑孔道每米长度局部偏差的摩擦系数，按表 7-3 采用；

μ ——预应力钢筋与孔道壁之间的摩擦系数，按表 7-3 采用。

当 $\kappa x+\mu\theta\leqslant 0.3$ 时，$\sigma_{l2}\approx(\kappa x+\mu\theta)\sigma_{con}$。

在式(7-2)中，对按抛物线、圆弧曲线变化的空间曲线及可分段后叠加的广义空间曲线，夹角之和 θ 可按下列近似公式计算：

抛物线、圆弧曲线
$$\theta=\sqrt{\alpha_v^2+\alpha_h^2} \tag{7-3}$$

广义空间曲线
$$\theta=\sum\sqrt{\Delta\alpha_v^2+\Delta\alpha_h^2} \tag{7-4}$$

式中 α_v，α_h ——按抛物线、圆弧曲线变化的空间曲线预应力筋在竖直向、水平向投影所形成的抛物线、圆弧曲线的弯转角；

$\Delta\alpha_v$，$\Delta\alpha_h$ ——广义空间曲线预应力筋在竖直向、水平向投影所形成的分段曲线的弯转角增量。

对于先张法和后张法构件在张拉端锚口摩擦及在转向装置处的摩擦引起的预应力损失 σ_{l2}，均按实测值或厂家提供的数据确定。

对于较长的构件可采用一端张拉另一端补拉，或两端同时张拉，也可采用超张拉。超张拉程序为 $0\rightarrow 1.1\sigma_{con}\xrightarrow{2\ min}0.85\sigma_{con}\rightarrow\sigma_{con}$。

3. σ_{l3}

在混凝土加热养护时，σ_{l3} 由受张拉的预应力钢筋与承受拉力的设备之间的温差引起，主要在先张法中，$\sigma_{l3}=2\Delta t$（Δt 为混凝土加热养护时，受张拉的预应力钢筋与承受拉力的设备之间的温差）。

通常采用两阶段升温养护来减小温差损失：先升温 20～50℃，待混凝土强度达到 7.5～10 N/mm^2 后，混凝土与预应力钢筋之间已具有足够的黏结力而结成整体；当再次升温时，二者可共同变形，不再引起预应力损失。因此，计算时 Δt 取 20～50℃。当在钢模上施工预应力构件时，钢模和预应力钢筋同时被加热，无温差，则该损失为零。

4. σ_{l4}

σ_{l4} 由预应力钢筋的应力松弛引起，计算公式如下：

（1）消除应力钢丝、钢绞线。

普通松弛：

$$\sigma_{l4}=0.4\left(\frac{\sigma_{con}}{f_{ptk}}-0.5\right)\sigma_{con} \tag{7-5}$$

低松弛：

当 $\sigma_{con}\leqslant 0.7f_{ptk}$ 时

$$\sigma_{l4}=0.125\left(\frac{\sigma_{con}}{f_{ptk}}-0.5\right)\sigma_{con} \tag{7-6}$$

当 $0.7f_{ptk}<\sigma_{con}\leqslant 0.8f_{ptk}$ 时

$$\sigma_{l4}=0.2\left(\frac{\sigma_{con}}{f_{ptk}}-0.575\right)\sigma_{con} \tag{7-7}$$

（2）中强度预应力钢丝：$\sigma_{l4}=0.08\sigma_{con}$。

（3）预应力螺纹钢筋：$\sigma_{l4}=0.03\sigma_{con}$。

当 $\frac{\sigma_{con}}{f_{ptk}}\leqslant 0.5$ 时，预应力筋的应力松弛损失值 σ_{l4} 可取为零。

采用超张拉的方法可减小松弛损失。超张拉时可采取以下两种张拉程序：第一种为 $0\rightarrow 1.03\sigma_{con}$；第二种为 $0\rightarrow 1.05\sigma_{con}\xrightarrow{2\ \mathrm{min}}\sigma_{con}$。

5. σ_{l5}

σ_{l5} 是由混凝土的收缩和徐变引起的预应力损失。混凝土的收缩和徐变引起受拉区和受压区纵向预应力筋的预应力损失值 σ_{l5}、σ'_{l5}，可按下列方法计算：

先张法构件

$$\sigma_{l5}=\frac{60+340\frac{\sigma_{pc}}{f'_{cu}}}{1+15\rho} \tag{7-8}$$

$$\sigma'_{l5}=\frac{60+340\frac{\sigma'_{pc}}{f'_{cu}}}{1+15\rho'} \tag{7-9}$$

后张法构件

$$\sigma_{l5}=\frac{55+300\frac{\sigma_{pc}}{f'_{cu}}}{1+15\rho} \tag{7-10}$$

$$\sigma'_{l5}=\frac{55+300\frac{\sigma'_{pc}}{f'_{cu}}}{1+15\rho'} \tag{7-11}$$

式中　σ_{pc}，σ'_{pc}——受拉区、受压区预应力筋合力点处的混凝土法向压应力；

f'_{cu}——施加预应力时的混凝土立方体抗压强度；

ρ，ρ'——受拉区、受压区预应力筋和普通钢筋的配筋率，对于先张法构件，$\rho=\frac{A_p+A_s}{A_0}$，$\rho'=\frac{A'_p+A'_s}{A_0}$；对后张法构件，$\rho=\frac{A_p+A_s}{A_n}$，$\rho'=\frac{A'_p+A'_s}{A_n}$（$A_0$ 为构件的换算截面，A_n 为构件的净截面面积）；对于对称配置预应力筋和普通钢筋的构件，配筋率 ρ，ρ' 应按钢筋总截面面积的一半进行计算。

计算受拉区、受压区预应力筋在各自合力点处的混凝土法向压应力 σ_{pc}，σ'_{pc} 时，预应力损失值仅考虑混凝土预压前（第一批）的损失（即这里取 $\sigma_{pc}=\sigma_{pc,\mathrm{I}}$，$\sigma'_{pc}=\sigma'_{pc,\mathrm{I}}$），其普通钢筋中的应力 σ_{l5}，σ'_{l5} 值应取为零；σ_{pc}，σ'_{pc} 值不得大于 $0.5f'_{cu}$；当 σ'_{pc} 为拉应力时，则式（7-9）、式（7-11）中的 σ'_{pc} 应取为零。计算混凝土法向应力 σ_{pc}，σ'_{pc} 时，可根据构件制作情况考虑自重的影响。

当结构处于年平均相对湿度低于 40% 环境下，σ_{l5} 及 σ'_{l5} 值应增加 30%。

当采用泵送混凝土时，宜根据实际情况考虑混凝土收缩、徐变引起预应力损失值增大的影响。所有能减少混凝土收缩、徐变的措施，相应地都将减少 σ_{l5}。

6. $\boldsymbol{\sigma_{l6}}$

用螺旋式预应力钢丝（或钢筋）作配筋的环形结构构件，由于螺旋式预应力钢丝（或钢筋）挤压混凝土引起的预应力损失。σ_{l6} 的大小与构件直径有关，构件直径越小，预应力损失越大。当结构直径大于 3 m 时，σ_{l6} 可不计；当结构直径小于或等于 3 m 时，σ_{l6} 可取为 30 N/mm^2。

后张法构件的预应力筋采用分批张拉时，应考虑后批张拉预应力筋所产生的混凝土弹性压缩或伸长对于先批张拉预应力筋的影响，可将先批张拉预应力筋的张拉控制应力值 σ_{con} 增加或减小 $\alpha_E\sigma_{pci}$（σ_{pci} 为后批张拉预应力筋在先批张拉预应力筋重心处产生的混凝土法向应力）。

预应力混凝土构件在各阶段的预应力损失值宜按表 7-4 的规定进行组合。

表 7-4　各阶段预应力损失值的组合

预应力损失值的组合	先张法构件	后张法构件
混凝土预压前（第一批）的损失	$\sigma_{l1}+\sigma_{l2}+\sigma_{l3}+\sigma_{l4}$	$\sigma_{l1}+\sigma_{l2}$
混凝土预压后（第二批）的损失	σ_{l5}	$\sigma_{l4}+\sigma_{l5}+\sigma_{l6}$

注：先张法构件由于预应力筋应力松弛引起的损失值 σ_{l4} 在第一批和第二批损失中所占的比例，如需区分，可根据实际情况确定。

当计算求得的预应力总损失值小于下列数值时，应按下列数值取用：

（1）先张法构件，100 N/mm^2；

（2）后张法构件，80 N/mm^2。

7.5　预应力混凝土构件主要构造要求

想一想

预应力混凝土构件有哪些构造要求？为什么？

7.5.1　先张法预应力混凝土构件的构造要求

1. 先张法预应力钢筋尺寸及预留孔道尺寸

（1）先张法预应力钢筋最小净间距如表 7-5 所示。

表 7-5　先张法预应力钢筋最小净间距

项　目	内　容			
钢筋类型	热处理钢筋	预应力钢丝	三股钢绞线	七股钢绞线
绝对值	15	15	20	25
相对值	$2.5d$ 或 $1.25d_e$			

注：1. 当混凝土振捣密实性具有可靠保证时，净间距可放宽为最大粗集料粒径的 1.0 倍。
2. 表中 d 为预应力钢筋的公称直径。对热处理钢筋及预应力钢丝而言，即为其直径；而对钢绞线来说是其公称直径 d（截面的外接圆直径，轮廓直径）。因此，直径与截面之间并不存在 $A_p=\frac{\pi d^2}{4}$ 的对应关系，其真正的承载截面面积 A，应按钢筋表查找相应的公称直径截面面积。
3. 表中 d_e 为混凝土粗集料的最大粒径。

（2）预留孔道的内径应比预应力钢丝束或钢绞线束外径及需穿过孔道的连接器外径大 10～15 mm。这是施工时穿筋布置预应力钢丝束或钢绞线束以及锚具的起码条件。

（3）端面孔道的相对位置应综合考虑锚夹具的尺寸、张拉设备压头的尺寸、端面混凝土的局部承压能力等因素而妥善布置，必要时应适当加大端面尺寸，以避免施工误差等意外因素造成张拉施工的困难。

（4）对预制构件，孔道之间的水平净间距不宜小于 50 mm；孔道至构件边缘的净间距不宜小于 30 mm，且不宜小于孔道直径的一半。

（5）框架梁在支座处承受负弯矩而在跨中承受正弯矩，因此预应力钢筋往往做曲线配置。在框架梁中，曲线的预留孔道在竖直方向的净间距不应小于孔道外径，水平方向的净间距不应小于 1.5 倍孔道外径；从孔壁算起的混凝土保护层厚度，在梁侧不宜小于 40 mm，而在梁底不宜小于 50 mm。

（6）大跨度受弯构件往往在制作时需要预先起拱，以抵消正常使用时产生的过大挠度，此时预留孔道宜随构件同时起拱，以免引起计算以外的次应力。

2. 先张法预应力混凝土构件端部加固措施

（1）对于单根预应力钢筋或钢丝束，可以在构件端部设置螺旋钢筋圈。其端部宜设置长度不小于 150 mm 且不少于 4 圈的螺旋筋；当有可靠经验时，也可利用支座垫板上的插筋代替螺旋筋，但插筋数量不应少于 4 根，其长度不宜小于 120 mm，如图 7-5 所示。

(2) 如果在支座处布置螺旋钢筋有困难，为满足预制构件与搁置支座连接的需要，有时在构件端部预埋支座垫板，并相应配有埋件的锚筋。可以利用支座垫板上的锚筋(插筋)代替螺旋筋约束预应力钢筋。预应力钢筋必须从两排插筋中穿过，并且插筋数量不少于 4 根，长度不小于 120 mm，如图 7-6 所示。在我国预制的屋面板端部多采用这种措施。

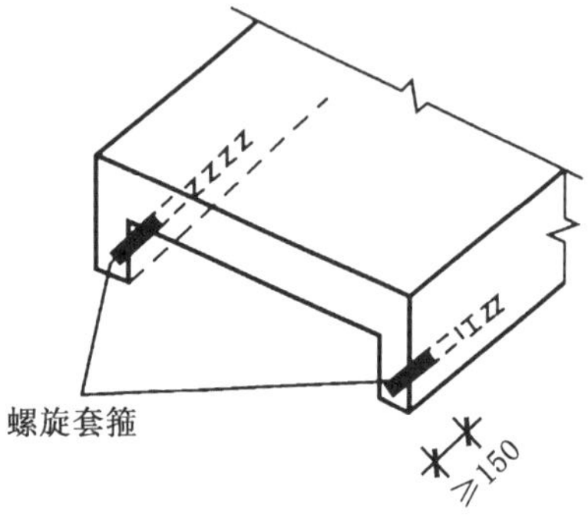

图 7-5　设置螺旋钢筋圈

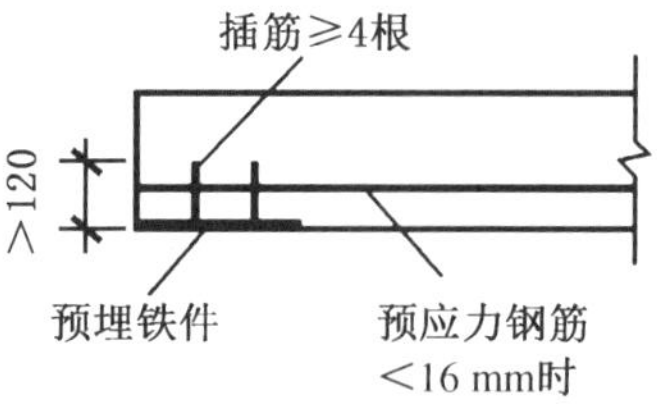

图 7-6　预应力钢筋从两排插筋中穿过

(3) 对分散布置的多根预应力钢筋，每根钢筋都加螺旋钢筋圈有困难，则可以在构件端部 $10d$(d 为预应力钢筋的公称直径)且不小于 100 mm 长度范围内设置 3～5 片与预应力钢筋垂直的钢筋网；钢筋网一般用细直径钢筋焊接或绑扎，如图 7-7 所示。

(4) 对采用预应力钢丝配筋的薄板，由于端面尺寸有限，前述局部加强配筋的措施均难以执行。可以在板端 100 mm 范围内适当加密横向钢筋，其数量应不少于 2 根，如图 7-8所示。

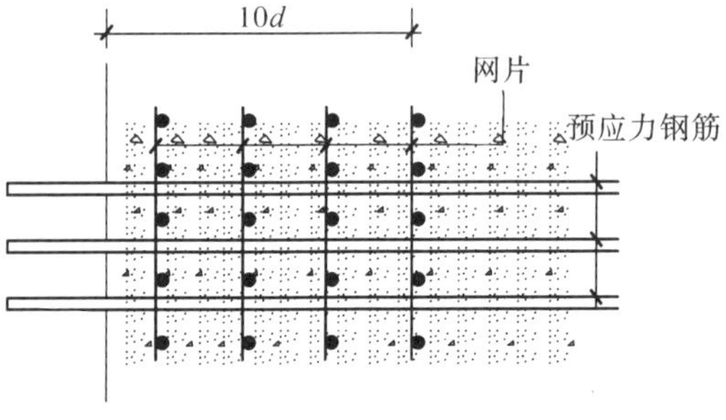

图 7-7　设置与预应力钢筋垂直的钢筋网

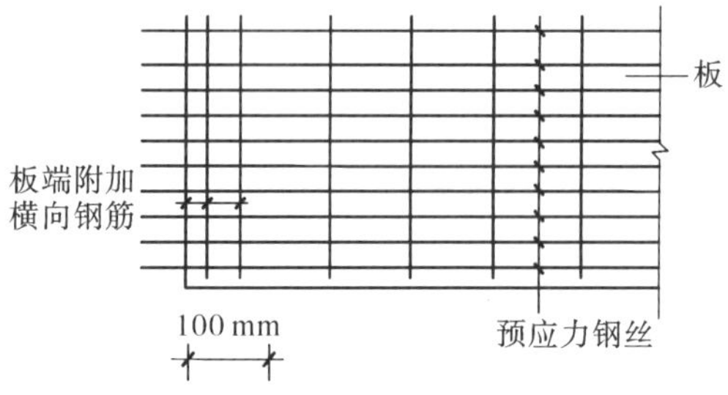

图 7-8　加密横向钢筋

(5) 槽形板类构件，应在构件端部 100 mm 长度范围内沿构件板面设置附加横向钢筋，其数量应不少于 2 根。

7.5.2　后张法预应力混凝土构件的构造要求

(1) 对预应力屋面梁、起重机梁等构件，宜将一部分预应力钢筋在靠近支座处弯起，弯起的预应力钢筋宜沿构件端部均匀布置，如图 7-9 所示。

(2) 出于对构件安装的需要，预制构件端部预应力筋锚固处往往有局部凹进。此时应增设折线形的构造钢筋，连同支座垫板上的竖向构造钢筋(插筋或埋件的锚筋)共同构成对锚固区域的约束，如图 7-10 所示。

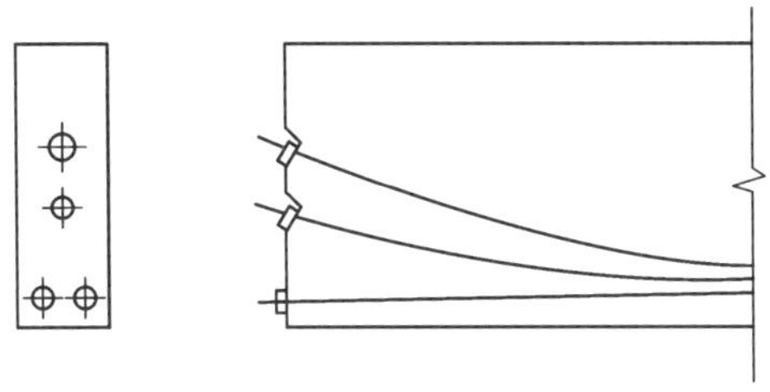

图 7-9　弯起预应力钢筋

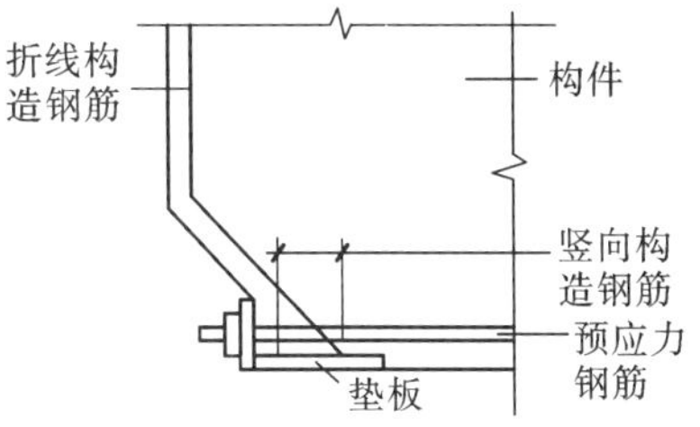

图 7-10　增设折线形构造钢筋

(3) 由于构件端部尺寸有限，集中的应力来不及扩散，端部局部承压区以外的孔道仍可能劈裂。因此，在局部受压间接钢筋配置区以外，在构件端部长度不小于 $3e$(e 为截面重心线上部或下部预应力钢筋的合力点至邻近边缘的距离)，但不大于 $1.2h$(h 为构件端部截面高度)、高度为 $2e$ 的附加配筋区范围内，应均匀配置附加箍筋或网片，其体积配筋率 ρ_v 应不小于 0.5%，如图 7-11 所示。

(4) 如果构件端部预应力钢筋无法均匀布置而需集中布置在截面下部或集中布置在上部和下部时，应在构件端部 $0.2h$(h 为构件端部截面高度)的范围内设置附加竖向焊接钢筋网、封闭式箍筋或其他形式的构造钢筋，如图 7-12 所示。

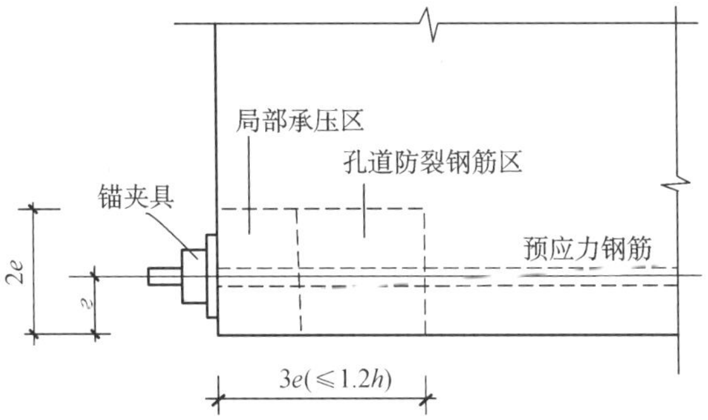

图 7-11　配置附加箍筋或网片

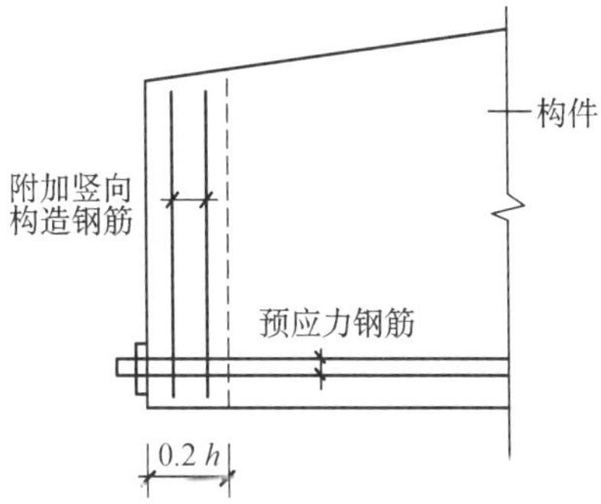

图 7-12　设置其他形式的构造钢筋

(5) 除满足图 7-12 所示构造要求外，还应满足其体积配筋率 ρ_v 不小于 0.5%。

(6) 预制构件安装就位后，往往以焊接形式与下部支撑结构相连。如构件长度较大，在构件端部应配置足够的非预应力纵向构造钢筋防裂。

(7) 后张法预应力构件在张拉锚固后应在孔道内灌浆以保护预应力钢筋免受锈蚀并具备一定的黏结锚固作用。为此在构件两端及跨中应设置灌浆孔或排气孔，其间距不宜大于 12 m。

(8) 在预应力钢筋的锚夹具下及张拉设备压头的支撑处，应有预先放置的钢垫板以避免巨大的预压应力直接作用在混凝土上。其尺寸由构造布置确定。

(9) 后张法预应力钢筋的锚固应选用可靠的锚具，其形式和质量要求应符合现行标准《预应力筋用锚具、夹具和连接器》(GB/T 14370—2015)的规定。另外，对外露金属锚具，应采取可靠的防锈措施，或者浇筑混凝土加以封闭。

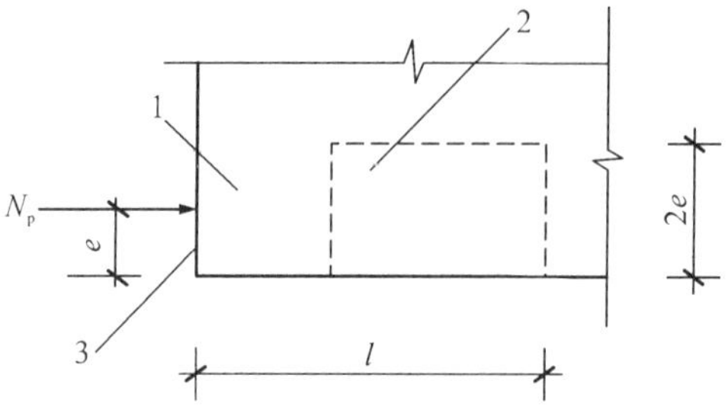

图 7-13 混凝土构造要求

(10) 后张法预应力筋及预留孔道布置应符合下列构造规定(图 7-13)：

① 预制构件中预留孔道之间的水平净间距不宜小于 50 mm，且不宜小于粗集料粒径的 1.25 倍；孔道至构件边缘的净间距不宜小于 30 mm，且不宜小于孔道直径的 50%。

② 现浇混凝土梁中预留孔道在竖直方向的净间距不应小于孔道外径，水平方向的净间距不宜小于 1.5 倍孔道外径，且不应小于粗集料粒径的 1.25 倍；从孔道外壁至构件边缘的净间距，梁底不宜小于 50 mm，梁侧不宜小于 40 mm，裂缝控制等级为三级的梁，梁底、梁侧分别不宜小于 60 mm 和 50 mm。

③ 预留孔道的内径宜比预应力束外径及需穿过孔道的连接器外径大 6～15 mm；且孔道的截面面积宜为穿入预应力束截面面积的 3.0～4.0 倍。

④ 当有可靠经验并能保证混凝土浇筑质量时，预留孔道可水平并列贴紧布置，但并排的数量不应超过两束。

⑤ 在现浇楼板中采用扁形锚固体系时，穿过每个预留孔道的预应力筋数量宜为 3～5 根；在常用荷载情况下，孔道在水平方向的净间距不应超过 8 倍板厚及 1.5 m 中的较大值。

⑥ 板中单根无黏结预应力筋的间距不宜大于板厚的 6 倍，且不宜大于 1 m；带状束的无黏结预应力筋根数不宜多于 5 根，带状束间距不宜大于板厚的 12 倍，且不宜大于 2.4 m。

⑦ 梁中集束布置的无黏结预应力筋，集束的水平净间距不宜小于 50 mm，束至构件边缘的净距不宜小于 40 mm。

模块小结

依据需要，人为地施加某一数值和分布的压应力，用以部分或全部抵消外荷载应力的钢筋混凝土结构称为预应力混凝土结构。采用预应力混凝土结构主要是为了避免钢筋混凝土结构过早出现裂缝，并充分利用高强钢筋和高强混凝土的强度。

按预应力的施加方式分类，预应力混凝土可分为先张法和后张法；按钢筋和混凝土之间是否有黏结作用分类，可分为有黏结预应力构件和无黏结预应力构件；按预应力施加的程度分类，可分为全预应力混凝土和部分预应力混凝土。

预应力混凝土构件对材料（钢筋、混凝土）有特定要求。

张拉控制应力是指预应力钢筋在进行张拉时所控制达到的最大应力值。其值为张拉设备（如千斤顶油压表）所指示的总张拉力除以应力钢筋截面面积而得的应力值；按照某一控制应力值张拉的预应力钢筋，其初始的张拉应力会由于各种原因而降低，这种预应力降低的现象称为预应力损失，预应力损失值一共有6种。

《混凝土规范》对先张法预应力混凝土构件和后张法预应力混凝土构件的构造做了具体要求，设计和施工时应满足规范规定。

复习思考题

1. 填空题

（1）预应力混凝土中，混凝土的强度等级一般不宜低于________，当采用高强钢丝、钢绞线时，强度等级一般不宜低于________。

（2）已知各项预应力损失：锚具损失σ_{l1}；管道摩擦损失σ_{l2}；温差损失σ_{l3}；钢筋松弛损失σ_{l4}；混凝土收缩和徐变损失σ_{l5}；螺旋式钢筋对混凝土的挤压损失σ_{l6}。先张法混凝土预压前（第一批）损失为________；混凝土预压后（第二批）损失为________；预应力总损失为________。后张法混凝土预压前（第一批）损失为________；混凝土预压后（第二批）损失为________；预应力总损失为________。

（3）施加预应力的方法有________、________。

（4）全预应力是指________。部分预应力是指________。

有黏结预应力是指________。无黏结预应力是指________。

（5）张拉控制应力是指________。

（6）先张法构件是靠________传递力的，后张法构件是靠________传递力的。

2. 选择题

（1）其他条件相同时，预应力混凝土构件的延性通常比普通混凝土构件的延性（　　）。

A. 相同　　B. 大些　　C. 小些　　D. 大很多

（2）预应力混凝土与普通混凝土相比。提高了（　　）。

A. 正截面承载能力　　B. 抗裂性能　　C. 延性

（3）全预应力混凝土在使用荷载作用下，构件截面混凝土（　　）。

A. 不出现拉应力　　B. 允许出现拉应力

C. 不出现压应力　　D. 允许出现压应力

(4) 部分预应力混凝土在使用荷载作用下，构件截面混凝土(　　)。

A. 不出现拉应力　　B. 允许出现拉应力

C. 不出现压应力　　D. 允许出现压应力

(5)《混凝土规范》规定预应力钢筋的张拉控制应力值不宜超过规定的张拉控制应力限值，且不小于(　　)。

A. $0.3f_{ptk}$　　B. $0.4f_{ptk}$　　C. $0.5f_{ptk}$　　D. $0.6f_{ptk}$

(6) 先张法预应力混凝土构件，在混凝土预压前(第一批)的损失为(　　)。

A. $\sigma_{l1}+\sigma_{l3}+\sigma_{l4}$　　B. $\sigma_{l1}+\sigma_{l2}+\sigma_{l3}$

C. $\sigma_{l1}+\sigma_{l2}$　　D. $\sigma_{l1}+\sigma_{l2}+\sigma_{l3}+\sigma_{l4}$

3. 问答题

(1) 什么是预应力混凝土？为什么说普通钢筋混凝土结构中无法利用高强度材料，较难建造起大跨度结构？预应力混凝土结构又怎样？

(2) 对混凝土构件能加预应力的方法有哪些？

(3) 什么是先张法和后张法预应力混凝土？它们的主要区别是什么？

(4) 预应力混凝土中的钢材和混凝土的性能分别有哪些要求？为什么？

(5) 预应力混凝土与普通混凝土之间的主要异同点是什么？

模块 8　钢筋混凝土梁板结构

思维导图

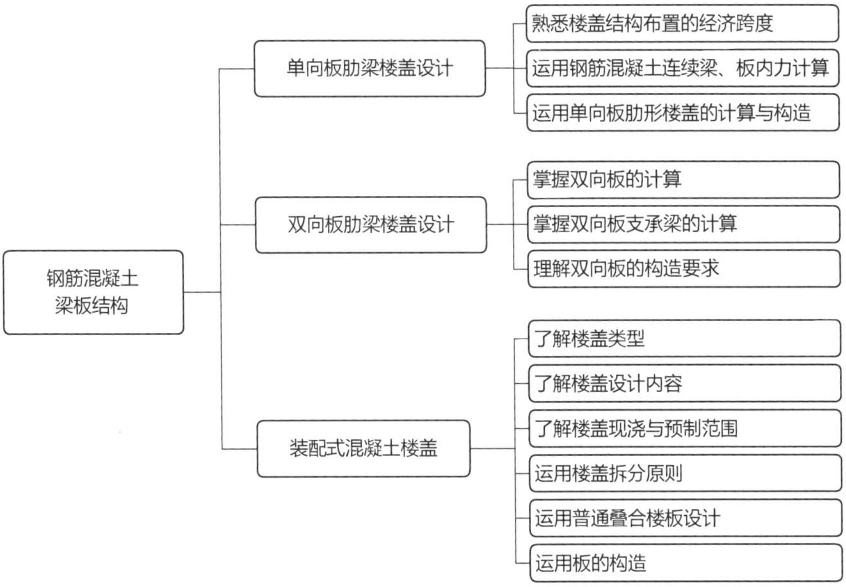

知识点滴

现浇钢筋混凝土肋形楼盖由板、次梁、主梁组成(图 8-1)。

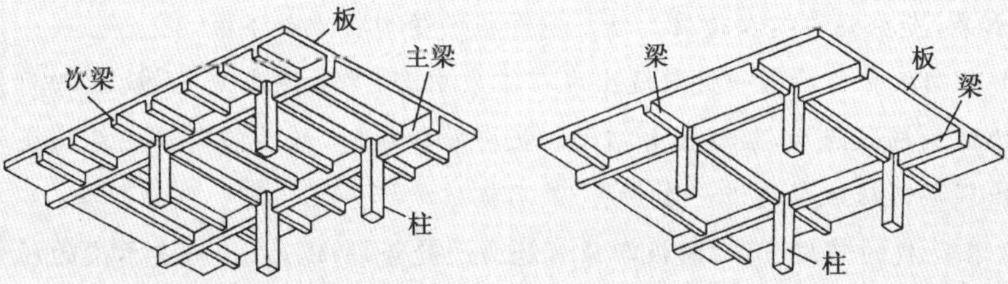

图 8-1　现浇钢筋混凝土肋形楼盖

按板的受力特点可分为现浇单向板肋形楼盖和现浇双向板肋形楼盖。楼盖板为单向板的楼盖称为单向板肋形楼盖,楼盖板为双向板的楼盖称为双向板肋形楼盖。现浇肋形楼盖中板的四边支承在次梁、主梁或砖墙上,当板的长边 l_2 与短边 l_1 之比较大时(图 8-2),荷载主要沿短边方向传递,而沿长边方向传递的荷载很少,可以忽略不计。

板中的受力钢筋将沿短边方向布置,在垂直于短边方向只布置构造钢筋,这种板称为单向板,也叫梁式板。当板的长边 l_2 与短边 l_1 之比不大 2 时(图 8-3),板上荷载沿长短边两个方向传递差别不大,板在两个方向的弯曲均不可忽略。板中的受力钢筋应沿长短边两个方向布置,这种板称为双向板。实际工程中通常将 $l_2/l_1 \geqslant 3$ 的板按单向板计算;将 $l_2/l_1 \leqslant 2$ 的板按双向板计算。当 $2 \leqslant l_2/l_1 \leqslant 3$ 时,宜按双向板计算;若按单向板计算时,应沿长边方向布置足够数量的构造钢筋。

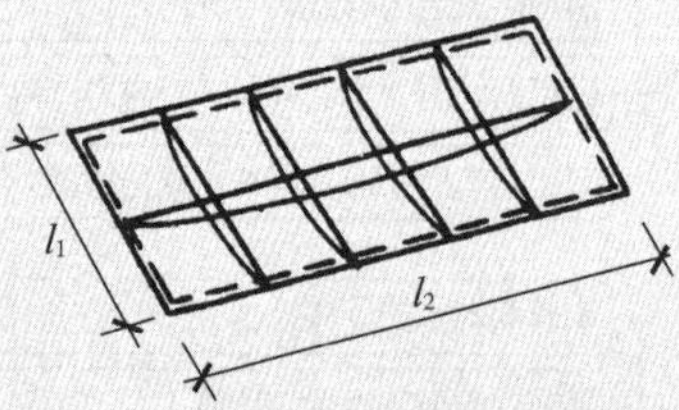

图 8-2 单向板

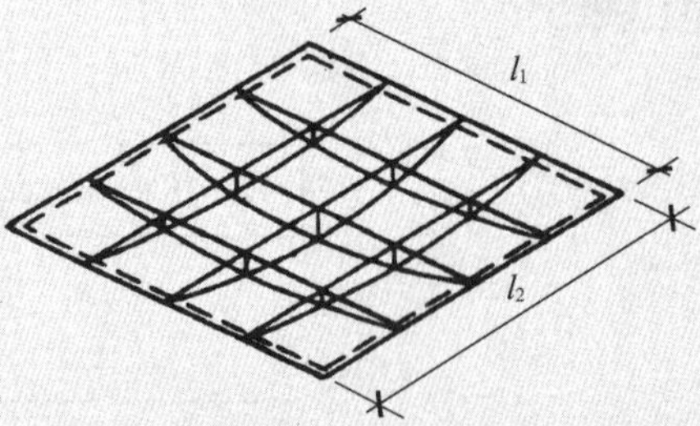

图 8-3 双向板

应当注意的是,单边嵌固的悬臂板和两边支承的板,不论其长短边尺寸的关系如何,都只在一个方向受弯,故属于单向板。对于三边支承板或相邻两边支承的板,则将沿两个方向受弯,属于双向板。

单向板肋形楼盖构造简单,施工方便,是整体式楼盖结构中最常用的形式。因板、次梁和主梁为整体现浇,所以将板视为多跨超静定连续板,而将梁视为多跨超静定梁。其荷载的传递路线是:板→次梁→主梁→柱或墙。可见,板的支座为次梁,次梁的支座为主梁,主梁的支座为柱或墙。

双向板比单向板受力好,板的刚度好,板跨可达 5 m 以上,当跨度相同时,双向板较单向板薄。在双向板肋形楼盖中,荷载的传递路线是:板→支承梁→柱或墙,板的支座是支承梁,支承梁的支座是柱或墙。双向板的受力特点如下:

(1) 双向板受荷后第一批裂缝出现在板底中部,然后逐渐沿 45°向板四角扩展,当钢筋应力达到屈服点后,裂缝显著增大。板即将破坏时,板面四角产生环状裂缝,这种裂缝的出现促使板底裂缝进一步开展,最后板被破坏。

(2) 在荷载的作用下,双向板四角有翘曲的趋势,所以,板传给支承梁的压力,沿板的长边方向是不均匀的,在板的中部较大,两端较小。

(3) 尽管双向板的破坏裂缝并不平行于板边,但对于平行于板边的配筋,由于其板底开裂荷载较大,而板破坏时的极限荷载又与对角线方向配筋相差不大,因此为了施工方便,双向板常采用平行于四边的配筋方式。

(4) 细而密的配筋较粗而疏有利,采用强度等级高的混凝土较强度等级低的混凝土有利。

8.1 单向板肋梁楼盖设计

想一想

如果某栋建筑的楼盖适合设计成单向板，接下来需要设计哪些内容？怎么设计？

8.1.1 楼盖结构布置

单向板肋形楼盖的结构布置包括柱网、承重墙和梁柱的合理布置，它对楼盖的适用、经济以及设计和施工都具有重要意义。

楼盖结构布置应满足建筑的正常使用要求、受力合理、经济合理的原则。单向板肋形楼盖结构布置如图 8-4 所示。根据设计经验，主梁的经济跨度为 5～8 m，次梁的经济跨度为 4～6 m（当荷载较小时，宜用较大值；当荷载较大时，宜用较小值）。同时，因板的混凝土用量占整个楼盖混凝土用量的比例较大，因此，应使板厚尽可能合理。板的经济跨度即次梁的间距一般为 1.7～2.7 m，常用跨度为 2 m 左右。

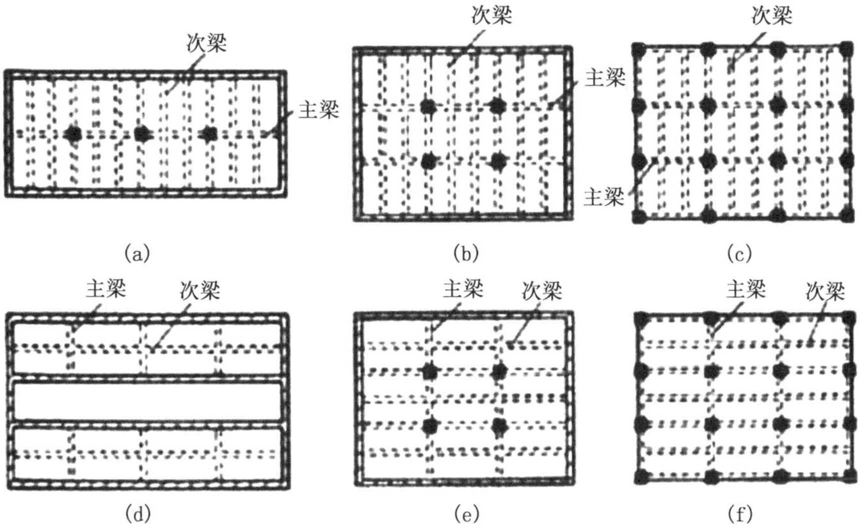

图 8-4 单向板肋形楼盖布置

8.1.2 钢筋混凝土连续梁、板内力计算

钢筋混凝土单向板肋形楼盖的板、次梁和主梁都可视为多跨连续梁，钢筋混凝土连续梁的内力计算是单向板肋形楼盖设计中的一个主要内容。钢筋混凝土连续梁的内力计算有两种方法，即弹性理论计算法和塑性理论计算法。

1. 弹性理论计算法

按弹性理论方法计算是假定结构构件(梁、板)为理想的匀质弹性体,因此其内力可按结构力学方法分析。按弹性理论方法计算,概念简单、易于掌握,且计算结果比实际偏大,可靠度大。

1)计算简图

确定计算简图的内容包括:确定梁、板的支座情况、各跨跨度以及荷载的形式、位置、大小等。图 8-5 为某单向板肋形楼盖及其荷载分配范围。

(1)支座。梁、板支承在砖墙或砖柱上时,可视为铰支座;当梁、板的支座与其支承梁、柱整体连接时,为简化计算,仍近似视为铰支座,并忽略支座宽度的影响。这样,板即简化为支承在次梁上的多跨连续梁;主梁则简化为以柱或墙为支座的多跨连续梁。

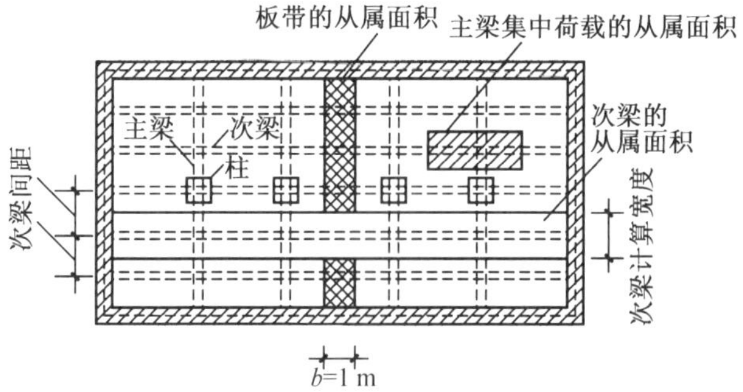

图 8-5 单向板肋形楼盖及其荷载分配范围

(2)跨数与计算跨度。当连续梁的某跨受到荷载作用时,其相邻各跨也会受到影响,并产生变形和内力,但这种影响是距该跨越远,影响越小,当超过两跨以上时,影响已很小了。因此,对于多跨连续板、梁(跨度相等或相差不超过 10%)且跨数超过 5 跨时,只按 5 跨来计算。此时,除连续板、梁两边的第 1、第 2 跨外,其余的中间跨和中间支座的内力值均按 5 跨连续板、梁的中间跨和中间支座采用(图 8-6)。

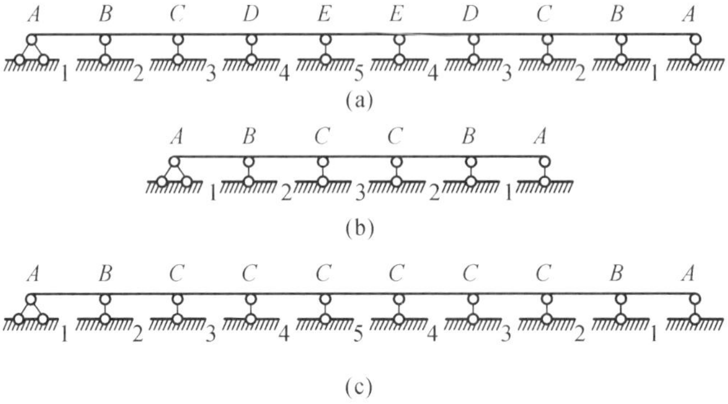

图 8-6 多跨连续梁、板简图

连续板、梁各跨的计算跨度,与支座的形式、构件的截面尺寸以及内力计算方法有关,通常可按表 8-1 采用。当连续梁、板各跨跨度不等时,如各跨计算跨度相差不超过 10%,仍可按等跨连续梁、板来计算各截面的内力。但在计算各跨跨中截面内力时,应取本跨计算跨度;在计算支座截面内力时,取左、右两跨计算跨度的平均值计算。

表 8-1　连续梁、板的计算跨度 l_0

构件	连续板	连续梁
按弹性分析内力	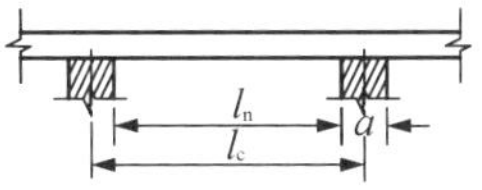 当 $a \leqslant 0.1l_c$ 时 $l_0=l_c$ 当 $a>0.1l_c$ 时 $l_0=1.1l_n$ 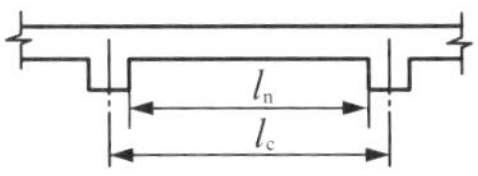 $l_0=l_c$ 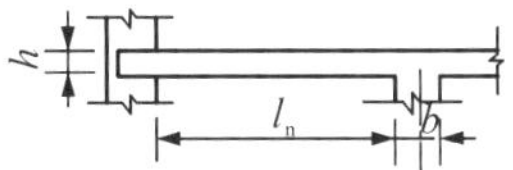 $l_0=l_n+\frac{h}{2}+\frac{b}{2}$	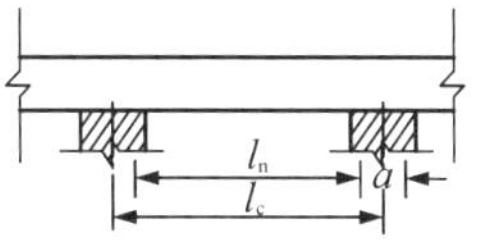 当 $a \leqslant 0.05l_c$ 时 $l_0=l_c$ 当 $a>0.05l_c$ 时 $l_0=1.05l_n$ 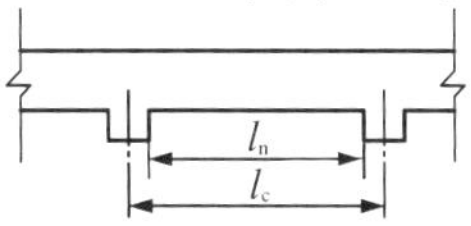 $l_0=l_c$ 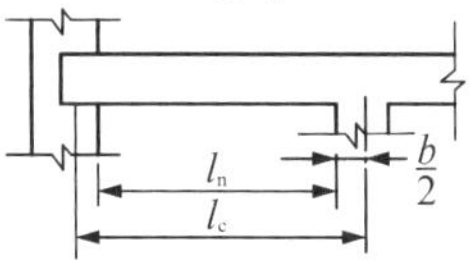 $l_0=l_c \leqslant 1.025l_n+\frac{b}{2}$

注意，在确定计算跨度前，应事先假定构件截面尺寸。一般地，次梁的截面高度可初定为 $(1/18 \sim 1/12)l_0$（l_0 为次梁的计算跨度）；主梁的截面高度可初定为 $(1/14 \sim 1/8)l_0$（l_0 为主梁的计算跨度）。

（3）荷载。作用在楼盖上的荷载有恒载和活载两种。恒载包括结构自重、各构造层重、永久性设备自重等。活载为使用时的人群、堆料及一般设备重，而屋盖还有雪荷载。上述荷载通常按均布荷载考虑作用于楼板上。计算时，通常取 1 m 宽的板带作为板的计算单元。次梁承受左右两边板上传来的均布荷载及次梁自重。主梁承受次梁传来的集中荷载及主梁自重，主梁的自重为均布荷载，但为便于计算，一般将主梁自重折算为几个集中荷载，分别加在次梁传来的集中荷载处。

（4）折算荷载。如前所述，在确定连续板、梁支座时，认为连续板在次梁处、次梁在主梁处均为铰支承，并未考虑次梁对板、主梁对次梁转动的弹性约束作用，这就使计算结果与实际情况存在差别。如图 8-7 所示，当板受荷发生弯曲转动时，将带动作为其支座的次梁产生扭转，次梁的扭转将部分地阻止板自由转动。可见，板的支座与理想的铰支座不同，板的实际支承情况将使板跨中的弯矩值降低。类似情况也发生在次梁和主梁之间。

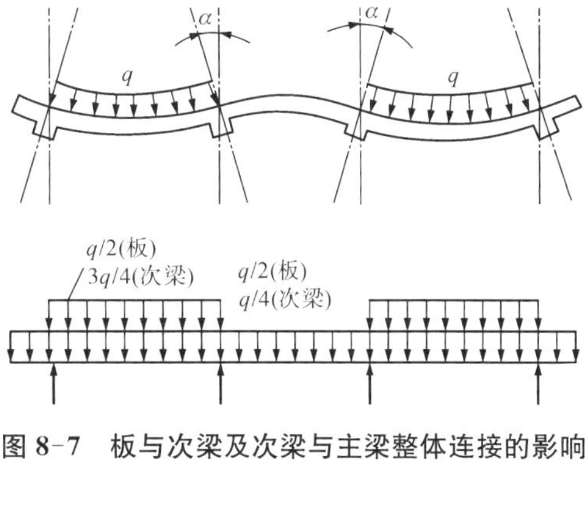

图 8-7　板与次梁及次梁与主梁整体连接的影响

在设计中，一般用增大恒载并相应减小活荷载的办法来考虑次梁对板的弹性约束，即用调整后的折算恒荷载 g' 和折算活荷载 q' 代替实际的恒荷载 g 和实际活荷载 q。板和次梁的折算荷载取值分别如下：

$$\begin{aligned} &\text{板}\ g'=g+\frac{q}{2} \quad q'=\frac{q}{2} \\ &\text{次梁}\ g'=g+\frac{q}{4} \quad q'=\frac{3q}{4} \end{aligned} \tag{8-1}$$

式中　g'，q'——折算恒荷载和折算活荷载；

　　g，q——实际恒荷载和实际活荷载。

主梁不进行荷载的折算，这是因为如果支承主梁的柱刚度较大，就应按框架结构计算主梁内力；如柱刚度较小，则柱对主梁的约束作用很小，故不进行荷载折算。

2）内力计算

(1) 活荷载的最不利组合。由于活荷载作用位置的可变性，为使构件在各种可能的荷载情况下都能达到设计要求，需要确定各截面的最大内力。因此，存在一个将活荷载与恒荷载组合起来，使某指定截面的内力为最不利的问题，即荷载的最不利组合问题。对于多跨连续梁，除恒荷载按实际情况满布于结构上外，活荷载并不是满布于梁上时出现最大内力，因此需要研究可变荷载作用的位置对连续梁内力的影响。

经分析，连续梁最不利荷载组合的规律为：当求连续梁各跨的跨中最大正弯矩时，应在该跨布置活荷载，然后向左、右两边隔跨布置活荷载；当求连续梁各中间支座的最大(绝对值)负弯矩时，应在该支座的左、右两跨布置活荷载，然后隔跨布置活荷载；当求连续梁各支座截面(左侧或右侧)的最大剪力时，应在该支座的左、右两跨布置活荷载，然后隔跨布置活荷载。

(2) 内力计算。活荷载的最不利位置 $M=K_1Gl_0+K_2Ql_0$ 确定后，对等跨度(或跨度差≤10%)的连续梁，即可直接应用表格查得在恒载和各种活荷载作用下梁的内力系数，并按下列公式求出梁有关截面的弯矩 M 和剪力 V：

均布荷载作用时

$$M=K_1gl_0^2+K_2ql_0^2 \tag{8-2}$$

$$V=K_3gl_0+K_4ql_0 \tag{8-3}$$

集中荷载作用时

$$V=K_3G+K_4Q \tag{8-4}$$

式中　g，q——单位长度上的恒荷载和活荷载；

　　G，Q——集中恒荷载和活荷载；

　　$K_1\sim K_4$——内力系数，按附录B查取；

　　l_0——梁的计算跨度。

2. 内力包络图

内力（弯矩、剪力）包络图，是指在恒载内力（弯矩、剪力）图上叠加以各种不利活荷载位置作用下得出的内力（弯矩、剪力）图的最外轮廓线所围成的图形，也称内力叠合图。利用内力包络图，可以合理地确定梁中纵向受力钢筋弯起与切断的位置，还可检验构件截面强度是否可靠、材料用量是否节省。

1）弯矩包络图的绘制方法

（1）确定活荷载作用位置，即确定使各控制截面产生最不利内力的活荷载布置位置。具体地讲，如在绘制连续梁第一跨弯矩包络图时，恒荷载应满布各跨，活荷载的布置位置应考虑能使该跨跨中截面分别产生 M_{max} 和 M_{min}，使该跨左、右支座截面分别产生最大（绝对值）负弯矩。

（2）根据上述荷载作用情况，分别求出各支座的弯矩值。

（3）将求得的各支座弯矩，按相同比例绘于支座上，并将同一荷载作用情况下各跨两端的支座弯矩连成直线，再以此为基线，在其上根据荷载情况分别按简支梁作出弯矩图形。

（4）连接弯矩图形的最外轮廓线，即得所求的弯矩包络图，可用加粗的线型区分出来。

2）剪力包络图的绘制方法

（1）确定荷载作用位置。绘制连续梁各跨剪力包络图时，恒载应满布各跨，活荷载的布置位置应考虑分别使该跨两端支座剪力为最大两种情况。

（2）分别求出各个支座的剪力值。

（3）将求得的各支座剪力，按相同比例分别绘于各支座上，再根据各跨荷载情况分别按简支梁绘制剪力图。

连接剪力图形的最外轮廓线，即得所求的剪力包络图，并用加粗的线型区分出来。

图 8-8 为某五跨连续梁的弯矩和剪力包络图示例。由于绘制内力包络图的工作量较大，故在楼盖设计中，除主梁和不等跨的次梁（跨度差>20%）有时需根据包络图来确定钢筋弯起和截断位置外，对于连续板和等跨连续次梁一般不必绘制包络图，而直接按照连续板、梁的构造要求来确定钢筋弯起和截断位置。

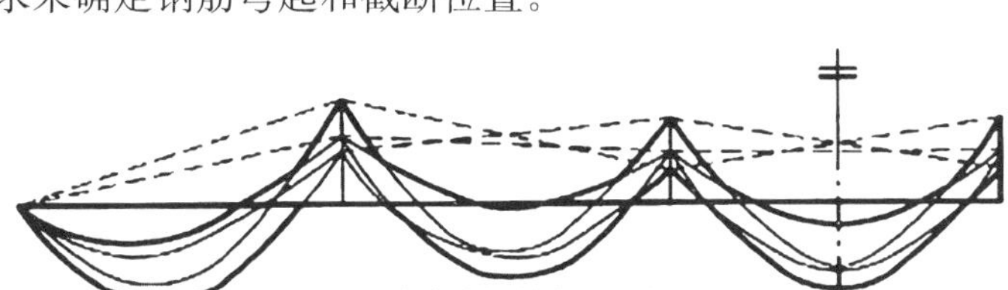

（a）五跨连续梁的弯矩包络图

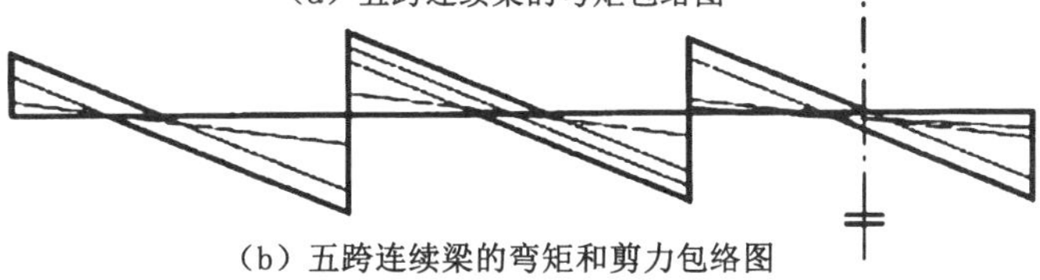

（b）五跨连续梁的弯矩和剪力包络图

图 8-8

3. 塑性理论计算法

钢筋混凝土是钢筋与混凝土这两种材料组成的非匀质弹塑性体，按弹性理论的计算方法忽视了钢筋混凝土的非弹性性质，假定结构为理想的匀质弹性体(这种假定只在构件处在低应力状态时才较为符合)，按弹性理论计算结构内力存在着三个方面的问题：

(1) 按弹性理论计算的结构内力与按破坏阶段的构件截面设计方法是互不协调的，材料强度未能得到充分发挥。

(2) 弹性理论计算法是按可变荷载的各种最不利布置时的内力包络图来配筋的，但各跨中和各支座截面的最大内力实际上并不可能同时出现。而且由于超静定结构具有多余约束，当某一截面应力达到破坏阶段时，并不等于整个结构的破坏。可见，按弹性理论方法计算，整个结构各截面的材料不能充分利用。

(3) 按弹性理论方法计算时，支座弯矩总是远大于跨中弯矩，这将使支座配筋拥挤、构造复杂、施工不便。

1) 塑性铰与塑性内力重分布的概念

如图 8-9 所示的钢筋混凝土简支梁，当梁的工作进入破坏阶段时跨中受拉钢筋首先屈服，随着荷载增加，变形急剧增大，裂缝扩展，截面绕中和轴转动，但此时截面所承受的弯矩维持不变。从钢筋屈服到受压区混凝土被压坏，裂缝处截面绕中和轴转动，就像梁中出现了一个铰，这个铰实际是梁中塑性变形集中出现的区域，称为塑性铰。

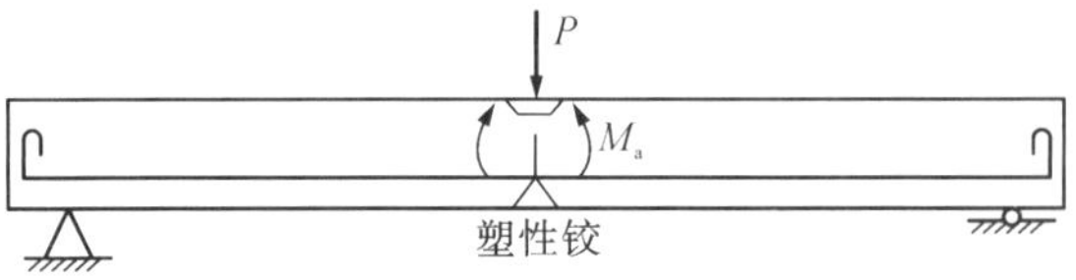

图 8-9　简支梁的破坏机理

塑性铰与理想铰的区别在于：前者能承受一定的弯矩，并只能沿弯矩作用方向做微小的转动；后者则不能承受弯矩，但可自由转动。

简支梁是静定结构，当某个截面出现塑性铰后，即成为几何可变体系，将失去承载能力。而钢筋混凝土多跨连续梁是超静定结构，存在着多余约束，在某个截面出现塑性铰后，相当于减少了一个多余约束，结构仍是几何不变体系，还能继续承担后续的荷载。但此时梁的内力不再按原来的规律分布，将出现内力的重分布。

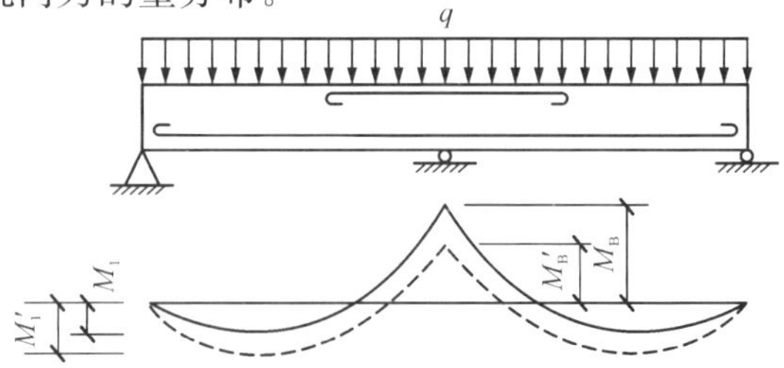

图 8-10　两跨连续梁的内力塑性重分布

如图 8-10 所示的两跨连续梁，承受均布荷载 q。按弹性理论计算得到的支座最大弯矩为 M_B，跨中最大弯矩为 M_1。设计时，若支座截面按弯矩 M'_B ($M'_B \leqslant M_B$) 配筋，这样可减少支座截面配筋，方便施工，这种做法称为弯矩调幅。梁在荷载作用下，当支座弯矩达到 M'_B 时，支座截面便产生较大塑性变形而形成塑性铰，随着荷载继续增加，因中间支座已形成塑性铰，只能转动，所承受的弯矩 M'_B 将保持不变，但两边跨的跨内弯矩将随荷载的增加而增大，当荷载 q 满跨作用时，跨中最大弯矩达到 M'_1（$M'_1 > M_1$），这种在多跨连续梁中，由于某个截面出现塑性铰，使该塑性铰截面的内力向其他截面（如本例的跨内截面）转移，这种现象称为塑性内力重分布。事实上，钢筋混凝土超静定结构，都具有塑性内力重分布的特性。

应当指出的是，如按弯矩包络图配筋，支座的最大负弯矩与跨中的最大正弯矩并不是在同一荷载作用下产生的，所以当下调支座负弯矩时，在这一组荷载作用下增大后的跨中正弯矩，实际上并不大于包络图上外包线的弯矩，因此跨中截面并不会因此而增加配筋。可见，利用塑性内力重分布，可调整连续梁的支座弯矩和跨中弯矩，既方便了施工，又能取得经济的配筋方案，也更符合构件的实际工作情况。

综上所述，钢筋混凝土连续梁塑性内力重分布的基本规律如下：

（1）钢筋混凝土连续梁达到承载能力极限状态的标志，不是某一截面达到了极限弯矩，而是必须出现足够的塑性铰，使整个结构形成几何可变体系。

（2）塑性铰出现以前，连续梁的弯矩服从弹性的内力分布规律；塑性铰出现以后，结构计算简图发生改变，各截面的弯矩的增长率也发生变化。

（3）按弹性理论计算，连续梁的内力与外力既符合平衡条件，同时也满足变形协调关系。按塑性内力重分布计算，内力与外力符合平衡条件，但转角相等的变形协调关系不再成立。

（4）通过控制支座截面和跨中截面的配筋比，可以人为控制连续梁中塑性铰出现的时间和位置，即控制调幅的大小和方向。

2）按塑性理论计算的基本原则

（1）必须确保结构安全可靠。由于连续梁出现塑性铰后是按简支梁工作的，因此每跨调整后的两个支座弯矩的平均值加上跨中弯矩的绝对值之和应不小于相应的简支梁跨中弯矩，即：

$$M_0 \leqslant \frac{M_B + M_C}{2} + M_1 \tag{8-5}$$

式中　M_B，M_C，M_1——分别为支座 B、支座 C 和跨中截面塑性铰上的弯矩；

M_0——在全部荷载 $(g+q)$ 作用下简支梁的跨中弯矩。

此外，调整后的所有支座和跨中塑性铰上的弯矩的绝对值，对承受均布荷载的梁均应满足：

$$M \geqslant \frac{(g+q)l^2}{24} \tag{8-6}$$

由此可见，按塑性理论计算结构的内力时，要求结构材料具有良好的塑性性能，以保证结构内力能满足极限平衡的要求，故《混凝土规范》规定，按塑性内力重分布法计算的结构构件，宜采用塑性较好的 HPB235 钢筋、HRB335 钢筋和 HRB400 钢筋。

（2）必须满足刚度和裂缝宽度的要求。从经济角度看，连续梁支座负弯矩调得多一些比较理想，但如降低过多，将会使支座过早出现塑性铰，且内力重分布过程过长，造成裂缝开展过宽，变形过大，以致影响正常使用。根据经验，连续板、梁支座弯矩的调整幅度一般不应超过 30%；对于活荷载 q 与恒荷载 g 之比 $q/g \leqslant 1/3$ 的连续板、梁中，弯矩调幅不得超过 15%。

（3）应力求节约钢材、方便施工。为能节约较多钢材，同时使支座配筋简单，便于施工，应尽可能多地减少支座弯矩，一般常使它等于或接近于跨中弯矩。

3）等跨连续板、梁的内力值

在均布荷载作用下，等跨连续板和次梁按塑性理论计算的内力公式如下。

（1）弯矩。

$$M = \alpha (g + q) l_0^2 \tag{8-7}$$

式中 α ——弯矩系数，板和次梁按表 8-2 所示数据采用；

g，q ——分别为均布恒载和活荷载；

l_0——计算跨度，如表 8-1 所示。如板、次梁的支座为整体连接时，取 $l_0 = l_n$；如端支座为砖墙时，板的端跨取 $l_0 = l_n + \frac{h}{2}$，次梁的端跨取 $l_0 = l_n + \frac{a}{2}$（a 为支座宽度）或 $l_0 = 1.025 l_n$ 的较小值。

表 8-2 连续梁及连续单向板弯矩计算系数 α

<table>
<tr><th colspan="2" rowspan="2">截面位置支承情况</th><th colspan="2">边跨</th><th colspan="2">第二跨</th><th colspan="2">中间跨</th></tr>
<tr><th>端支座</th><th>边跨中</th><th>第二支座</th><th>第二跨中</th><th>中间支座</th><th>中间跨中</th></tr>
<tr><td colspan="2">梁板搁置墙上</td><td>0</td><td>1/11</td><td rowspan="4">二跨连续
−1/10
三跨以上
连续
−1/11</td><td rowspan="4">1/16</td><td rowspan="4">−1/14</td><td rowspan="4">1/16</td></tr>
<tr><td rowspan="2">整浇刚性连接</td><td>板</td><td>−1/16</td><td rowspan="2">1/14</td></tr>
<tr><td>梁</td><td>−1/24</td></tr>
<tr><td colspan="2">梁与柱刚性连接</td><td>−1/16</td><td>1/14</td></tr>
</table>

注：本表适用于荷载比 $g/q > 0.3$ 的情况。各跨长度不等，但相邻两跨比值小于 1.1 时，仍可采用表中系数值。支座弯矩计算取两跨之中较长跨度，跨中弯矩计算仍取本跨跨度。

（2）剪力。板内剪力往往相对较小，在一般情况下都能满足 $V \leqslant 0.7 f_t b h_0$ 的条件，故不需要进行剪力计算。

次梁的剪力按下式计算：

$$V = \beta (g + q) l_n \tag{8-8}$$

式中 β ——剪力系数，按表 8-3 所示数据采用；

l_n ——净跨度。

表 8-3　连续梁的剪力计算系数 β

<table>
<tr><th rowspan="2">截面位置支承情况</th><th>边跨</th><th colspan="2">第 2 跨</th><th colspan="2">中间跨</th></tr>
<tr><th>内侧</th><th>外侧</th><th>内侧</th><th>外侧</th><th>内侧</th></tr>
<tr><td>搁置墙上</td><td>0.45</td><td>0.60</td><td rowspan="2">0.55</td><td rowspan="2">0.55</td><td rowspan="2">0.55</td></tr>
<tr><td>刚性整接</td><td>0.50</td><td>0.55</td></tr>
</table>

4）塑性理论计算法的适用条件和适用范围

（1）适用条件。按塑性理论计算法计算内力时，考虑了支座截面能出现塑性铰，是在具有一定塑性转动能力的前提下进行的。为了保证在调幅截面能够形成塑性铰并具有足够的转动能力，《混凝土规范》规定：塑性铰截面中混凝土受压区高度不大于 $0.35h_0$，即 $x \leqslant 0.35h_0$。

（2）适用范围。采用塑性内力重分布虽然可节约钢材，方便施工，但在构件使用阶段的裂缝和变形均较大，所以对于下列结构不能采用这种方法，而应按弹性理论法计算其内力：在使用阶段不允许出现裂缝或对裂缝开展有较高要求的结构，重要部位的结构和可靠度要求较高的结构，直接承受动力荷载和疲劳荷载作用的结构，处于侵蚀性环境中的结构。

一般工业与民用建筑的整体式肋形楼盖中的板和次梁，通常均采用塑性理论法计算。而主梁属于重要构件，截面高度较大，配筋也较多，一般仍采用弹性理论方法计算。

8.1.3　单向板肋形楼盖的计算与构造

1. 单向板

1）计算要点

（1）板的计算步骤：沿板的长边方向切取 1 m 宽板带作为计算单元（图 8-5）→荷载计算→按塑性内力重分布法计算内力→配筋计算，选配钢筋。

（2）当板的周边与梁整体连接时，在竖向荷载作用下，周边梁将对它产生水平推力（图 8-11）。该推力可减少板中各计算截面的弯矩。因此，对四周与梁整体连接的单向板，其中间跨的跨中截面及中间支座截面的计算弯矩可减少 20%，其他截面不予减少。

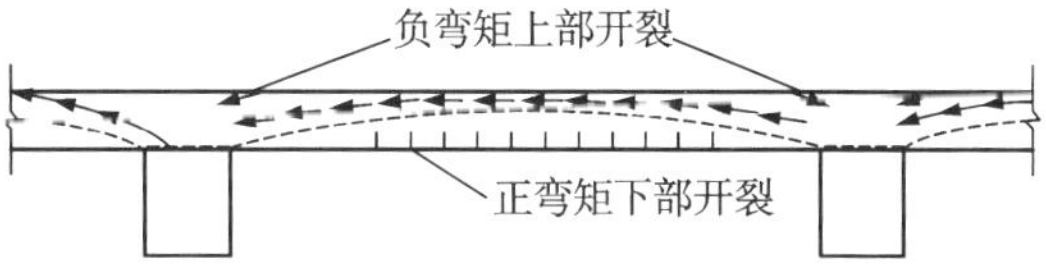

图 8-11　连续板的拱作用

（3）根据弯矩算出各控制截面的钢筋面积后，为使跨数较多的内跨钢筋与计算值尽可能一致，同时使支座截面配筋尽可能利用跨中弯起的钢筋，以保证配筋协调（直径、间距协调），应按先内跨后边跨，先跨中后支座的次序选配钢筋。

（4）板一般均能满足斜截面抗剪要求，设计时可不进行抗剪强度验算。

2）构造要求

（1）板的支承长度。板的支承长度应满足其受力钢筋在支座内锚固的要求，且一般不小于板厚，当搁置在砖墙上时，不少于 120 mm。

(2) 受力钢筋。对受力钢筋的要求见本书模块 3。

(3) 配筋方式。连续板受力钢筋有弯起式和分离式两种配筋方式。

弯起式配筋就是先将跨中一部分受力钢筋(常为 1/3～1/2)在支座处弯起,作为承担支座负弯矩之用,如不足可另加直钢筋补充。

弯起式配筋的特点是钢筋锚固较好,整体性强,节约钢材,但施工较为复杂,目前已很少采用。

分离式配筋是指在跨中和支座全部采用直钢筋,跨中和支座钢筋各自单独选配。分离式配筋板顶钢筋末端应加直角弯钩直抵板底混凝土保护层;板底钢筋末端应加弯钩,但伸入中间支座者可不加弯钩。分离式配筋的特点是配筋构造简单,但其锚固能力较差,整体性不如弯起式配筋,耗钢量也较多。

等跨连续板内受力钢筋的弯起和截断位置,不必由抵抗弯矩图来确定,而直接按图 8-12 所示弯起点或截断点位置确定即可。但当板相邻跨度差超过 20%,或各跨荷载相差太大时,仍应按弯矩包络图和抵抗弯矩图来确定。

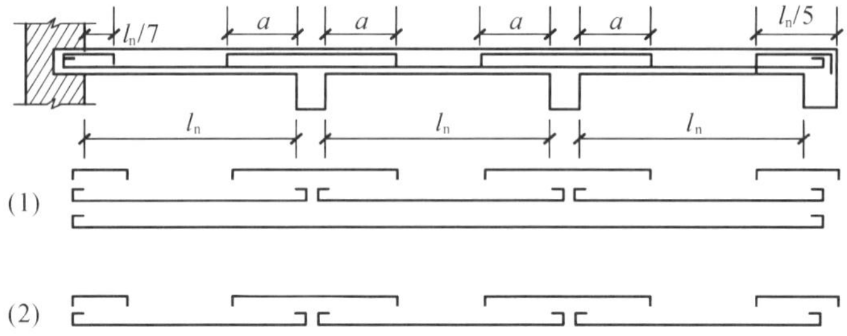

图 8-12　等跨连续板的分离式配筋

(4) 构造钢筋:

① 分布钢筋。单向板中单位长度上的分布钢筋,其截面面积不应小于单位长度上受力钢筋截面面积的 10%,其间距不应大于 300 mm。当板所受的温度变化较大时,板中的分布钢筋应适当增加。

② 嵌入墙内板的板面附加钢筋。对于嵌固在承重砖墙内的现浇板,为了避免沿墙边板面产生裂缝,在板的上部应配置间距不大于 200 mm,直径不小于 8 mm 的构造钢筋(包括弯起钢筋在内),其伸出墙边的长度不应小于 $l_1/7$(l_1 为单向板的短边跨度)。对于两边均嵌固在墙内的板角部分,为防止出现垂直于板的对角线的板面裂缝,在板上部离板角点 $l_1/4$ 范围内也应双向配置上述构造钢筋,其伸出墙边的长度不应小于 $l_1/4$。同时,沿受力方向配置的上部构造钢筋(包括弯起钢筋)的截面面积不宜小于该方向跨中受力钢筋截面面积的 1/3;沿非受力方向配置的上部构造钢筋,可根据经验适当减少。

③ 周边与梁或墙整体浇筑板的上部构造钢筋。现浇楼盖周边与混凝土墙整体浇筑的板(包括双向板),应在板边上部设置垂直于板边的构造钢筋,其直径不小于 8 mm,间距不大于 200 mm,且截面面积不宜小于板跨中相应方向纵向钢筋截面面积的 1/3;该钢筋自梁

边或墙边伸入板内的长度，在单向板中不宜小于受力方向板计算跨度的 1/5，在双向板中不宜小于板短跨方向计算跨度的 1/4；在板角处该钢筋应沿两个垂直方向布置或按放射状布置；当柱角或墙的阳角突出到板内且尺寸较大时，亦应沿柱边或墙体阳角边布置构造钢筋，该构造钢筋伸入板内的长度应从柱边或墙边算起。上述上部构造钢筋应按受拉钢筋锚固在梁内、墙内或柱内。

④ 垂直于主梁的板面构造钢筋。现浇单向板肋形楼盖中的主梁，将对板起支承作用，靠近主梁的板面荷载将直接传递给主梁，因而产生一定的负弯矩，并使板与主梁相接处产生板面裂缝，有时甚至开展较宽。因此，《混凝土规范》规定，应在板面沿主梁方向每米长度内配置不少于 5 Φ 8 的构造钢筋，其单位长度内的总截面面积，应不小于板跨中单位长度内受力钢筋截面面积的 1/3，伸出主梁梁边的长度不小于 $l_0/4$，l_0 为板的计算跨度。

⑤ 板未配钢筋表面的温度、收缩钢筋。在温度、收缩应力较大的现浇板区域内，钢筋间距宜取为 150～200 mm，并应在板的未配筋表面布置温度收缩钢筋。板的上、下表面沿纵、横两个方向的配筋率均不宜小于 0.1%。温度收缩钢筋可利用原有钢筋贯通布置，也可另行设置构造钢筋网，并与原有钢筋按受拉钢筋的要求搭接或在周边构件中锚固。

⑥ 板内孔洞周边的附加钢筋。当孔洞的边长 b（矩形孔）或直径 d（圆形孔）不大于 300 mm 时，由于削弱面积较小，可不设附加钢筋，板内受力钢筋可绕过孔洞，不必切断，如图 8-13(a)所示。

当 b 或 d 大于 300 mm，但小于 1 000 mm 时，应在洞边每侧配置加强洞口的附加钢筋，其截面面积不小于洞口被切断的受力钢筋截面面积的 1/2，且不小于 2 Φ 10，并布置在与被切断的主筋同一水平面上，如图 8-13(b)所示。

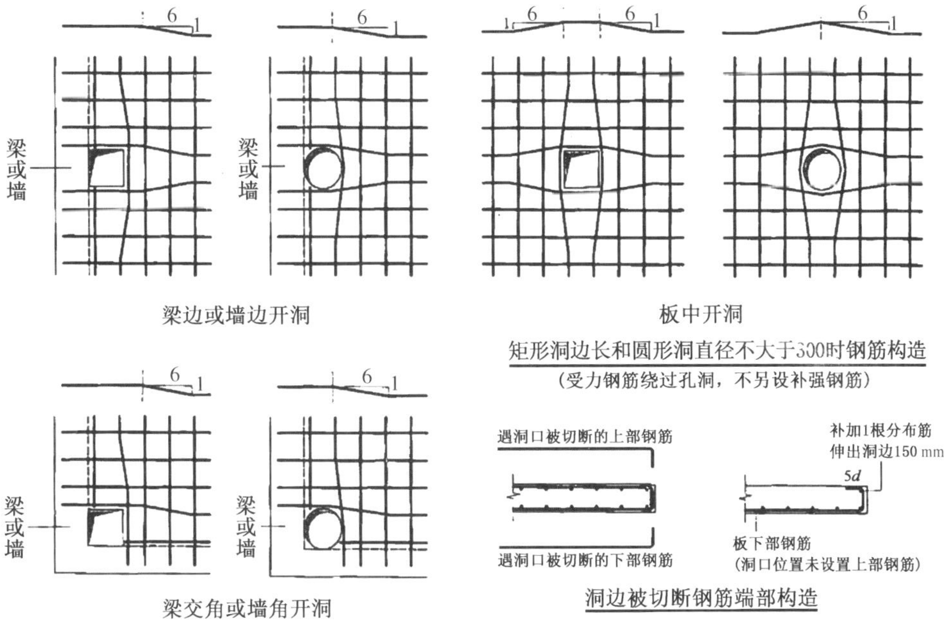

(a) b 或 d 不大于 300 mm 时

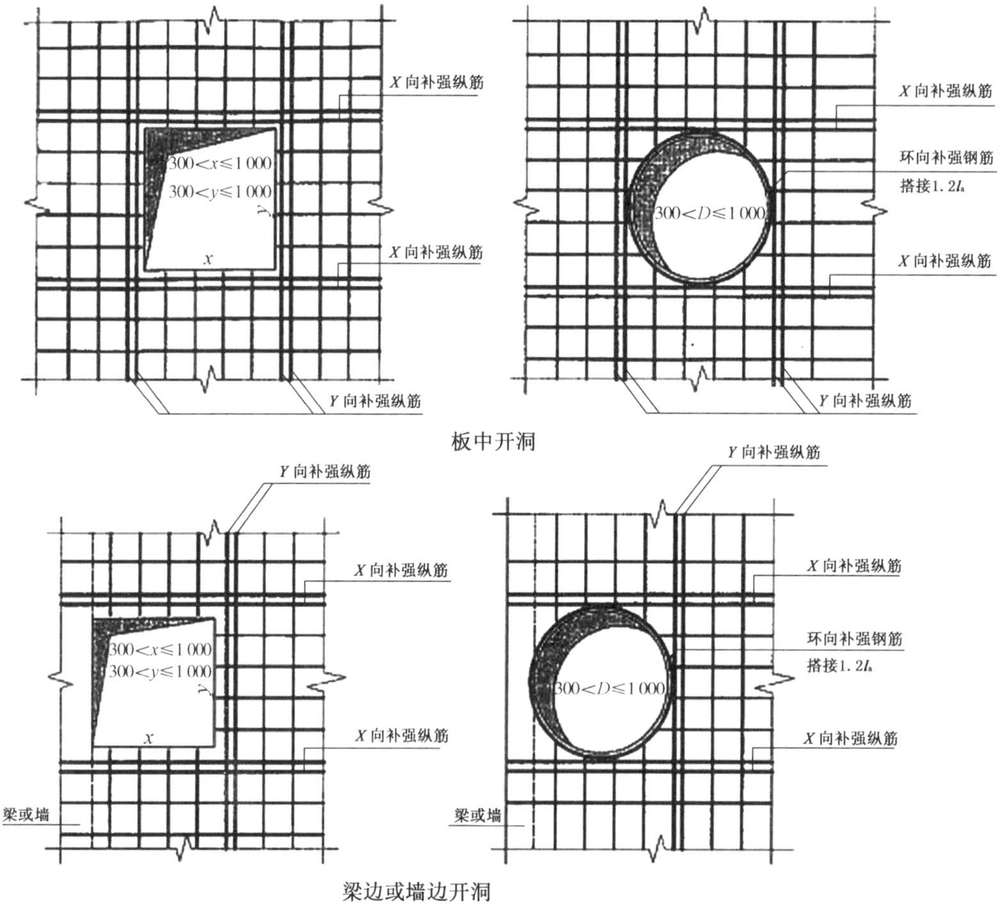

(b) b 或 d 大于 300 mm,但小于 1 000 mm 时

图 8-13　板上开洞的配筋方法

2. 次梁

1）计算要点

(1) 次梁的计算步骤：初选截面尺寸→荷载计算→按塑性内力重分布法计算内力→计算纵向钢筋→计算箍筋及弯起钢筋→确定构造钢筋。

(2) 截面尺寸满足前述高跨比(1/18～1/12)和宽高比(1/3～1/2)的要求时,不必作使用阶段的挠度和裂缝宽度验算。

(3) 计算纵向受拉钢筋时,跨中按 T 形截面计算,其翼缘计算宽度 b'_f 按表 4-8 采用;支座因翼缘位于受拉区,按矩形截面计算。

(4) 计算横向钢筋时,若荷载、跨度较小,一般只利用箍筋抗剪;当荷载、跨度较大时,宜在支座附近设置弯起钢筋,以减少箍筋用量。

2）构造要求

(1) 次梁的一般构造要求,如受力钢筋的直径、间距、根数等与模块 5 所述受弯构件的构造要求相同。

(2) 次梁伸入墙内的长度一般应不小于 240 mm。

(3) 次梁的纵向受力钢筋伸入支座的锚固长度应符合下列要求：

连续梁的上部纵向钢筋应贯穿其中间支座或中间节点范围。连续梁下部纵向受力钢筋伸入中间支座的锚固长度；当计算中不利用其强度时，其伸入长度与简支梁在 $V > 0.7f_tbh_0$ 时的规定相同；当计算中充分利用钢筋的抗拉强度时，其伸入支座的锚固长度不应小于受拉钢筋的最小锚固长度 l_a；当计算中充分利用钢筋的抗压强度时，其锚固长度不应小于 $0.7l_a$。连续梁下部纵向受力钢筋伸入边支座内的锚固长度 l_{as}：当 $V \leqslant 0.7f_tbh_0$ 时，$l_{as} \geqslant 5d$；当 $V > 0.7f_tbh_0$ 时，带肋钢筋 $l_{as} \geqslant 12d$，光面钢筋 $l_{as} \geqslant 15d$（d 为纵向受力钢筋的直径）。纵向受拉钢筋不宜在受拉区截断，通常均应伸到梁端，如伸到梁端尚不满足上述锚固长度的要求，应采取专门的锚固措施，例如，在钢筋上加焊横向锚固钢筋、锚固钢板，或将钢筋端部焊接在梁端的预埋件上等。

3. 主梁

1) 计算要点

(1) 主梁的计算步骤：初选截面尺寸→荷载计算→按弹性理论计算内力→计算纵向钢筋、箍筋及弯起钢筋→确定构造钢筋。

(2) 主梁主要承受由次梁传来的集中荷载。为简化计算，主梁自重可折算为集中荷载，并假定与次梁的荷载共同作用在次梁支承处。

(3) 正截面承载力计算时，跨中按 T 形截面计算，支座按矩形截面计算。当跨中出现负弯矩时，跨中也按矩形截面计算。

(4) 由于支座处板、次梁和主梁的钢筋重叠交错，且主梁负筋位于次梁和板的负筋之下，故截面有效高度在支座处有所减少。此时主梁支座截面有效高度 h_0 应取：主梁受力钢筋为单排时，h_0 为 $h-(55\sim60)$；主梁受力钢筋为两排时，h_0 为 $h-(70\sim80)$。

(5) 按弹性理论方法计算主梁内力时，其跨度取支座中心线间的距离，因而最大负弯矩发生在支座中心（即柱中心处），但这并非危险截面。实际危险截面应为支座（柱）边缘（图 8-14），故计算弯矩应按支座边缘处取用，此弯矩可近似按下式计算：

$$M_b = M - V_b \frac{b}{2} \tag{8-9}$$

式中 M_b ——计算弯矩；

M ——支座中心处弯矩；

V_b ——按简支梁计算的支座剪力；

b ——支座（柱）的宽度。

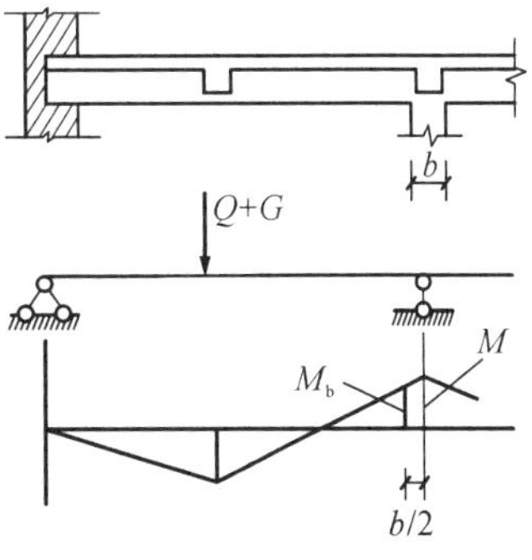

图 8-14　支座中心与支座边缘的弯矩

(6) 主梁主要承受集中荷载，剪力图呈矩形。如果在斜截面抗剪承载力计算中，要利用弯起钢筋抵抗部分剪力，则应考虑跨中有足够的钢筋可供弯起，使抗剪承载力图形完全覆盖剪力包络图。若跨中钢筋可供弯起的根数不多，则应在支座设置专门的抗剪弯起筋(也称鸭筋)(图8-15)。

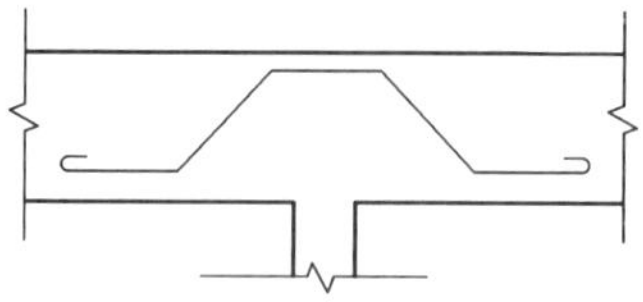

图 8-15 鸭筋的设置

(7) 截面尺寸满足前述高跨比(1/14～1/8)和宽高比(1/3～1/2)的要求时，一般不必进行使用阶段挠度和裂缝宽度验算。

2) 构造要求

(1) 主梁的一般构造要求与次梁相同。但主梁纵向受力钢筋的弯起和截断，应使其抗弯承载力图形覆盖弯矩包络图，并应满足有关构造要求。

(2) 主梁伸入墙内的长度一般应不小于 370 mm。

(3) 附加横向钢筋。次梁与主梁相交处，由于主梁承受由次梁传来的集中荷载，其腹部可能出现斜裂缝，并引起局部破坏，集中荷载作用下的裂缝情形如图 8-16(a)所示。因此《混凝土规范》规定，位于梁下部或梁截面高度范围内的集中荷载，应设置附加横向钢筋来承担，以便将全部集中荷载传至梁上部。附加横向钢筋有箍筋和吊筋两种，应优先采用箍筋。附加横向钢筋应布置在长度为 $s=2h_1+3b$ 的范围内，集中荷载作用时的横向钢筋布置如图 8-16(b)、(c)所示。第一道附加箍筋离次梁边 50 mm。

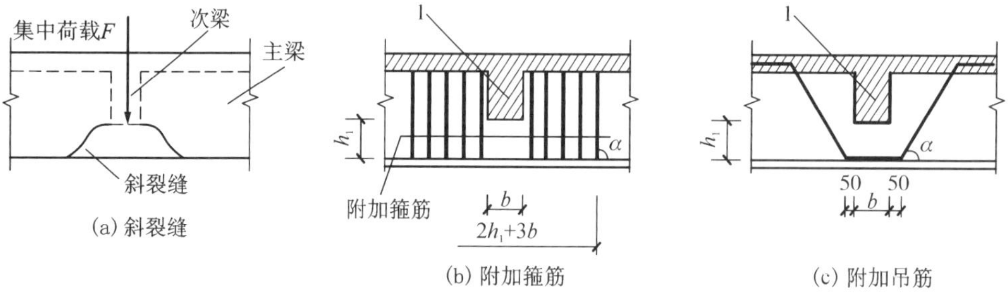

图 8-16 主梁腹部局部破坏情形及附加横向钢筋布置

若集中荷载作用全部由附加箍筋承受，则所需附加钢筋的总面积由下式计算：

$$A_{sv} \geqslant \frac{F}{f_{yv}} \tag{8-10}$$

在选定附加箍筋的直径和肢数后，即可由 A_{sv} 计算出 s 范围内附加箍筋的根数。

若集中荷载作用全部由吊筋承受，则所需吊筋总截面面积由下式计算：

$$A_{sb} \geqslant \frac{F}{2f_{yv}\sin\alpha} \tag{8-11}$$

在吊筋的直径选定后，即可求得吊筋的根数。

若集中荷载作用同时由附加箍筋和附加吊筋承受，则应满足：

$$F \leqslant 2 f_{yv} A_{sb} \sin\alpha + m n A_{sv1} f_{yv} \tag{8-12}$$

式中 A_{sb}——承受集中荷载作用所需的附加吊筋的总截面面积；

A_{sv1}——附加箍筋单肢的截面面积；

m——同一截面内附加箍筋的肢数；

n——在 s 范围内附加箍筋的根数；

F——作用在梁的下部或梁截面高度范围内的集中荷载设计值；

f_{yv}——附加横向钢筋的抗拉强度设计值；

α——附加吊筋弯起部分与梁轴线间的夹角，一般取 45°；如梁高 $h>800$ mm，取 60°。

例 8-1 设计某单向板肋梁楼盖。已知条件如下：楼盖柱网尺寸如图 8-17 所示，楼面面层水磨石自重为 0.65 kN/m²，梁板天花板混合砂浆抹灰 15 mm，楼面活荷载标准值 q_k 为 9.0 kN/m²。混凝土强度等级 C25，主梁及次梁受力筋采用 HRB335 钢筋，板内及梁内其余钢筋采用 HPB300 级钢筋。结构设计使用年限为 50 年。

【解】 (1) 进行结构平面布置。

如图 8-17 所示按单向板肋形楼盖进行结构平面布置。主梁跨度为 6 600 mm。次梁跨度为 5 000 mm。

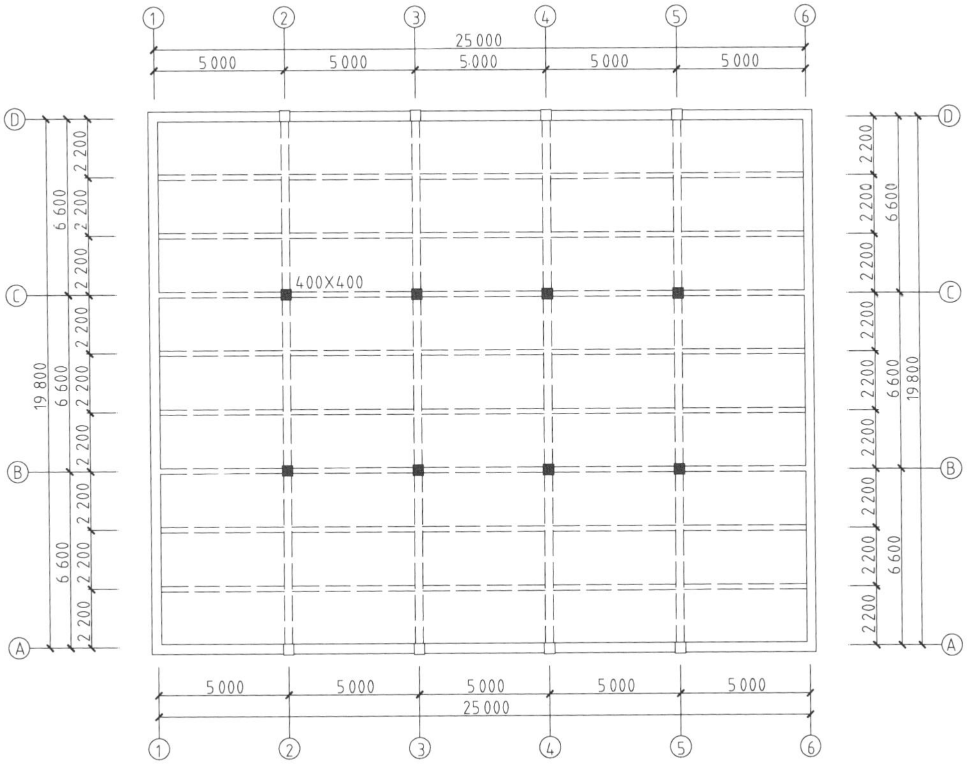

图 8-17 楼盖平面布置图

(2) 初拟梁、板截面尺寸。

板、次梁按塑性计算法计算，主梁按弹性计算法计算。

按高跨比条件，当板厚 $h \geqslant \dfrac{l}{40}=55$ mm 时，满足刚度要求，可不验算挠度。对于工业建筑的楼盖，要求板厚≥80 mm，取板厚为 80 mm。

次梁跨度为 5 000 mm，次梁的截面高度应满足 $h=\left(\dfrac{1}{18}\sim\dfrac{1}{12}\right)L$，即 278～417(mm)，取 $h=400$ mm，则 $b=\left(\dfrac{1}{3}\sim\dfrac{1}{2}\right)h$，即 133～200(mm)，取 $b=200$ mm。

主梁的跨度为 6 600 mm，主梁的截面高度应满足 $h=\left(\dfrac{1}{14}\sim\dfrac{1}{8}\right)L$，即 471～825(mm)，取 $h=700$ mm，则 $b=\left(\dfrac{1}{3}\sim\dfrac{1}{2}\right)h$，即 233～350(mm)，取 $b=300$ mm。

(3) 板的设计。

① 荷载计算，板的恒荷载标准值 g_k，取 1 m 宽板带计算。

水磨石面层：	$0.65\times1=0.65$ kN/m
80 mm 钢筋混凝土板：	$0.08\times25=2.0$ kN/m
15 mm 板底混合砂浆：	$0.015\times17=0.255$ kN/m
	$g_k=2.905$ kN/m

恒荷载分项系数取 1.3，因为工业建筑楼盖且楼面活荷载标准值大于 4.0 kN/m，所以活荷载分项系数取 1.3。于是板的荷载设计值总值：$g+q=1.3g_k+1.3q_k=15.476$ kN/m。

② 板的计算简图。

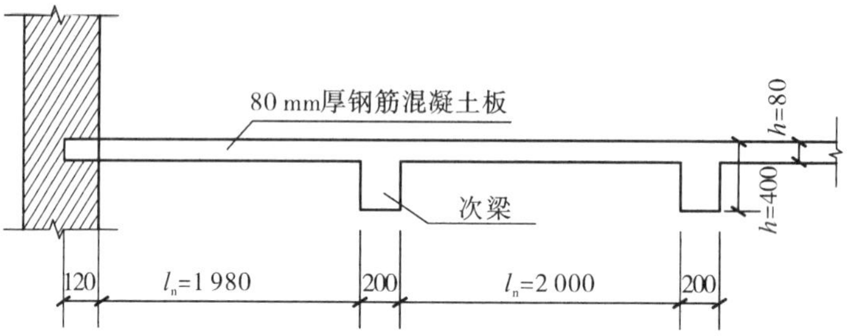

图 8-18　板的尺寸及支承情况

次梁截面为 200 mm×400 mm，现浇板在墙上的支承长度不小于 100 mm，取板在墙上的支承长度为 120 mm。按塑性内力重分布设计，板的计算边跨：

$l_{01}=l_n+\dfrac{1}{2}h=2\,200-100-120+80/2=2\,020<1.025l_n=2\,030$ mm，取 $l_{01}=2\,020$ mm。

中跨：$l_{02}=l_n=2\,200-200=2\,000$ mm

板为多跨连续板，对于跨数超过五跨的等截面连续板，其各跨受荷相同，且跨差不超过10%时，均可按五跨等跨度连续板计算，计算简图如图8-19所示。

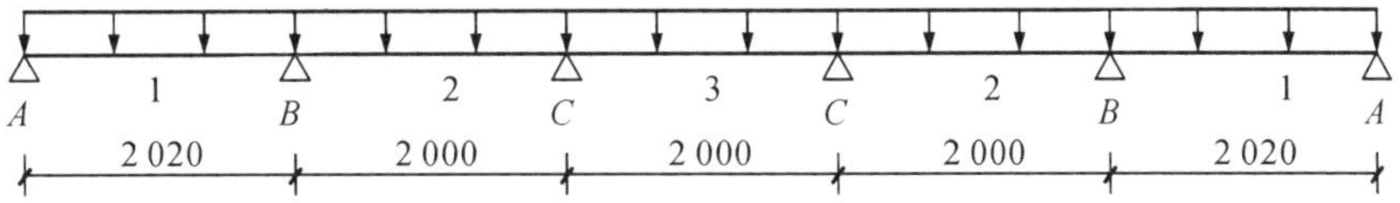

图8-19　板的计算简图

③ 内力计算及配筋。板各截面弯矩的计算如表8-4所示。

表8-4　板各截面弯矩的计算

截面位置	1	*B*	2	*C*
弯矩系数 α	1/11	−1/11	1/16	−1/14
$M=\alpha(g+q)l_0^2$/(kN·m)	1/11 × 15.476 × 2.02² =5.741	−1/11×15.476×2.0² =−5.628	1/16 × 15.476 × 2.0² =3.869	−1/14×15.476×2.0² =−4.422

由题可知：$b=1\,000$ mm，$h=80$ mm，$h_0=80-20=60$ mm，$f_c=11.9$ N/mm²，$f_y=270$ N/mm²。根据各跨跨中及支座弯矩可列表计算如表8-5所示。

表8-5　板的配筋计算

截面		1	*B*	2		*C*	
M/(kN·m)		M_1	M_B	M_2	$0.8M_2$	M_c	$0.8M_c$
$M=\alpha(g+q)l_0^2$		5.74	−5.63	3.87	3.10	−4.42	3.54
$\alpha_1 f_c b h_0^2$/(kN·m)		42.84					
$x=h_0-\sqrt{h_0^2-\frac{2M}{\alpha_1 f_c b}}$/mm		8.66	8.48	5.69	4.51	6.55	5.18
$A_s - \frac{\alpha_1 f_c b x}{f_y}$/mm²		381.7	480.53	250.78	198.77	288.68	228.3
选钢筋	①～②轴线 ⑤～⑥轴线	Φ 10@190	Φ 10@160	Φ 8@190		Φ 8@160	
	②～⑤轴线	Φ 10@190	Φ 10@160	Φ 8@200		Φ 6/8@150	
实际配筋	①～②轴线 ⑤～⑥轴线	413 mm²	491 mm²	265 mm²		314 mm²	
	②～⑤轴线	413 mm²	491 mm²		251 mm²		262 mm²

注：位于次梁内跨上的板带，其内区格四周与梁整体连接，故其中间跨的跨中截面和中间支座弯矩可减小20%。

④ 构造钢筋。分布筋选用Φ 6@300，嵌入墙内的板面附加钢筋选用中Φ 8@200，垂直于主梁的板面附加钢筋选用中Φ 8@200，板角构造钢筋选用Φ 8@200，双向配置于板四角的上部。板配筋如图8-20所示。

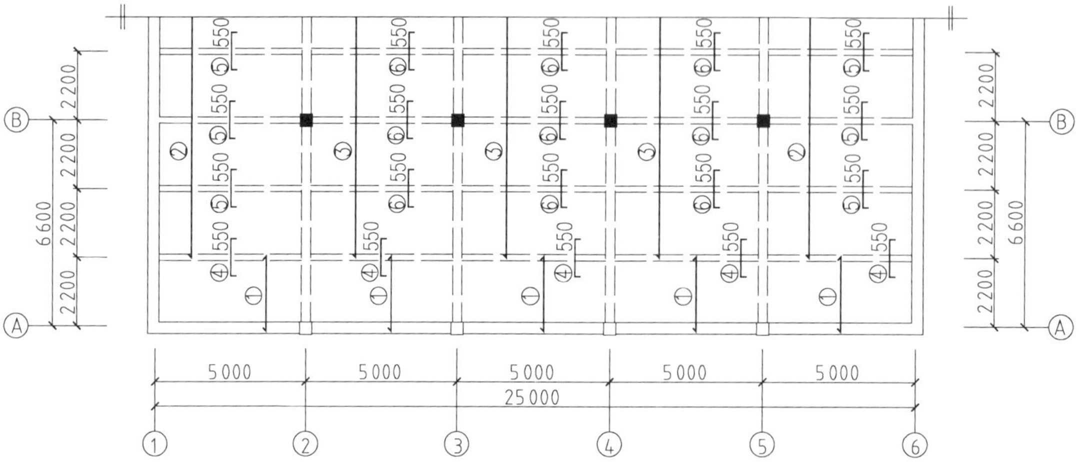

图中钢筋为：①Φ 10@190，②Φ 8@190，③Φ 8@200，④Φ 10@160，⑤Φ 8@160，⑥Φ 6/8@150。

图 8-20　板的配筋

(4) 次梁设计。

① 次梁的尺寸及支承情况如图 8-21 所示。

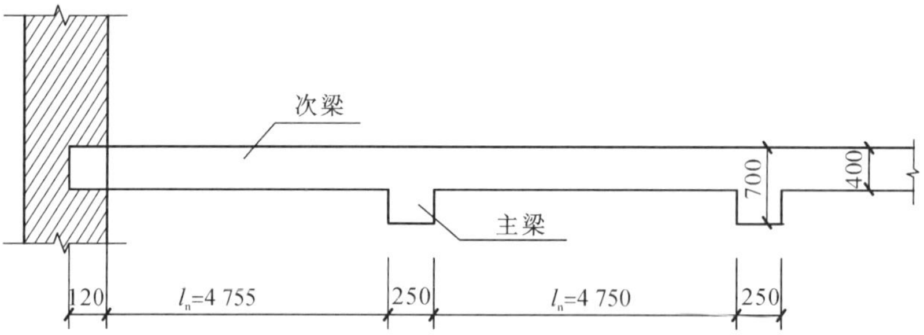

图 8-21　次梁尺寸及支承情况

② 荷载计算

由板传来：$2.905\times2.2=6.39\ \text{kN/m}$

次梁肋自重：$0.2\times(0.4-0.08)\times25=1.6\ \text{kN/m}$

次梁粉刷重：$0.015\times(0.4-0.08)\times17\times2=0.217\,6\ \text{kN/m}$

恒载：$g_k=8.208\,6\ \text{kN/m}$

活载：$q_k=2.2\times9=19.8\ \text{kN/m}$

次梁荷载设计值总值：$g+q=1.3g_k+1.3q_k=36.41\ \text{kN/m}$

③ 确定计算跨度及计算简图。

塑性内力重分布计算时，其计算跨度：

中跨：$l_{02}=l_n=5\,000-250=4\,750\ \text{mm}$

边跨：$l_{01}=l_n+a/2=5\ 000-120-250/2+240/2=4\ 875$ mm

$\geqslant 1.025l_n=1.025\times 4\ 755=4\ 873$ mm，取 $l_{01}=4\ 870$ mm

因跨度相差小于10%，可按等跨连续梁计算，计算简图如图8-22所示。

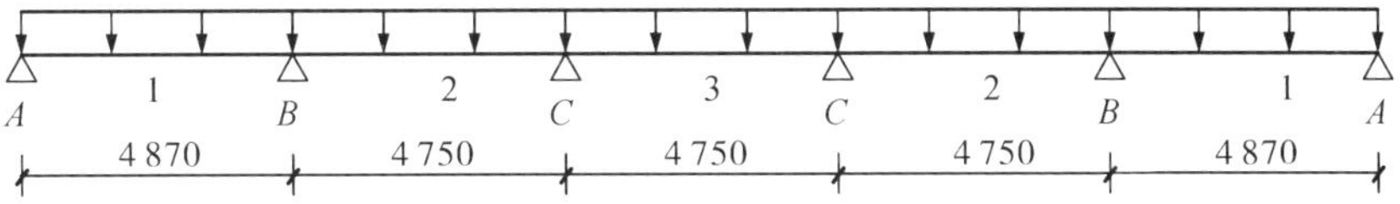

图 8-22　次梁计算简图

④ 内力计算。

由 $M=\alpha(g+q)l_0^2$ 可计算出 M_1，M_B，M_2，M_C，计算结果如表8-6所示。

表 8-6　次梁弯矩计算表

截面位置	1	B	2	C
弯矩系数 α	1/11	−1/11	1/16	−1/14
$M=\alpha(g+q)l_0^2$ /(kN·m)	$1/11\times 36.41\times 4.87^2=78.5$	$-1/11\times 36.41\times 4.87^2=-78.5$	$1/16\times 36.41\times 4.87^2=53.97$	$-1/14\times 36.41\times 4.87^2=-61.68$

由 $V=\beta(g+q)l_n$ 可计算出 V_1、$V_{B左}$、$V_{B右}$、V_C，计算结果如表8-7所示。

表 8-7　次梁剪力计算表

截面位置	1	$B_左$	$B_右$	C
剪力系数 β	0.45	0.6	0.55	0.55
$V=\beta(g+q)l_n$ /kN	$0.45\times 36.41\times 4.755=77.91$	$0.6\times 36.41\times 4.755=103.88$	$0.55\times 36.41\times 4.755=95.22$	$0.55\times 36.41\times 4.755=95.22$

⑤ 次梁截面承载力计算如下。

(a) 次梁跨中按T形截面计算，T形截面的翼缘宽度按以下步骤计算。

$b'_f\leqslant \dfrac{1}{3}l=1\ 667\text{ mm}<b+s_0=2\ 000+200=2\ 200\text{ mm}$，

$<b+12h'_f=2\ 000+12\times 80=2\ 960$ mm，故取 $b'_f=1\ 667$ mm。

梁高：$h=400$ mm，$h_0=400-40=360$ mm

翼缘厚：$h'_f=80$ mm

判定T形截面类型：

$$\alpha_1 f_c b'_f h'_f\left(h_0-\frac{h'_f}{2}\right)=1.0\times 11.9\times 1\ 667\times 80\times(360-40)$$

$$=507.8\text{ kN}\cdot\text{m}>77.91\text{ kN}\cdot\text{m}(\text{边跨中})$$

$$>95.22\text{ kN}\cdot\text{m}(\text{中间跨中})$$

故各跨中截面属于第一类T形截面。

(b) 次梁支座截面按矩形截面计算，离端第2支座B按布置两排纵向钢筋考虑，取$h_0=400-60=340$ mm。

次梁正截面承载力计算和斜截面承载力计算如表8-8、表8-9所示。

表8-8 次梁正截面承载力计算

截面位置	1	B	2	C
$M/(kN\cdot m)$	78.5	-78.5	53.97	-61.68
$x=h_0-\sqrt{h_0^2-\dfrac{2M}{\alpha_1 f_c b_f'}}$(跨中) $x=h_0-\sqrt{h_0^2-\dfrac{2M}{\alpha_1 f_c b}}$(支座)/mm	11.16	$117.21<0.35h_0$	7.64	$81.13<0.35h_0$
$A_s=\dfrac{\alpha_1 f_c b_f' x}{f_y}$(跨中) $A_s=\dfrac{\alpha_1 f_c bx}{f_y}$(支座)/$mm^2$	737.9	929.9	505.2	643.6
$\rho_s=\dfrac{A_s}{bh_0}/\%$	$1.0>\rho_{min}=\max(45f_t/f_y,0.2)\%=0.21\%$	$1.3>\rho_{min}$	$0.70>\rho_{min}$	$0.89>\rho_{min}$
选用钢筋	3Φ18	3Φ22	2Φ20	2Φ22
实配钢筋/mm^2	763	1 140	628	760

表8-9 次梁斜截面承载力计算

截面位置	1	B	2	C
V/kN	77.91	103.88	95.22	95.22
$0.25\beta_c f_c bh_0$/kN	$214.2>V$	$214.2>V$	$214.2>V$	$214.2>V$
$0.7f_t bh_0$/kN	$64.008<V$	$64.008<V$	$64.008<V$	$64.008<V$
箍筋直径、肢数	Φ6，双肢	Φ6，双肢	Φ6，双肢	Φ6，双肢
$s\leqslant\dfrac{f_{yv}A_{sv}h_0}{V-0.7f_t bh_0}$/mm	394	138	176	176
实配箍筋间距/mm	200	100	150	150
$\rho_{sv,min}=0.24f_t/f_{yv}/\%$	0.11	0.11	0.11	0.11
$\rho_{sv}=\dfrac{A_{sv}}{bs}/\%$	0.14	0.28	0.19	0.19

(5) 主梁设计(按弹性理论计算)。

① 支承情况。柱截面400 mm×400 mm，由于钢筋混凝土主梁抗弯刚度较钢筋混凝

土柱大得多,故可将主梁视作铰支于钢筋混凝土柱的连续梁进行计算。主梁端部支承于砖壁柱上,其支承长度 $a=370$ mm。

② 计算荷载如下。

为简化计算,主梁自重亦按集中荷载考虑。

次梁传来的荷载: $8.208\,6\times5.0=41.043\,3$

主梁自重: $(0.7-0.08)\times0.3\times2.2\times25=10.23$ kN

主梁粉刷重: $2\times(0.7-0.08)\times0.015\times2.2\times17=0.695\,64$ kN

恒载: $G_k=51.969$ kN

恒载设计值+活载设计值: $1.3\times51.969+1.3\times9\times2.2\times5=196.26$ kN

③ 确定计算跨度及计算简图。

边跨: $l_{01}=l_n+\frac{1}{2}b_{柱}+0.025l_n=6\,280+200+0.025\times6\,280=6\,637$ mm

$\leqslant l_n+\frac{1}{2}a+\frac{1}{2}b_{柱}=6\,280+370/2+400/2=6\,665$ mm,近似取 $l_{01}=6\,640$ mm

中跨: $l_{01}=l_n+\frac{1}{2}b_{柱}+\frac{1}{2}b_{柱}=6\,200+400=6\,600$ mm

因跨度相差不超过10%,可按等跨梁计算,计算简图见图8-23。

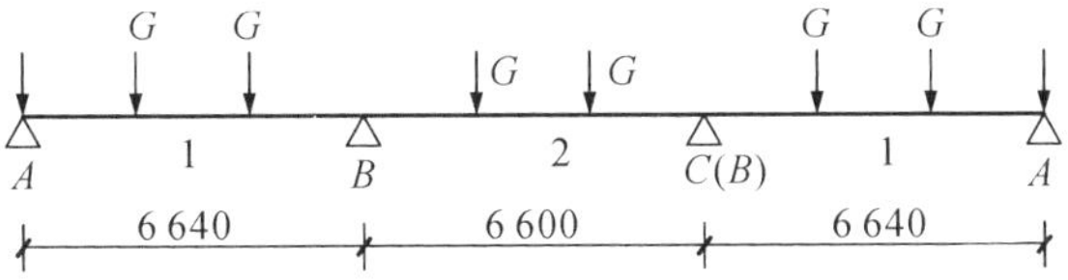

图 8-23 主梁的计算简图

④ 主梁内力计算。

(a) 弯矩设计值: $M=K_1GL+K_2QL$

其中, K_1、K_2 可由附录B查取, L 为计算跨度,对于 B 支座,计算跨度可取相邻两跨的平均值。

(b) 剪力设计值: $V=K_3G+K_4Q$,其中, K_3、K_4 可由附录B查取。

表 8-10 主梁弯矩计算

项次	荷载简图	k/M_1	k/M_B	k/M_2	k/M_C
①	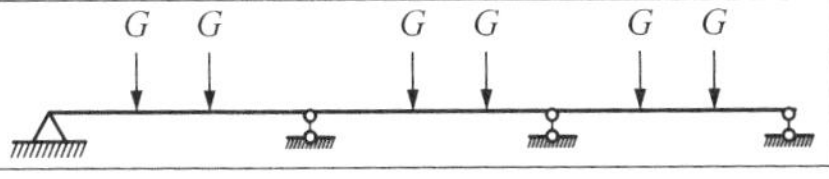	$\frac{0.244}{108.8}$	$\frac{-0.267}{-119.05}$	$\frac{0.067}{29.88}$	$\frac{-0.267}{-119.05}$
②		$\frac{0.289}{245.49}$	$\frac{-0.133}{-112.97}$	$\frac{0.133}{112.97}$	$\frac{-0.133}{-112.97}$

(续表)

项次	荷载简图	k/M_1	k/M_B	k/M_2	k/M_C
③	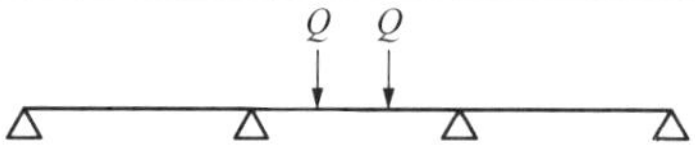	$\frac{-0.045}{-38.22}$	$\frac{-0.133}{-112.97}$	$\frac{0.2}{169.89}$	$\frac{-0.133}{-112.97}$
④	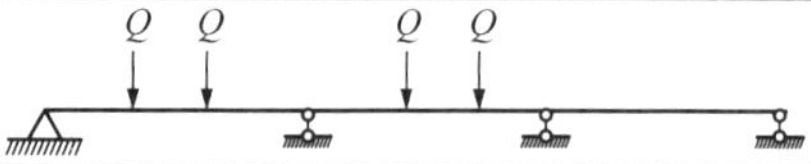	$\frac{0.229}{194.52}$	$\frac{-0.311}{-264.17}$	$\frac{0.17}{144.4}$	$\frac{-0.089}{-75.6}$
最大弯矩		354.29 (①+②)	−383.22 (①+④)	199.77 (①+③)	−232.02 (①+②)

表 8-11　主梁剪力计算

项次	荷载简图	k/V_A	$k/V_{B左}$	$k/V_{B右}$
①	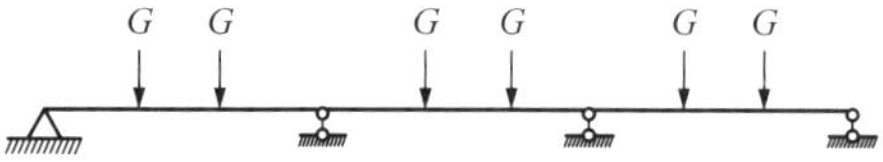	$\frac{0.733}{49.52}$	$\frac{-1.267}{-85.6}$	$\frac{1.00}{67.56}$
②		$\frac{0.866}{111.45}$	$\frac{-1.134}{-145.94}$	$\frac{0}{0}$
③	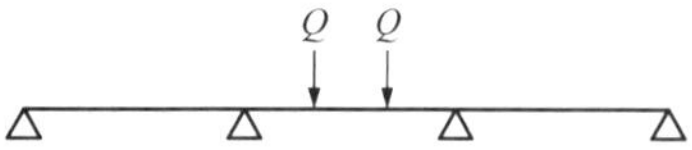	$\frac{-0.133}{-17.12}$	$\frac{-0.133}{-17.12}$	$\frac{1.000}{128.7}$
④	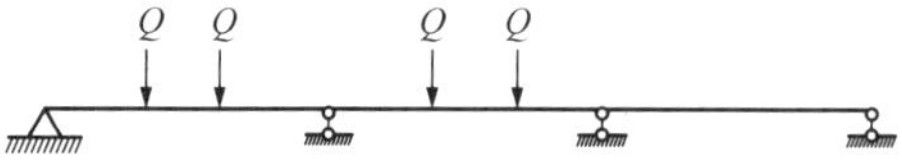	$\frac{0.689}{88.67}$	$\frac{-1.311}{-168.72}$	$\frac{1.222}{157.27}$
最大剪力		160.97 (①+②)	−254.32 (①+④)	224.83 (①+④)

⑤ 主梁配筋计算。

主梁跨中按 T 形截面计算，T 形截面的翼缘宽度按：

$b'_f \leqslant \frac{1}{3}l = 2\,200\ \text{mm} < b + s_0 = 5\,000\ \text{mm}$，故取 $b'_f = 1\,667\ \text{mm}$

梁高：$h = 700\ \text{mm}$，$h_0 = 700 - 60 = 640\ \text{mm}$

翼缘厚：$h'_f = 80\ \text{mm}$

判定 T 形截面类型：

$$\alpha_1 f_c b'_f h'_f \left(h_0 - \frac{h'_f}{2}\right) = 1.0 \times 11.9 \times 2\,200 \times 80 \times (640 - 40)$$

$$= 1\,256.6\ \text{kN} \cdot \text{m} > 354.29\ \text{kN} \cdot \text{m}(\text{边跨中})$$

$$> 199.77\ \text{kN} \cdot \text{m}(\text{中间跨中})$$

故各跨中截面属于第一类 T 形截面。

支座截面按矩形截面计算，离端第 2 支座 B 按布置两排纵向钢筋考虑，取 $h_0 = 600 -$

$60=540$ mm。

主梁正截面承载力计算和斜截面承载力计算如表 8-12、表 8-13 所示。

表 8-12 主梁正截面承载力计算

截面位置	1	B	2	C
$M/(\mathrm{kN\cdot m})$	354.29	−383.22	199.77	−232.02
$\dfrac{V_0 b}{2}/\mathrm{kN}$		$196.26\times0.3/2=29.44$		$196.26\times0.3/2=29.44$
$M_0=M-\dfrac{V_0 b}{2}/(\mathrm{kN\cdot m})$		$-383.22+29.44=-353.78$		$-232.02+29.44=-202.58$
$x=h_0-\sqrt{h_0^2-\dfrac{2M}{\alpha_1 f_c b_f'}}$(跨中) $x=h_0-\sqrt{h_0^2-\dfrac{2M}{\alpha_1 f_c b}}$(支座)/mm	21.51	$180.21<0.35h_0$	12.04	$95.84<0.35h_0$
$A_s=\dfrac{\alpha_1 f_c b_f' x}{f_y}$(跨中) $A_s=\dfrac{\alpha_1 f_c b x}{f_y}$(支座)/mm²	1 877.11	2 144.5	1 050.7	1 140.5
$\rho_s=\dfrac{A_s}{bh_0}/\%$	$0.98>\rho_{min}=\max(45f_t/f_y, 0.2)\%=0.21\%$	$1.1>\rho_{min}$	$0.55>\rho_{min}$	$0.59>\rho_{min}$
选用钢筋	4Φ25	5Φ25	3Φ25	3Φ25
实配钢筋/mm²	1 964	2 454	1 473	1 473

表 8-13 主梁斜截面承载力计算

截面位置	1	$B_左$	$B_右$
V/kN	160.97	−254.32	224.83
$0.25\beta_c f_c b h_0/\mathrm{kN}$	$571.2>V$	$571.2>V$	$571.2>V$
$0.7f_t b h_0/\mathrm{kN}$	$170.69>V$	$170.69<V$	$170.69<V$
箍筋肢数、直径	Φ8,双肢	Φ8,双肢	Φ8,双肢
$s\leqslant\dfrac{f_{yv}A_{sv}h_0}{V-0.7f_t b h_0}/\mathrm{mm}$	构造配箍	208	321
实配箍筋间距/mm	200	200	200
$\rho_{sv,min}=0.24f_t/f_{yv}/\%$	0.11	0.11	0.11
$\rho_{sv}=\dfrac{A_{sv}}{bs}/\%$	0.17	0.17	0.17

（6）附加横向钢筋。

次梁传来的集中力：$F_l=G+Q=196.26\text{ kN}$，采用附加箍筋+吊筋方案，次梁两侧各配置3道Φ8@50的附加箍筋，另加两根吊筋2Φ12，则：

$$\begin{aligned}2f_yA_{sb}\sin\alpha+mnf_{yv}A_{sv1}&=2\times270\times113.1\times0.707+6\times2\times270\times50.3\\&=206.2\text{ kN}>F_l\end{aligned}$$

满足要求。

8.2 双向板肋梁楼盖设计

想一想

如果某栋建筑的楼盖适合设计成双向板，接下来需要设计哪些内容？怎么设计？

双向板的受力特点如前所述。双向板常用于工业建筑楼盖、公共建筑门厅部分以及横隔墙较多的民用房屋。当民用房屋横隔墙间距较小时（如住宅），可将板直接支承于四周的砖墙上，以减少楼盖的结构高度。

8.2.1 双向板的计算

双向板的内力计算有弹性计算法和塑性计算法两种，本书仅介绍双向板内力的弹性计算法。弹性计算法是以弹性薄板理论为依据而进行计算的一种方法，由于这种方法内力分析比较复杂，为简化计算，通常是直接应用根据弹性薄板理论编制的弯矩系数表进行计算。

1. 单跨双向板的计算

单跨双向板按其四边支承情况的不同，在楼盖中常会遇到如下6种情况：四边简支，一边固定三边简支，两对边固定、两对边简支，两邻边固定、两邻边简支，三边固定、一边简支和四边固定。

根据不同支承情况，可查出弯矩系数，即可求得弯矩：

$$M=\text{弯矩系数}\times ql^2 \tag{8-13}$$

式中 M——跨中或支座单位板宽内的弯矩；

q——均布荷载（kN/m^2）；

l——板的较小跨度（m）。

附录B中给出了图8-37所示6种边界条件的单跨板在均布荷载作用下的挠度系数、支座弯矩系数以及泊松比$\mu=0$时的跨中弯矩系数。钢筋混凝土结构的泊松比$\mu=1/6$，故对跨中弯矩应按下列公式计算：

$$M_X^{(\mu)} = M_X + \mu M_Y \tag{8-14}$$

$$M_Y^{(\mu)} = M_Y + \mu M_X \tag{8-15}$$

式中，M_X，M_Y 分别为板跨中弯矩系数计算得到的跨中弯矩值。

2. 多跨连续双向板的计算

多跨连续双向板按弹性理论的精确计算十分复杂，在实用计算时通常以上述单跨板内力计算为基础，假定板在梁上可以自由转动，并略去梁的竖向变形，这样将梁视为板的不动铰支座，从而使计算简化。

计算多跨连续双向板的最大弯矩时，也需考虑活荷载的最不利布置。

1）求跨中最大正弯矩

当求跨中最大正弯矩时，其活荷载的最不利位置为棋盘式布置。为便于利用区格板的表格，可将计算简图中的荷载（恒载 g 和活荷载q）分解为满布于各跨的 g 和隔跨交替布置的 $\pm q$ 两部分。

当各区格满布 g 时，由于区格板支座两边结构对称，且荷载对称，可将各支座视为不转动，于是可近似地将区格板看成四边固定的双向板，并利用附录 B，求出其跨中弯矩。

当所求区格作用 q，相邻区格作用 $-q$（其余区格均间隔布置时，可近似看作承受反对称荷载 $\pm q$ 的连续板，此时中间支座的弯矩为零或很小，故内区格的跨中弯矩近似地按四边简支的双向板计算。

在上述两种荷载情况下的边区格板，其外边界的支座按实际情况考虑，而内边界的支座则按相应荷载情况考虑为固定或简支。

最后，将所求区格在这两种荷载作用下的跨中弯矩叠加，即求得该区格的跨中最大正弯矩。

2）支座最大弯矩

当板面上全部满布恒载及活荷载时，支座弯矩最大。所以对所有中间区格均可按四边固定的双向板计算。边区格的内支座取相邻两区格板在该支座上弯矩的平均值。边区格计算时，其外边支承条件按实际情况考虑。

3）双向板配筋计算要点

（1）双向板若短跨方向跨中截面的有效高度为 h_{01}，则长跨方向截面的有效高度 $h_{02} = h_{01} - d$（d 为板中受力钢筋直径），若两向钢筋直径不同时，取其平均值。

（2）若板与支座为整体连接并按弹性理论方法计算双向板内力时，应采用支座边缘处的弯矩值为计算弯矩。

（3）对于四边与梁整体连接的板，不论按何种方法分析内力，均应考虑周边支承梁对板产生水平推力的有利影响，因此，设计时应将计算所得弯矩值根据下列情况予以减少。对中间跨的跨中截面及中间支座截面减少 20%；对边跨的跨中截面及楼板边缘算起的第二支座截面：当知 $l_{02}/l_{01}<1.5$ 时，减少 20%，当 $1.5<l_{02}/l_{01}<2$ 时，减少 10%（l_{01} 为垂直于楼板边缘方向的计算跨度，l_{02} 为沿楼板边缘方向的计算跨度）；对于楼板的板角区格不应减少。

8.2.2 双向板支承梁的计算

多跨连续双向板传给周边支承梁的荷载，支承梁承受三角形或梯形荷载，其内力可采用等效均布荷载的方法计算。首先按支座弯矩相等的条件把它们换算成等效均布荷载，在求得连续梁的支座弯矩后，再按实际的荷载分布（三角形或梯形），以支座弯矩作为梁端弯矩，按单跨简支梁求出各跨跨中弯矩和支座剪力。

三角形荷载的等效均布荷载：

$$P_{equ}=\frac{5}{8}p \tag{8-16}$$

梯形荷载的等效均布荷载：

$$P_{equ}=(1-\alpha^2+\alpha^3)p \tag{8-17}$$

式中 P_{equ} ——等效均布荷载；

P ——三角形或梯形荷载的最大值；

α ——系数，$\alpha=\dfrac{a}{l_0}$。

8.2.3 双向板的构造要求

双向板的构造要求如下。

(1) 双向板的板厚一般为 80～160 mm。为满足板的刚度要求，简支板厚应不小于 $l_0/45$，连续板厚不小于 $l_0/50$。l_0 为短边的计算跨度。

(2) 双向板跨中两个方向的受力钢筋应根据相应方向跨中最大弯矩计算，沿短跨方向的跨中钢筋放在外侧，沿长跨方向的跨中钢筋放在内侧。当采用弹性理论方法计算时，按跨中弯矩所求得的钢筋数量为板宽中部所需的量，而靠近板的两边，其弯矩已减少，所以配筋也应减少。因此，当 $l_1\geqslant 2\,500$ mm（l_1 为短边跨度）时，可分板带配筋，为施工方便，可将整块板按纵横两个方向划分成两个各宽 $l_1/4$ 的边缘板带和各一个中间板带，边缘板带的配筋量为相应中间板带的数量之半，但每米不得少于 3 根。连续板支座上的配筋则按支座最大负弯矩求得，沿整个支座均匀布置，不在边带中减少。当 $l_1<2\,500$ mm 时，则不分板带，全部按计算配筋。

按塑性理论计算时，为了施工方便，跨中及支座钢筋一般采用均匀配置而不分带。

(3) 双向板的配筋形式有分离式和弯起式两种，常用分离式。单跨双向板、连续双向板采用分离式配筋，双向板的其他配筋要求同单向板。

(4) 双向板的角区若两边嵌固在承重墙内,为防止产生垂直于对角线方向的裂缝,应在板角区格上部配置附加的双向钢筋网,每一方向的钢筋不少于Φ 8@200,伸出长度不小于 $l_1/4$。

8.3 装配式混凝土楼盖

想一想

装配式楼盖有哪些类型? 在设计上与现浇楼盖有什么区别与联系? 楼盖与相邻构件怎么连接?

8.3.1 装配式楼盖类型

装配式楼盖类型包括叠合楼盖、全预制楼盖和现浇楼盖。

叠合楼盖包括普通叠合楼板、带肋预应力叠合楼板、空心预应力叠合板、双 T 形预应力叠合楼板;全预制楼盖主要包括空心板和预应力空心板。

装配式建筑有一部分现浇楼盖,一般是首层和顶层楼盖为现浇。

叠合楼盖是预制底板与现浇混凝土叠合的楼盖。

1. 普通叠合楼板

普通叠合楼板的预制底板一般厚 60 mm,包括有桁架筋预制底板和无桁架筋预制底板。预制底板安装后绑扎叠合层钢筋、浇筑混凝土,形成整体受弯楼盖,如图 8-24 所示。普通叠合楼板是装配整体式建筑中应用最多的楼盖类型。

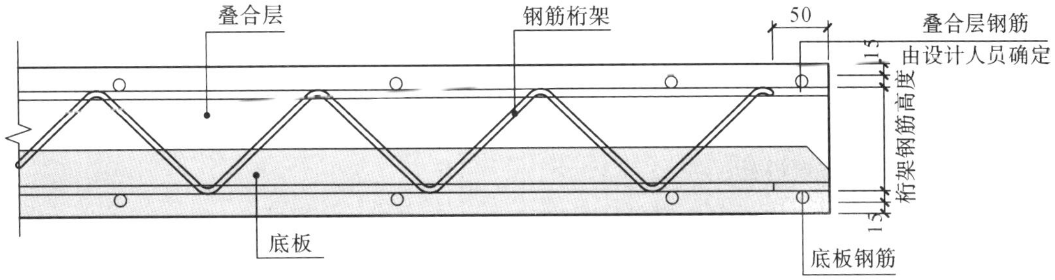

图 8-24 普通叠合楼盖

普通叠合楼板按现行行业标准《装配式规程》的规定可做到 6 m 长,宽度一般不超过运输限宽,可做到 3.5 m;如果在工地预制,可以做得更宽。普通叠合楼板适用于框架结构、框架-剪力墙结构、剪力墙结构、筒体结构等结构体系的装配式建筑,也可用于钢结构建筑。普通叠合楼板在我国及欧洲、澳洲、东南亚等地方广泛应用。

2. 带肋预应力叠合楼板

预应力叠合楼板由预制预应力底板与非预应力现浇混凝土叠合而成。

带肋预应力叠合楼板的底板包括无架立筋和有架立筋两种形式。

3. 预应力空心叠合楼板

预应力空心叠合楼板是预应力空心楼板与现浇混凝土叠合层的结合，如图 8-25 所示。

图 8-25 预应力空心叠合楼板

8.3.2 装配式楼盖设计内容

装配式楼盖设计不仅需要考虑楼盖本身，还要考虑楼盖在结构体系中的作用及其与其他构件的关系。装配式建筑的楼盖设计内容包括以下方面。

(1) 根据规范要求和工程实际情况，确定现浇楼盖和预制楼盖的范围。

(2) 选用楼盖类型。

(3) 进行楼盖拆分设计。

(4) 根据所选楼板类型及其与支座的关系，确定计算简图并进行结构分析和计算。

(5) 进行楼板连接节点、板缝构造设计。

(6) 进行支座节点设计。

(7) 进行预制楼板构件制作图设计。

(8) 给出施工安装阶段预制板临时支撑的布置和要求。

(9) 将预埋件、预埋物、预留孔洞汇集到楼板制作图中，避免与钢筋产生干扰。

8.3.3 楼盖现浇与预制范围

(1) 装配整体式结构的楼盖宜采用叠合楼盖。

(2) 结构转换层宜采用现浇楼盖。

(3) 平面复杂或开洞较大的楼层宜采用现浇楼盖。

(4) 作为上部结构嵌固部位的地下室楼层宜采用现浇楼盖。

(5) 高层装配式框架结构顶层楼盖宜采用现浇。

8.3.4 楼盖拆分原则

楼盖拆分原则包括以下方面。

(1) 在板的次要受力方向拆分，也就是板缝应当垂直于板的长边。

(2) 在板受力小的部位分缝。

(3) 板的宽度不超过运输超宽的限制。在运输构件时，根据构件规格、重量选用汽车和吊车，大型货运汽车载物高度从地面起不准超过 4 m，宽度不得超出车厢，长度不准超出车身。为方便卡车运输，预制底板宽度一般不超过 3 m，跨度一般不超过 5 m。预制构件运输如图 8-26 所示。

图 8-26　预制板运输

图 8-27　预制板起吊

(4) 考虑工厂生产的要求。工厂模台尺寸大小、养护方式等都是拆分设计需要考虑的内容。在拆分设计前，需要与工厂技术人员交流、调研并掌握相关数据后才可以落实拆分工作。

(5) 考虑标准化的原则，尽可能统一或减少板的规格，宜取相同宽度。

(6) 有管线穿过的楼板，拆分时须考虑避免与钢筋或桁架筋的冲突。

(7) 顶棚无吊顶时，板缝应避开灯具、接线盒或吊扇位置。

(8) 考虑现场起吊设备的起重能力。预制板在现场安装时，需采用塔式起重机、汽车式起重机等起吊，起重设备的载荷能力制约预制板的重量。因此在拆分前，需与总包或施工单位确定起重设备的起重能力。构件起吊如图 8-27 所示。

(9) 在进行叠合板的拆分时，还要满足规范和图集对叠合板的构造要求。根据规范对楼盖的要求，嵌固部位的楼层、顶层楼层、转换层楼层及平面中较大洞口的周边、设计需加强的部位、剪力墙结构的底部加强部位不做叠合楼盖，其他部位原则上均可采用叠合楼盖，如住宅中的厨房、卫生间、阳台板、卧室、起居室等。同时还应尽量采取整板设计，楼板接缝按零缝宽设计时，制作控制宜按负误差控制。

8.3.5 普通叠合楼板设计

1. 一般规定

叠合楼板应按现行国家标准《混凝土规范》进行设计，并应符合下列规定：

(1) 叠合板的预制板厚度不宜小于 60 mm，后浇混凝土叠合层厚度不应小于 60 mm。

(2) 当叠合板的预制板采用空心板时，板端空腔应封堵。

(3) 跨度大于 3 m 的叠合板，宜采用钢筋混凝土桁架筋叠合板。

(4) 跨度大于 6 m 的叠合板，宜采用预应力混凝土叠合板。

(5) 厚度大于 180 mm 的叠合板，宜采用混凝土空心板。

叠合板设计分为单向板和双向板两种情况，根据接缝构造、支座构造和长宽比确定。《装配式规程》规定：当预制板之间采用分离式接缝时，宜按单向板设计。对长宽比不大于 3 的四边支承叠合板，当其预制板之间采用整体式接缝或无接缝时，可按双向板计算。叠合板的预制板布置形式如图 8-28 所示。

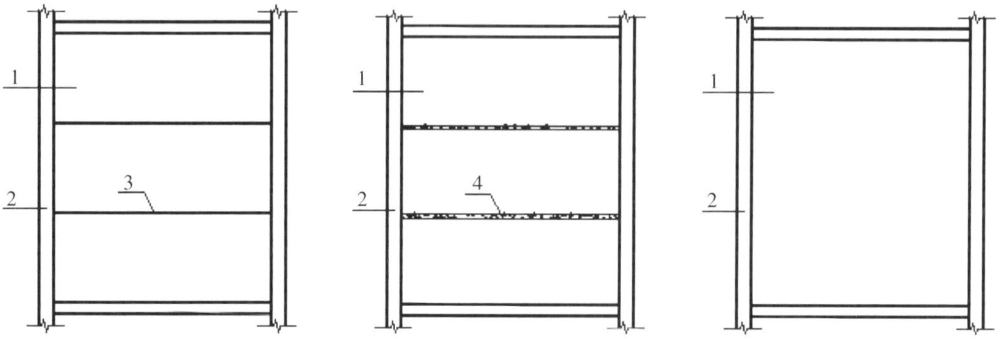

(a) 单向叠合板　(b) 带接缝的双向叠合板　(c) 无接缝双向叠合板

图 8-28　叠合板的预制板布置形式

1—预制板；2—梁或墙；3—板侧分离式接缝；4—板侧整体式接缝

板缝分为分离式和整体式两种情况。现浇混凝土楼盖没有接缝，只要长宽比不大于 2 都按双向板计算。当叠合楼盖因为有接缝而按单向板计算时，应考虑板对梁的约束影响。由于存在接缝而按单向板计算，但实际上叠合层的钢筋伸入了侧向支座，会有内力分布给侧边的梁，对其刚度会产生影响，对此应进行结构受力分析。

2. 支座节点设计

关于叠合楼板的支座，《装配式规程》规定：

(1) 叠合板支座处，预制板内的纵向受力钢筋宜从板端伸出并锚入支承梁或墙的后浇混凝土中，锚固长度不应小于 $5d$(d 为纵向受力钢筋直径)，且宜过支座中心线。

(2) 单向叠合板的板侧支座处，当预制板内的板底分布钢筋伸入支承梁或墙的后浇混凝土中时应符合(1)的要求;当板底分布钢筋不伸入支座时,宜在紧邻预制板顶面的后浇混凝土叠合层中设置附加钢筋,附加钢筋截面面积不宜小于预制板内的同向分布钢筋面积,间距不宜大于 600 mm,在板的后浇混凝土叠合层内锚固长度不应小于 15d,在支座内锚固长度不应小于 15d(d 为附加钢筋直径),且宜过支座中心线。

(3)《装配式标准》C5.5.3 条规定,当桁架钢筋混凝土叠合楼板的后浇混凝土叠合层厚度不小于 100 mm 且不小于预制板厚度的 1.5 倍时,支承端预制板内纵向受力钢筋可采用间接搭接方式锚入支承梁或墙的后浇混凝土中。

8.3.6 板的构造

1. 板边角构造

叠合板边角做成 45°倒角。单向板和双向板的上部都做成倒角,一是为了保证连接节点钢筋保护层厚度,二是为了避免后浇段混凝土转角部位应力集中。单向板下部边角做成倒角是为了便于接缝处理,如图 8-29 所示。

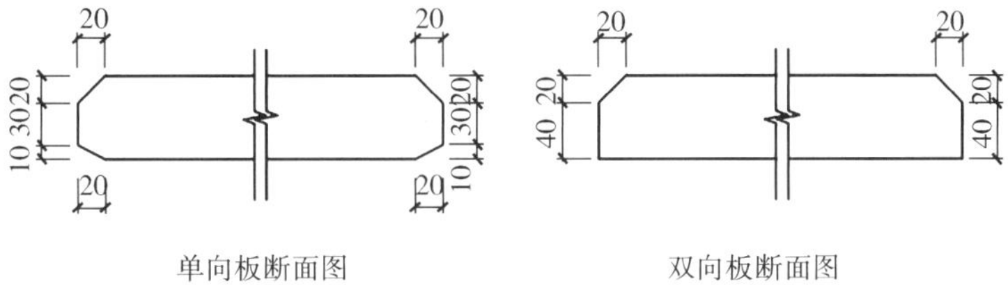

图 8-29 叠合板边角构造(mm)

2. 叠合板支座构造

(1) 双向板和单向板的端支座。单向板和双向板的板端支座的节点是一样的,负弯矩钢筋伸入支座转直角锚固,下部钢筋伸入支座中心线处,如图 8-30 所示。

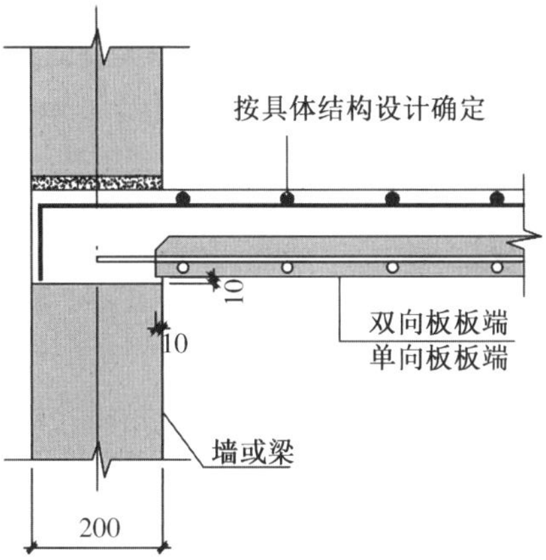

图 8-30 单向板和双向板的端部支座构造(mm)

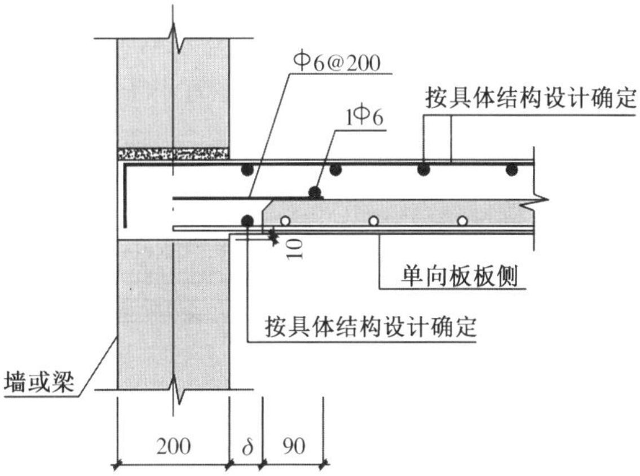

图 8-31 单向板侧支座构造(mm)

(2) 双向板侧支座。双向板每一边都是端支座，不存在所谓的侧支座，如果习惯把长边支座称为侧支座、其构造也与端支座完全一样，即按照图 8-30 所示的构造做。

(3) 单向板侧支座。单向板的侧支座有两种情况，一种情况是板边伸入墙或梁 10 mm，如端支座一样，如图 8-30 所示；另一种情况是板边距离墙或梁有一个缝隙 δ，如图 8-31 所示。单向板侧支座与端支座的不同是在底板上表面有一根连接钢筋伸入支座。

(4) 中间支座构造。中间支座有多种情况：墙或梁的两侧是单向板还是双向板，支座对于两侧的板是端支座还是侧支座，如果是侧支座，是无缝支座还是有缝支座。

中间支座的构造设计有以下几个原则：

① 上部负弯矩钢筋伸入支座不用转弯，而是与另一侧板的负弯矩钢筋共用 1 根钢筋。

② 底部伸入支座的钢筋与端部支座或侧支座一样伸入即可。

③ 如果支座两边的板都是单向板侧边，连接钢筋合为 1 根；如果有一个板不是单向板侧边，则与板侧支座一样，伸到中心线位置。

中间支座两侧都是单向板侧边的情况如图 8-32 所示。更详细的节点构造图见图集《桁架钢筋混凝土叠合板》(15G366-1)第 83 页。

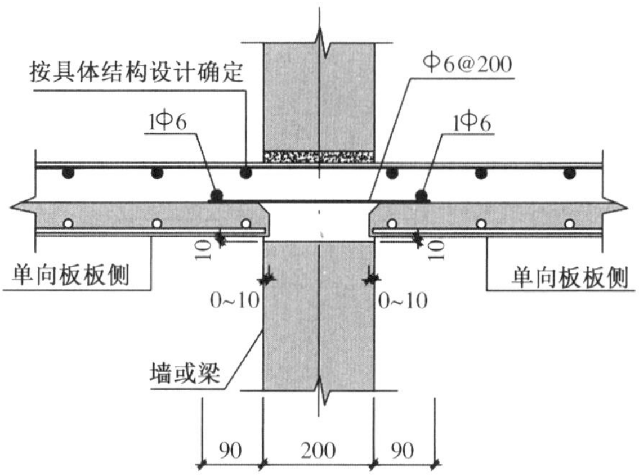

图 8-32　单向板侧边中间支座构造

3. 板接缝构造设计

1) 分离式接缝

《装配式规范》规定：单项叠合板板侧的分离式接缝宜配置附加钢筋，并应符合下列规定：

(1) 接缝处紧邻预制板顶面宜设置垂直于板缝的附加钢筋，附加钢筋伸入两侧后浇混凝土叠合层的锚固长度不应小于 15d(d 为附加钢筋直径)。

(2) 附加钢筋截面面积不宜小于预制板中该方向钢筋面积，钢筋直径不宜小于 6 mm，间距不宜大于 250 mm，如图 8-33 所示。

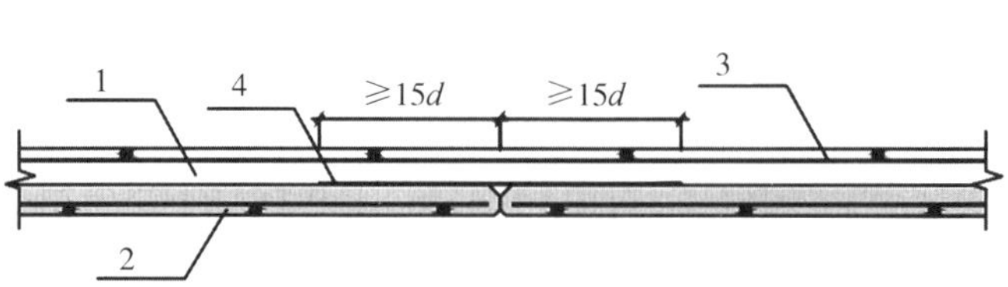

1—后浇混凝土叠合层；2—预制板；3—后浇层内钢筋；4—附加钢筋。

图 8-33　单向叠合板板侧分离式接缝示意

2）整体式接缝

《装配式规范》规定：双向叠合板板侧的整体式接缝宜设置在叠合板的次要受力方向上且宜避开最大弯矩截面，可设置在距支座 $0.2L \sim 0.3L$ 尺寸的位置（L 为双向板次要受力方向净跨度）。接缝可采用后浇带形式，并应符合下列规定：

（1）后浇带宽度不宜小于 200 mm。

（2）后浇带两侧板底纵向受力钢筋可在后浇带中焊接、搭接连接、弯折锚固。当后浇带两侧板底纵向受力钢筋在后浇带中弯折锚固时，应符合下列规定：①叠合板厚度不应小于 $10d$，且不应小于 120 mm（d 为弯折钢筋直径的较大值）。②接缝处预制板侧伸出的纵向受力钢筋应在后浇混凝土叠合层内锚固，且锚固长度不应小于 l_a；两侧钢筋在接缝处重叠的长度不应小于 $10d$，钢筋弯折角度不应大于 30°，弯折处沿接缝方向应配置不少于 2 根通长构造钢筋，且直径不应小于该方向预制板内钢筋直径，如图 8-34 所示。

单向板除了分离式接缝外，还可采用如图 8-35 所示的现浇接缝。现浇拼缝宽度可取 30～50 mm，接缝组合截面宜设为倒梯形，加强缝内混凝土牢固性。双向板整体式接缝连接构造如图 8-36 所示。

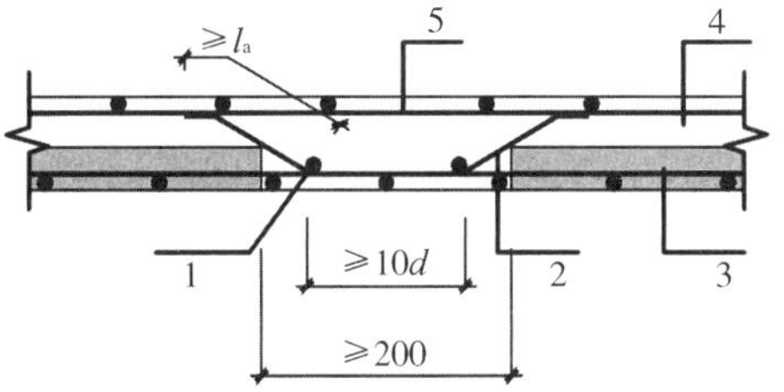

1—通长构造钢筋；2—纵向受力钢筋；3—预制板；
4—后浇混凝土叠合层；5—后浇层内钢筋。

图 8-34　双向叠合板整体式接缝构造示意

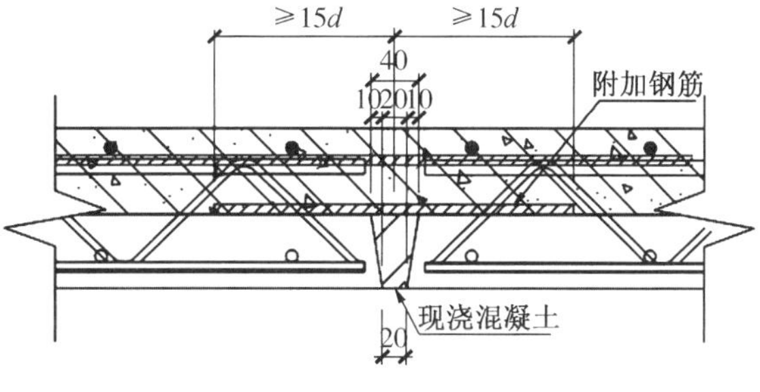

图 8-35　单向板现浇拼缝

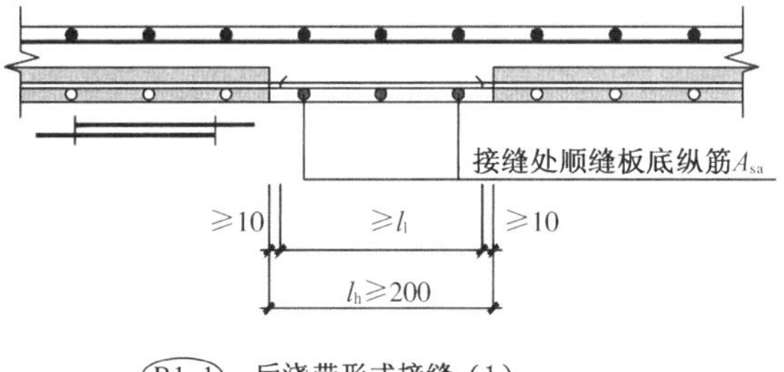

B1-1　后浇带形式接缝（1）
（板底纵筋直线搭接）

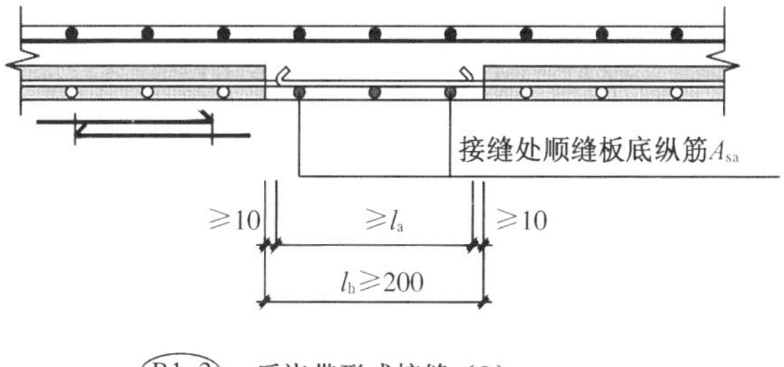

B1-2　后浇带形式接缝（2）
（板底纵筋末端带135°弯钩连接）

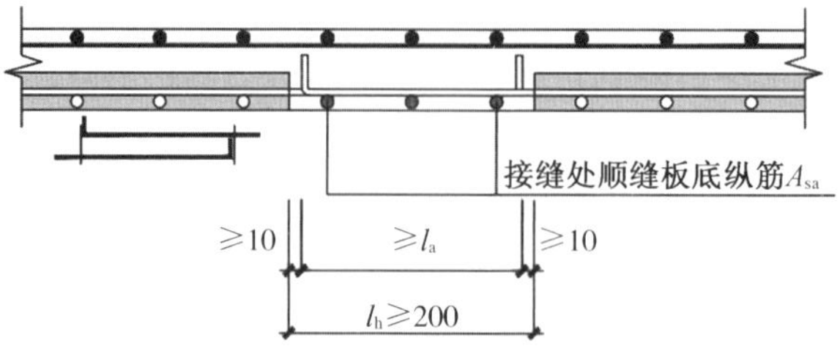

(B1-3) 后浇带形式接缝（2）
（板底纵筋末端带90°弯钩连接）

图 8-36　双向板整体式接缝连接构造

模块小结

钢筋混凝土楼盖按照施工方法不同，分为现浇楼盖和装配式楼盖。现浇楼盖按受力和支撑条件不同，又分为单向板肋形楼盖和双向板肋形楼盖。

四边支承的板，当长边与短边的比例大于 2 时，为单向板，否则为双向板。单向板主要沿短边方向受力，因此沿短边方向布置受力钢筋；双向板沿两个方向布置受力钢筋。单向板肋形楼盖构造简单，施工方便，应用较多。

连续板、梁设计计算前，首先要明确计算简图。当连续板、梁各跨计算跨度相差不超过 10%时，可按等跨计算，5 跨以上按 5 跨计算。对于多跨连续板、梁，要考虑活载的不利位置。装配式楼盖由预制板、梁组成，不仅应按使用阶段设计，还应进行施工阶段的验算和吊环计算，从而保证构件在运输、堆放、吊装中的安全。

复习思考题

1. 单选题

(1) 根据 15G107 图集中的规定，对编号为 DBS1-67-3924—22 的预制构件表述不正确的是(　　)。

A. 表示叠合板构件

B. 单向板

C. 预制板厚度为 60 mm，后浇叠合层厚度为 70 mm

D. 预制底板的标志跨度为 3 900 mm，标志宽度为 2 400 mm

(2) 根据《装配式规程》中规定，预制构件的混凝土强度等级不宜低于(　　)。

A. C25　　　B. C30　　　C. C35　　　D. C40

(3) 依据《装配式规程》规定，叠合板的预制板厚度不宜小于(　　)mm，后浇混凝土叠合层厚度不应小于(　　)mm。

A. 50；60　　　B. 60；60　　　C. 60；80　　　D. 50；80

(4) 双向叠合板整体式接缝构造一板底纵筋在后浇带弯折锚固时，两侧钢筋在接缝处搭接的长度不应小于(　　)。

A. 5d(d 为板底纵筋直径)，且至少到板缝中线

B. 12d(d 为板底纵筋直径)

C. 10d(d 为板底纵筋直径)

D. 15d(d 为板底纵筋直径)

(5) 预制混凝土钢筋桁架叠合板的(　　)位置为预制混凝土板，外露部分为桁架钢筋。

A. 上部　　　B. 中间　　　C. 两侧　　　D. 下部

(6) 今日生产的叠合板，叠合面粗糙面应在(　　)进行拉毛处理。

A. 混凝土初凝前　　　B. 混凝土初凝后

C. 混凝土浇筑后　　　D. 混凝土振捣后

(7) 预制板上表面粗糙面深度不小于(　　)。

A. 4 mm　　　B. 5 mm　　　C. 6 mm　　　D. 7 mm

2. 多选题

(1) 装配式建筑设计应遵循的原则是(　　)。

A. 少规格　　　B. 少组合　　　C. 多规格　　　D. 多组合

(2) 以下对于叠合板的表述正确的是(　　)。

A. 叠合板的预制板厚度不宜小于 60 mm，后浇混凝土叠合层厚度不应小于 60 mm

B. 跨度大于 6 m 的叠合板，宜采用桁架钢筋混凝土叠合板

C. 板厚大于 180 mm 的叠合板，宜采用混凝土空心板

D. 跨度大于 3 m 的叠合板，应采用预应力混凝土预制板

(3) 以下属于深化设计包含的内容是(　　)。

A. 建筑施工图设计　　　B. 预制构件拆分方案设计

C. 预制构件配筋图　　　D. 预制构件预埋预留图

(4) 对桁架钢筋混凝土叠合板中的桁架筋表述正确的是(　　)。

A. 桁架筋应沿主要受力方向布置

B. 桁架筋距板边不应小于 300 mm，间距不宜大于 600 mm

C. 桁架筋有上弦杆、腹杆、下弦杆组成

D. 桁架筋弦杆混凝土保护层厚度不应小于 15 mm

3. 填空题

(1) 装配整体式混凝土结构设计中,叠合楼盖的拼接方式有________和________两种形式。

(2) 预制混凝土叠合楼板最常见的主要有两种,一种是______________,另一种是______________。

(3) 对于长宽比不大于 3 的四边支承叠合板,当其预制板之间采用整体式接缝或无接缝时,可按______________设计。

(4) 双向叠合板板侧的整体式接缝宜设置在叠合板的________方向且宜避开________截面。

(5) 对于单向叠合板板侧的分离式接缝构造,在接缝处紧邻预制板顶面宜设置垂直于板缝的________钢筋,并伸入两侧后浇混凝土叠合层的锚固长度不应小于________。

4. 识图题

(1) 识读图 8-37 所示的桁架叠合板单向板的钢筋图。

① 楼板两方向跨度分别为 l_x = ________ mm, l_y = ________ mm, 墙厚________ mm。

② 板底 X 向、Y 向分别配置________和________的贯通纵筋。

③ 板面 X 向、Y 向配置________的贯通纵筋。

④ 在②轴、③轴支座处板面还配________的非贯通纵筋。

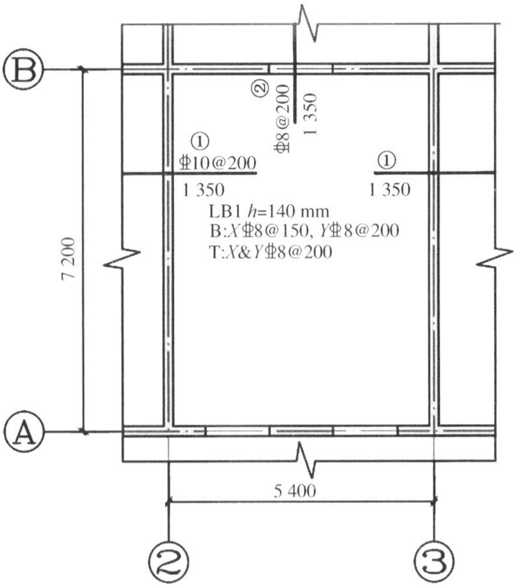

图 8-37 识图题(1)图

(2) 识读图 8-38 所示的桁架叠合板单向板的钢筋图,并填空。板的混凝土保护层厚度为 25 mm。

① 单向板尺寸长__________ mm,宽__________ mm。

② 受力方向 2 号钢筋长度__________ mm。

③ 分布钢筋 1 号长度__________ mm。

④ 底板钢筋保护层厚度__________ mm,桁架叠合板预制层厚度__________ mm。

⑤ 图中叠合板若起吊,吊点数量至少为__________个。

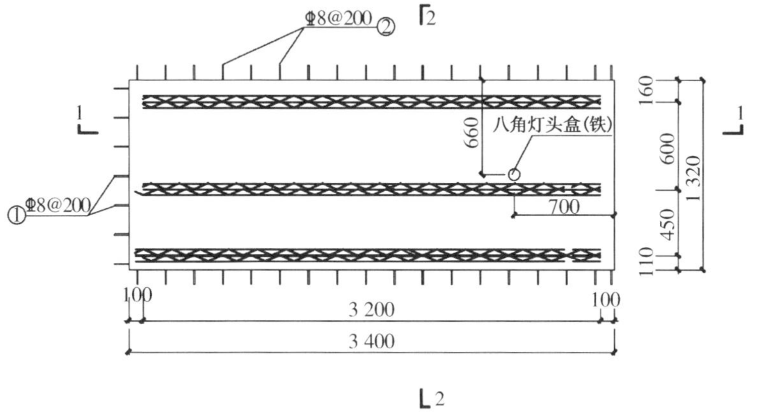

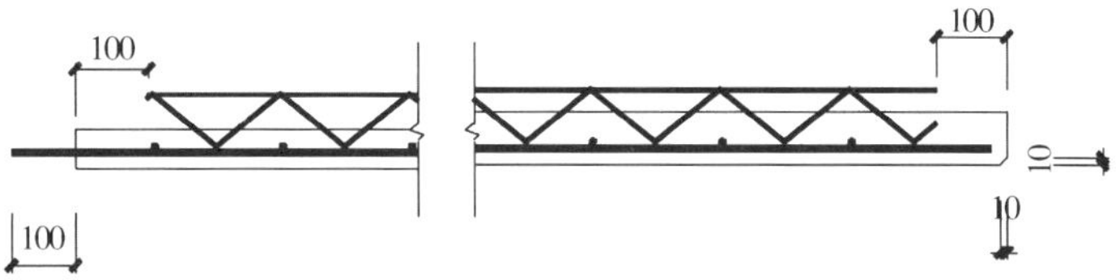

1—1截面大样图

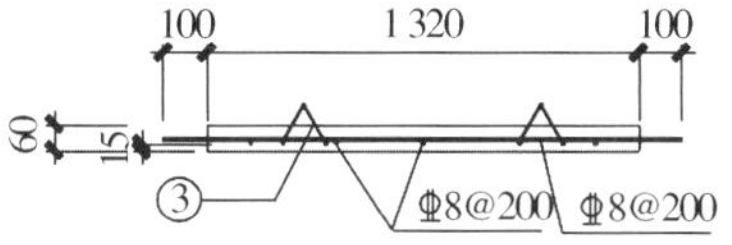

2—2截面大样图

图 8-38　识图题(2)图

5. 问答题

(1) 单向板肋形楼盖的计算简图?

(2) 什么是塑性铰与内力重分布?

(3) 活荷载最不利分布有什么规律?

(4) 简述板的配筋方式及构造要求。

模块9　砌体结构

思维导图

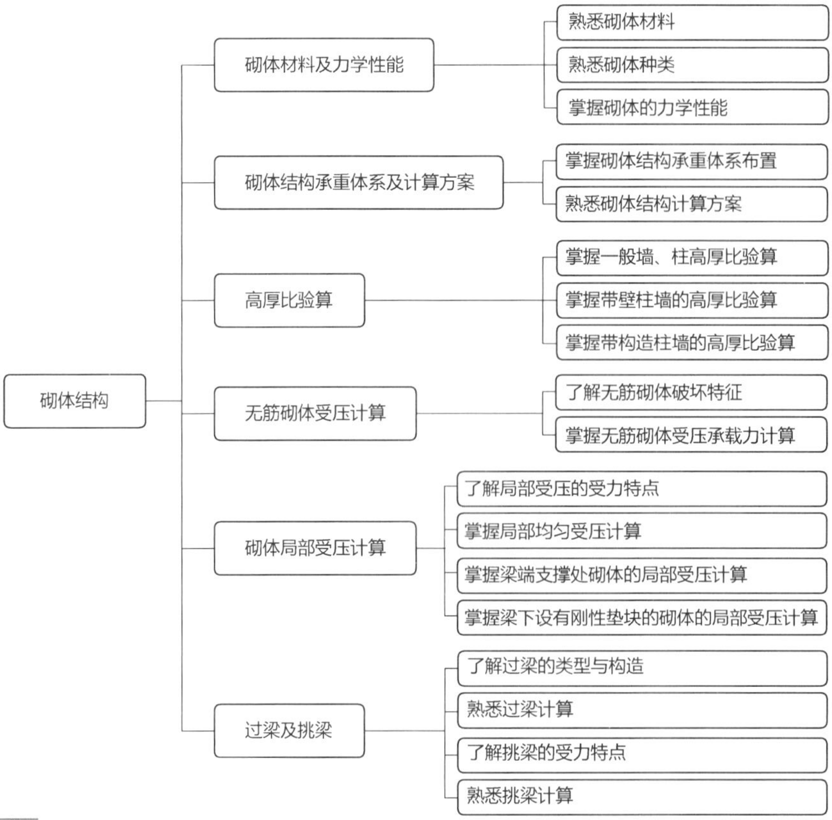

知识点滴

砌体结构是用砖砌体、石砌体或砌块砌体建造的结构，又称砖石结构。由于砌体的抗压强度较高而抗拉强度很低，因此，砌体结构构件主要承受轴心或小偏心压力，而很少受拉或受弯，一般民用和工业建筑的墙、柱和基础都可采用砌体结构。在采用钢筋混凝土框架和其他结构的建筑中，常用砖墙做围护结构，如框架结构的填充墙。我国的砌体结构有着悠久的历史和辉煌的纪录。在历史上有举世闻名的万里长城，它是2 000多年前用"秦砖汉瓦"建造的世界上最伟大的砌体工程之一；建于北魏时期的河南登封嵩岳寺塔为高 40 m 的砖砌密檐式塔；建于隋大业年间的河北赵县安济桥，净跨37.37 m，全长50.82 m，宽约 9 m，拱高 7.2 m，为世界上最早的空腹式石拱桥，该桥已被美国土木工程学会选为世界第 12 个土木工程里程碑；还有秦代李冰父子修建的都江堰水利工程等。这些都是值得我们自豪和继承的砌体结构工程。

9.1 砌体材料及力学性能

想一想

砌体是由块材和砂浆粘结而成的复合体。组成砌体的块材和砂浆的种类不同，砌体的受力性能也不尽相同。砌体材料是如何分类的？材料力学性能有哪些？

9.1.1 砌体材料

砌体材料主要包括块材和砂浆，在配筋砌体中还有混凝土、钢筋等。

1. 块材

目前，我国常用的块材主要有砖、砌块和石材，其具体分类见图 9-1。

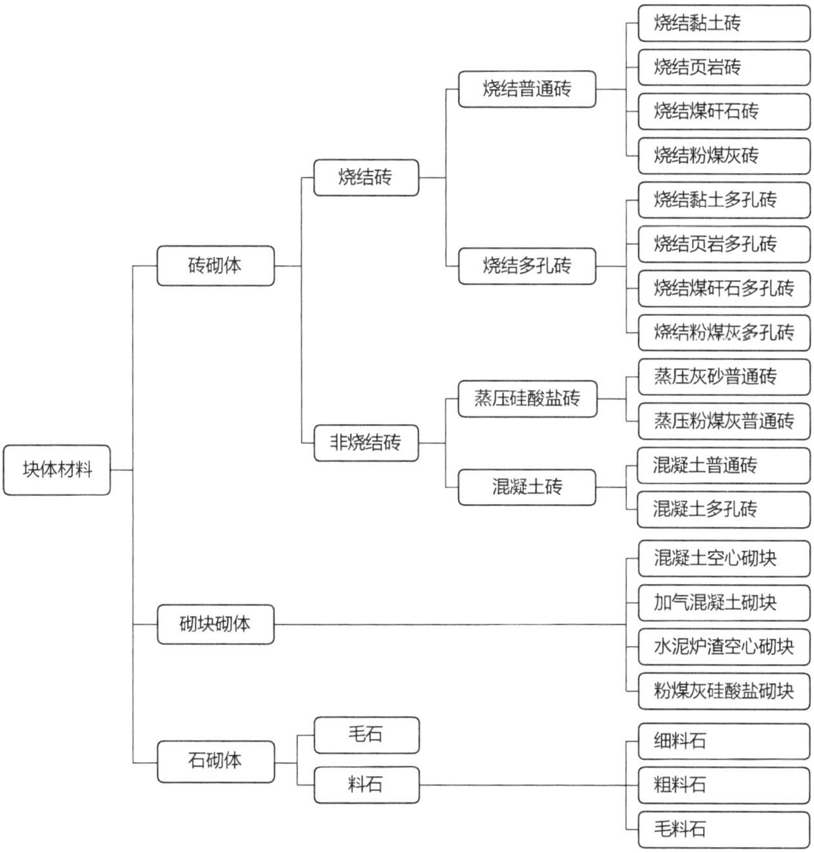

图 9-1 块材分类

2. 砂浆

砂浆按其组成成分主要分为水泥砂浆、混合砂浆和石灰砂浆三类。水泥砂浆强度高、耐久性和耐火性好，但水泥砂浆的保水性、流动性差，施工较困难，常用于地下结构或经常受水侵蚀的砌体部位。混合砂浆强度较高，耐久性、流动性和保水性均较好，便于施工，容易保证施工质量，是砌体结构房屋中常用的砂浆。石灰砂浆强度较低、耐久性差，但流动性和保水性较好，适用于砌筑干燥环境下的砌体。

普通砂浆强度等级分为 M15，M10，M7.5，M5 和 M2.5 等 5 个等级；蒸压灰砂普通砖、蒸压粉煤灰普通砖专用砌筑砂浆的强度等级分为 Ms15，Ms10，Ms7.5 和 Ms5.0 等 4 个等级；混凝土砌块砌筑砂浆的强度等级分为 Mb30，Mb25，Mb20，Mb15，Mb10，Mb7.5 和 Mb5 等 7 个等级。

3. 砌体材料的选用原则

砌体材料的选择主要根据承载能力、耐久性、保温隔热性能、抗冻性等要求，结合砌体的工作环境、施工条件和当地的材料供应情况选择。《砌体规范》规定，设计使用年限为 50 年。

(1) 对于地面以下或防潮层以下的砌体、潮湿房间的墙体或环境类别 2 的砌体，所用块材及砂浆最低强度等级应满足表 9-1 的规定。

(2) 对于处于环境类别 3～5 的砌体，不应采用蒸压灰砂普通砖、蒸压粉煤灰普通砖；应采用实心砖，砖的强度等级不应低于 MU20，水泥砂浆的强度等级不应低于 M10；混凝土砌块的强度等级不应低于 MU15，灌孔混凝土的强度等级不应低于 Cb30，砂浆的强度等级不应低于 Mb10。

砌体结构的环境类别如表 9-2 所示。

表 9-1 地面以下或防潮层以下的砌体、潮湿房间的墙所用材料的最低强度等级

潮湿程度	烧结普通砖	混凝土普通砖、蒸压普通砖	混凝土砌块	石材	水泥砂浆
稍潮湿	MU15	MU20	MU7.5	MU30	M5
很潮湿	MU20	MU20	MU10	MU30	M7.5
含水饱和	MU20	MU25	MU15	MU40	M10

注：1. 在冻胀地区，地面以下或防潮层以下的砌体，不宜采用多孔砖，如采用时，其孔洞应用不低于 M10 的水泥砂浆预先灌实。当采用混凝土空心砌块时，其孔洞应采用强度等级不低于 Cb20 的混凝土预先灌实。

2. 对安全等级为一级或设计使用年限大于 50 年的房屋，表中材料强度等级应至少提高一级。

表 9-2 砌体结构的环境类别

环境类别	条件
1	正常居住及办公建筑的内部干燥环境
2	潮湿的室内或室外环境，包括与无侵蚀性土和水接触的环境
3	严寒和使用化冰盐的潮湿环境(室内或室外)
4	与海水直接接触的环境，或处于滨海地区的盐饱和的气体环境
5	有化学侵蚀的气体、液体或固态形式的环境，包括有侵蚀性土壤的环境

4. 砌体的类型

砌体可分为无筋砌体和配筋砌体两类,如图 9-2 所示。

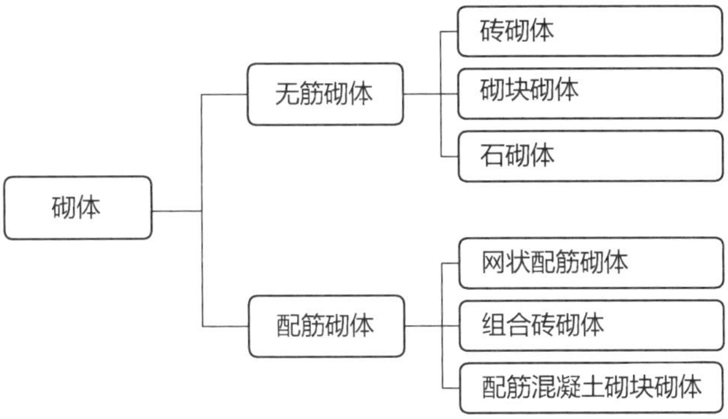

图 9-2　砌体分类

(1) 砖砌体。砖砌体是最常见的砌体,一般砌成实心,可以砌成厚度为 120 mm, 180 mm, 240 mm, 370 mm, 420 mm, 490 mm 及 620 mm 的墙体。

(2) 砌块砌体。砌块砌体自重轻,保温隔热性能好,施工进度快,经济效果好,绿色环保,因此具有很广阔的发展前景。砌块砌体常用于住宅、办公楼、学校等建筑物的承重墙和框架等骨架结构房屋的围护墙及隔墙。

(3) 石砌体。石砌体一般分为料石砌体、毛石砌体和毛石混凝土砌体等。石砌体价格低廉,可就地取材,但自重大、隔热性能差,在产石的山区应用较为广泛。料石砌体可用作房屋墙、柱,毛石砌体一般用作挡土墙、基础。

(4) 网状配筋砌体。网状配筋砌体通常是在砖砌体中每隔几皮砖,在水平灰缝中放置钢筋网片(图 9-3),可提高砌体的抗压强度。

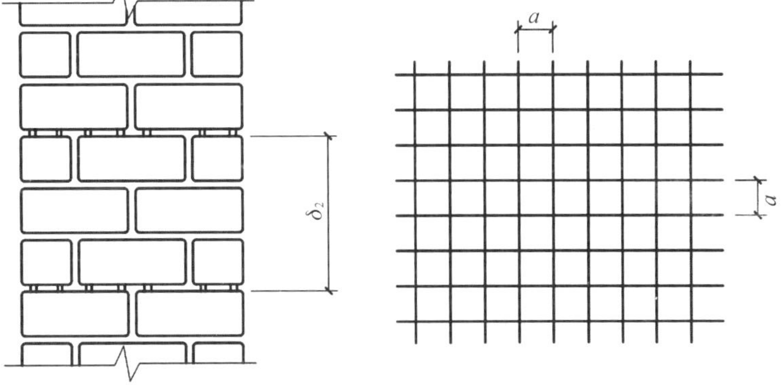

图 9-3　网状配筋砌体

(5) 组合砖砌体。组合砖砌体有两种:外包式组合砖砌体和内嵌式组合砖砌体(图 9-4)。前者是在砌体外侧预留的竖向凹槽内先配置纵向钢筋,再浇筑混凝土面层或配筋砂浆面层构成;后者是砖砌体和钢筋混凝土构造柱组合墙,在砖砌体中每隔一定距离设置钢筋混凝土构造柱,并在各层楼盖处设置钢筋混凝土圈梁,使砖砌体墙与钢筋混凝土构造柱、圈梁形成空间整体共同受力。

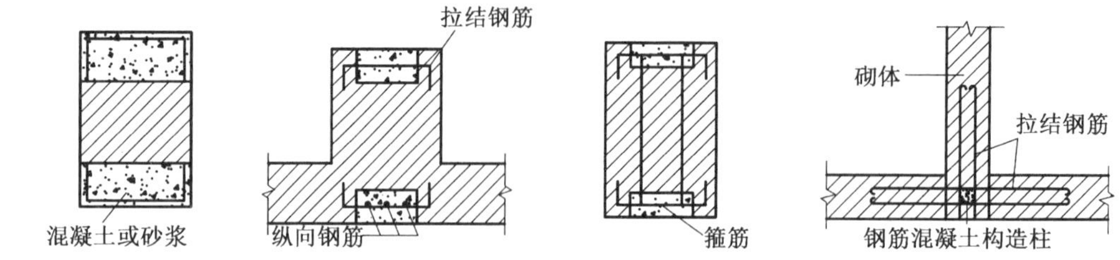

(a) 外包式组合砖砌体　(b) 外包式组合砖砌体　(c) 外包式组合砖砌体　(d) 内嵌式组合砖砌体

图 9-4　组合砖砌体

(6) 配筋混凝土砌块砌体。配筋混凝土砌块砌体是在混凝土空心砌块砌体的孔洞内配置纵向钢筋并用混凝土灌芯,同时在砌块水平灰缝中配置横向钢筋而成(图 9-5)。同无筋砌体相比,配筋砌体不仅提高了砌体的各种强度,还改善了砌体结构的抗震性能和抗不均匀沉降能力,已被应用于国内外的高层建筑。

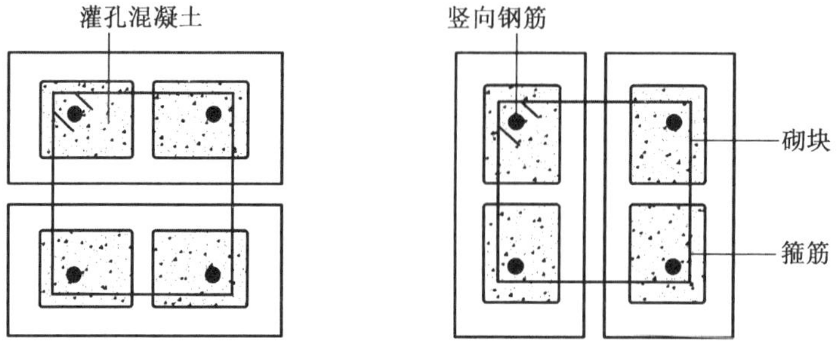

(a) 下皮砌块　(b) 上皮砌块

图 9-5　配筋砌块砌体柱的截面示意图

9.1.2　砌体的力学性能

1. 砖砌体的受压性能

试验表明,轴心受压砖砌体轴心受压破坏大致经历 3 个阶段,如图 9-6 所示。首先,从加荷至单砖开裂[图 9-6(a)],此时所加荷载为极限荷载的 50%～70%;其次,从单砖裂缝发展为贯穿若干皮砖的竖向裂缝图[9-6(b)],此阶段所加荷载为极限荷载的 80%～90%;最后,破坏阶段,随着荷载的增加荷载,竖向裂缝急剧扩展并把砌体分割成若干半砖小柱体图[9-6(c)],最终因失稳或被压碎而破坏。

在实际工程中,由于块体的抗压强度很难充分发挥,使得砌体的抗压强度往往低于单个块体的抗压强度。

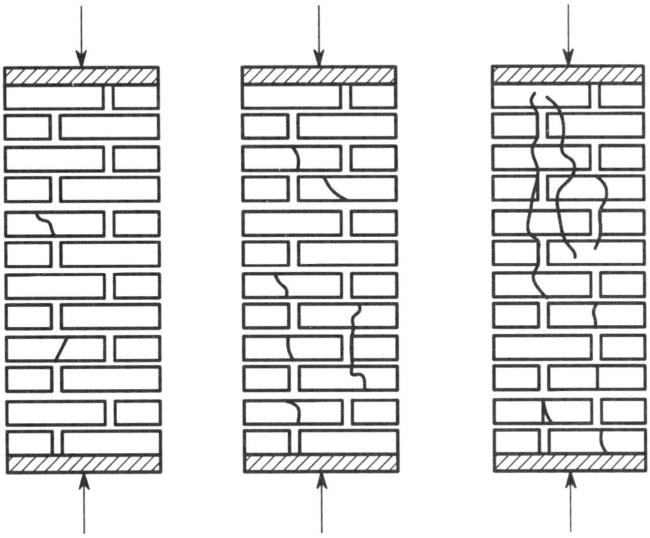

（a）单砖裂开　　（b）裂缝贯穿若干皮砖　　（c）裂缝贯穿而破坏

图 9-6　砖砌体受压的 3 个阶段

2. 影响砌体抗压强度的因素

（1）砌体材料强度。砌体材料强度是影响砌体抗压强度的主要因素，其中块材的强度又是最主要的因素。通常，砌体的抗压强度随着块材和砂浆强度等级的提高而提高。试验表明，提高砖的强度等级，较提高砂浆的强度等级对提高砌体强度更有效。但在毛石砌体中，提高砂浆强度等级对提高砌体抗压强度的影响较大。

（2）块材的形状和尺寸。块材的尺寸、形状对砌体强度有重要影响。高度大的块体，其抗弯、抗剪、抗拉的能力增大，会推迟砌体的开裂；长度较大时，块体在砌体中引起的弯、剪应力也较大，易引起块体开裂破坏。块材表面规则、平整时，砌体中块材的弯剪不利影响减少，砌体强度相对较高。

（3）砂浆的性能及水平灰缝厚度。砌筑时砂浆的保水性好，砂浆的水分不易被块材吸收，保证了砂浆硬化的水分条件。因而砂浆的强度高，黏结性好，从而提高砌体抗压强度；而铺砌时砂浆的流动性好，则易于摊铺均匀，减少了由于砂浆不均匀而导致的砖内受弯、受剪应力，也使砌体抗压强度提高。但需注意流动性过高的砂浆硬化后的变形大，砌体强度反而会降低，所以不主张为了提高流动性而增加用水量或塑化剂用量。灰缝越厚，越容易铺砌均匀，但砂浆的横向变形也越大，砌体抗压强度越低。灰缝太薄又难以铺设均匀，砌体强度也将降低。砖砌体的灰缝一般以 8～12 mm 为宜。

（4）砌筑质量。砌筑质量对砌体抗压强度有显著影响。砌筑质量好的砌体，其组砌方式合理，砂浆厚度均匀，饱满度高，砌体整体性好，因而砌体抗压强度高。《砌体验收规范》根据施工现场质量管理、砌筑工人技术等级等综合水平，将砌体工程施工质量控制等级分为 A，B，C 三级。《砌体规范》中的砌体强度指标对应于施工质量控制等级 B 级给出。当砌体质量控制等级为 A 级和 C 级时，应对砌体强度指标进行相应调整。《砌体规范》规定，不允许配筋砌体质量控制等级为 C 级。

3. 砌体抗压强度的设计指标

龄期为 28 d 的以毛截面计算的各类砌体抗压强度设计值，当施工质量控制等级为 B 级时，应根据块材和砂浆的强度等级分别按表 9-3—表 9-9 采用。施工阶段砂浆尚未硬化的新砌砌体的强度和稳定性，可按砂浆强度为零进行验算。

表 9-3 烧结普通砖和烧结多孔砖砌体的抗压强度设计值 单位：MPa

砖强度等级	砂浆强度等级					砂浆强度
	M15	M10	M7.5	M5	M2.5	0
MU30	3.94	3.27	2.93	2.59	2.26	1.15
MU25	3.60	2.98	2.68	2.37	2.06	1.05
MU20	3.22	2.67	2.39	2.12	1.84	0.94
MU15	2.79	2.31	2.07	1.83	1.60	0.82
MU10	—	1.89	1.69	1.50	1.30	0.67

注：当烧结多孔砖的孔洞率大于 30%时，表中数值乘以 0.9。

表 9-4 混凝土普通砖和混凝土多孔砖砌体的抗压强度设计值 单位：MPa

砌块强度等级	砂浆强度等级					砂浆强度
	Mb20	Mb15	Mb10	Mb7.5	Mb5	0
MU30	4.61	3.94	3.27	2.93	2.59	1.15
MU25	4.21	3.60	3.98	2.68	2.37	1.05
MU20	3.77	3.22	2.67	2.39	2.12	0.94
MU15	—	2.79	2.31	2.07	1.83	0.82

表 9-5 蒸压灰砂普通砖和蒸压粉煤灰普通砖砌体的抗压强度设计值 单位：MPa

砖强度等级	砂浆强度等级				砂浆强度
	Ms15	Ms10	Ms7.5	Ms5	0
MU25	3.60	2.98	2.68	2.37	1.05
MU20	3.22	2.67	2.39	2.12	0.94
MU15	2.79	2.31	2.07	1.83	0.82

表 9-6 单排孔混凝土砌块和轻骨料混凝土砌块对孔砌筑砌体的抗压强度设计值 单位：MPa

砌块强度等级	砂浆强度等级					砂浆强度
	Mb20	Mb15	Mb10	Mb7.5	Mb5	0
MU20	6.30	5.68	4.95	4.44	3.94	2.33

（续表）

砌块强度等级	砂浆强度等级					砂浆强度
	Mb20	Mb15	Mb10	Mb7.5	Mb5	0
MU10	—	—	2.79	2.50	2.22	1.31
MU7.5	—	—	—	1.93	1.71	1.01
MU5	—	—	—	—	1.19	0.70

注：1. 对独立柱或厚度为双排组砌的砌块砌体，应按表中数值乘以 0.7。
2. 对 T 形截面砌体、柱，应按表中数值乘以 0.85。

表 9-7　双排孔或多排孔轻骨料混凝土砌块砌体的抗压强度设计值　单位：MPa

砌块强度等级	砂浆强度等级			砂浆强度
	Mb10	Mb7.5	Mb5	0
MU10	3.08	2.76	2.45	1.44
MU7.5	—	2.13	1.88	1.12
MU5	—	—	1.31	0.78
MU3.5	—	—	0.95	0.56

注：1. 表中砌块为火山渣、浮石和陶粒轻骨料混凝土砌块。
2. 对厚度方向为双排组砌的轻骨料混凝土砌块砌体的抗压强度设计值，应按表中数值乘以 0.8。

表 9-8　毛料石砌体的抗压强度设计值　单位：MPa

毛料石强度等级	砂浆强度等级			砂浆强度
	M7.5	M5	M2.5	0
MU100	5.42	4.80	4.18	2.13
MU80	4.85	4.29	3.73	1.91
MU60	4.20	3.71	3.23	1.65
MU50	3.83	3.39	2.95	1.51
MU40	3.43	3.04	2.64	1.35
MU30	2.97	2.63	2.29	1.17
MU20	2.42	2.15	1.87	0.95

注：对细料石砌体、粗料石砌体和干砌勾缝石砌体，表中数值分别乘以调整系数 1.4、1.2 和 0.8。

表 9-9　毛石砌体的抗压强度设计值　单位：MPa

毛石强度等级	砂浆强度等级			砂浆强度
	M7.5	M5	M2.5	0
MU100	1.27	1.12	0.98	0.34
MU80	1.13	1.00	0.87	0.30

（续表）

毛石强度等级	砂浆强度等级			砂浆强度
	M7.5	M5	M2.5	0
MU60	0.98	0.87	0.76	0.26
MU50	0.90	0.80	0.69	0.23
MU40	0.80	0.71	0.62	0.21
MU30	0.69	0.61	0.53	0.18
MU20	0.56	0.51	0.44	0.15

表 9-3—表 9-9 给出的砌体强度设计值是进行砌体结构计算的依据。当实际情况较特殊时，尚应对表中的砌体强度设计值予以调整。《砌体规范》规定，对于表 9-10 所列的各种使用情况，砌体强度设计值还应乘以相应的调整系数 γ_a。当砌体同时具备表中几种情况时，则取表中几种情况的 γ_a 连乘后，再对砌体强度设计值进行调整。

表 9-10　砌体强度设计值的调整系数 γ_a

使用情况		γ_a
构件截面面积 $A<0.3\ m^2$ 的无筋砌体		$0.7+A$
构件截面面积 $A<0.2\ m^2$ 的配筋砌体		$0.8+A$
采用水泥砂浆砌筑的砌体(若为配筋砌体，仅对其强度设计值调整)	对表 9-3～表 9-9 中的数值	0.9
	对表 9-11 中的数值	0.8
验算施工中房屋的构件时		1.1

4. 砌体的受拉、受弯和受剪性能

砌体的抗压强度比抗拉、抗弯、抗剪强度高得多，因此砌体大多用于受压构件。但实际工程中砌体有时还承受轴心拉力、弯矩和剪力的作用。当砌体承受轴心拉力和弯矩的作用时，均有可能产生沿齿缝截面的破坏和沿通缝截面的破坏(图 9-7)。

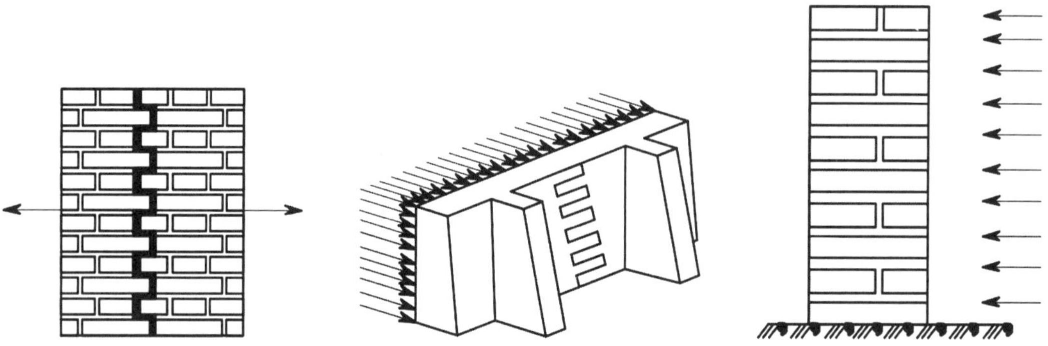

(a) 轴心受拉沿齿缝截面破坏　(b) 弯曲受拉沿齿缝截面破坏　(c) 弯曲受拉沿通缝截面破坏

图 9-7　砌体沿齿缝和通缝破坏

当砌体中块材强度较高、砂浆强度较低时，轴心拉力或弯矩引起的弯曲拉应力使砂浆的黏结力破坏，所以产生了沿齿缝截面的破坏[图 9-7(a)、(b)]。

轴心受拉构件中，当拉力垂直于水平灰缝时，破坏发生在水平灰缝与块材的界面上，造成了砌体沿通缝的破坏。由于砂浆与块材的黏结强度很低，故在工程中不允许采用此类受拉构件；砌体受弯出现沿通缝截面破坏的情况多见于悬臂式挡土墙或扶壁式挡土墙的扶壁等悬臂构件[图 9-7(c)]。

砌体受剪时可能产生沿砌体通缝的破坏或沿阶梯形截面破坏(图 9-8)。但根据试验结果，两种破坏情况可取一致的强度值。

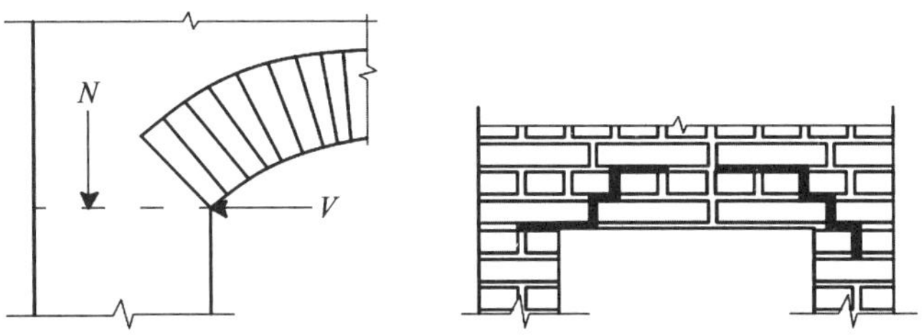

(a) 拱支座的水平截面受剪　　(b) 砌体沿阶梯形截面受剪

图 9-8　砌体受剪破坏

各类砌体的轴心抗拉、弯曲抗拉和抗剪强度设计值可按表 9-11 取用。

表 9-11　砌体的轴心抗拉强度、弯曲抗拉强度和抗剪强度设计值　单位：MPa

强度类别	破坏特征及砌体种类		砂浆强度等级			
			≥M10	M7.5	M5	M2.5
轴心抗拉	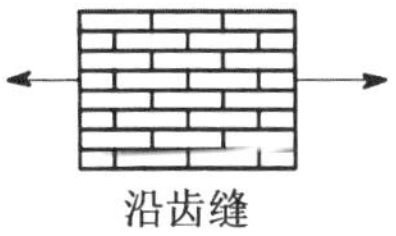	烧结普通砖、烧结多孔砖	0.19	0.16	0.13	0.09
		混凝土普通砖、混凝土多孔砖	0.19	0.16	0.13	—
		蒸压灰砂普通砖、蒸压粉煤灰普通砖	0.12	0.10	0.08	—
		混凝土和轻集料混凝土砌块	0.09	0.08	0.07	—
		毛石	—	0.07	0.06	0.04
弯曲抗拉	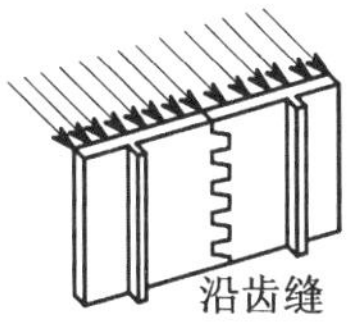	烧结普通砖、烧结多孔砖	0.33	0.29	0.23	0.17
		混凝土普通砖、混凝土多孔砖	0.33	0.29	0.23	—
		蒸压灰砂普通砖、蒸压粉煤灰普通砖	0.24	0.20	0.16	—
		混凝土和轻集料混凝土砌块	0.11	0.09	0.08	—
		毛石	—	0.11	0.09	0.07
	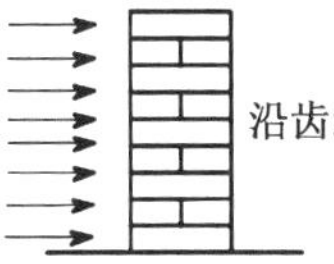	烧结普通砖、烧结多孔砖	0.17	0.14	0.11	0.08
		混凝土普通砖、混凝土多孔砖	0.17	0.14	0.11	—
		蒸压灰砂普通砖、蒸压粉煤灰普通砖	0.12	0.10	0.08	—
		混凝土和轻集料混凝土砌块	0.08	0.06	0.05	—

(续表)

强度类别	破坏特征及砌体种类	砂浆强度等级			
		≥M10	M7.5	M5	M2.5
抗剪	烧结普通砖、烧结多孔砖	0.17	0.14	0.11	0.08
	混凝土普通砖、混凝土多孔砖	0.17	0.14	0.11	—
	蒸压灰砂普通砖、蒸压粉煤灰普通砖	0.12	0.10	0.08	—
	混凝土和轻集料混凝土砌块	0.09	0.08	0.06	—
	毛石	—	0.19	0.16	0.11

注：1. 对于用形状规则的块体砌筑的砌体，当搭接长度与块体高度的比值小于1时，其轴心抗拉强度设计值 f_t 和弯曲抗拉强度设计值 f_{tm} 应按表中数值乘以搭接长度与块体高度比值后采用。

2. 表中数值是依据普通砂浆砌筑的砌体确定，采用经研究性试验且通过技术鉴定的专用砂浆砌筑的蒸压灰砂普通砖、蒸压粉煤灰普通砖砌体，其抗剪强度设计值按相应普通砂浆强度等级砌筑的烧结普通砖砌体采用。

3. 对于混凝土普通砖、混凝土多孔砖、混凝土和轻集料混凝土砌块砌体，表中的砂浆强度等级分别为：≥Mb10、Mb7.5 及 Mb5。

9.2 砌体结构承重与计算方案

想一想

砌体结构承重体系有哪些布置方式？如何进行静力计算？计算类型是怎样分类的？

9.2.1 砌体结构承重体系布置

砌体结构的承重方案，会影响到房屋平面的划分和房间的大小，而且与房屋的荷载传递路线、承载的合理性、墙体的稳定性以及房屋的空间工作性能有着密切的关系。根据竖向荷载传递方式不同，砌体房屋的结构布置方案可分为四种：横墙承重方案、纵墙承重方案、纵横墙承重方案、内框架承重方案。

1. 横墙承重方案

由横墙直接承受屋面、楼面等竖向荷载的方案，称为横墙承重方案（图 9-9）。对于这种承重方案，当楼屋盖为预制板时，预制板就直接搁在横墙上；当楼屋盖为单向板肋形楼盖时，则其主梁搁在横墙上。

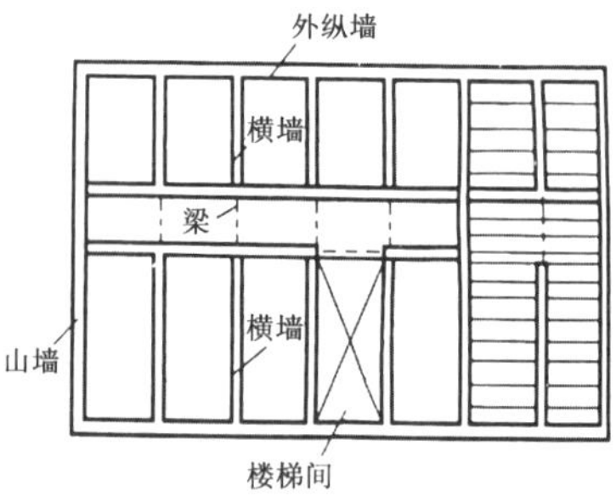

图 9-9 横墙承重方案

横墙承重方案房屋的荷载传递路线为：板→横墙→基础→地基。

这种承重方案的房屋横墙较密，横向刚度和整体性较好，屋盖、楼盖材料用量较小，但墙体材料用量较多，房屋平面布置受限制。这种承重方案主要用于住宅、宿舍、招待所等横墙较密的建筑。

2. 纵墙承重方案

由纵墙直接承受屋面、楼面等竖向荷载的方案，称为纵墙承重方案(图 9-10)，纵墙承重方案房屋的荷载传递路线是：板→梁(或纵墙)→纵墙→基础→地基。纵墙承重方案房屋开间较大，墙体材料用量较小，但横向刚度较差，楼盖材料用量较多。这种承重方案主要用于教学楼、试验楼、办公楼等要求有较大内部空间的房屋。

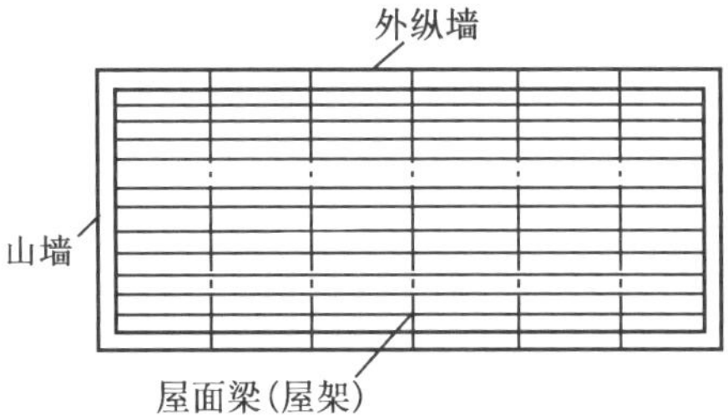

(a) 方案(一)

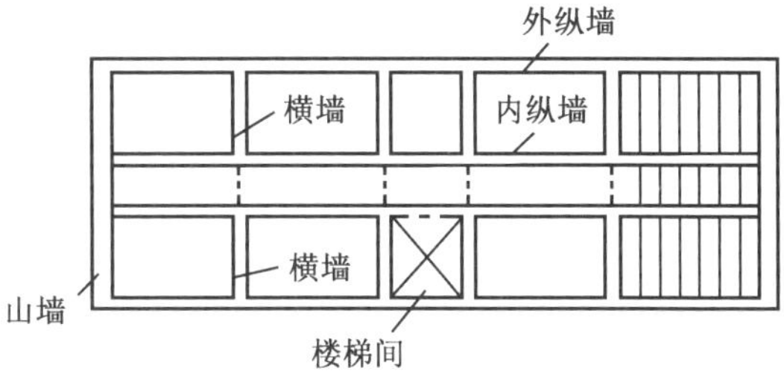

(b) 方案(二)

图 9-10　纵墙承重方案

3. 纵横墙承重方案

由纵墙和横墙共同承受竖向荷载的方案，称为纵横墙承重方案(图 9-11)。

纵横墙承重方案房屋的荷载传递路线是：板→纵墙或横墙→基础→地基。

纵横墙承重方案结构平面布置较灵活，纵横向刚度均较好，兼顾了上述两种承重方案的优点。这种承重方案在实际工程中得到了广泛应用。

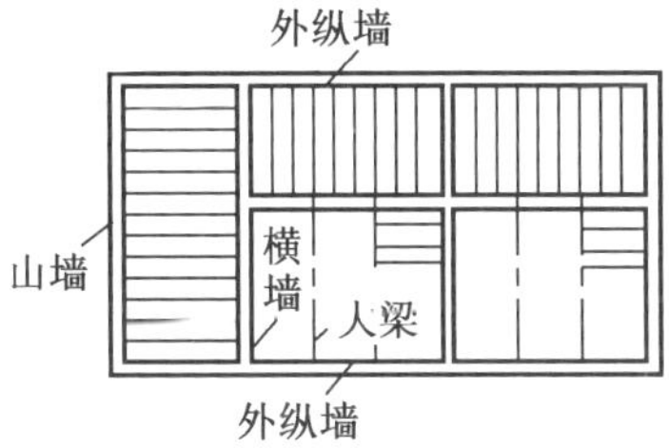

(a)

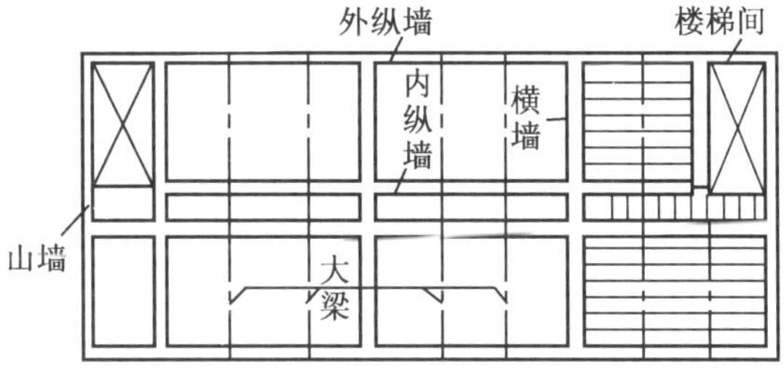

(b)

图 9-11　纵横墙混合承重方案

4. 内框架承重方案

由房屋内部的钢筋混凝土框架和外部的砖墙、砖柱共同承受荷载的布置方案称为内框架承重方案(图 9-12)。

内框架承重方案房屋的荷载传递路线为：板→梁-外墙或框架柱→基础→地基。

内框架承重方案由于横墙较少，所以空间刚度和整体性较差，并且框架和墙的变形性能相差较大，地震时容易因变形不协调而破坏，已基本不用。

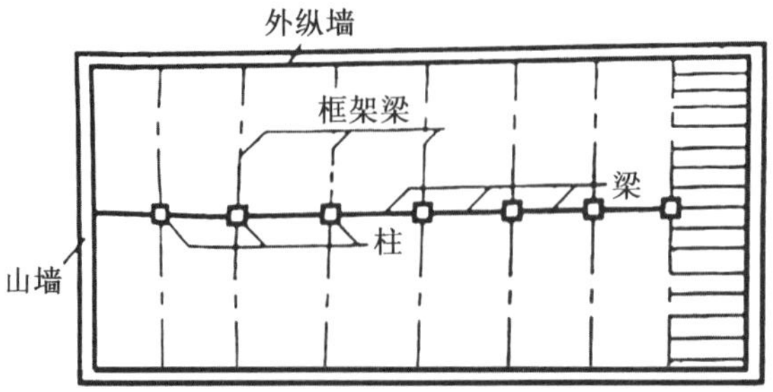

图 9-12　内框架承重体系

9.2.2　砌体房屋的空间工作性能

砌体结构是由楼盖、屋盖、墙、柱和基础构成的承重体系，它们互相影响，共同工作，承受作用于房屋上的全部竖向和水平作用，因此整个结构体系处于房屋的空间中。根据房屋的空间工作性能将房屋的静力计算方案分为刚性方案、弹性方案、刚弹性方案。

1. 刚性方案

当房屋的横墙间距较小、楼盖（屋盖）的水平刚度较大时，房屋的空间刚度较大，在荷载作用下，房屋的水平位移很小，可视墙、柱顶端的水平位移等于零。在确定墙、柱的计算简图时，可将楼盖或屋盖视为墙、柱的水平不动铰支座，墙、柱内力按不动铰支承的竖向构件计算[图 9-13(a)]，按这种方法进行静力计算的房屋为刚性方案房屋。一般多层砌体房屋都是属于这种方案。

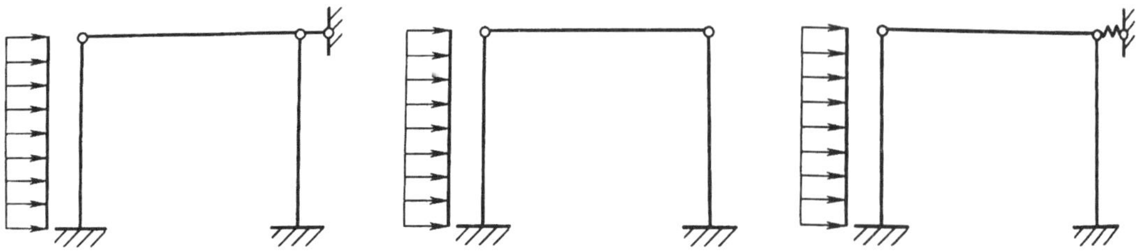

(a) 刚性方案　　(b) 弹性方案　　(c) 刚弹性方案

图 9-13　砌体房屋的计算简图

2. 弹性方案

当房屋横墙间距较大，楼盖（屋盖）水平刚度和房屋的空间刚度较小，在荷载作用下房屋的水平位移较大。确定计算简图时，可按屋架或大梁与墙（柱）铰接的、不考虑空间工作性能的平面排架或框架计算[图 9-13(b)]，按这种方法计算的房屋为弹性方案房屋。一般的单层厂房、仓库、礼堂多属此种方案。

3. 刚弹性方案

房屋空间刚度介于刚性方案和弹性方案房屋之间，在荷载作用下，房屋的水平位移也介于二者之间，这种房屋称为刚弹性方案房屋。在确定计算简图时，按在墙、柱有弹性支座（考虑空间工作性能）的平面排架或框架计算[图 9-13(c)]。

表 9-12 房屋的静力计算方案

屋盖或楼盖类别		刚性方案	刚弹性方案	弹性方案
1	整体式、装配整体式和装配式无檩体系钢筋混凝土屋盖或钢筋混凝土楼盖	$s<32$	$32\leqslant s\leqslant 72$	$s>72$
2	装配式有檩体系钢筋混凝土屋盖、轻钢屋盖和有密铺望板的木屋盖或木楼盖	$s<20$	$20\leqslant s\leqslant 48$	$s>48$
3	瓦材屋面的木屋盖和轻钢屋盖	$s<16$	$16\leqslant s\leqslant 36$	$s>36$

注：1. 表中 s 为房屋横墙间距，其长度单位为 m。
2. 当多层房屋的楼盖、屋盖类别不同或横墙间距不同时，可按本表的规定分别确定各层（底层或顶部各层）房屋的静力计算方案。
3. 对无山墙或伸缩缝处无横墙的房屋，应按弹性方案考虑。

研究表明，房屋空间工作性能的主要影响因素为楼盖（屋盖）的水平刚度和横墙间距的大小。静力计算方案根据楼（屋）盖类型和横墙间距的大小，按表 9-12 确定。

作为刚性和刚弹性方案的房屋的横墙必须有足够的刚度。《砌体规范》规定，刚性和刚弹性方案房屋的横墙，应符合下列要求：

（1）横墙开有洞口时，洞口的水平截面面积不应超过横墙截面面积的 50%。

（2）横墙的厚度不宜小于 180 mm。

（3）单层房屋的横墙长度不宜小于其高度，多层房屋的横墙长度不宜小于横墙总高度的 1/2。

当横墙不能同时符合上述要求时，应对横墙的刚度进行验算。若其最大水平位移值 $u_{max}<H/4\,000$（H 为横墙总高度）时，仍可视为刚性或刚弹性方案房屋的横墙。凡符合此刚度要求的一段横墙或其他结构构件（如框架等），也可视为刚性或刚弹性方案房屋。

9.3 墙、柱高厚比验算

想一想

墙、柱的高厚比验算是保证砌体房屋在施工和使用过程中稳定性和刚度的重要构造措施，如何进行不同构件的高厚比验算？

墙、柱的高厚比验算是保证砌体房屋施工阶段和使用阶段稳定与刚度的一项重要构造措施。墙、柱的高厚比过大，其刚度愈小，稳定性愈差，即使承载力足够，也可能在施工阶段因过度的偏差倾斜以及在施工和使用过程中的偶然撞击、振动等因素导致失稳。墙、柱的高厚比过大，还可能使墙体发生过大的变形而影响正常使用。因此，必须对高厚比进行限制。

9.3.1 一般墙、柱的高厚比验算

墙、柱高厚比应按下式验算：

$$\beta = \frac{H_0}{h} \leqslant \mu_1 \mu_2 [\beta] \tag{9-1}$$

式中 $[\beta]$——墙、柱的允许高厚比，按表 9-13 采用；

H_0——墙、柱的计算高度，由实际高度 H 并根据房屋类别和构件两端支撑条件按表 9-14 确定；

h——墙厚或矩形柱与 H_0 相对应的边长；

μ_1——自承重墙允许高厚比的修正系数，墙厚 $h=240$ mm 时，$\mu_1=1.2$；$h=90$ mm 时，$\mu_1=1.5$；90 m $<h<$ 240 mm 时，$\mu_1=1.68-h/500$；

μ_2——有门窗洞口墙允许高厚比的修正系数，按下式计算：

$$\mu_2 = 1 - 0.4\frac{b_s}{s} \tag{9-2}$$

式中 b_s——在宽度 s 范围内的门窗洞口总宽度（图 9-14）；

s——相邻窗间墙、壁柱或构造柱之间的距离。

表 9-13 墙、柱高厚比的[β]值

砌体类型	砂浆强度等级	墙	柱
无筋砌体	M2.5	22	15
	M5.0 或 Mb5.0、Ms5.0	24	16
	≥M7.5 或 Mb7.5、Ms7.5	26	17
配筋砌体	—	30	21

注：下列情况下墙、柱的允许高厚比应进行调整：

1. 毛石墙、柱的高厚比应按表中数值降低 20%。
2. 带有混凝土或砂浆面层的组合砖砌体构件的允许高厚比，可按表中数值提高 20%，但不得大于 28。
3. 验算施工阶段砂浆尚未硬化的新砌砌体高厚比时，允许高厚比对墙取 14，对柱取 11。

表 9-14　受压构件计算高度 H_0

房屋类别			柱		带壁柱墙或周边拉结的墙		
			排架方向	垂直排架方向	$s>2H$	$2H\geqslant s>H$	$s\leqslant H$
有吊车的单层房屋	变截面柱上段	弹性方案	$2.5H_u$	$1.25H_u$	$2.5H_u$		
		刚性、刚弹性方案	$2.0H_u$	$1.25H_u$	$2.0H_u$		
	变截面柱下段		$1.0H_l$	$0.8H_l$	$1.0H_l$		
无吊车的单层和多层房屋	单跨	弹性方案	$1.5H$	$1.0H$	$1.5H$		
		刚弹性方案	$1.2H$	$1.0H$	$1.2H$		
	多跨	弹性方案	$1.25H$	$1.0H$	$1.25H$		
		刚弹性方案	$1.10H$	$1.0H$	$1.10H$		
	刚性方案		$1.0H$	$1.0H$	$1.0H$	$0.4s+0.2H$	$0.6s$

注：1. 表中 H 为构件高度；H_u 为变截面柱的上段高度，H_l 为变截面柱的下段高度。
2. 对于上端为自由端的 $H_0=2H$。
3. 独立砖柱，当无柱间支撑时，柱在垂直排架方向的 H_0 应按表中数值乘以 1.25 后采用。
4. s 为房屋横墙间距。
5. 自承重墙的计算高度应根据周边支撑或拉结条件确定。

当按式(9-2)计算得到的 μ_2 的值小于 0.7 时，应采用 0.7。当洞口高度等于或小于墙高的 1/5 时，可取 $\mu_2=1.0$。

为自由端墙的允许高厚比，除按上述规定提高外，尚可提高 30%；对厚度小于 90 mm 的墙，当双面用不低于 M10 的水泥砂浆抹面，包括抹面层的墙厚不小于 90 mm 时，可按墙厚等于 90 mm 验算高厚比。

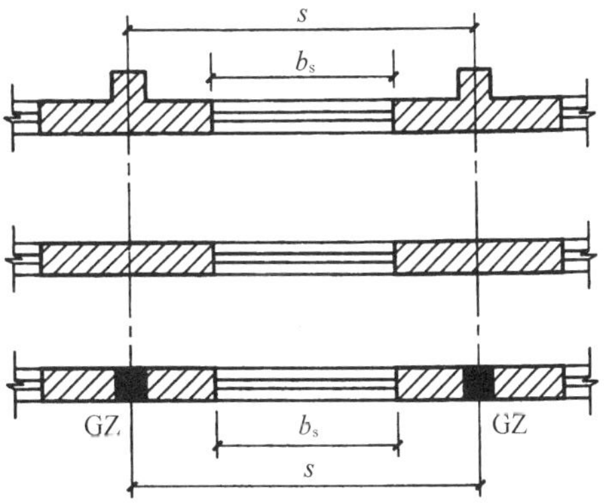

图 9-14　门窗洞口宽度示意图

上面提及的墙、柱允许高厚比 [β]，系指砌体墙、柱高厚比的限值，是根据实践经验和现阶段的材料质量以及施工技术水平综合确定的，与承载力无关。影响墙、柱允许高厚比的主要因素有以下方面。

(1) 砂浆强度。对同类构件，砂浆强度等级越高，[β] 值越大。

(2) 构件类型。在相同的砂浆强度条件下，柱的 [β] 值要比墙平均低 30%。

(3) 砌体种类。不同的块材以及不同砌筑方式都会因块材搭接、砂浆黏结面大小的不同，使构件的刚度、稳定性有所不同，因此 [β] 值不同。

(4) 支承约束条件、截面形式。在其他条件相同时，支承约束强的构件的允许高厚比要比支承约束弱的构件大，《砌体规范》采用调整计算高度 H_0 来反映这一影响。当截面形式为非矩形时，应采用折算厚度 h_T。

（5）墙体开洞、承重墙和非承重墙。被洞口削弱得多的墙体的允许高厚比要比削弱的小：非承重墙比承重墙的允许高厚比可以适当提高。对此，《砌体规范》通过相应的修正系数对允许高厚比 $[\beta]$ 予以降低和提高。

9.3.2 带壁柱墙的高厚比验算

带壁柱墙的高厚比的验算包括两部分内容：整片墙的高厚比验算和壁柱间墙的高厚比验算。

1）整片墙的高厚比验算

整片墙的高厚比验算时，将壁柱视为墙体的一部分，整片墙截面为 T 形截面。其高厚比应按下式验算：

$$\beta=\frac{H_0}{h_T}\leqslant\mu_1\mu_2[\beta] \tag{9-3}$$

式中 h_T ——带壁柱墙截面折算厚度，$h_T=3.5i$；

i ——带壁柱墙截面的回转半径，$i=\sqrt{I/A}$；

I ——带壁柱墙截面的惯性矩；

A ——带壁柱墙截面的面积。

其余符号意义同前。

T 形截面的翼缘宽度 b_f，可按下列规定采用：

（1）多层房屋，当有门窗洞口时，可取窗间墙宽度；无门窗洞口时，每侧可取壁柱高度的 1/3。

（2）单层房屋，可取壁柱宽加 2/3 壁柱高度，但不得大于窗间墙宽度和相邻壁柱之间的距离。

2）壁柱间墙的高厚比验算

壁柱间墙的高厚比按式(9-1)验算。但计算 H_0 时，s 取相邻壁柱之间的距离，且不论房屋静力计算方案为何种方案，都按刚性方案考虑。

9.3.3 带构造柱墙的高厚比验算

带构造柱墙的高厚比的验算包括两部分内容：整片墙的高厚比验算和构造柱间墙的高厚比验算。

1）整片墙的高厚比验算

整片墙的高厚比按下式验算：

$$\beta=\frac{H_0}{h}\leqslant\mu_1\mu_2\mu_c[\beta] \tag{9-4}$$

式中 μ_c——带构造柱墙允许高厚比[β]的提高系数，可按下式计算：

$$\mu_c = 1 + \gamma \frac{b_c}{l} \tag{9-5}$$

γ——系数，对细料石砌体，$\gamma = 0$；对混凝土砌块、混凝土多孔砖、粗料石、毛料石及毛石砌体，$\gamma = 1.0$；其他砌体，$\gamma = 1.5$；

b_c——构造柱沿墙长方向的宽度；

l——构造柱间距。

当 $b_c/l > 0.25$ 时，取 $b_c/l = 0.25$，当 $b_c/l < 0.25$ 时，取 $b_c/l = 0$。

需注意的是，考虑构造柱有利作用而对墙体允许高厚比的提高，只适用于构造柱与墙体形成整体后的使用阶段，并且构造柱与墙体有可靠的连接，不适用于施工阶段。

2）构造柱间墙体高厚比的验算

构造柱间墙体的高厚比仍按公式(9-1)验算。验算时仍视构造柱为柱间墙的不动铰支点，计算 H_0 时，s 取相邻构造柱间距，并按刚性方案考虑。

例 9-1 某砖柱截面为 490 mm×370 mm，计算高度 4.5 m，采用 M7.5 混合砂浆砌筑。试验算此砖柱的高厚比。

【解】 查表得[β]=17

对于独立柱，$\mu_1 = \mu_2 = 1.0$。

$$\beta = H_0/h = 4\,500/370 = 12.16 < \mu_1\mu_2[\beta] = 1.0 \times 1.0 \times 17 = 17$$

高厚比满足要求。

例 9-2 某办公楼承重外纵墙，开间为 4.5 m，每开间开宽 1.5 m 的窗，墙厚为 240 mm，墙体计算高度为 3.5 m，采用 M7.5 混合砂浆砌筑。试验算该外纵墙的高厚比。

【解】 查表得[β]=26

该外纵墙为承重墙，则 $\mu = 1.0$

$$\mu_2 = 1 - 0.4\frac{b_s}{s} = 1 - 0.4 \times 1\,500/4\,500 = 0.867$$

$$\beta = \frac{H_0}{h} = \frac{3\,500}{240} = 14.58 < \mu_1\mu_2[\beta] = 1.0 \times 0.867 \times 26 = 22.54$$

高厚比满足要求。

例 9-3 如图 9-15 所示，某单层砌体房屋，采用 M7.5 混合砂浆砌筑，横墙间距为 12 m，墙顶与屋盖系统有可靠拉结。带壁柱山墙的高度(基础顶面至壁柱顶面) $H = 9$ m，开有 3.8 m 宽的门和 1.5 m 宽的窗，壁柱截面如图 9-15(b)所示。试验算该山墙的高厚比。

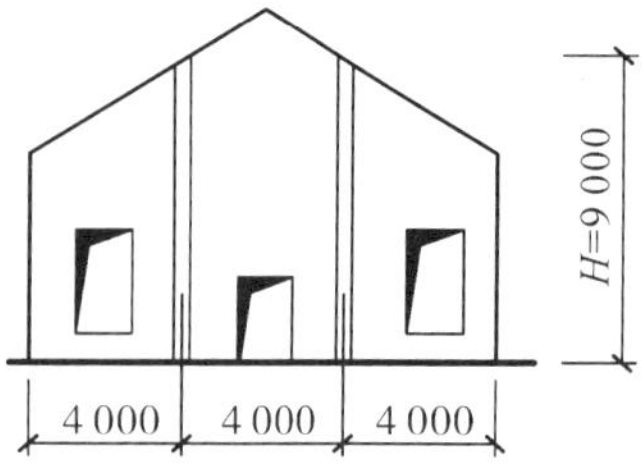

(a) 山墙立面示意

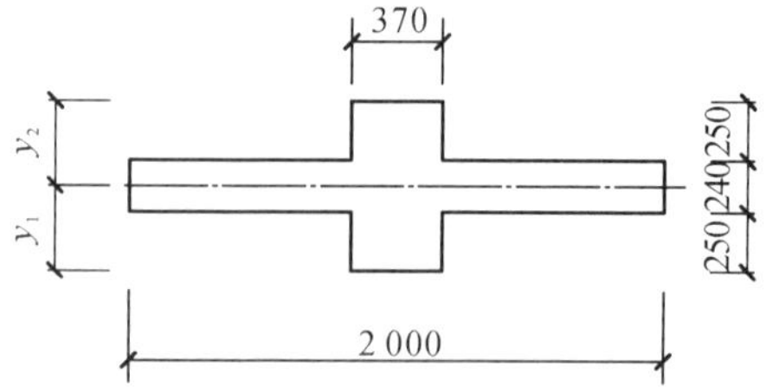

(b) 壁柱墙截面

图 9-15　例 9-3 图

【解】　查表得 $[\beta]=26$

① 计算壁柱截面的几何特征。

窗间墙宽度　$b_s=4\,000-3\,800/2-1\,500/2=1\,350$ mm

$$A=370\times740+240(2\,000-370)=66\,500\ \text{mm}^2$$

$$y_1=y_2=370\ \text{mm}$$

$$I=\frac{370\times740^3}{12}+\frac{240^3\times(2\,000-370)}{12}=1.436\times10^{10}\ \text{mm}^4$$

$$i=\sqrt{\frac{I}{A}}=\sqrt{\frac{1.436\times10^{10}}{665\,000}}=147\ \text{mm}$$

$$h_T=3.5i=3.5\times147=515\ \text{mm}$$

② 验算整片墙的高厚比。

因横墙间距为 $s=12$ m，则该单层房屋为刚性方案房屋。

因 $1.0<s/H=12\,000/9\,000=1.33<2.0$，则

$$H_0=0.4s+0.2H=0.4\times12\,000+0.2\times9\,000=6\,600\ \text{mm}$$

$$\mu_1=1.0,\mu_2=1-0.4\frac{b_s}{s}=1-0.4\times\frac{2\,650}{4\,000}=0.735$$

$$\mu_1\mu_2[\beta]=1.0\times0.735\times26=19.11>\beta=\frac{H_0}{h_T}=\frac{6\,600}{515}=12.82$$

整片墙的高厚比满足。

③ 验算壁柱间墙的高厚比。

此时 s 取壁柱间距离，即 $s=4\,000$ mm

因 $s=4\,000$ m $<H=9\,000$ mm，则 $H_0=0.6s=0.6\times4\,000=2\,400$ mm

$$\mu_1=1.0,\mu_2=1-0.4\frac{b_s}{s}=1-0.4\times\frac{3\,800}{4\,000}=0.62<0.7\text{，取 }\mu_2=0.7$$

$$\mu_1\mu_2[\beta]=1.0\times0.7\times26=18.2>\beta=\frac{H_0}{h}=\frac{2\,400}{240}=10$$

例 9-4 某单层仓库承重外纵墙，墙高 $H=4.5$ m，墙厚 370 mm，由 MU15 烧结页岩砖和 M7.5 水泥砂浆砌筑，沿墙长每 4 m 设 1.5 m 宽窗洞，同时沿墙长每 4 m 设截面尺寸为 370 mm×370 mm 的钢筋混凝土构造柱（图 9-16），横墙间距为 18 m，试验算该纵墙的高厚比。

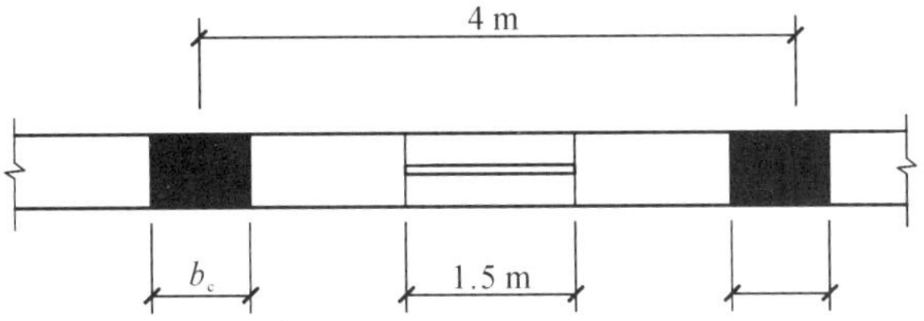

图 9-16 例 9-4 图

【解】 查得 $[\beta]=26$

① 整片墙的高厚比验算。

因 $s=18$ m，则该单层房屋为刚性方案房屋。

$s=18\text{ m}>2H=2\times4.5=9$ m，故由表 9-14 查得 $H_0=1.0H=1.0\times4.5=4.5$ m

$$\mu_1=1.0$$

$$\mu_2=1-0.4\frac{b_s}{s}=1-0.4\times\frac{1\,500}{4\,000}=0.85$$

$$\gamma=1.5,b_c=370\text{ mm},\ l=4\,000\text{ mm}$$

$$\mu_c=1+\gamma\frac{b_s}{l}=1+1.5\times\frac{1\,500}{4\,000}=1.56$$

$$\mu_1\mu_2\mu_c[\beta]=1.0\times0.85\times1.56\times26=34.48>\beta=\frac{H_0}{h}=\frac{4\,500}{370}=12.16$$

整片墙的高厚比满足要求。

② 构造柱间墙的高厚比验算。

此时 s 取构造柱间距离，即 $s=4$ m。

$s=4\text{ m}<H=4.5$ m，故由表 9-14 得 $H_0=0.6s=0.6\times4=2.4$ m

$$\mu_1=1.0$$

$$\mu_2=1-0.4\frac{b_s}{l}=1-0.4\times\frac{1\,500}{4\,000}=0.85$$

$$\mu_1\mu_2[\beta]=1.0\times0.85\times26=22.1>\beta=\frac{H_0}{h}=\frac{2\,400}{240}=10$$

构造柱间墙的高厚比满足。

综上所述，该外纵墙的高厚比满足要求。

9.4 无筋砌体受压计算

想一想

砌体结构中的墙、柱是主要受压构件。对于受压构件，除了满足承载力要求，还要满足什么要求？如何进行受压构件的承载力计算？

无筋砌体受压构件(包括轴心受压构件、偏心受压构件)承载力按下式计算：

$$N = \varphi \gamma_a f A \tag{9-6}$$

式中 N——轴向力设计值；

φ——高厚比 β 和轴向力偏心距 e 对受压构件承载力的影响系数，可按公式(9-10)计算，也可查附录 D 求得；

γ_a——砌体强度调整系数；

f——砌体抗压强度设计值；

A——砌体的毛截面面积。

运用式(9-6)时应注意以下几个问题：

(1) 对矩形截面构件，当轴向力偏心方向的截面边长大于另一方向的边长时，除按偏心受压计算外，还应对较小边长方向按轴心受压进行计算。

(2) 在计算影响系数 φ 或查 φ 值表时，应针对不同类型的砌体，对构件高厚比 β 进行修正：

对矩形截面

$$\beta = \gamma_\beta \frac{H_0}{h} \tag{9-7}$$

对 T 形截面

$$\beta = \gamma_\beta \frac{H_0}{h_T} \tag{9-8}$$

式中 H_0——受压构件的计算高度；

h——矩形截面轴向力偏心方向的边长，当轴心受压时为截面较小边长；

h_T——T 形截面的折算厚度，近似按 $3.5i$ 计算；

γ_β——不同砌体材料的高厚比修正系数，按表 9-15 采用。

(3) 应符合对偏心距限值的要求。根据实践并参照国外有关规范，在我国现行规范中，要求轴向力的偏心距 e 不应超过下列规定：

$$e \leqslant 0.6y \tag{9-9}$$

式中，y 为截面重心到轴向力所在偏心方向截面边缘的距离，如图 9-17 所示。

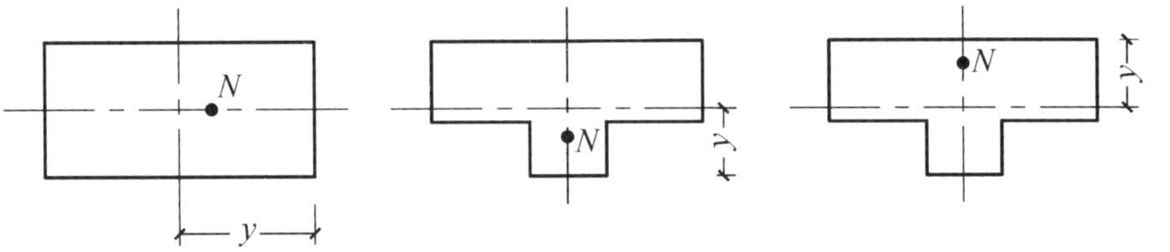

图 9-17 截面的 y 值

表 9-15 高厚比修正系数

砌体材料类别	γ_β
烧结普通砖、烧结多孔砖	1.0
混凝土普通砖、混凝土多孔砖、混凝土及轻集料混凝土砌块	1.1
蒸压灰砂普通砖、蒸压粉煤灰普通砖、细料石	1.2
粗料石、毛石	1.5

注：对灌孔混凝土砌块砌体，γ_β 取 1.0。

(4) 高厚比 β 和轴向力的偏心距 e 对受压构件承载力的影响系数 φ 可按下列公式计算：

当为轴心受压（$e=0$）且 $\beta>3$ 时

$$\varphi=\varphi_0=\frac{1}{1+\alpha(\gamma_\beta\beta)^2} \tag{9-10a}$$

当为偏心受压且 $\beta\leqslant3$ 时

$$\varphi=\frac{1}{1+12\left(\frac{e}{h}\right)^2} \tag{9-10b}$$

当为偏心受压且 $\beta>3$ 时

$$\varphi=\frac{1}{1+12\left[\frac{e}{h}+\sqrt{\frac{1}{12}\left(\frac{1}{\varphi_0}-1\right)}\right]^2} \tag{9-10c}$$

式中 φ_0——轴心受压构件的稳定系数，当 $\beta\leqslant3$ 时，取 $\varphi_0=1.0$；

α——与砂浆强度等级有关的系数，当砂浆强度等级大于或等于 M5 时，$\alpha=0.001\,5$；当砂浆强度等级为 M2.5 时，$\alpha=0.002$；当验算施工中的砌体，即砂浆强度为 0 时，$\alpha=0.009$。其余符号与查表求 φ 时的用法相同。当为 T 形截面时，用 h_T 代替公式中的 h 即可。

例 9-5 已知某轴心受压柱，截面尺寸 $b\times h=370\ \text{mm}\times370\ \text{mm}$，柱计算高度 $H_0=4\ \text{m}$（两方向相等），采用 MU15 烧结普通砖、M7.5 混合砂浆砌筑，承受轴向压力设计值 $N=120\ \text{kN}$。试复核该柱承载力是否安全。

【解】 查表得 $f=2.07\ \text{MPa}$，$\gamma_\beta=1.0$，$\alpha=0.001\,5$。

柱截面面积 $A=0.37\times0.37=0.137\ \text{m}^2<0.3\ \text{m}^2$，$\gamma_a=A+0.7=0.137+0.7=0.837$

$$\beta=\frac{H_0}{h}=\frac{4\ 000}{370}=10.81$$

$$\varphi=\varphi_0=\frac{1}{1+\alpha(\gamma_\beta\beta)^2}=\frac{1}{1+0.001\ 5\times(1.0\times10.81)^2}=0.851$$

$$N=\varphi\gamma_a fA=0.851\times0.837\times2.07\times0.137\times10^6=201\ 997\ \text{N}>120\ \text{kN}$$

该柱承载力安全。

例 9-6 某偏心受压柱，截面尺寸为 490 mm×620 mm，柱计算高度 $H_0=H=4.8$ m，采用强度等级 MU15 蒸压灰砂砖及 M7.5 水泥砂浆砌筑，柱底承受轴向压力设计值 N 为 150 kN，弯矩设计值 M 为 24 kN·m(沿长边方向)，结构的安全等级为二级，施工质量控制等级为 B 级，试验算该柱底截面是否安全。

【解】 查表，得 $f=2.07$ MPa，$\gamma_\beta=1.2$

(1) 弯矩作用平面内承载力验算。

$$e=\frac{M}{N}=\frac{24\times10^6}{150\times10^3}=160\ \text{mm}<0.6y=0.6\times620/2=186\ \text{mm}$$

轴向力偏心距满足要求。

$$\beta=\frac{H_0}{h}=\frac{4\ 800}{620}=7.74$$

$$\varphi_0=\frac{1}{1+\alpha(\gamma_\beta\beta)^2}=\frac{1}{1+0.001\ 5\times(1.2\times7.74)^2}=0.885$$

$$\varphi=\frac{1}{1+12\left[\frac{e}{h}+\sqrt{\frac{1}{12}\left(\frac{1}{\varphi_0}-1\right)}\right]^2}=\frac{1}{1+12\left[\frac{160}{620}+\sqrt{\frac{1}{12}\left(\frac{1}{0.885}-1\right)}\right]^2}=0.389$$

$A=0.49\times0.62=0.303\ 8\ \text{m}^2>0.3\ \text{m}^2$，该项不需进行砌体抗压强度调整；采用水泥砂浆，但强度等级不小于 M5.0，砌体抗压强度调整系数为 1.0，所以 $\gamma_a=1.0$。

柱底截面承载力为

$$N=\varphi\gamma_a fA=0.391\times1.0\times2.07\times490\times620=245\ 886\ \text{N}>150\ \text{kN}$$

弯矩作用平面内承载力满足要求。

(2) 弯矩作用平面外承载力验算。

对较小边长方向，按轴心受压构件验算。

$$\beta=\frac{H_0}{h}=\frac{4\ 800}{490}=9.80$$

$$\varphi=\varphi_0=\frac{1}{1+\alpha(\gamma_\beta\beta)^2}=\frac{1}{1+0.001\ 5\times(1.2\times9.80)^2}=0.83$$

柱底截面的承载力为

$$\varphi \gamma_{a} f A = 0.83 \times 1.0 \times 2.07 \times 490 \times 620 = 521\ 958N > 150\ \text{kN}$$

弯矩作用平面外承载力满足要求。

综上可知,柱底截面安全。

9.5 无筋砌体局部受压计算

想一想

砌体结构中的受压构件,除了承受轴心受压、偏心受压,还有承受局部受压的构件,局部受压构件包括哪些情况?如何进行局部受压构件的承载力计算?

9.5.1 砌体局部均匀受压

1. 局部抗压强度提高系数

砌体局部受压时,其抗压强度为 γ_f。γ 称为砌体局部抗压强度提高系数,与周边约束局部受压面积的砌体截面面积以及局部受压砌体所处的位置等因素有关。按下式计算:

$$\gamma = 1 + \xi \sqrt{\frac{A_0}{A_l} - 1} \tag{9-11a}$$

式(9-11a)中,等号右边第一项是局部受压面积范围内砌体自身的单轴抗压强度;第二项反映了周边非直接受压砌体对局部受压砌体的侧向压力作用及力的扩散的影响,其系数 ξ,对于中心局部受压,$\xi = 0.7$;对其他情况,$\xi = 0.35$。为简化且偏于安全,统一取 $\xi = 0.35$。于是砌体的局部抗压强度提高系数 γ 统一按式(9-11b)计算:

$$\gamma = 1 + 0.35\sqrt{\frac{A_0}{A_l} - 1} \tag{9-11b}$$

式中 A_0——影响砌体局部抗压强度的计算面积;

A_l——局部受压面积。

为了避免 A_0/A_l 大于某一限值时会出现危险的劈裂破坏,根据砌体局部受压所处的位置,计算所得 γ 值,尚应符合下列规定:

(1) 在图 9-18(a)的情况下,$\gamma \leqslant 2.5$;

(2) 在图 9-18(b)的情况下,$\gamma \leqslant 2.0$;

(3) 在图 9-18(c)的情况下,$\gamma \leqslant 1.5$;

(4) 在图 9-18(d)的情况下,$\gamma \leqslant 1.25$;

(5) 按规定要求灌孔的混凝土砌块砌体,在上述(1)、(2)的情况下,尚应符合 $\gamma \leqslant 1.5$,

未灌孔混凝土砌块砌体，取 $\gamma=1.0$；

(6) 对多孔砖砌体孔洞难以灌实时，应按 $\gamma=1.0$ 取用；当设置混凝土垫块时，按垫块下的砌体局部受压计算。

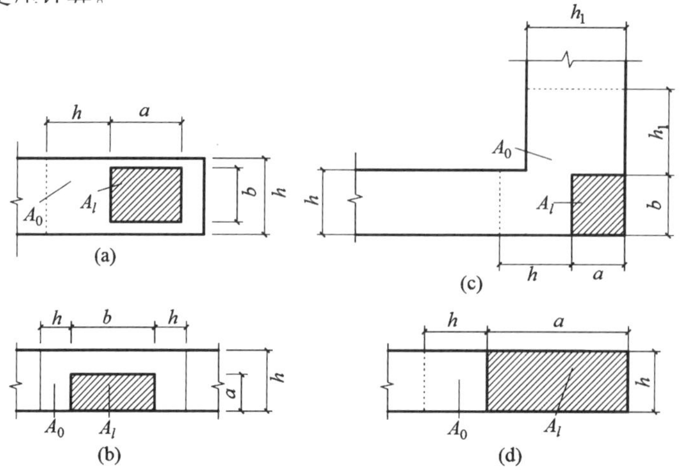

图 9-18　影响局部抗压强度的面积

2. 影响砌体局部抗压强度的计算面积

根据砌体局部受压所处位置按图 9-18 确定 A_0。

在图 9-18(a)的情况下，$A_0=(a+c+h)h$；

在图 9-18(b)的情况下，$A_0=(b+2h)h$；

在图 9-18(c)的情况下，$A_0=(a+h)h+(b+h_1-h)h_1$；

在图 9-18(d)的情况下，$A_0=(a+h)h$。

图中 a、b 为矩形局部受压面积 A_l 的边长；c 为矩形局部受压面积的外边缘至构件边缘的较小距离，当大于 h 时，应取为 h；h、h_1 为墙厚或柱的较小边长、墙厚。

3. 承载力计算

砌体截面受局部均匀压力时的承载力，应按式(9-12)计算：

$$N_l \leqslant \gamma f A_l \tag{9-12}$$

式中　N_l——局部受压面积上的轴向力设计值；

γ——砌体局部抗压强度提高系数；

f——砌体抗压强度设计值；

A_l——局部受压面积。

例 9-7　某钢筋混凝土柱，截面尺寸为250 mm×250 mm，支承在厚为 370 mm 的砖墙上，作用位置如图 9-19 所示，砖墙用 MU15 烧结普通砖和 M7.5 水泥砂浆砌筑，柱传到墙上的荷载设计值为 150 kN。试验算柱下砌体的局部受压承载力。

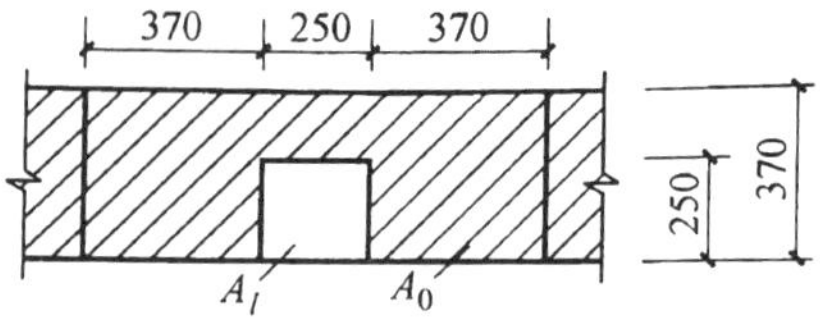

图 9-19　例 9-7 图

【解】 查表得 $f=2.07$ MPa，本例可不考虑砌体强度调整系数。

局部受压面积 $A_l=250\times250=62\ 500\ \text{mm}^2$。

影响局部抗压强度的面积 $A_0=(b+2h)h=(250+2\times370)\times370=366\ 300\ \text{mm}^2$。

砌体局部抗压强度提高系数：

$$\gamma=1+0.35\sqrt{\frac{A_0}{A_l}-1}=1+0.35\sqrt{\frac{366\ 300}{62\ 500}-1}=1.77<2$$

$$\gamma f A_l=1.77\times2.07\times62\ 500=228\ 993\ \text{N}>150\ \text{kN}$$

砌体局部受压承载力满足要求。

9.5.2 梁端支承处砌体的局部受压

1. 梁端有效支承长度

梁端支承在砌体上时，由于梁的挠曲变形和支承处砌体压缩变形的影响，梁端支承长度将由实际支承长度 a 变为有效支承长度 a_0（图9-20）。因此梁端下砌体局部受压面积应为 $A_l=a_0b$（b 为梁的宽度）。

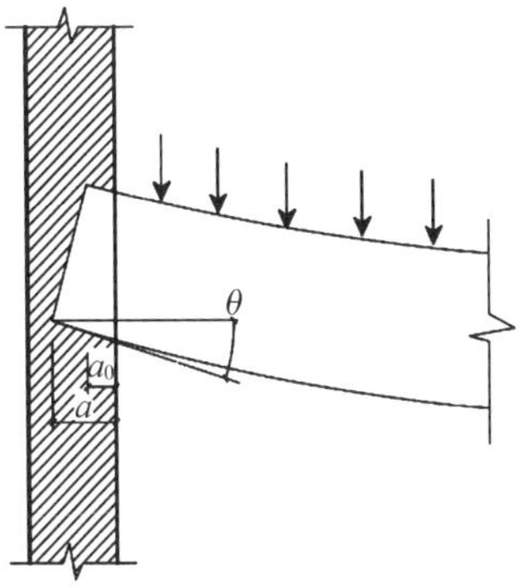

图 9-20 梁端支承处砌体局部受压

假定梁端转角为 θ，砌体的变形和压应力均按直线分布，则砌体边缘的变形 $y_e=a_0\tan\theta$，该点的压应力 $\sigma_{max}=ky_e$（为梁端支承处砌体的压缩刚度系数）。由于实际的压应力成曲线分布，应考虑砌体压应力图形的完整系数 η，则可取 $\sigma_{max}=\eta k y_e$。按静力平衡条件，得：

$$N_l=\eta k y_e a_0 b=\eta k\, a_0^2 b\tan\theta$$

根据试验结果，可取 $\eta k=0.332 f_m=\dfrac{0.33}{0.48}f=0.692f$。

此外，对工程上常见的钢筋混凝土简支梁，可取 $N_l=ql/2$（q 为均布荷载，l 为梁跨度），$\tan\theta\approx\theta=ql^3/24B$，$h_c/l\approx1/11$（$h_c$ 为梁高）；考虑钢筋混凝土梁允许出裂缝，以及长期荷载效应对梁刚度的影响，可取梁刚度 $B\approx0.3E_cI_c$；当梁采用混凝土 C20 时，$E_c=25.5\ \text{kN/mm}^2$。于是，梁端有效支承长度，近似按式(9-13)计算。

$$a_0=10\sqrt{\frac{h_c}{f}} \tag{9-13}$$

式中 h_c——梁的截面高度(mm)；

f——砌体抗压强度设计值(MPa)。

2. 梁端支承处砌体的局部受压承载力计算

若上部实际荷载产生的平均压应力为 σ_0'，梁端支承压力 N_l 产生的边缘应力为 σ_l，则梁端支承边缘的最大应力 σ_{max}，即应符合下式要求：

$$\sigma_{max}=\sigma'_0+\sigma_l=\frac{N_l}{\eta A_l}\leqslant\gamma f \tag{9-14a}$$

即

$$\eta\sigma'_0A_l+N_l\leqslant\eta\gamma fA_l \tag{9-14b}$$

现取上部荷载产生的计算平均应力 σ_0，并取 $\eta\sigma'_0=\psi\sigma_0$，代入式(9-14b)，则得梁端支承处砌体的局部受压承载力，按下列公式计算：

$$\psi N_0+N_l\leqslant\eta\gamma fA_l \tag{9-14c}$$

$$\psi=1.5-0.5\frac{A_0}{A_l} \tag{9-14d}$$

$$N_0=\sigma_0A_l \tag{9-14e}$$

$$A_l=a_0b \tag{9-14f}$$

式中 ψ——上部荷载的折减系数，当 A_0/A_l 大于或等于 3 时，应取 ψ 等于 0；

N_0——局部受压面积内上部轴向力设计值(N)；

N_l——梁端支承压力设计值(N)；

σ_0——上部平均压应力设计值(N/mm^2)；

η——梁端底面应力图形的完整系数，应取 0.7，对于过梁和墙梁应取 1.0；

a_0——梁端有效支承长度(mm)，当 a_0 大于 a 时，应取 a_0 等于 a。a 为梁端实际支承长度(mm)；

b——梁的截面宽度(mm)。

例 9-8 如图 9-21 所示，在 1 500 mm×240 mm 的窗间墙中部支承一钢筋混凝土大梁，大梁传来的支承反力 $N_l=85$ kN，窗间墙范围内上层墙体传来的荷载设计值 $N_u=150$ kN，砖墙采用 MU15 烧结多孔砖和 M7.5 混合砂浆砌筑。梁的截面尺寸为 200 mm×550 mm，支承长度为 240 mm。试验算梁端支承处砌体局部受压承载力是否满足要求。

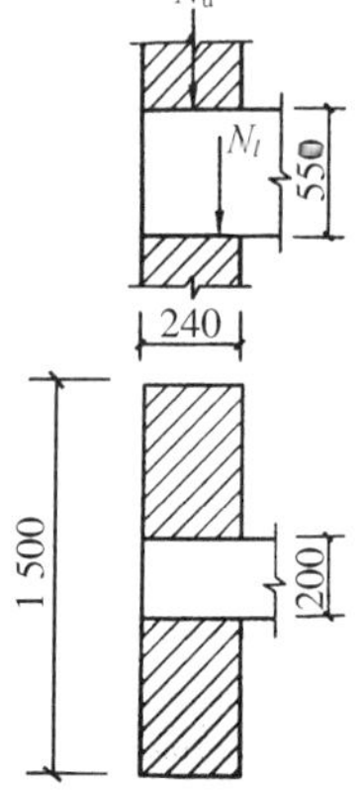

图 9-21 例 9-8 图

【解】 查表 9-3 得 $f=2.07$ N/mm^2。

梁端有效支撑长度

$$a_0=10\sqrt{\frac{h_c}{f}}=10\times\sqrt{\frac{550}{2.07}}=163\text{ mm}<a=240\text{ mm}$$

取 $a_0=163$ mm。

梁端局部受压面积

$$A_l=a_0b=163\times200=32\,600\text{ mm}^2$$

影响砌体局部抗压强度的计算面积

$$A_0=(b+2h)h=(200+2\times240)\times240=163\ 200\ \mathrm{mm}^2$$

由 $\dfrac{A_0}{A_l}=\dfrac{163\ 200}{32\ 600}=5>3$，不需考虑上部荷载影响，取 $\psi=0$。

砌体局部抗压强度提高系数

$$\gamma=1+0.35\sqrt{\frac{A_0}{A_l}-1}=1+0.35\times\sqrt{5-1}=1.7<\gamma_{max}=2.0$$

取 $\eta=0.7$，按公式(9-14b)得

$$\eta\gamma fA_l=0.7\times1.7\times2.07\times32\ 600=80.3\times10^3\ \mathrm{N}=80.3\ \mathrm{kN}>\psi N_0+N_l=85\ \mathrm{kN}$$

故该窗间墙梁端下砌体局部受压承载力不满足要求。

9.5.3 梁下设垫块时砌体的局部受压承载力计算

当梁端支承处砌体局部受压的计算不能满足要求时，可在梁端设置刚性垫块。刚性垫块不仅使梁端压力较好地传至砌体截面上，且可增大局部受压面积。梁下垫块通常采用预制刚性垫块，有时也将垫块与梁现浇成整体。

刚性垫块是指高度 $t_b\geqslant180$ mm，而挑出梁边的长度不大于加的垫块。试验研究和分析表明，考虑到垫块底面压应力分布的不均匀性，为偏于安全，垫块外砌体面积的有利影响系数 γ_1 取为 0.8γ；刚性垫块下砌体的局部受压可采用砌体偏心受压短柱的承载力表达式进行计算。因此，在梁端下设有预制或现浇刚性垫块的砌体局部受压承载力，按下列公式计算：

$$N_0+N_l\leqslant\varphi\gamma_1 fA_b \tag{9-15a}$$

$$N_0=\sigma_0 A_b \tag{9-15b}$$

$$A_b=a_b b_b \tag{9-15c}$$

式中 N_0——垫块面积 A_b 内上部轴向力设计值(N)；

φ——垫块上 N_0 及 N_l 合力的影响系数，应采用附录 D 中当 $\beta\leqslant3$ 时的 φ 值；

γ_1——垫块外砌体面积的有利影响系数，γ_1 应为 $0.8\gamma_1$，但不小于 1.0，γ 为砌体局部抗压强度提高系数，按式(9-15c)以 A_b 代替 A_l 计算得出；

A_b——垫块面积(mm^2)；

a_b——垫块伸入墙内的长度(mm)；

b_b——垫块的宽度(mm)。

在带壁柱墙的壁柱内设刚性垫块时，由于墙的翼缘部分大多位于压应力较小处，参加

工作程度有限，其计算面积应取壁柱范围内的面积，而不计算翼缘部分，同时壁柱上垫块伸入翼墙内的长度不应小于 120 mm[图 9-22(a)]。

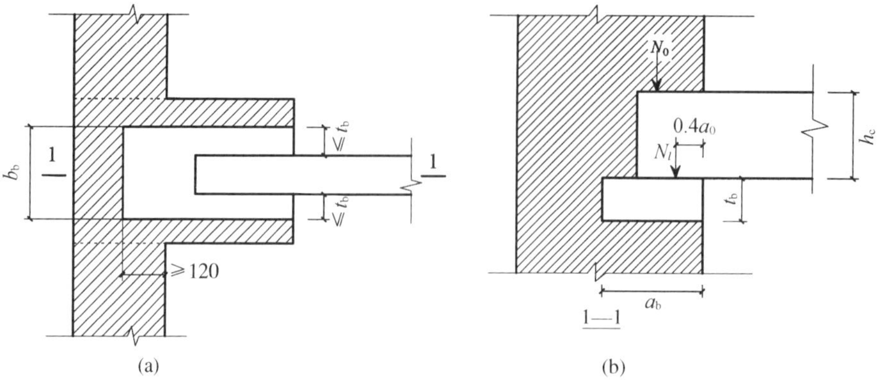

图 9-22　壁柱上设有刚性垫块

垫块上 N_l 作用点的位置可取 $0.4a_0$[图 9-22(b)]。a_0 为刚性垫块上表面梁端有效支承长度，按下式计算：

$$a_0=\delta_1\sqrt{\frac{h_c}{f}} \tag{9-16}$$

式中，δ_1 为刚性垫块的影响系数，可按表 9-16 采用。

表 9-16　刚性垫块的影响系数 δ_1 取值

σ_0/f	0	0.2	0.4	0.6	0.8
δ_1	5.4	5.7	6.0	6.9	7.8

注：表中其间的数值可采用插入法求得。

在 φ 的计算中，确定 N_0 与 N_l 的大小及作用位置十分重要，其中 N_0 是由上部荷载作用于垫块面积内的压力，位于垫块截面重心处；N_l 为在梁端产生的支承压力，位置为 $0.4a_0$ 处，此时的 a_0 应按式(9-16)计算，在对其下部墙体的受压承载力计算中亦是如此；对于砌体的局部受压不考虑纵向弯曲的影响，因而 N_0 与 N_l 合力的影响系数 φ，按公式(9-10)计算，或查附录 D 中 $\beta\leqslant 3$ 一栏的 φ 值。

例 9-9　已知条件同例 9-8，试在梁端下设置预制刚性垫块并进行验算。

【解】　根据例 9-8 中的计算结果，梁端下砌体局部受压承载力不满足要求，采取梁端下设置混凝土预制刚性垫块的措施，垫块尺寸为 $a_b\times b_b\times t_b=240\ \text{mm}\times 500\ \text{mm}\times 200\ \text{mm}$，垫块自梁边两侧各挑出 $150\ \text{mm}<t_b=200\ \text{mm}$，如图 9-23 所示，满足刚性垫块要求。

刚性垫块面积为

$$A_b=a_b\times b_b=240\ \text{mm}\times 500\ \text{mm}=120\ 000\ \text{mm}^2$$

影响砌体局部抗压强度的计算面积

$$A_0=(b_b+2h)h=(500+2\times240)\times240=235\ 200\ \text{mm}^2$$

砌体局部抗压强度提高系数

$$\gamma=1+0.35\sqrt{\frac{A_0}{A_b}-1}=1+0.35\sqrt{\frac{235\ 200}{120\ 000}-1}=1.34<\gamma_{max}=2.0$$

垫块外砌体面积的有利影响系数

$$\gamma_1=0.8\gamma=0.8\times1.34=1.07$$

上部砌体的平均压应力为

$$\sigma_0=\frac{N_u}{A_u}=\frac{150\times10^3}{1\ 500\times240}=0.42\ \text{N/mm}^2$$

垫块面积内上部轴向力设计值

$$N_0=\sigma_0A_b=0.42\times120\ 000\times10^{-3}=50.4\ \text{kN}$$

设置垫块后梁端有效支承长度按式(9-16)计算。

由 $\frac{\sigma_0}{f}=\frac{0.42}{2.07}=0.20$，查表 9-16 得 $\delta_1=5.7$。

$$a_0=\delta_1\sqrt{\frac{h_c}{f}}=5.7\sqrt{\frac{550}{2.07}}=92.91\ \text{mm}$$

N_0 与 N_l 的合力对垫块形心的偏心距为

$$e=\frac{N_l\left(\frac{ab}{2}-0.4a_0\right)}{N_0+N_l}=\frac{85\times10^3\times\left(\frac{240}{2}-0.4\times92.91\right)}{50.4\times10^3+85\times10^3}=52\ \text{mm}$$

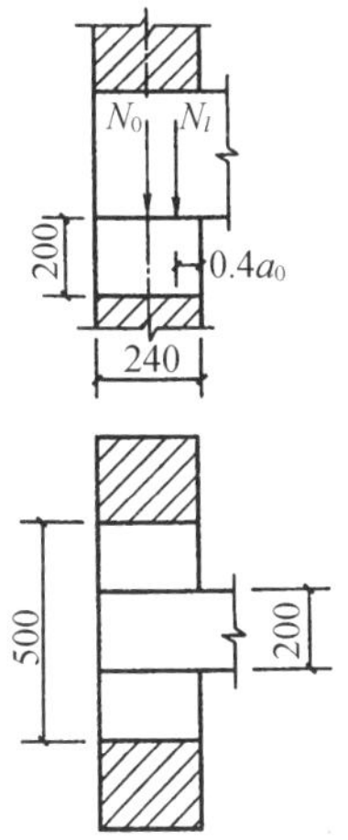

图 9-23　例 9-9 图

9.6　过梁及挑梁

想一想

过梁及挑梁是砌体结构中常见的构件，过梁有哪些构造措施？挑梁的受力特点有哪些？如何进行过梁及挑梁的承载力计算？

9.6.1　过梁

1. 过梁的类型及构造

过梁是设在门窗洞口上方的横梁。它的作用是承受门窗洞口上方的墙重及楼(屋)盖传来的荷载。常见的过梁有砖砌平拱过梁、钢筋砖过梁等砖砌过梁(图 9-24)以及钢筋混凝土过梁。

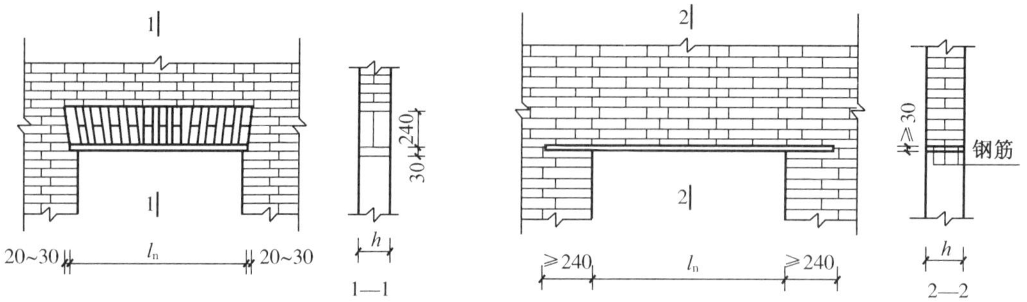

(a) 砖砌平拱过梁　　(b) 钢筋砖过梁

图 9-24　砖砌过梁

砖砌平拱过梁是将砖竖立侧砌而成。过梁宽度与墙厚相同，竖立砌筑部分的高度不小于 240 mm，过梁跨度不应超过 1.2 m。

钢筋砖过梁是在过梁底面设置不小于 30 mm 厚 1∶3 水泥砂浆层，砂浆层内设置过梁受拉钢筋，钢筋直径不小于 5 mm，间距不大于 120 mm，钢筋伸入洞边砌体内的长度不小于 240 mm，且端部做直钩。砂浆层以上砌体的砌筑方法与普通砌体相同，钢筋砖过梁的跨度不应超过 1.5 m。

砖砌过梁在截面计算高度范围内的砂浆强度等级不宜低于 M5。砖砌过梁虽然造价低，但其跨度受到限制并且对变形很敏感。对于有较大振动荷载或可能产生地基不均匀沉降的房屋，或跨度较大、荷载较大的情况应采用钢筋混凝土过梁。

2. 过梁上的荷载

过梁承受的荷载包括两部分，一部分为墙体及过梁本身自重，另一部分为过梁上部的梁、板传来的荷载。试验表明，过梁上的砌体达到一定高度后，墙体形成的“内拱”产生卸荷作用，把过梁上的一部分墙重及梁、板荷载直接传给支座，从而减少了直接作用于过梁上的荷载。为简化计算并偏于安全考虑，过梁上的墙体和梁、板荷载应按表 9-17 的规定采用。

表 9-17　过梁上的荷载取值表

荷载类型	简图	砌体种类	荷载取值	
墙体荷载	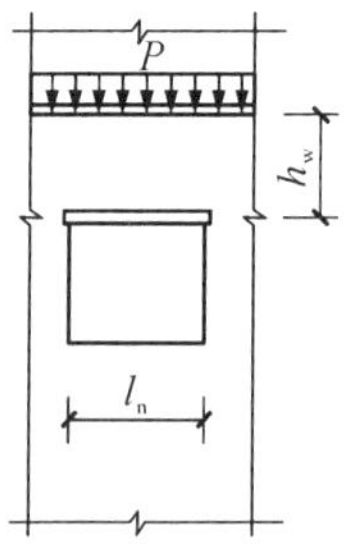 注：h_w 为过梁上墙体高度	砖砌体	$h_w < \frac{l_n}{3}$	应按墙体的均布自重采用
			$h_w \geqslant \frac{l_n}{3}$	应按高度为 $\frac{l_n}{3}$ 墙体的均布自重采用
		混凝土砌块砌体	$h_w < \frac{l_n}{2}$	应按墙体的均布自重采用
			$h_w \geqslant \frac{l_n}{2}$	应按高度为 $\frac{l_n}{2}$ 的墙体的均布自重采用

（续表）

荷载类型	简图	砌体种类	荷载取值	
梁板荷载	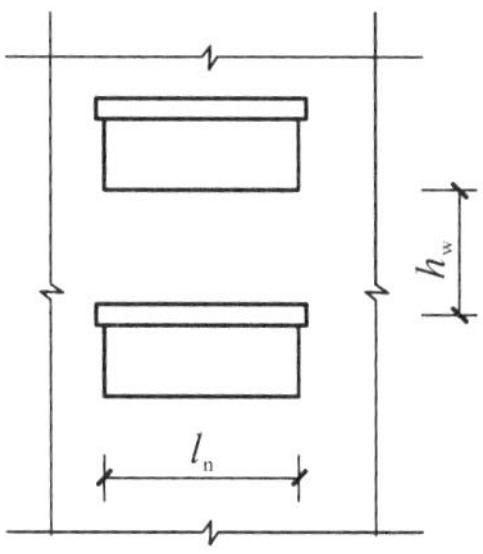 注：h_w 为梁、板下墙体高度	砖砌体 混凝土 砌块砌体	$h_w < l_n$	应计入梁、板传来的荷载
			$h_w \geqslant l_n$	可不考虑梁、板荷载

注：1. 墙体荷载的取值与梁、板的位置无关；
2. l_n 为过梁的净跨。

3. 砖过梁的计算

砖砌过梁在荷载作用下，与普通受弯构件一样，上部受压，下部受拉。随着荷载的增加可能引起过梁跨中正截面的受弯承载力不足而破坏，也可能在支座附近因受剪承载力不足沿灰缝产生阶梯形裂缝导致破坏。因此，应对砖砌过梁进行受弯、受剪承载力验算。此外，对砖砌平拱过梁，还应进行房屋端部窗间墙支座水平受剪承载力验算。

过梁的内力按简支梁计算，计算跨度取过梁的净跨，即洞口宽度 l_n，过梁宽度 b 取与墙厚相同。砖砌过梁截面计算高度 h 的取值：当不考虑梁、板荷载时，取过梁底面以上的墙体高度，但不超过 $l_n/3$；当考虑梁、板荷载时，取过梁底面到梁、板底面的墙体高度。

（1）砖砌平拱过梁的计算。

对砖砌平拱过梁，其受弯承载力应按下式计算：

$$M \leqslant f_{tm} W \tag{9-17}$$

受剪承载力应按下式计算：

$$V \leqslant f_v b z \tag{9-18}$$

式中 M——过梁承受的弯矩设计值；

V——过梁承受的剪力设计值；

f_{tm}——砌体沿齿缝截面的弯曲抗拉强度设计值；

f_v——砌体的抗剪强度设计值；

b——过梁的截面宽度，即墙厚；

W——过梁截面的弹性抵抗矩，$W = \frac{1}{6} b h^2$；

z——内力臂，$z = \frac{2}{3} h$；

h ——过梁截面的计算高度。

（2）钢筋砖过梁的计算。

钢筋砖过梁的跨中正截面承载力应按下式计算：

$$M \leqslant 0.85 h_0 f_y A_s \tag{9-19}$$

式中 h_0——过梁截面的有效高度，$h_0 = h - a_s$；

a_s ——受拉钢筋重心到过梁底面的距离，一般取 15～20 mm；

f_y ——钢筋的抗拉强度设计值；

A_s ——受拉钢筋的截面面积。

钢筋砖过梁支座的受承载力计算与砖砌平拱过梁相同。

4. 钢筋混凝土过梁的计算

钢筋混凝土过梁的荷载取值方法与砖砌过梁相同，其截面设计与一般钢筋混凝土简支梁相同。过梁端部在墙中的支承长度不应小于 240 mm，其他配筋构造要求同一般钢筋混凝土梁。

例 9-10 某房屋顶层纵墙窗过梁，已知在距窗顶 0.75 m 处屋面板传来的荷载设计值 $q_{板} = 10$ kN/m，纵墙厚 240 mm，窗过梁上墙高为 1.5 m（包括女儿墙）。双面粉刷的墙体自重为 5.24 kN/m²，采用 MU15 烧结普通砖及 M7.5 混合砂浆砌筑。要求：

（1）当窗洞口宽度 $l_n = 1.2$ m 时，验算窗顶砖砌平拱过梁的承载力。

（2）当窗洞口宽度 $l_n = 1.5$ m 时，采用钢筋砖过梁，选用 HPB300 级钢筋，$f_y = 270$ N/mm²，试求钢筋砖过梁的钢筋用量，并验算过梁的抗剪承载力。

【解】 M7.5 混合砂浆砌筑时，由表 9-11 查得 $f_{tm} = 0.29$ N/mm²，$f_v = 0.14$ N/mm²。

（1）采用砌砖平拱过梁。

① 荷载及内力计算。

过梁上墙高 $h_w = 1.5 \text{ m} > \frac{1}{3} l_n = \frac{1.2}{3} = 0.4 \text{ m}$，墙体荷载按 0.4 m 高的墙体均布自重计算。取永久荷载分项系数 $\gamma_G = 1.2$，则

$$q_{墙} = 1.2 \times 0.4 \times 5.24 = 2.52 \text{ kN/m}$$

屋面板底至过梁底墙高为 $0.75 \text{ m} < l_n = 1.2$ m，需考虑屋面板传来的荷载 $q_{板}$。

$$q = q_{墙} + q_{板} = 2.52 + 10 = 12.52 \text{ kN/m}$$

$$M = \frac{1}{8} q l_n^2 = \frac{1}{8} \times 12.52 \times 1.2^2 = 2.25 \text{ kN} \cdot \text{m}$$

$$V = \frac{1}{2} q l_n = \frac{1}{2} \times 12.52 \times 1.2 = 7.51 \text{ kN}$$

② 截面承载力验算。

截面宽度 $b=240\ \mathrm{mm}$,考虑板荷载,故取 $h=700\ \mathrm{mm}$。

抗弯验算:

$$W=\frac{1}{6}bh^2=\frac{1}{6}\times 240\times 700^2=196\times 10^5\ \mathrm{mm}^3$$

$$M=f_{\mathrm{tm}}W=0.29\times 196\times 10^5=5\ 684\ 000\ \mathrm{N\cdot mm}=5.68\ \mathrm{kN\cdot m}>2.25\ \mathrm{kN\cdot m}$$

满足承载力要求。

抗剪验算:

$$V=f_{\mathrm{v}}bz=\frac{2}{3}f_{\mathrm{v}}bh=\frac{2}{3}\times 0.14\times 240\times 700=15\ 680\ \mathrm{N}=15.68\ \mathrm{kN}>7.51\ \mathrm{kN}$$

满足承载力要求。

(2) 采用钢筋砖过梁。

① 荷载及内力计算。

洞口上墙高 $h_{\mathrm{w}}=1.5\ \mathrm{m}>l_{\mathrm{n}}/3=1.5/3=0.5\ \mathrm{m}$,墙体荷载按高为 0.5 m 的墙体均布自重计算。

$$q_{墙}=1.2\times 0.5\times 5.24=3.14\ \mathrm{kN/m}$$

屋面板底到过梁底高 $0.75\ \mathrm{m}<l_{\mathrm{n}}=1.5\ \mathrm{m}$,需考虑屋面板传来的荷载 $q_{墙}$。

$$q=q_{墙}+q_{板}=3.14+10=13.14\ \mathrm{kN/m}$$

$$M=\frac{1}{8}ql_{\mathrm{n}}^2=\frac{1}{8}\times 13.14\times 1.5^2=3.70\ \mathrm{kN\cdot m}$$

$$V=\frac{1}{2}ql_{\mathrm{n}}=\frac{1}{2}\times 13.14\times 1.5=9.86\ \mathrm{kN}$$

② 截面承载力计算。

取 $h=700\ \mathrm{mm}$, $h_0=h-a_{\mathrm{s}}=700-20=680\ \mathrm{mm}$.

抗弯计算:

$$A_{\mathrm{s}}\geqslant\frac{M}{0.85h_0f_{\mathrm{y}}}=\frac{3.7\times 10^6}{0.85\times 680\times 270}=23.71\ \mathrm{mm}^2$$

取 3ϕ6, $A_{\mathrm{s}}=84.9\ \mathrm{mm}^2>27.3\ \mathrm{mm}^2$,且满足钢筋间距要求。

抗剪验算:

$$V=9.86\ \mathrm{kN}<V_{\mathrm{u}}=15.68\ \mathrm{kN}\ (\text{同砖砌平拱过梁})$$

满足承载力要求。

9.6.2 挑梁的计算与构造

挑梁是指一端嵌固在砌体墙内，另一端悬挑出墙外的钢筋混凝土悬挑构件。在混合结构房屋中，由于使用功能和建筑艺术的要求，挑梁多用作房屋的阳台、雨篷、悬挑外廊和悬挑楼梯等。

1. 挑梁的受力特点

挑梁在外伸端的荷载作用下，悬挑根部处梁下砌体产生压缩变形，梁上界面产生水平裂缝与上部砌体脱开。继续加荷，在挑梁入墙部分的尾部梁底也产生水平裂缝，并有与下部砌体脱开、梁尾翘起的趋势。随着荷载的不断增加，挑梁可能出现以下三种破坏形态。

（1）挑梁受弯或受剪破坏。在外挑部分的荷载作用下，挑梁根部的抗弯或抗剪承载力不足而导致挑梁自身破坏[图 9-25(a)]。

（2）挑梁倾覆破坏。当挑梁入墙部分的长度不足，其上部墙体对它的嵌固作用不足以抵抗外挑部分荷载引起的倾覆力矩时，挑梁会发生倾覆破坏[图 9-25(b)]。

（3）挑梁下砌体局部受压破坏。在外挑部分荷载作用下，挑梁入墙部分的尾部梁底逐渐与砌体分离，使挑梁入墙部分砌体的有效受压面积减小，最后在悬挑部分的根部处梁下砌体局部被压碎而产生局部受压破坏[图 9-25(c)]。

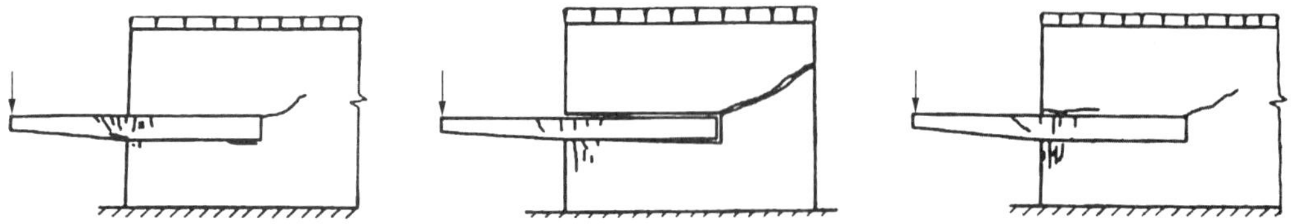

(a) 挑梁受弯或受剪破坏　(b) 挑梁倾覆破坏　(c) 挑梁下砌体局部受压破坏

图 9-25　挑梁的破坏形态

2. 挑梁的计算

1）挑梁的抗倾覆验算

在挑梁达到倾覆极限状态时，其入墙部分的尾部上部 45°扩散角范围内的墙体自重及楼(屋)盖自重能发挥抗倾覆作用。试验表明，当挑梁倾覆破坏时，挑梁的倾覆点(挑梁倾覆时绕该点旋转)不在墙边，而在距墙边 x_0 处。挑梁的抗倾覆应按下式进行验算：

$$M_{ov} \leqslant M_r \tag{9-20}$$

$$M_r = 0.8G_r(l_2 - x_0) \tag{9-21}$$

式中　M_{ov} ——挑梁悬挑端的荷载设计值对计算倾覆点产生的倾覆力矩；

M_r ——挑梁的抗倾覆力矩设计值；

l_2——挑梁抗倾覆力矩 G 作用点至墙外边缘的距离；

x_0——挑梁计算倾覆点至墙外边缘的距离；

G_r——挑梁抗倾覆荷载，为挑梁尾端上部 45°扩散角的阴影范围（其水平长度为 l_3）内本层的砌体与楼面恒荷载标准值之和。对无洞口砌体，按图 9-26(a)计算；当 $l_3 > l_1$ 时按图 9-26(b)计算；对于有洞口砌体，则根据洞口的位置按图 9-26(c)或图 9-26(d)计算。此处 l_1 为挑梁埋入墙内的长度。

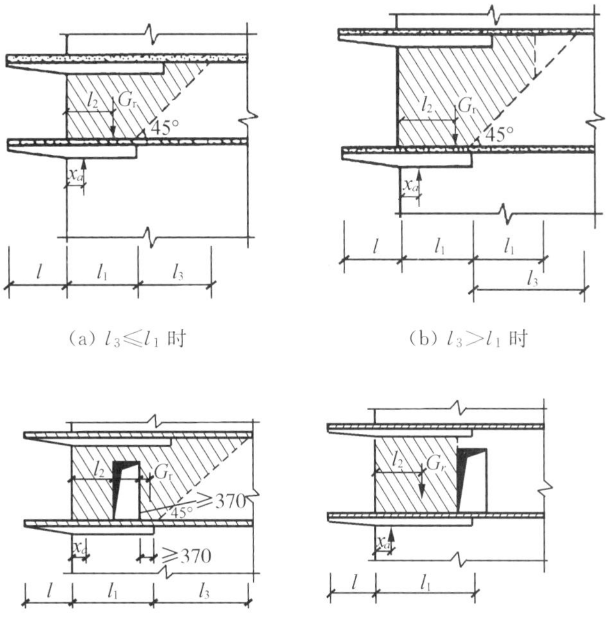

(a) $l_3 \leqslant l_1$ 时　(b) $l_3 > l_1$ 时

(c) 墙体开洞 1　(d) 墙体开洞 2

图 9-26　挑梁抗倾覆荷载示意图

挑梁计算倾覆点至墙外边缘的距离 x_0，可按下列规定采用：

(1) 当 $l_1 > 2.2h_b$ 时，$x_0 = 0.3h_b$，且 $x_0 < 0.13l_1$；

(2) 当 $l_1 < 2.2h_b$ 时，$x_0 = 0.13l_1$。

其中，l_1 为挑梁埋入墙体中的长度(mm)，h_b 为挑梁的截面高度(mm)。

2) 挑梁下砌体的局部受压承载力验算

挑梁下砌体局部受压承载力可按下式验算：

$$N_l \leqslant \eta\gamma f A_l \tag{9-22}$$

式中　N_l——挑梁下的支承压力，可取 $N_l = 2R$，R 为挑梁的倾覆荷载设计值；

η——梁端底面压应力图形的完整系数，可取 $\eta = 0.7$；

γ——砌体局部抗压强度提高系数，当挑梁支承在一字墙上时[图 9-27(a)]，取 $\gamma = 1.25$，当挑梁支承在丁字墙[图 9-27(b)]时，取 $\gamma = 1.5$；

A_l ——挑梁下砌体局部受压面积，可取 $A_l = 1.2bh_b$，b 为挑梁的截面宽度。

当挑梁下砌体局部受压承载力不满足要求时，可设置垫块，也可在悬挑根部处设置钢筋混凝土构造柱。

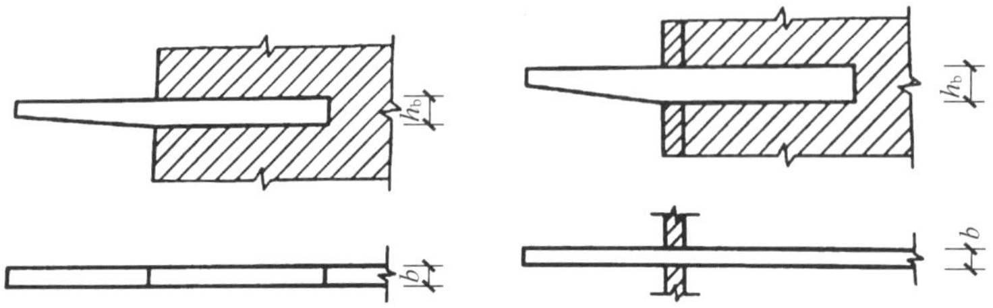

(a) 挑梁支承在一字墙上　　(b) 挑梁支承在丁字墙上

图 9-27　挑梁下砌体局部受压

3）挑梁截面承载力计算

取挑梁最大弯矩设计值 M_{max} 和剪力设计值 V_{max}，按一般钢筋混凝土梁计算正截面受弯承载力和斜截面受剪承载力，M_{max} 及 V_{max} 按下式取值：

$$\begin{cases} M_{max} = M_{ov} \\ V_{max} = V_0 \text{（挑梁在墙外边缘处截面产生的剪力设计值）} \end{cases} \tag{9-23}$$

3. 挑梁的构造要求

挑梁的构造除应满足《混凝土规范》的有关规定外，尚应满足下列要求。

(1) 纵向受力钢筋至少应有 1/2 的钢筋面积伸入梁尾端，且不少于 2Φ12。其余钢筋伸入支座的长度不应小于 $2l_1/3$。

(2) 挑梁埋入砌体的长度 l_1 与挑梁挑出长度 l 之比宜大于 1.2；当挑梁上无砌体时，l_1 与 l 之比宜大于 2。

例 9-11　某住宅阳台平面布置如图 9-28(a)所示。已知楼面恒荷载标准值为 4 kN/m²，阳台活荷载标准值为 2.5 kN/m²，室内活荷载标准值为 2.0 kN/m²。墙体采用 MU15 烧结多孔砖及 M7.5 混合砂浆砌筑，墙厚为 240 mm，双面抹灰的墙体自重标准值为 5.24 kN/m²。挑梁截面尺寸为 240 mm×400 mm，自重标准值为 2.5 kN/m，阳台封口梁及栏杆自重标准值为 5 kN/m。阳台挑梁的剖面示意图如图 9-28(b)所示。试对该阳台的中间挑梁进行设计。

【解】 (1) 荷载计算。

楼板传至挑梁的均布恒荷载标准值

$$g_k = 4 \times 3.3 = 13.2 \text{ kN/m}$$

阳台板及室内楼板传至挑梁的均布活荷载标准值分别为

$$q_{1k}=2.5\times3.3=8.25\ \text{kN/m}$$

$$q_{2k}=2\times3.3=6.6\ \text{kN/m}$$

封口梁传来的集中恒荷载标准值

$$F_k=5\times3.3=16.5\ \text{kN}$$

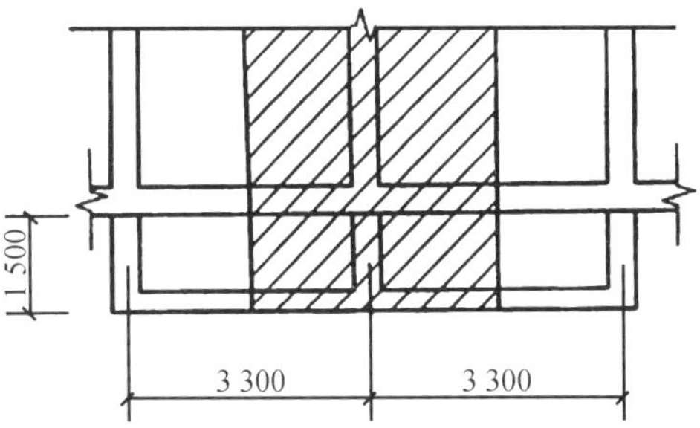

（a）阳台平面图

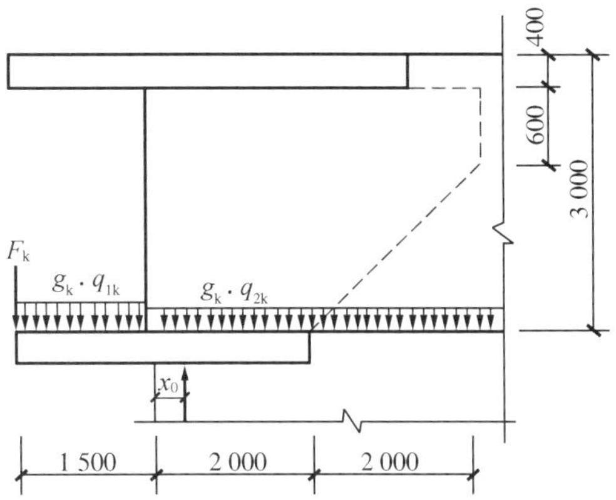

（b）挑梁剖面示意图

图 9-28　例 9-11 图

（2）挑梁抗倾覆验算。

① 计算倾覆点位置。

因 $l_1=2.0\ \text{m}>2.2h_b=2.2\times0.4=0.88\ \text{m}$

取 $x_0=0.3h_b=0.3\times0.4=0.12\ \text{m}<0.13l_1=0.13\times2=0.26\ \text{m}$

② 倾覆力矩。

$$M_{ov}=\frac{1}{2}[1.2\times(13.2+2.5)+1.4\times8.25]\times(1.5+0.12)^2+1.2\times16.5\times(1.5+0.12)$$
$$=71.95\ \text{kN}\cdot\text{m}$$

③ 抗倾覆力。

楼盖恒荷载产生的抗倾覆力矩：

$$M_{r1}=0.8\times\frac{1}{2}\times(13.2+2.5)\times(2-0.12)^2=22.27\ \text{kN}\cdot\text{m}$$

墙体自重产生的抗倾覆力矩：

$$M_{r2}=0.8\times\left[4\times2.6\times(2-0.12)-\frac{1}{2}\times2\times2\times\left(2+\frac{2}{3}\times2-0.12\right)\right]\times5.24$$
$$=55.02\ \text{kN}\cdot\text{m}$$

$$M_r = M_{r1} + M_{r2} = 22.27 + 55.02 = 77.29\ \text{kN} \cdot \text{m} > M_{ov}$$
$$= 71.95\ \text{kN} \cdot \text{m}$$

抗倾覆验算满足要求。

(3) 挑梁下砌体局部受压承载力验算。

已知 $\eta = 0.7$，$\gamma = 1.5$，$f = 2.07\ \text{N/mm}^2$。

$$A_l = 1.2bh_b = 1.2 \times 240 \times 400 = 115\ 200\ \text{mm}^2$$
$$R = 1.2 \times 16.5 + [1.2 \times (13.2 + 2.5) + 1.4 \times 8.25] \times (1.5 + 0.12) = 69.03\ \text{kN}$$
$$N_l = 2R = 2 \times 69.03 = 138.06\ \text{kN}$$
$$\eta\gamma f A_l = 0.7 \times 1.5 \times 2.07 \times 115\ 200 = 250\ 387\ \text{N} = 250.39\ \text{kN} > N_l = 138.06\ \text{kN}$$

挑梁下砌体局部受压承载力满足要求。

(4) 挑梁承载力计算。

挑梁的最大弯矩设计值为：

$$M_{max} = M_{ov} = 71.95\ \text{kN} \cdot \text{m}$$

挑梁的最大剪力设计值为挑梁在墙外边缘处的剪力：

$$V_{max} = 1.2 \times 16.5 + [1.2 \times (13.2 + 2.5) + 1.4 \times 8.25] \times 1.5 = 65.39\ \text{kN}$$

阳台挑梁的截面配筋计算从略。

模块小结

砌体结构是本书的重要内容之一，它涉及面广，经验性和实用性强，注重工程能力培养。本模块内容包括砌体结构的材料及其力学性能、结构承重体系及计算方案、高厚比验算、构件的受压承载力计算、过梁及挑梁等。结合工程实践和理论分析，通过例题、思考题和练习题，加强对学生动手能力的训练。培养学生具有一定砌体结构设计计算能力，掌握砌体结构设计的基本原理与方法，以便将来能够从事一般砌体结构设计和施工工作，并为后续进一步深造打下基础。

复习思考题

1. 填空题

(1) 在混合结构房屋中，对受压构件进行高厚比验算的目的是________。对带壁柱的砖墙要分别进行________和________的高厚比验算。

(2) 当无筋砌体的偏心距________时，砌体按通缝弯曲抗拉强度来确定________承载能力。

(3) 块材的________是影响砌体轴心抗压强度的主要因素。

(4) 各类砌体，当用________砌筑时，对抗压强度设计值乘以0.85的调整系数，以考虑其________差的影响。

(5) 影响砖砌体抗压强度的主要因素有块材的________，砂浆的________及砌筑质量。

(6) 根据原料成分，常用砂浆可分为________砂浆、________砂浆和________。

(7) 块体的厚度越________、抗压强度越________，砂浆的抗压强度越________，则砌体的抗压强度越高。

(8) 砌体受压构件按________可分为短柱和长柱，其界限值为________。

(9) 混合结构房屋的三个静力计算方案是________、________和________。

2. 简答题

(1) 影响砖砌体抗压强度的主要因素有哪些?

(2) 何为高厚比? 影响砖砌体允许高厚比的主要因素是什么?

(3) 砂浆的强度等级有哪些? 砂浆有哪几种类型?

(4) 简述房屋静力计算方案的分类及各自定义。

(5) 简述挑梁可能发生的几种破坏形式。

(6) 简述砌体结构的优点。

3. 计算题

(1) 截面490 mm×620 mm的砖柱，采用MU10烧结普通砖及M2.5水泥砂浆砌筑，计算高度$H_0=5.6$ m，柱顶承受轴心压力标准值$N_k=189.6$ kN(其中永久荷载135 kN，可变荷载54.6 kN)。试验算柱截面承载力。

(2) 某矩形截面偏心受压柱，截面尺寸490 mm×620 mm，柱的计算高度$H_0=5.0$ m，采用MU10烧结黏土砖和M5混合砂浆砌筑，柱截面承受轴向力设计值$N=160$ kN，长边方向承受弯矩设计值$M=13.55$ kN·m。试验算柱的承载力。

模块 10　建筑结构抗震设计

思维导图

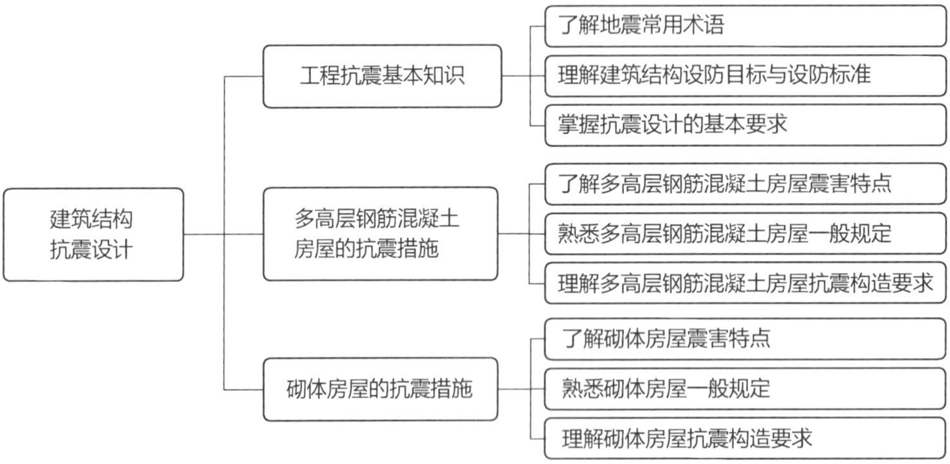

知识点滴

我国地处环太平洋地震带和欧亚地震带的交汇处，是世界上地震灾害严重的国家之一。地震造成的人员伤亡和财产损失，主要是由于建筑物的破坏所引起的。为了最大限度地减轻地震灾害，搞好工程的抗震设计是一项重要的减灾措施。我国抗震规范提出了“三水准”抗震设防目标（小震不坏，中震可修，大震不倒）、两阶段的抗震设计方法（第一阶段多遇地震下的承载力验算，第二阶段是罕遇地震下的弹塑性变形验算），并针对不同类型的建筑结构采取相应的构造措施以保证抗震计算结果的有效性（图 10-1）。

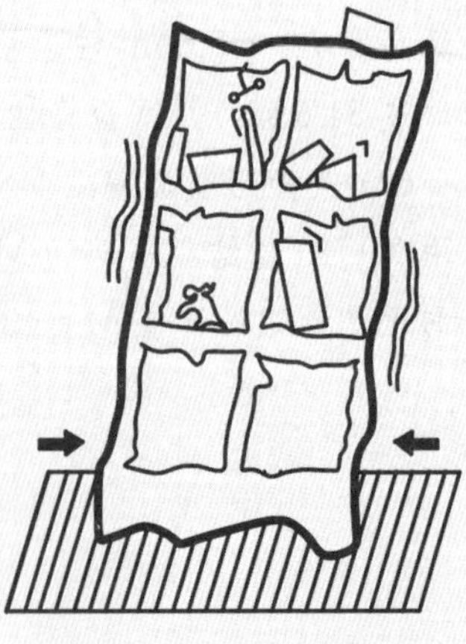

图 10-1　地震破坏示意

10.1 工程抗震基本知识

想一想

你所了解的地震知识有哪些？我国建筑抗震设防目标与设防标准是什么？工程抗震设计遵循什么原则？

10.1.1 地震类型及常用术语

1. 地震类型与成因

地震按其产生的原因主要分为火山地震、陷落地震和构造地震。

由于火山爆发所引起的地震叫火山地震；由于地表或地下岩层突然大规模陷落和崩塌而造成的地震叫陷落地震；由于地壳运动，推挤地壳岩层使其薄弱部位发生断裂错动而引起的地震叫构造地震。前面两种地震的影响范围和破坏程度相对较小，而后面一种地震发生频率高（占地震发生总数约 90%）、破坏作用大，影响范围广，是工程抗震研究的重点。

构造地震产生的根本原因主要是地壳板块的构造运动。地球在运动过程中，构造运动使地壳积累了巨大的变形能，在地壳岩层中产生了很大的复杂内应力，地壳板块之间的相互作用力会使地壳中的岩层发生变形，当这些应力超过某处岩层的强度极限时，将使该处岩层发生突然断裂或强烈错动，从而引起振动，并以波的形式传到地面，形成地震。

2. 常用地震术语

1）震源和震中

如图 10-2 所示，地球内部岩层发生断裂或错动的部位产生剧烈振动，造成地震发生的地方称为震源，震源至地面的垂直距离称为震源深度；震源在地表的垂直投影点（即震源正上方的地面位置）称为震中；地面某处到震中的水平距离称为震中距。震中附近地面震动最强烈，也是破坏最严重的地区称为震中区。

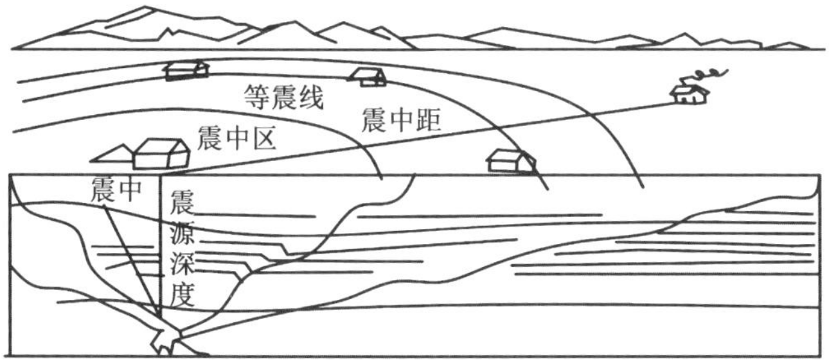

图 10-2 常用地震术语示意图

地震按震源的深浅分为：浅源地震（震源深度＜60 km）、中源地震（震源深度在 60～300 km）、深源地震（震源深度＞300 km）。我国发生的绝大部分地震都属于浅源地震。一般来说，浅源地震破坏性大，深源地震破坏性小。

2）地震波

地震时，岩层中积累的能量以波的形式从震源向外传播至地面，这就是地震波。其中，在地球内部传播的波称为体波，沿地球表面传播的波称为面波。

体波有纵波和横波两种形式。纵波是由震源向四周传播的压缩波，其质点振动的方向与波的前进方向一致，这种波周期短、振幅小、传播速度快，能引起地面上下颠簸（竖向振动）。横波是由震源向四周传播的剪切波，其质点振动的方向与波的前进方向垂直，特点是周期长、振幅大、传播速度较慢，能引起地面水平摇晃（水平振动）。

面波是体波经地层界面多次反射、折射形成的次生波。面波的特点是周期长、振幅比体波大，能引起地面建筑的水平振动。这种波的质点振动方向复杂，只在地表附近传播，衰减较体波慢，故能传播到很远的地方，其导致地面呈起伏状或蛇形扭曲状，对建筑物影响也比较大。

在一般情况下，地震波的传播以纵波最快，横波次之，面波最慢。因此，地震时一般先出现由纵波引起的上下颠簸，而后出现横波和面波造成的房屋左右摇晃和扭动，其振幅大，地面振动最猛烈，造成的危害也最大。

3）震级

震级是表示地震本身大小的尺度，它是根据一次地震释放能量的多少来划分的，用符号 M 表示，震级越高，释放的能力也越多。1935 年由 C.F.Richter 首先提出了震级的定义：利用标准地震仪，在距震中 100 km 处测的最大水平位移 A（以微米为单位）再对 A 取以 10 为底取对数即为地震震级 M，用公式表示为

$$M = \lg A \tag{10-1}$$

式中　M ——地震震级，一般称为里氏震级；

A ——标准地震仪记录的最大振幅（μm）。

震级每相差一级，地震释放的能量相差约 32 倍。一个 6 级地震所释放出的能量相当于一枚 2 万 t 的原子弹释放的能量。

一般认为，$M < 2$ 的地震人们是感觉不到的，因此称为微震；M 的值在 2～4 的地震，在震中附近地区的人就有感觉，称为有感地震；$M > 5$ 的地震，能引起不同程度的破坏，称为破坏性地震；M 的值在 7～8 的地震称为强烈地震或大地震；$M > 8$ 的地震称为特大地震。

4）地震烈度

地震烈度（seismic intensity）是指地震时对一地区地面震动强弱程度。地震烈度的大小不仅取决于每次地震发生时所释放出的能量大小，同时还受到震源深度、距震中的距

离、地震波传播的介质性质、受震地区的表土性质等影响。对于一次地震，只有一个地震震级，然而同一次地震对不同地区的影响却不同，随着距离震中远近的不同会出现多种不同的地震烈度。一般来说，距震中越近，地震影响越大，地震烈度越高。

震中区的烈度 I_0 称为震中烈度。震中烈度与震级 M 之间的关系可根据下列经验公式估算：

$$M = 0.58 I_0 + 1.5 \tag{10-2}$$

为了评定地震烈度，就需要建立一个标准，这个标准称为地震烈度表。它是以描述震害宏观现象为主的，即根据地震时人的感觉、器物的反应、建筑物的损坏程度和地貌变化特征等方面的宏观现象进行判定和区分。目前，我国采用分成 12 度的《中国地震烈度表》。

10.1.2 建筑抗震设防目标与设防标准

1. 抗震设防依据

1）基本烈度

抗震设防的首要问题是明确要设计的建筑物能抵抗多大的地震。因此，采用概率方法预测某地区在未来一定时间内可能发生的最大烈度是具有实际意义的。一个地区的基本烈度是指该地区在今后 50 年期限内，可能遭遇超越概率为 10%的地震烈度。

国家地震局颁布的《中国地震烈度区划图》给出了全国各地地震基本烈度的分布，可供国家经济建设和国土利用规划、一般工业与民用建筑的抗震设防及制定减轻和防御地震灾害对策之用。

2）抗震设防烈度

抗震设防烈度是作为一个地区建筑抗震设防依据的地震烈度，必须按国家规定的权限审批、颁发的文件（图件）确定。一般情况下，抗震设防烈度可采用《中国地震烈度区划图》中规定的基本烈度。《抗震规范》中的附录 A 规定了我国主要城镇抗震设防烈度。

2. 抗震设防目标

抗震设防是指对建筑物进行抗震设计，包括地震作用、抗震承载力计算和采取抗震措施，以达到在地震发生时减轻地震灾害的目的。

在现阶段，我国采用《抗震规范》提出的“小震不坏、中震可修、大震不倒”的“三水准”的抗震设防目标。

第一水准：当遭受低于本地区抗震设防烈度的多遇地震（简称“小震”）影响时，建筑物一般不受损坏或不需修理仍可继续使用。

第二水准：当遭受相当于本地区抗震设防烈度的地震影响时，建筑物可能有一定损坏，经一般修理或不需修理仍可继续使用。

第三水准：当遭受高于本地区抗震设防烈度的罕遇地震（简称“大震”）影响时，建筑物不致倒塌或发生危及生命安全的严重破坏。

由于地震的发生及其强度的随机性很强，从概率统计意义上说，建筑物在设计基准期50年内，小震是出现概率最大的地震烈度，其50年内超越概率为63.2%，这就是第一水准的烈度（即多遇烈度）；基本烈度即第二水准烈度，在50年内的超越概率大约为10%，也是全国地震烈度区划图所规定的烈度；大震（罕遇地震）作为第三水准烈度，其所对应的烈度在50年内的超越概率为2%～3%。由烈度概率分布分析可知，多遇烈度比基本烈度约低1.55度，罕遇烈度比基本烈度约高出1度。

3. 抗震设计方法

《抗震规范》规定，抗震设防烈度为6度及以上地区的建筑必须进行抗震设计。一般来说，建筑抗震设计包括三个层次的内容与要求：即概念设计、抗震计算和构造措施。概念设计在总体上把握抗震设计的基本原则，抗震计算为建筑抗震设计提供计算手段，构造措施则可以在保证结构整体性、加强局部薄弱环节等方面保证抗震计算结果的合理性和有效性。抗震设计上述三个层次内容是一个不可分割的整体，不可忽略任何一部分。

《抗震规范》提出了采用简化的"两阶段"设计方法实现上述"三水准"的基本设防目标。

第一阶段设计：对于结构设计，首先应满足第一和第二水准的抗震要求，先按多遇地震的地震动参数设计地震作用，进行结构分析和地震内力计算，考虑各分析系数和荷载组合系数等进行荷载与地震作用产生内力的组合，进行截面、配筋计算以及结构弹性位移控制，并采取构造措施保证结构的延性，使之满足第二水准的变形能力，这样就实现了"小震不坏，中震可修"。这一阶段设计对所有抗震设计的建筑结构都必须进行。

第二阶段设计：对地震时地震能力较弱或抗震要求较高的甲类建筑结构要进行薄弱层的塑性变形验算，并采取措施提高薄弱层的承载力和变形能力，这一阶段设计主要是针对甲类建筑和特别不规则的结构。

4. 建筑抗震设防分类与设防标准

1）建筑抗震设防分类

对于不同使用性质的建筑物，地震破坏所造成后果的严重性是不同的。为此，按照国家标准《抗震设防分类标准》将建筑物按其使用功能的重要性分为以下四个抗震设防类别。

（1）特殊设防类（简称"甲类"）指使用上有特殊设施，涉及国家公共安全的重大建筑工程和地震时可能发生严重次生灾害等特别重大灾害后果，需要进行特殊设防的建筑。

（2）重点设防类（简称"乙类"）指地震时使用功能不能中断或需尽快恢复的生命线相关建筑，以及地震时可能导致大量人员伤亡等重大灾害后果，需要提高设防标准的建筑。例如，城市中生命线工程的核心建筑，一般包括供水、供电、交通、消防、通信、救护、供气、供热等系统，以及中小学教学楼等。

（3）标准设防类（简称丙类）指大量的除甲、乙、丁类建筑以外按标准要求进行设防的一般工业与民用建筑。

(4) 适度设防类(简称丁类)指使用上人员稀少且震损不致产生次生灾害,允许在一定条件下适度降低要求的建筑。如一般的仓库、人员稀少的辅助建筑物等。

2) 建筑抗震设防标准

各抗震设防类别建筑的抗震设防标准,应符合下列要求。

(1) 甲类建筑,当抗震设防烈度为6~8度时,应按高于本地区抗震设防烈度提高1度的要求加强其抗震措施;当抗震设防烈度为9度时应按比9度更高的要求采取抗震措施。同时,应按批准的地震安全性评价的结果且高于本地区抗震设防烈度的要求确定其地震作用。

(2) 乙类建筑,当抗震设防烈度为6~8度时,应按高于本地区抗震设防烈度1度的要求加强其抗震措施;但抗震设防烈度为9度时应按比9度更高的要求采取抗震措施。地基基础的抗震措施,应符合有关规定。同时,应按本地区抗震设防烈度确定其地震作用。

应注意的是,对较小的乙类建筑当改用抗震性能较好的材料且符合抗震设计规范对结构体系的要求时,允许按标准设防类(丙类)设防。

(3) 丙类建筑,应按本地区抗震设防烈度确定其抗震措施和地震作用,达到在遭遇高于当地抗震设防烈度的预估罕遇地震影响时不致倒塌或发生危及生命安全的严重破坏的抗震设防目标。

(4) 丁类建筑,允许比本地区抗震设防烈度的要求适当降低其抗震措施,但抗震设防烈度为6度时不应降低。一般情况下,仍按本地区抗震设防烈度确定其地震作用。

10.1.3 抗震设计的基本要求

由于地震及地震效应的不确定性和复杂性,以及计算模型与实际情况有差异,对建筑物造成破坏的程度很难预测,要进行精确的抗震设计是比较困难的。因此,根据概念设计原则,在进行抗震设计时,应遵循下列基本要求。

1. 场地和地基

选择建筑场地时,应根据工程需要,掌握地震活动和工程地质有关资料,对抗震有利、不利和危险地段作出综合评价。对不利地段应提出避开要求,当无法避开时应采取有效措施;对危险地段,严禁建造甲、乙类建筑,不应建造丙类建筑。建筑抗震有利、不利和危险地段划分参见《抗震规范》有关规定。

设计地基和基础时,同一结构单元的基础不宜设置在性质截然不同的地基上,也不宜部分采用天然地基,部分采用桩基。当地基为软弱黏性土、液化土、新填土或严重不均匀土时,应根据地震时地基不均匀沉降和其他不利影响,采取相应的措施。

2. 建筑形体及其构件布置的规则性

建筑形体是指建筑平面形状、立面和竖向剖面的变化。建筑设计应重视其平面、立面和竖向剖面的规则性对抗震性能及经济合理性的影响,宜择优选用规则的形体,其抗侧力构件的平面布置宜规则、对称,侧向刚度沿竖向宜均匀变化,竖向抗侧力构件的截面尺寸和材料强度宜自下而上逐渐减小，避免抗侧力结构的侧向刚度和承载力突变。

不规则建筑的抗震设计应符合《抗震规范》的有关规定。对体型复杂、平立面特别不规则的建筑结构，应进行专门研究和论证，采取特别的加强措施；严重不规则的建筑不应采用。

3. 结构体系

结构体系应根据建筑的抗震设防类别、抗震设防烈度、建筑高度、场地条件、地基、结构材料和施工等因素，经技术、经济和使用条件综合比较确定。

在选择结构体系时，应符合下列各项要求：

(1) 具有明确的计算简图和合理的地震作用传递途径。

(2) 应避免因部分结构或构件破坏而导致整个结构丧失抗震能力或对重力荷载的承载能力。

(3) 应具备必要的抗震承载力、良好的变形能力和消耗地震能量的能力。

(4) 对可能出现的薄弱部位应采取措施提高其抗震能力。

(5) 宜有多道抗震防线。

(6) 宜具有合理的刚度和承载力分布，避免因局部削弱或突变形成薄弱部位，产生过大的应力集中或塑性变形集中。

(7) 结构在两个主轴方向的动力特性宜相近。

4. 结构构件

结构构件应符合下列要求：

(1) 混凝土结构构件应控制截面尺寸和受力钢筋、箍筋的设置，防止剪切破坏先于弯曲破坏、混凝土的压溃先于钢筋的屈服、钢筋的锚固黏结破坏先于钢筋破坏。

(2) 对预应力混凝土结构构件，应配有足够的非预应力钢筋。

(3) 多、高层的混凝土楼、屋盖宜优先采用现浇混凝土板。当采用预制装配式混凝土楼(屋)盖时，应从楼盖体系和构造上采取措施确保各预制板之间连接的整体性。

(4) 加强结构各构件之间的连接，构件节点的破坏不应先于其连接的构件，预埋件的锚固破坏不应先于连接件，以保证结构的整体性。

5. 结构材料

1) 混凝土强度等级

抗震等级为一级的框架梁、柱和节点核芯区，混凝土强度等级不应低于 C30，其他各类构件以及抗震等级为二、三级的框架不应低于 C20；抗震墙不宜超过 C60，其他构件，抗震设防烈度 9 度时不宜超过 C60，抗震设防烈度 8 度时不宜超过 C70，以保证构件在地震作用下必要的承载力和延性。

2) 钢筋种类及性能要求

普通钢筋宜优先采用延性好、韧性和焊接性较好的钢筋。此外，抗震等级为一、二、三级的框架结构和斜撑构件(含梯段)，其纵向受力钢筋采用普通钢筋时，应满足下列要求：

(1) 钢筋的抗拉强度实测值与屈服强度实测值的比值(强屈比)不应小于 1.25。

(2) 钢筋的屈服强度实测值与屈服强度标准值的比值不应大于1.3。

(3) 钢筋在最大拉力下的总伸长率实测值不应小于9%。

10.2 钢筋混凝土房屋的抗震措施

想一想

钢筋混凝土房屋的震害特点是怎样的?如何保证其抗震性能?

10.2.1 震害特点

以下介绍实际工程中较常用的钢筋混凝土框架结构、抗震墙结构的震害特点。

1. 框架结构的震害

震害表明,框架结构的震害主要发生在梁柱节点处(图10-3)。一般来说,柱的震害重于梁,角柱震害重于内柱,柱顶震害重于柱底,短柱震害重于一般柱,砌体填充墙容易破坏。框架的震害主要表现为以下几方面。

1) 框架柱

框架柱的破坏主要发生在柱上、下两端,上端的破坏更为严重。其表现形式为柱顶周围有水平裂缝或交叉裂缝,严重时混凝土压碎崩落,柱内箍筋拉断,纵筋受压屈曲呈灯笼状(图10-4)。主要原因是节点处的弯矩、剪力和轴力都比较大,受力复杂,柱的箍筋配置不足或锚固不好,使箍筋失效而导致出现此种震害。由于角柱是双向偏心受压构件,同时伴有扭转作用,其所受的约束又比其他柱少,因此强震作用时更容易破坏。

当有错层、夹层或半高的填充墙,或设置某些连系梁不适当时,容易形成$H/b<4$(H为柱高,b为柱截面短边边长)的短柱。由于短柱的抗侧移刚度很大,所以能吸收的地震剪力也大,易导致剪切破坏,震害往往较一般柱严重。

图10-3 梁柱节点震害

图10-4 框架柱震害

2）框架梁

框架梁的震害一般发生在梁端。在地震的往复作用下，梁端纵向钢筋屈服，出现上下贯通的垂直裂缝和交叉斜裂缝。当抗剪钢筋配置不足时，框架梁易发生脆性剪切破坏；当抗弯钢筋配置不足时，框架梁易发生弯曲破坏。

3）框架梁、柱节点

在强震作用下，框架梁、柱节点的破坏机理比较复杂。主要表现为节点核芯区产生对角方向的斜裂缝，这主要是由节点抗剪强度不足引起，此类破坏后果一般较严重并且不易修复。当节点区剪压比较大时，箍筋可能尚未屈服，混凝土就被剪压破坏。当节点区箍筋过少，或由于节点区钢筋过密而影响混凝土浇筑质量时，都会引起节点区的破坏。

4）填充墙

框架结构的砖砌填充墙破坏较为严重。在地震作用下，框架层间位移较大，而填充墙变形相对较小，二者变形不一致，在往复水平地震作用下，填充墙即产生斜裂缝，甚至倒塌。

2. 抗震墙的震害

相对于框架结构而言，抗震墙结构和框架-抗震墙结构房屋的抗震性能较好，震害一般较轻。高层结构抗震墙的震害主要表现为：墙肢之间的连梁产生剪切破坏。墙肢之间是抗震墙结构的变形集中处，由于连梁跨度小、高度大而形成深梁，其剪跨比小，因而剪切效应十分明显，在地震反复作用下形成X形剪切裂缝，其破坏为脆性破坏；狭而高的墙肢其工作性能与悬臂梁类似，地震破坏常出现在墙的底部，随着楼层高度的增加而破坏减轻。

10.2.2 抗震设计的一般规定

1. 房屋最大适用高度

房屋适用的最大高度与房屋的结构类型、设防烈度、场地类别等因素有关。《抗震规范》规定，现浇钢筋混凝土房屋的结构类型和最大高度应符合表10-1的要求。平面和竖向均布规则的结构，适用的最大高度宜适当降低。

表10-1 现浇钢筋混凝土房屋适用的最大高度 单位：m

结构类型	抗震设防烈度				
	6度	7度	8度		9度
			0.20 g	0.30 g	
框架	60	50	40	35	24
框架-抗震墙	130	120	100	80	50
抗震墙	140	120	100	80	60
部分框支抗震墙	120	100	80	50	不应采用

（续表）

结构类型		抗震设防烈度				
		6 度	7 度	8 度		9 度
				0.20 g	0.30 g	
筒体	框架-核心筒	150	130	100	90	70
	筒中筒	180	150	120	100	80
板柱-抗震墙		80	70	55	40	不应采用

注：1. 房屋高度指室外地面到主要屋面板板顶的高度(不包括局部突出屋顶部分)。
2. 乙类建筑可按本地区抗震设防烈度确定其适用的最大高度。
3. 表 10-1 中框架,不包括异形柱框架。
4. 超过表内高度的房屋,应专门进行研究和论证,采用有效加强措施。

2. 抗震等级

抗震等级的高低反映了对结构抗震性能要求的严格程度。钢筋混凝土结构的抗震构造措施,不仅与建筑抗震设防类别有关,还与抗震等级有关,因为同样烈度下不同结构体系抗震要求也不相同。《抗震规范》规定,钢筋混凝土丙类建筑的抗震等级应按表 10-2 确定。

表 10-2　现浇钢筋混凝土房屋的抗震等级

结构类型		抗震设防烈度									
		6 度		7 度			8 度			9 度	
框架结构	高度/m	≤24	>24	≤24	>24		≤24	>24		≤24	
	框架	四	三	三	二		二	一		一	
	大跨度框架	三		二			一			一	
框架-抗震墙结构	高度/m	≤60	>60	≤24	25~60	>60	≤24	25~60	>60	≤24	25~50
	框架	四	三	四	三	二	三	二	一	二	一
	抗震墙	三		三	二		二	一		一	
抗震墙结构	高度/m	≤80	>80	≤24	25~80	>80	≤24	25~80	>80	≤24	25~60
	抗震墙	四	三	四	三	二	三	二	一	二	一
部分框支抗震墙结构	高度/m	≤80	>80	≤24	25~80	>80	≤24	25~80			
	抗震墙 一般位置	四	三	四	三	二	三	二			
	抗震墙 加强部位	三	二	三	二	一	二	一			
	框支层框架	二		二		一	一				
框架-核心筒结构	框架	三		二			一			一	
	核心筒	二		二			一			一	

（续表）

结构类型		抗震设防烈度						
		6 度		7 度		8 度		9 度
筒中筒结构	外筒	三		二		一		一
	内筒	三		二		一		一
板柱-抗震墙结构	高度/m	≤35	>35	≤35	>35	≤35	>35	
	框架、板柱的柱	三	二	二	二	一		
	抗震墙	二	二	二	一	二	一	

注：1. 建筑场地为Ⅰ类时，除抗震设防烈度 6 度外应允许按表内降低 1 度所对应的抗震等级采取抗震构造措施，但相应的计算要求不应降低。

2. 大跨度框架指跨度不小于 18 m 的框架。

3. 高度不超过 60 m 的框架-核心筒结构按框架-抗震墙的要求设计时，应按表中框架-抗震墙结构的规定确定其抗震等级。

3. 防震缝的设置

当建筑平面尺寸过长、高度或刚度相差过大以及各结构单元的地基条件有较大差异时，钢筋混凝土结构应考虑设置防震缝。《抗震规范》规定，钢筋混凝土房屋需要设置防震缝时，防震缝最小宽度应符合下列规定：

（1）框架结构房屋的防震缝宽度，当高度不超过 15 m 时不应小于 100 mm；超过 15 m 时，抗震设防烈度 6 度、7 度、8 度和 9 度分别对应每增加高度 5 m、4 m、3 m 和 2 m 时，防震缝宜加宽 20 mm。

（2）框架-抗震墙结构房屋的防震缝宽度不应小于本款（1）项规定数值的 70%，抗震墙结构房屋的防震缝宽度不应小于本款（1）项规定数值的 50%，且均不宜小于 100 mm。

（3）当防震缝两侧结构类型不同时，宜按需要较宽防震缝的结构类型和较低房屋高度确定防震缝缝宽。

4. 结构体系布置

采用对抗震有利的建筑平面和立面布置。

（1）建筑及其抗侧力结构的平面布置宜规则、对称，并具有良好的整体性。

（2）建筑的立面和竖向剖面宜规则，结构的抗侧刚度宜均匀变化，竖向抗侧力构件的截面尺寸和材料强度宜自下而上逐渐减小，避免抗侧力结构的抗侧刚度和承载力突变。不宜采用严重不规则的建筑方案。

（3）体型复杂、平立面特别不规则的建筑结构，应按实际需要在适当部位设置防震缝，以形成多个较规则的抗侧力结构单元。

5. 钢筋的锚固和连接

纵向受拉钢筋的抗震锚固长度 l_{aE} 应按下式计算：

$$l_{aE}=\zeta_{aE}l_a \quad (10\text{-}3)$$

式中　ζ_{aE} ——锚固长度修正系数，一、二级抗震等级取 1.15，三级取 1.05，四级取 1.0；

l_a ——纵向受拉钢筋的锚固长度。

现浇钢筋混凝土框架梁、柱的纵向受力钢筋的连接可采用绑扎搭接、机械连接或焊接。焊接或绑扎接头均不宜位于构件最大弯矩处，且宜避开梁端、柱端的箍筋加密区。当无法避免时，应采用机械连接接头，且同一连接区段内的纵向受力钢筋接头面积百分率不宜超过 50%。

当采用绑扎搭接接头时，其搭接长度应按下式计算：

$$l_{lE} = \zeta_l l_{aE} \tag{10-4}$$

式中　l_{lE} ——抗震设计时纵向受拉钢筋的搭接长度；

ζ_l ——受拉钢筋搭接长度修正系数。

10.2.3　框架结构的抗震构造措施

1. 框架梁

1）梁的截面尺寸

梁的截面尺寸应符合下列要求：梁的截面宽度不宜小于 200 mm，截面高宽比不宜大于 4，净跨与截面高度之比不宜小于 4。

2）梁内纵向钢筋的配置

梁内纵向钢筋的配置应符合下列要求：

（1）纵向受拉钢筋的配筋率不应小于表 10-3 中规定的数值。

（2）梁端截面的底部和顶部纵向钢筋配筋截面面积的比值，除按计算确定外，一级抗震等级不应小于 0.5；二、三级抗震等级不应小于 0.3。

（3）框架梁端计入受压钢筋的混凝土受压区高度和有效高度之比，一级抗震等级不应大于 0.25，二、三级抗震等级不应大于 0.35。

（4）梁端纵向受拉钢筋的配筋率不宜大于 2.5%。沿梁全长顶面、底面的配筋：一、二级抗震等级框架不应少于 2Φ14，且分别不应少于梁顶面、底面纵向受力钢筋中较大截面面积的 1/4；三、四级抗震等级不应少于 2Φ12。

表 10-3　框架梁纵向受拉钢筋的最小配筋百分率

抗震等级	梁中位置	
	支座	跨中
一级	0.40%和 0.80 f_t/f_y 中的较大值	0.30%和 0.65 f_t/f_y 中的较大值
二级	0.30%和 0.65 f_t/f_y 中的较大值	0.25%和 0.55 f_t/f_y 中的较大值
三、四级	0.25%和 0.55 f_t/f_y 中的较大值	0.20%和 0.45 f_t/f_y 中的较大值

3）梁的箍筋

（1）在地震作用下，框架梁两端需加密设置封闭式箍筋，以加强对节点核芯区混凝土的约束作用，保证框架梁有足够的延性。《抗震规范》对梁端箍筋加密区的长度、箍筋最大间距和最小直径等的规定如表 10-4 所示。当梁端纵筋配筋率大于 2%时，表中箍筋最小直径数值应增大 2 mm。

表 10-4 梁端箍筋加密区的长度、箍筋的最大区间和最小直径

抗震等级	加密区长度（采用较大者）/mm	箍筋最大间距（采用最小值）/mm	箍筋最小直径/mm
一	$2h_b$，500	$h_b/4$，$6d$，100	10
二	$1.5h_b$，500	$h_b/4$，$8d$，100	8
三	$1.5h_b$，500	$h_b/4$，$8d$，150	8
四	$1.5h_b$，500	$h_b/4$，$8d$，150	6

注：1. d 为纵向钢筋直径，h_b 为梁截面高度。
2. 箍筋直径大于 12 mm、数量不少于 4 肢且肢距不大于 150 mm 时，抗震等级一、二级的最大间距应允许适当放宽，但不得大于 150 mm。

（2）加密区的箍筋肢距，抗震等级一级不宜大于 200 mm，也不宜大于 $20d$，二、三级不宜大于 250 mm，也不宜大于 $20d$；四级不宜大于 300 mm。其中 d 为箍筋直径。

（3）箍筋宜采用焊接封闭箍筋、连续螺旋箍筋或连续复合螺旋箍筋。当采用非焊接封闭箍筋时，其末端应做成 135°弯钩，弯钩端头平直段长度不应小于箍筋直径的 10 倍；在纵向钢筋搭接长度范围内的箍筋间距不应大于搭接钢筋较小直径的 5 倍，且不宜大于 100 mm。

2. 框架柱

1）柱的截面尺寸

矩形截面柱，抗震等级为四级或建筑层数不超过 2 层时，其最小截面尺寸不宜小于 300 mm；抗震等级一、二、三级且层数超过 2 层时，其最小截面尺寸不宜小于 400 mm。

圆柱的截面直径，抗震等级为四级或层数不超过 2 层时不宜小于 350 mm，抗震等级一、二、三级且层数超过 2 层时不宜小于 450 mm。

柱的剪跨比宜大于 2，柱截面长边与短边的边长比不宜大于 3。

2）柱内纵向钢筋

柱内纵向钢筋的配置应符合下列要求。

（1）柱中纵向钢筋宜对称配置。

（2）当柱截面尺寸大于 400 mm 时，柱内纵筋间距不宜大于 200 mm。

（3）柱总配筋率不应大于 5%；一级抗震等级框架且剪跨比不大于 2 的柱，每侧纵筋配筋率不宜大于 1.2%。

(4) 边柱、角柱在小偏心受拉时，柱内纵筋总截面面积应比计算值增加 25%。

(5) 柱纵向钢筋的绑扎接头应避开柱端的箍筋加密区。

(6) 柱中全部纵筋的最小配筋率应满足表 10-5 的规定，同时每一侧配筋率不应小于 0.2%。对Ⅳ类场地上较高的高层建筑，最小配筋百分率应增加 0.1。

表 10-5　框架柱全部纵向钢筋最小配筋百分率　　单位：%

类别	抗震等级			
	一	二	三	四
中柱、边柱	0.9(1.0)	0.7(0.8)	0.6(0.7)	0.5(0.6)
角柱、框支柱	1.1	0.9	0.8	0.7

注：1. 表 10-5 中括号内数值用于框架结构的柱。
2. 采用 335 MPa、400 MPa 级纵向受力钢筋时，应分别按表中数值相应增加 0.1 和 0.05 采用。
3. 当混凝土强度等级为 C60 以上时，应按表中数值增加 0.1 采用。

3) 柱的箍筋

(1) 框架柱内箍筋常用形式如图 10-5 所示。

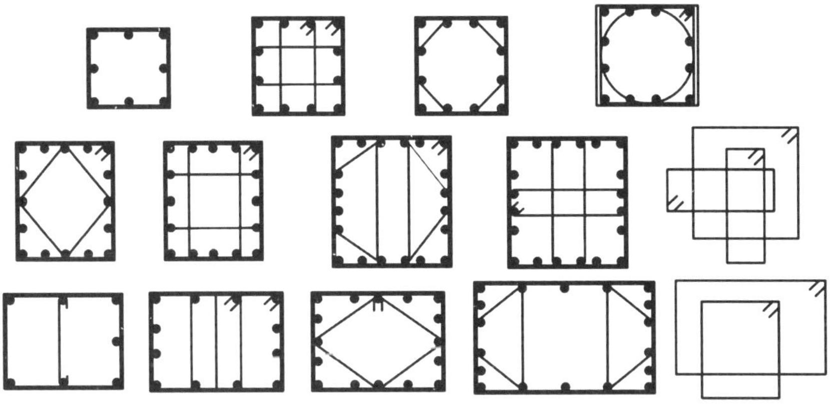

图 10-5　柱的箍筋形式示意

(2) 框架柱的轴压比。轴压比是指柱组合的轴压力设计值与柱的全截面面积和混凝土轴心抗压强度设计值乘积之比值。通过试验及震害表明，框架柱轴压比越大，结构抗震能力越差，因此，在抗震设计中，要控制轴压比的上限。限制轴压比主要是为了控制结构的延性，轴压比越大，柱的延性就越差，在地震作用下将呈脆性破坏。《抗震规范》规定，柱轴压比不宜超过表 10-6 的规定；建造于Ⅳ类场地且较高的高层建筑，柱轴压比限值应适当减小。

表 10-6　柱轴压比限值

结构类型	抗震等级			
	一	二	三	四
框架结构	0.65	0.75	0.85	0.90
框架-抗震墙，板柱-抗震墙、框架-核心筒及筒中筒	0.75	0.85	0.90	0.95
部分框支抗震墙	0.6	0.7		

注：1. 表内限值适用于剪跨比大于 2、混凝土强度等级不高于 C60 的柱；剪跨比不大于 2 的柱，轴压比限值应降低 0.05；剪跨比小于 1.5 的柱，轴压比限值应专门研究并采取特殊构造措施。

2. 沿柱全高采用井字复合箍筋且箍筋肢距不大于 200 mm、间距不大于 100 mm、直径不小于 12 mm，或沿柱全高采用复合螺旋箍筋、螺旋间距不大于 100 mm、箍筋肢距不大于 200 mm、直径不小于 12 mm，或沿柱全高采用连续复合矩形螺旋箍筋、螺旋净距不大于 80 mm、箍筋肢距不大于 200 mm、直径不小于 10 mm，轴压比限值均可增加 0.10。

3. 在柱的截面中部附加芯柱，其中另加的纵向钢筋的总面积不少于柱截面面积的 0.8%，轴压比限值可增加 0.05；此项措施与注 2 的措施共同采用时，轴压比限值可增加 0.15，但箍筋的体积配箍率仍可按轴压比增加 0.10 的要求确定。

4. 柱轴压比不应大于 1.05。

（3）框架柱的上、下两端需设置箍筋加密区。一般情况下，柱箍筋加密区的箍筋的最大间距和最小直径应按表 10-7 采用。

表 10-7　柱箍筋加密区的箍筋最大间距和最小直径

抗震等级	箍筋最大间距(采用较小值)/mm	箍筋最小直径/mm
一	$6d$，100	10
二	$8d$，100	8
三	$8d$，150(柱根 100)	8
四	$8d$，150(柱根 100)	6(柱根 8)

注：1. d 为柱纵筋最小直径。

2. 柱根指框架底层柱下端箍筋加密区。

（4）柱的箍筋加密范围，应按下列规定采用：

① 柱端，取截面高度（圆柱直径）、柱净高的 1/6 和 500 mm 三者的最大值；

② 底层柱的下端不小于柱净高的 1/3；

③ 刚性地面柱上下各 500 mm；

④ 剪跨比不大于 2 的柱、因设置填充墙等形成的柱净高与柱截面高度之比不大于 4 的柱、抗震等级一级和二级框架的角柱，取柱全高。

（5）柱箍筋加密区的箍筋肢距，一级抗震等级的不宜大于 200 mm，二、三级抗震等级的不宜大于 250 mm，四级抗震等级的不宜大于 300 mm。至少每隔一根纵筋宜在两个方向有箍筋或拉筋约束；采用拉筋复合箍时，拉筋宜紧靠纵筋并钩住箍筋。

（6）箍筋加密区的体积配箍率。柱箍筋加密区的体积配箍率 ρ_v，一级抗震等级的不应小于 0.8%，二级抗震等级的不应小于 0.4%，三、四级抗震等级的不应小于 0.4%。ρ_v 按式(10-5)计算：

$$\rho_v=\frac{A_{sv}l}{sA_0} \tag{10-5}$$

式中　ρ_v——箍筋截面面积；

　　l——箍筋长度；

　　s——箍筋间距；

　　A_0——核心区截面面积。

计算复合螺旋箍筋的体积配箍率时，其非螺旋箍筋的箍筋体积应乘以折减系数 0.8。

(7) 柱箍筋非加密区的箍筋配置，应符合下列要求：

① 柱箍筋非加密区的体积配箍率不宜小于加密区的 50%；

② 箍筋间距，一、二级框架柱不应大于 10 倍纵向钢筋直径，三、四级框架柱不应大于 15 倍纵向钢筋直径。

10.2.4　抗震墙的抗震构造措施

1. 抗震墙的厚度

抗震墙的厚度，一、二级抗震等级的不应小于 160 mm 且不宜小于层高或无支长度的 1/20，三、四级抗震等级的不应小于 140 mm 且不宜小于层高或无支长度的 1/25；无端柱或翼墙时，一、二级抗震等级的不宜小于层高或无支长度的 1/16，三、四级抗震等级的不宜小于层高或无支长度的 1/20。

底部加强部位的墙厚，一、二级抗震等级不应小于 200 mm 且不宜小于层高或无支长度的 1/16，三、四级抗震等级的不应小于 160 mm 且不宜小于层高或无支长度的 1/20；无端柱或翼墙时，一、二级抗震等级的不宜小于层高或无支长度的 1/12，三、四级抗震等级的不宜小于层高或无支长度的 1/16。

2. 抗震墙的边缘构件

《抗震规范》规定，抗震墙两端和洞口两侧应设置边缘构件。抗震墙的边缘构件分为约束边缘构件和构造边缘构件两类。约束边缘构件是指用箍筋约束的暗柱、端柱和翼墙，其特点是约束范围大、箍筋较多，对混凝土的约束较强；而构造边缘构件对混凝土的约束程度较弱。抗震墙墙肢的延性与受压区混凝土的变形能力即箍筋的约束有关，抗震墙设置边缘构件是避免墙肢在轴压力和弯矩共同作用下，受压区混凝土压碎破坏。

1) 构造边缘构件的设置与配筋构造

影响压弯构件的延性或屈服后变形能力的因素有截面尺寸、混凝土强度等级、纵向配筋、轴压比、箍筋量等，其主要因素是轴压比和配箍特征值。试验研究表明，轴压比超过一定值时，抗震墙很难成为延性抗震墙。

对于抗震墙结构，底层墙肢底截面的轴压比不大于表 10-8 规定的一、二、三级抗震墙及四级抗震墙，墙肢两端可设置构造边缘构件。

表 10-8　抗震墙设置构造边缘构件的最大轴压比

抗震等级或烈度	一级(9 度)	一级(7、8 度)	二、三级
轴压比	0.1	0.2	0.3

注：墙肢轴压比是指墙的轴压力设计值与墙的全截面面积和混凝土轴心抗压强度设计值乘积之比值。

构造边缘构件的设置范围，可按图 10-6 采用。构造边缘构件范围内纵向钢筋的配筋量除应满足受弯承载力要求外，并宜符合表 10-9 的要求。

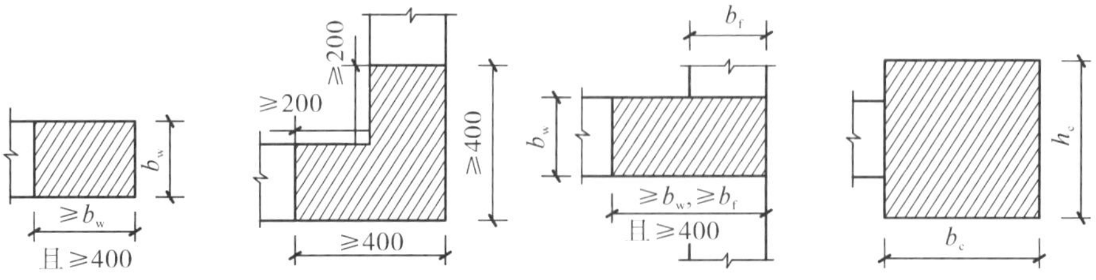

图 10-6　抗震墙的构造边缘构件

表 10-9　抗震墙构造边缘构件的配筋要求

抗震等级	底部加强部位			其他部位		
	纵向钢筋最小量(取较大值)	箍筋		纵向钢筋最小量(取较大值)	拉筋	
		最小直径/mm	最大间距/mm		最小直径/mm	最大间距/mm
一级	$0.010A_c$，6Φ16	8	100	$0.008A_c$，6Φ14	8	150
二级	$0.008A_c$，6Φ14	8	150	$0.006A_c$，6Φ12	8	200
三级	$0.006A_c$，6Φ12	6	150	$0.005A_c$，4Φ12	6	200
四级	$0.005A_c$，4Φ12	6	200	$0.004A_c$，4Φ12	6	250

注：1. A_c 为构造边缘构件的截面面积，即图 10-6 中的阴影面积。
　2. 对其他部位的拉筋，水平间距不应大于纵筋间距的 2 倍；转角处宜采用箍筋。
　3. 当端柱承受集中荷载时，其纵向钢筋、箍筋直径和间距应满足柱的相应要求。

2）约束边缘构件的设置与配筋构造

底层墙肢底截面的轴压比大于表 10-6 规定的一、二、三级抗震墙，以及部分框支抗震墙结构的抗震墙，应在底部加强部位及相邻的上一层设置约束边缘构件，在以上的其他部位可设置构造边缘构件。

约束边缘构件的形式可以是暗柱(矩形端)、端柱和翼墙。约束边缘构件纵筋的配筋范围不应小于图 10-7 中的阴影面积，一、二级抗震墙在其范围内的纵筋截面面积，分别不应小于图 10-7 中阴影面积的 1.2%和 1.0%，并分别不应小于 6 根直径 16 mm 和 6 根直径 14 mm 的钢筋；纵筋宜采用 HRB335 级或 HRB400 级钢筋。

约束边缘构件沿墙肢方向的长度 l_c 和配箍特征值为 λ_v 宜符合表 10-10 的要求，箍筋的配筋范围如图 10-7 所示的阴影面积。

表 10-10　抗震墙约束边缘构件的范围及配筋要求

项　目	一级(9 度)		一级(7、8 度)		二、三级	
	$\lambda \leqslant 0.2$	$\lambda > 0.2$	$\lambda \leqslant 0.3$	$\lambda > 0.3$	$\lambda \leqslant 0.4$	$\lambda > 0.4$
l_c（暗柱）	$0.20h_w$	$0.25h_w$	$0.15h_w$	$0.20h_w$	$0.15h_w$	$0.20h_w$
l_c（翼墙或端柱）	$0.15h_w$	$0.20h_w$	$0.10h_w$	$0.15h_w$	$0.10h_w$	$0.15h_w$
λ_v	0.12	0.20	0.12	0.20	0.12	0.20
纵向钢筋（取较大值）	$0.012A_c$，8Φ16		$0.012A_c$，8Φ16		$0.010A_c$，6Φ16（三级 6Φ14）	
箍筋或拉筋沿竖向间距	100 mm		100 mm		150 mm	

注：1. 抗震墙的翼墙长度小于其 3 倍厚度或端柱截面边长小于 2 倍墙厚时，按无翼墙、无端柱查表。
2. l_c 为约束边缘构件沿墙肢长度，且不小于墙厚和 400 mm；有翼墙或端柱时不应小于翼墙厚度或端柱沿墙肢方向截面高度加 300 mm。
3. λ_v 为约束边缘构件的配箍特征值，h_w 为抗震墙墙肢长度，λ 为墙肢轴压比。
4. A_c 为图 10-7 中约束边缘构件阴影部分的截面面积。

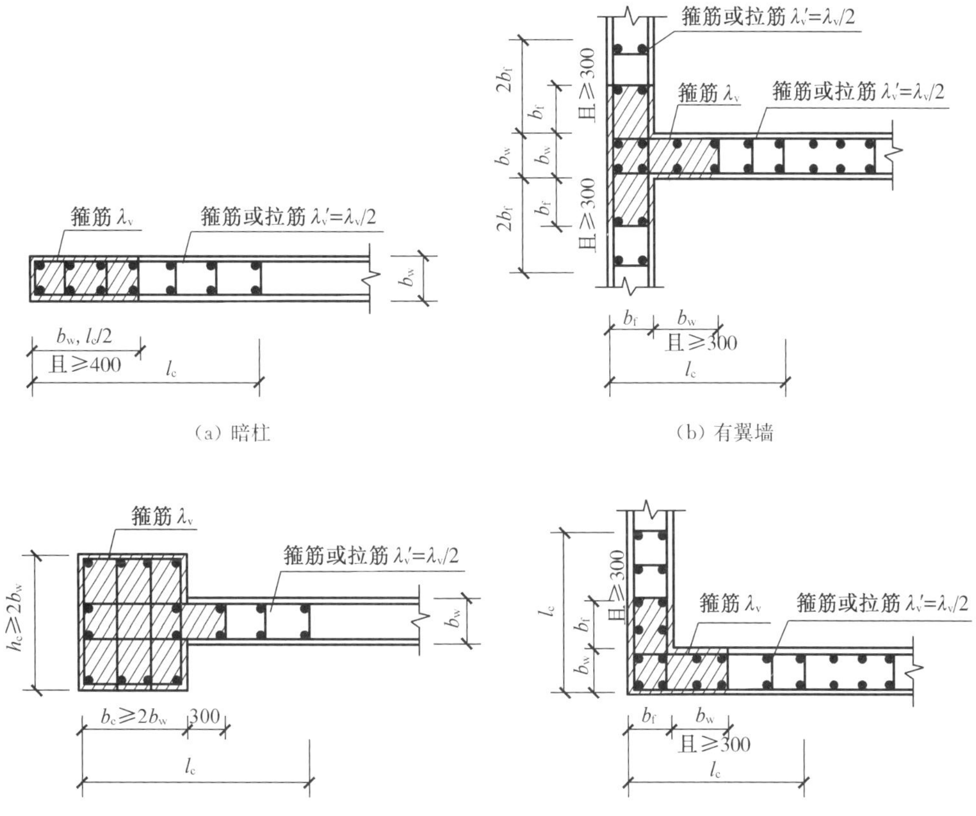

(a) 暗柱　(b) 有翼墙　(c) 有端柱　(d) 转角墙(L 形墙)

图 10-7　抗震墙的约束边缘构件

10.3　砌体房屋的抗震措施

想一想

砌体房屋的震害特点是怎样的？如何保证其抗震性能？

10.3.1　砌体结构的抗震性能

震害表明，砌体结构抗震性能较差，如1923年日本关东大地震，东京约有7 000栋砖石结构房屋几乎全部遭到不同程度的破坏；1976年唐山地震，砖混结构房屋倒塌率为63.2%，实际破坏率达95.8%；2008年5·12汶川特大地震，砌体建筑破坏达到85%以上。砌体结构抗震性能差主要有以下原因：

（1）砌体结构刚度大、自重大，地震作用也大。

（2）砌体材料质脆，抗剪、抗拉、抗弯强度低，地震作用下极易出现裂缝，加剧了破坏程度。

（3）受施工质量的影响较大，如砌筑砂浆不饱满，易出现裂缝，从而削弱结构抗震性能。

10.3.2　砌体房屋的震害及其分析

1. 房屋倒塌

当房屋底层墙体抗震强度不足时，易发生房屋整体倒塌[图10-8(a)]；当房屋局部抗震强度不足或个别部位构件连接强度不足时，易发生局部倒塌[图10-8(b)]。

(a) 整体倒塌

(b) 局部倒塌

图10-8　地震引起的房屋倒塌

2. 墙体裂缝

在地震作用下,房屋墙体抗剪承载力不足时将产生 X 形裂缝、水平裂缝和竖向裂缝。

(1) X 形裂缝(图 10-9)。墙体在竖向压力和反复水平剪力作用下产生 X 形裂缝。X 形裂缝常出现的位置有:与主震方向平行的墙体、房屋两端的横向山墙以及纵向窗间墙等。

(a) 山墙的 X 形裂缝

(b) 窗间墙的 X 形裂缝

图 10-9 地震引起的 X 形裂缝

(2) 水平裂缝(图 10-10)。当房屋纵向承重,横墙间距大而屋盖刚度弱时,导致纵墙产生了过大的出平面外变形,使得墙体因抗弯强度不足而产生水平裂缝,墙体水平裂缝大多发生在外纵墙窗口的上下截面处。

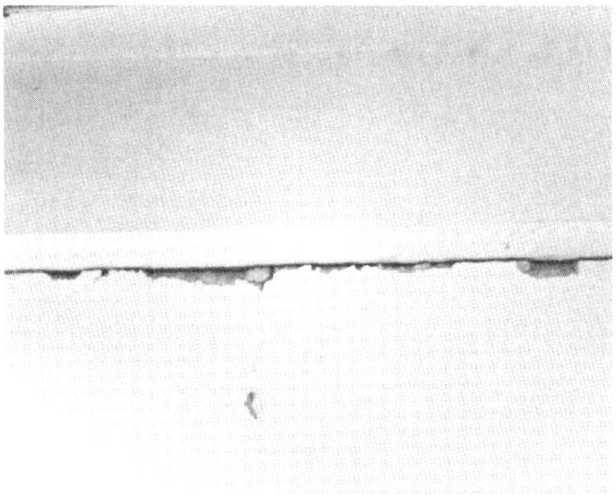

(a) 梁底水平裂缝

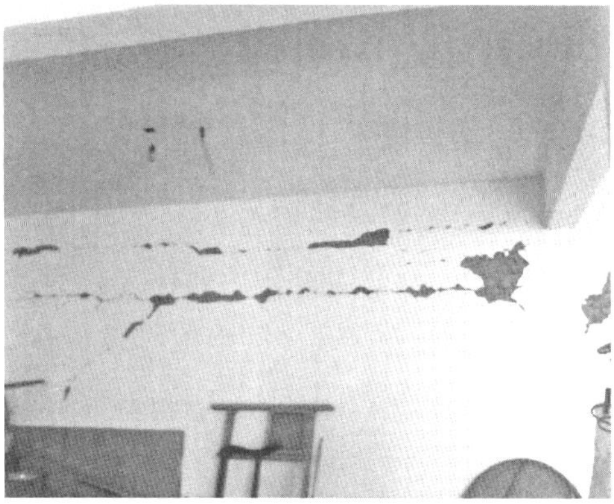

(b) 板底水平裂缝

图 10-10 地震引起的水平裂缝

(3) 竖向裂缝(图 10-11)。竖向裂缝大多发生于横纵墙交界处或房屋的角部。在地震作用下,纵横墙连接处承受两个方向的地震作用,受力复杂,易产生应力集中,导致纵横墙连接处产生较大的拉应力,出现竖向裂缝。

(a) 纵横墙交接处的竖向裂缝　　(b) 墙角的竖向裂缝

图 10-11　地震引起的竖向裂缝

3. 其他破坏

(1) 楼梯间破坏。主要表现为墙体破坏,而楼梯本身很少破坏,究其原因是楼梯间开间小,分担较大的水平地震剪力,且墙体高厚比较大,稳定性差,导致楼梯间墙体容易产生裂缝。

(2) 房屋附属结构破坏。突出屋面的女儿墙、烟囱、屋顶间(电梯机房、水箱间)等房屋附属构件,地震时由于受到"鞭端效应"的影响,地震反应强烈,破坏程度相对严重。

(3) 楼板和屋盖破坏。地震中楼、屋盖很少因其本身承载力或刚度不足而造成破坏。整体现浇楼、屋盖常因墙体倒塌而破坏;整体性较差的装配式楼、屋盖往往因预制板端部搁置长度过短或板、墙之间缺乏可靠的连接措施造成墙体开裂或倒塌。

10.3.3　砌体结构抗震设计的一般规定

1. 结构材料性能指标

(1) 砌体材料应符合下列规定:

① 普通砖和多孔砖的强度等级不应低于 MU10,其砌筑砂浆强度等级不应低于 M5;蒸压灰砂普通砖、蒸压粉煤灰普通砖及混凝土砖的强度等级不应低于 MU15,其砌筑砂浆强度等级不应低于 Ms5(Mb5);

② 混凝土砌块的强度等级不应低于 MU7.5,其砌筑砂浆强度等级不应低于 Mb7.5;

③ 配筋砌块砌体抗震墙,其混凝土空心砌块的强度等级不应低于 MU10,其砌筑砂浆强度等级不应低于 Mb10。

(2) 混凝土材料应符合下列规定:

① 构造柱、圈梁、水平现浇钢筋混凝土带及其他各类构件不应低于 C20,砌块砌体芯柱和配筋砌块砌体抗震墙的灌孔混凝土强度等级不应低于 Cb20。

② 托梁，底部框架-抗震墙砌体房屋中的框架梁、框架柱、节点核心区和混凝土墙，其混凝土的强度等级不应低于 C30。

(3) 钢筋材料应符合下列规定：

① 钢筋宜选用 HRB400 级钢筋和 HRB335 钢筋，也可采用 HPB300 级钢筋；

② 托梁、框架梁、框架柱等混凝土构件和落地混凝土墙，其普通受力钢筋宜优先选用 HRB400 钢筋。

2. 房屋的层数和总高度限制

震害调查表明，砌体房屋的破坏程度随层数的增多而加重。为保证砌体房屋具有一定的抗震能力，因此，对房屋的层数和总高度必须加以限制。

(1)《抗震规范》规定，一般情况下，砌体房屋的层数和总高度不应超过表10-11 的规定。

表 10-11 房屋的层数和总高度限制

房屋类别		最小抗震墙厚度/mm	抗震设防烈度和设计基本地震加速度											
			6		7				8				9	
			0.05 g		0.10 g		0.15 g		0.20 g		0.30 g		0.40 g	
			高度/m	层数	高度/m	层数	高度/m	层数	高度/m	层数	高度/m	层数	高度/m	层数
多层砌体房屋	普通砖	240	21	7	21	7	21	7	18	6	15	5	12	4
	多孔砖	240	21	7	21	7	18	6	18	6	15	5	9	3
	多孔砖	190	21	7	18	6	15	5	15	5	12	4	—	—
	小砌块	190	21	7	21	7	18	6	18	6	15	5	9	3
底部框架-震墙砌体房屋	普通砖、多孔砖	240	22	7	22	7	19	6	16	5	—	—	—	—
	多孔砖	190	22	7	19	6	16	5	13	4	—	—	—	—
	小砌块	190	22	7	22	7	19	6	16	5	—	—	—	—

注：1. 房屋的总高度指室外地面到主要屋面板板顶或檐口的高度，半地下室从地下室室内地面算起，全场地下室和嵌固条件好的半地下室应允许室外地面算起；对带阁楼的坡屋面应算到山尖墙的 1/2 高度处。

2. 室内外高差大于 0.6 m 时，房屋总高度允许比表中数据适当增加，但增加量应少于 1 m。

3. 乙类的多层砌体房屋仍按本地区抗震设防烈度查表，其层数应减少一层且总高度应降低 3 m；不应采用底部框架-抗震墙砌体房屋。

4. 表中小砌块砌体房屋不包括配筋混凝土小型空心砌块砌体房屋。

(2) 横墙较少的多层砌体房屋，总高度应比表 10-11 的规定降低 3 m，层数相应减少一层；各层横墙很少的多层砌体房屋，还应再减少一层。

(3) 抗震设防烈度为 6、7 度时，横墙较少的丙类多层砌体房屋，当按规定采取加强措施并满足抗震承载力要求时，其高度和层数应按表 10-11 的规定采用。

(4) 采用蒸压灰砂砖和蒸压粉煤灰砖的砌体房屋，当砌体的抗剪强度仅达到普通黏土砖砌体的70%时，房屋的层数应比普通砖房减少1层，总高度应减少3 m；当砌体的抗剪强度达到普通黏土砖砌体的取值时，房屋层数和总高度的要求同普通砖房屋。

3. 房屋的层高和最大高宽比限制

(1) 房屋的层高限制。多层砌体结构承重房屋的层高，不应超过3.6 m；底部框架-抗震墙砌体房屋的底部，层高不应超过4.5 m。

(2) 房屋的最大高宽比限制。为了保证多层砌体房屋有足够的稳定性和整体抗弯能力，《抗震规范》规定房屋总高度与总宽度的最大比值应满足表10-12的要求。

表10-12　房屋最大高宽比

地震烈度	6度	7度	8度	9度
最大高宽比	2.5	2.5	2.0	1.5

注：1. 单面走廊房屋的总宽度不包括走廊宽度。
2. 建筑平面接近正方形时，其高宽比宜适当减小。

在计算房屋高宽比时，房屋宽度是就房屋的总体宽度而言，局部突出或凹进、横墙部分不连续或不对齐不受影响。具有外走廊或单面走廊的房屋宽度不包括走廊宽度，但有时因此而不能满足高宽比限值的情况可适当放宽。

4. 抗震横墙的间距限制

抗震横墙的多少直接影响房屋的空间刚度。横墙数量少，横墙间距大，纵墙的侧向支撑少，房屋的整体抗震性能差；反之，房屋的整体抗震性能好。为了保证结构的空间整体刚度，保证楼盖具有足够的平面内刚度以传递水平地震作用，多层砌体房屋抗震横墙的间距，不应超过表10-13中的规定要求。

表10-13　房屋抗震横墙的间距　　单位：m

房屋类别		地震烈度			
		6度	7度	8度	9度
多层砌体房屋	现浇或装配整体式钢筋混凝土楼、屋盖	15	15	11	7
	装配式钢筋混凝土楼、屋盖	11	11	9	4
	木屋盖	9	9	4	—
底部框架-抗震墙砌体房屋	上部各层	同多层砌体房屋			—
	底层或底部两层	18	15	11	—

注：1. 多层砌体房屋的顶层，除木屋盖外的最大横墙间距应允许适当放宽，但应采取相应加强措施。
2. 多孔砖抗震横墙厚度为190 mm时，最大横墙间距应比表中数值减少3 m。

5. 房屋的局部尺寸限制

当房屋局部某些墙体的尺寸过小，地震时很容易开裂，或局部倒塌。为避免因房屋局部破坏而发展成为整栋房屋破坏，《抗震规范》规定砌体房屋墙段的局部尺寸限值应符合表10-14的要求。

表 10-14　房屋的局部尺寸限值　　单位：m

部　位	6 度	7 度	8 度	9 度
承重窗间墙最小宽度	1.0	1.0	1.2	1.5
承重外墙尽端至门窗洞边的最小距离	1.0	1.0	1.2	1.5
非承重外墙尽端至门窗洞边的最小距离	1.0	1.0	1.0	1.0
内墙阳角至门窗洞边的最小距离	1.0	1.0	1.5	2.0
无锚固女儿墙(非出入口处)的最大高度	0.5	0.5	0.5	0.0

注：1. 局部尺寸不足时，应采取局部加强措施弥补，且最小宽度不宜小于 1/4 层高和表 10-14 所列数据的 80%。
2. 出入口处的女儿墙应有锚固。

6. 房屋结构体系的布置

砌体房屋建筑平、立面的布置对房屋的抗震性能有较大的影响，为了提高其抗震性能，多层砌体房屋的建筑布置和结构体系应符合下列要求。

(1) 应优先采用横墙承重或纵横墙共同承重的结构体系。不应采用砌体墙和混凝土墙混合承重的结构体系。

(2) 纵、横向砌体抗震墙的布置应符合下列要求：

① 宜均匀对称，沿平面内宜对齐，沿竖向应上下连续；且纵横向墙体的数量不宜相差过大；

② 平面轮廓凹凸尺寸，不应超过典型尺寸的 50%；当超过典型尺寸的 25%时，房屋转角处应采取加强措施；

③ 楼板局部大洞口的尺寸不宜超过楼板宽度的 30%，且不应在墙体两侧同时开洞；

④ 房屋错层的楼板高差超过 500 mm 时，应按两层计算；错层部位的墙体应采取加强措施；

⑤ 同一轴线上的窗间墙宽度宜均匀；墙面洞口的面积在抗震设防烈度 6、7 度时不宜大于墙面总面积的 55%，8、9 度时不宜大于 50%；

⑥ 在房屋宽度方向的中部应设置内纵墙，其累计长度不宜小于房屋总长度的 60%(高宽比大于 4 的墙段不计入)。

(3) 其他要求：楼梯间在多层砌体房中，一般震害较其他部位重。《抗震规范》规定楼梯间不宜设置在房屋尽端和转角处，否则应采取特殊措施；不应在房屋转角处设置转角窗；横墙较少、跨度较大的房屋，宜采用现浇钢筋混凝土楼板、屋盖。

7. 防震缝的设置

设置防震缝，可以把复杂的结构分割为比较规则的结构单元，有利于减少房屋的扭转效应并改善结构的抗震性能。《抗震规范》规定房屋有下列情况之一时，宜设置防震缝，缝两侧均应设置墙体，缝宽应根据烈度和房屋高度确定，可采用 70～100 mm：

(1) 房屋立面高差在 6 m 以上。

(2) 房屋有错层，且楼板高差大于层高的 1/4。

(3) 各部分结构刚度、质量截然不同。

10.3.4 砖砌体结构的抗震构造措施

1. 钢筋混凝土构造柱

在多层砌体房屋墙体的规定部位，按构造要求配筋，并按先砌墙后浇筑混凝土柱的施工顺序制成的混凝土柱，称为钢筋混凝土构造柱，简称构造柱（GZ）。

1）构造柱的作用

地震时，在多层砌体房屋的墙体中，某些房屋构造比较薄弱以及易产生应力集中的部位，其震害比较严重。因此，通常在这些部位按抗震设计要求设置钢筋混凝土构造柱，其主要作用在于加强房屋结构的整体性，提高墙体抵抗地震剪力的能力，减轻地震应力集中所造成的破坏；增加结构延性，提高房屋抵抗变形的能力。

2）构造柱的设置部位

各类多层砖砌体房屋，应按下列要求设置现浇钢筋混凝土构造柱：

（1）构造柱设置部位，一般情况下应符合表 10-15 的要求。

（2）外廊式和单面走廊式的多层房屋，应根据房屋增加一层的层数，按表 10-15 的要求设置构造柱，且单面走廊两侧的纵墙均应按外墙处理。

（3）横墙较少的房屋，应根据房屋增加一层的层数，按表 10-15 的要求设置构造柱。当横墙较少的房屋为外廊式或单面走廊式时，应按上述第（2）条要求设置构造柱；但在抗震设防烈度 6 度时不超过 4 层、7 度不超过 3 层和 8 度不超过 2 层时，应按增加两层的层数对待。

（4）各层横墙很少的房屋，应按增加两层的层数设置构造柱。

（5）采用蒸压灰砂普通砖和蒸压粉煤灰普通砖的砌体房屋，当砌体的抗剪强度仅达到普通黏土砖砌体的 70%时，应根据增加一层的层数按上述要求设置构造柱；但在抗震设防烈度 6 度时不超过 4 层、7 度不超过 3 层和 8 度不超过 2 层时，应按增加两层的层数对待。

表 10-15 多层砖砌体房屋构造柱设置要求

<table>
<tr><th colspan="4">房屋层数/层</th><th colspan="2" rowspan="2">设置部位</th></tr>
<tr><th>6 度</th><th>7 度</th><th>8 度</th><th>9 度</th></tr>
<tr><td>4，5</td><td>3，4</td><td>2，3</td><td></td><td rowspan="3">楼梯间、电梯间四角，楼梯斜梯段上下端对应的墙体处；
外墙四角和对应转角；
错层部位横墙与外纵墙交接处；
大房间内外墙交接处；
较大洞口两侧</td><td>隔 12 m 或单元横墙与外纵墙交接处；楼梯间对应的另一侧内横墙与外纵墙交接处</td></tr>
<tr><td>6</td><td>5</td><td>4</td><td>2</td><td>隔开间横墙（轴线）与外墙交接处；山墙与内纵墙交接处</td></tr>
<tr><td>7</td><td>≥6</td><td>≥5</td><td>≥3</td><td>内墙（轴线）与外墙交接处：内墙的局部较小墙垛处；内纵墙与横墙（轴线）交接处</td></tr>
</table>

注：较大洞口，内墙指不小于 2.1 m 的洞口；外墙洞口在内外墙交接处并已设置构造柱时应允许适当放宽，但洞侧墙体应加强。

3）构造柱的构造要求

多层砖砌体房屋构造柱的一般做法如图 10-12 所示，并应符合下列构造要求：

（1）构造柱最小截面可采用 180 mm×240 mm（墙厚 190 mm 时为 180 mm×190 mm），纵向钢筋宜采用4Φ12，箍筋间距不宜大于 250 mm，且在柱上下端应适当加密；在抗震设防烈度 6、7 度时超过 6 层、8 度时超过 5 层以及 9 度时，构造柱纵向钢筋宜采用 4Φ14，箍筋间距不应大于 200 mm；房屋四角的构造柱应适当加大截面及配筋量。

（2）构造柱与墙连接处应砌成马牙槎，沿墙高每隔 500 mm 设 2Φ6 水平钢筋和Φ4 分布短筋并在平面内点焊组成的拉结网片或Φ4 点焊钢筋网片，每边伸入墙内不宜小于 1 m。在抗震设防烈度 6、7 度时底部 1/3 楼层，8 度时底部 1/2 楼层，以及 9 度时全部楼层，上述拉结钢筋网片应沿墙体水平通长设置。

（3）构造柱与圈梁连接处，构造柱的纵筋应在圈梁纵筋内侧穿过，保证构造柱纵筋上下贯通。

（4）构造柱可不单独设置基础，但应伸入室外地面下 500 mm，或与埋深小于 500 mm 的基础圈梁相连。

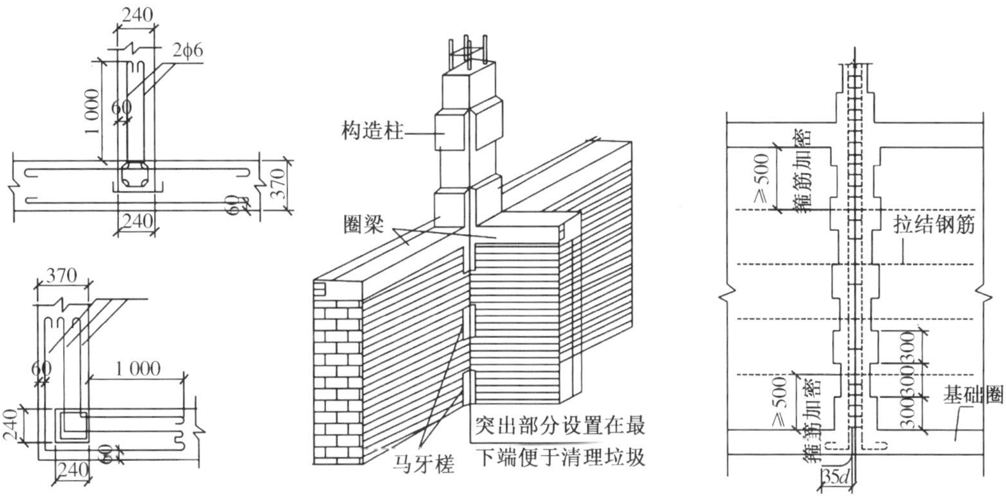

图 10-12　构造柱的构造示意图

（5）房屋高度和层数接近表 10-11 的限值时，纵、横墙内构造柱间距尚应符合下列要求：横墙内的构造柱间距不宜大于层高的两倍；下部 1/3 楼层的构造柱间距适当减小；当外纵墙开间大于 3.9 m 时，应另设加强措施。内纵墙的构造柱间距不宜大于 4.2 m。

2. 钢筋混凝土圈梁

圈梁是沿建筑物外墙四周及部分内横墙设置的连续封闭的钢筋混凝土梁。

1）圈梁的作用

（1）增强房屋的整体性和空间刚度。

(2) 减轻地基不均匀沉降或较大的振动荷载等对房屋的不利影响。

(3) 跨越门窗洞口的圈梁兼起过梁作用。当房屋中部沉降较两端为大时，位于基础顶面部位的圈梁作用较大；当房屋两端沉降较中部为大时，檐口部位的圈梁作用较大。

2) 圈梁的布置

圈梁的布置通常根据房屋类型、层数、所受震动荷载及地基情况等条件来确定圈梁的设置位置和数量。

(1) 厂房、仓库、食堂等空旷单层房屋应按下列规定设置圈梁。

砖砌体结构房屋，檐口标高为 5～8 m 时，应在檐口标高处设置圈梁一道；檐口标高大于 8 m 时，应增加设置数量。

对有吊车或较大振动设备的单层工业房屋，当未采取有效的隔振措施时，除在檐口或窗顶标高处设置现浇混凝土圈梁外，尚应增加设置数量。

(2) 住宅、办公楼等多层砖砌体结构民用房屋，且层数为 3～4 层时，应在底层和檐口标高处各设置一道圈梁。当层数超过 4 层时，除应在底层和檐口标高处各设置一道圈梁外，至少应在所有纵、横墙上隔层设置。多层砌体工业房屋，应每层设置现浇混凝土圈梁。

(3) 采用现浇混凝土楼(屋)盖的多层砌体结构房屋，当层数超过 5 层时，除应在檐口标高处设置一道圈梁外，可隔层设置圈梁，并应与楼(屋)面板一起现浇。未设置圈梁的楼面板嵌入墙内的长度不应小于 120 mm，并沿墙长配置不少于 2 根直径为 10 mm 的纵向钢筋。

(4) 在地震设防地区，多层砖砌体房屋的现浇钢筋混凝土圈梁的设置应符合下列要求。

装配式钢筋混凝土楼(屋)盖或木屋盖的砖房，应按表 10-16 的要求设置圈梁；纵墙承重时，抗震横墙上的圈梁间距应比表 10-16 内要求适当加密。

现浇或装配整体式钢筋混凝土楼盖、屋盖与墙体有可靠连接的房屋，应允许不另设圈梁，但楼板沿抗震墙体周边均应加强配筋，并应与相应的构造柱钢筋可靠连接。

表 10-16 多层砖砌体房屋现浇钢筋混凝土圈梁设置要求

墙类	抗震设防烈度		
	6 度、7 度	8 度	9 度
外墙和内纵墙	屋盖处及每层楼盖处	屋盖处及每层楼盖处	屋盖处及每层楼盖处
内横墙	屋盖处及每层楼盖处；屋盖处间距不应大于4.5 m；楼盖处间距不应大于7.2 m；构造柱对应部位	屋盖处及每层楼盖处；各层所有横墙，且间距不应大于 4.5 m；构造柱对应部位	屋盖处及每层楼盖处；各层所有横墙

3) 圈梁的构造要求

多层砖砌体房屋现浇混凝土圈梁的构造应符合下列要求。

(1) 圈梁宜连续地设在同一水平面上，并形成封闭状；当圈梁被门窗洞口截断时，应在洞口上部增设相同截面的附加圈梁。附加圈梁与圈梁的搭接长度不应小于其中到中垂直间距的 2 倍，且不得小于 1 m，如图 10-13 所示。

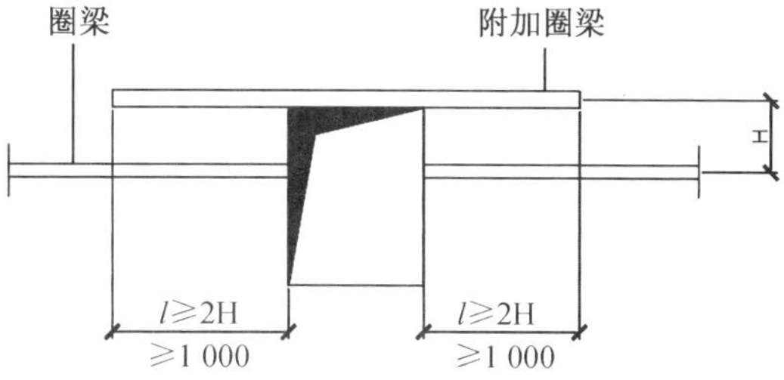

图 10-13　圈梁被门窗洞口截断时的构造

(2) 钢筋混凝土圈梁的宽度宜与墙厚相同，当墙厚不小于 240 mm 时，其宽度不宜小于墙厚的 2/3。圈梁的截面高度不应小于 120 mm。按抗震设防要求，其配筋应符合表 10-17 的规定。

表 10-17　多层砖砌体房屋圈梁配筋要求

配　筋	地震烈度		
	6 度、7 度	8 度	9 度
最小纵筋	4Φ10	4Φ12	4Φ14
箍筋最大间距/mm	250	200	150

(3) 纵、横墙交接处的圈梁应可靠连接，连接处的配筋构造如图 10-14 所示。

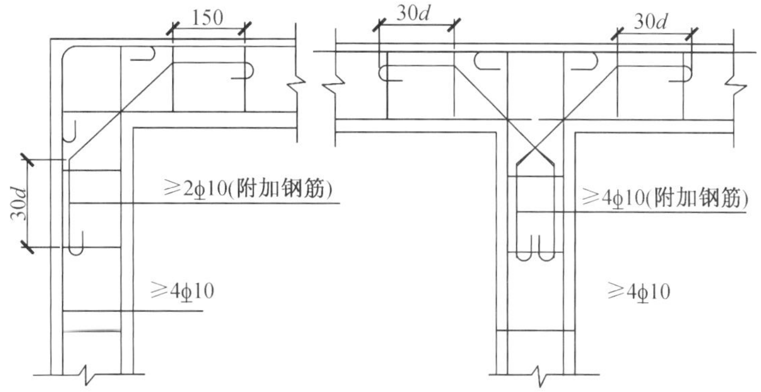

图 10-14　圈梁在转角处的连接构造

(4) 圈梁兼作过梁时，过梁部分的钢筋应按计算面积另行增配。

(5) 圈梁在《抗震规范》中要求的间距内无横墙时，应利用梁或板缝中配筋替代圈梁。

3. 楼梯间的构造

砌体房屋楼梯间的刚度一般较大，受到的地震作用也比其他部位大。为了加强楼梯间的整体性，楼梯间的构造应符合下列要求。

(1) 顶层楼梯间墙体应沿墙高每隔 500 mm 设 2Φ6 通长钢筋和Φ4 分布短钢筋平面内点焊组成的拉结网片或Φ4 点焊网片；7～9 度时其他各层楼梯间墙体应在休息平台或楼

层半高处设置 60 mm 厚、纵向钢筋不应少于 2Φ10 的钢筋混凝土带或配筋砖带，配筋砖带不少于 3 皮，每皮的配筋不少于 2Φ6，砂浆强度等级不应低于 M7.5 且不低于同层墙体的砂浆强度等级，如图 10-15 所示。

(2) 楼梯间及门厅内墙阳角处的大梁支承长度不应小于 500 mm，并应与圈梁连接。

(3) 装配式楼梯段应与平台板的梁可靠连接，8、9 度时不应采用装配式楼梯段；不应采用墙中悬挑式踏步或踏步竖肋插入墙体的楼梯，不应采用无筋砖砌栏板。

(4) 突出屋顶的楼、电梯间，构造柱应伸到顶部，并与顶部圈梁连接，所有墙体应沿墙高每隔 500 mm 设 2Φ6 通长钢筋和Φ4 分布短筋平面内点焊组成的拉结网片或Φ4 点焊网片。

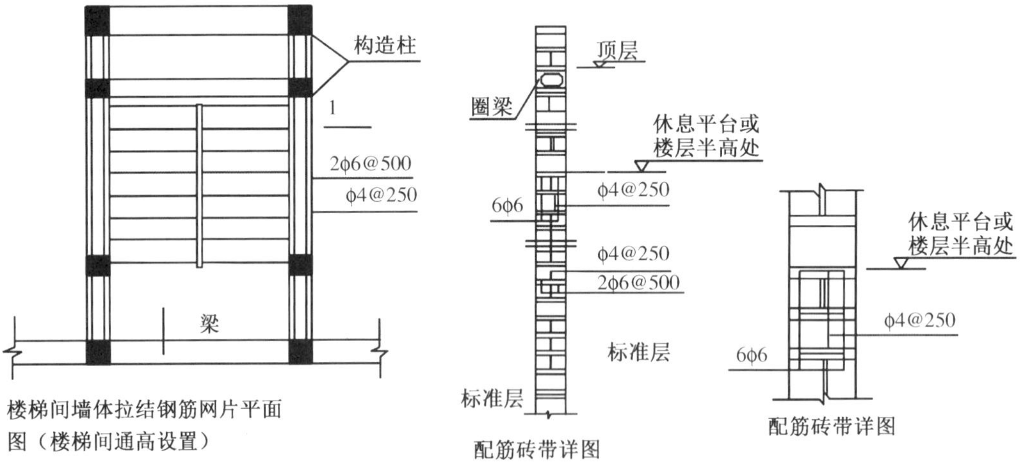

图 10-15　楼梯间横墙和外墙的拉结构造

模块小结

地震烈度是指在一次地震时对某一地区的地表和建筑物影响的强弱程度。对应于一次地震，震级只有一个，而烈度在不同的地点却是不同的。我国建筑物采取“三阶段、两水准”抗震设计方法。

框架结构应遵循“强柱弱梁、强剪弱弯、强节点、强锚固”的设计原则，现浇框架结构的抗震构造措施主要包括框架梁、柱的截面限制，纵向钢筋的配置构造，梁、柱端部箍筋的加密构造，以及梁、柱纵向钢筋在节点内的锚固和搭接等。

抗震墙墙肢两端和洞口两侧应设置边缘构件。抗震墙的边缘构件分为约束边缘构件和构造边缘构件两类。抗震墙结构的抗震构造措施包括抗震墙的厚度要求、边缘构件的设置与配筋构造、墙中竖向和水平分布钢筋的布置与配筋构造要求，以及连梁的配筋构造等。

由于砌体结构材料的脆性性质，其抗剪、抗拉和抗弯强度很低，所以砌体房屋的抗震性能较差。历次震害的宏观现象表明，多层砌体房屋的破坏主要发生在墙体、墙体转角处、内外墙连接处、楼梯间墙体、预制楼盖处以及突出屋面的附属结构（如电梯机房，水箱间、小烟囱、女儿墙）等部位。为了保证砌体结构在地震作用下的安全，在进行抗震设计时，应按《抗震规范》要求采取相应的抗震构造措施，包括钢筋混凝土构造柱的设置与构造、圈梁的设置与构造、墙体之间以及楼（屋）盖与墙体之间的连接构造、楼梯间的构造等。

复习思考题

1. 简述地震波的形式及特点。
2. 震级和烈度有什么区别与联系?
3. 什么是基本烈度和抗震设防烈度？它们是怎样确定的?
4. 简述抗震设计的“三水准、两阶段”分别是什么?
5. 钢筋混凝土房屋的震害主要表现在哪些方面?
6. 现浇钢筋混凝土房屋结构抗震等级划分的依据是什么？有何意义?
7. 砌体结构房屋墙、柱的一般构造要求有哪些?
8. 砌体结构房屋的震害有哪些特点?
9. 砌体结构房屋抗震设计的一般规定包括哪些内容?
10. 为什么要对房屋的总高度及最大高宽比加以限制?
11. 简述砌体结构中构造柱的作用及其构造要求。

模块 11　结构施工图*

思维导图

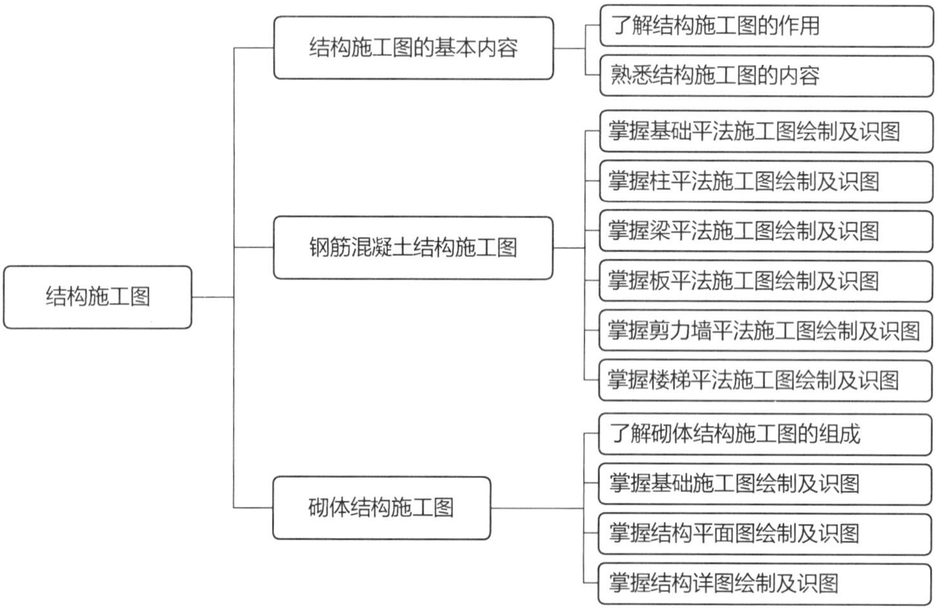

知识点滴

结构施工图的识读方法：从上往下看，从左往右看，从前往后看，从大到小看，由粗到细看，图样与说明对照看，结构施工图与建筑施工图结合看，其他设施图参照看。

总的看图步骤：先看目录和设计说明，再看建筑施工图，然后再看结构施工图。

结构施工图的阅读顺序：按结构设计说明、基础图、柱及剪力墙施工图、楼屋面结构平面图及详图、楼梯电梯施工图的顺序读图，并将结构平面图与详图，结构施工图与建筑施工图对照起来看，遇到问题时，应一一记录并整理汇总，待图纸会审时提交并加以解决。

图纸中的文字说明是施工图的重要组成部分，应认真仔细逐条阅读，并与图样对照看，便于完整理解图纸。在阅读结构施工图时，遇到采用标准图集的情况，应仔细阅读相关的标准图集。

---

* 参考网址：https://world skills.org/what/projects/wsos/，WorldSkills Occupational Standards：Concrete Construction Work.

11.1 结构施工图的基本内容

想一想

结构施工图的作用是什么？结构施工图的组成是什么？

按照内容和作用不同，建筑工程施工图分为建筑施工图、结构施工图和设备施工图。结构施工图是房屋建筑工程施工图中的重要组成部分，也是工程施工人员定位放线、绑扎钢筋、支立模板、浇筑混凝土、质量检验、工程监理、主体施工的重要依据。本模块主要介绍工程中常用的钢筋混凝土结构施工图和砌体结构施工图。

结构施工图一般由结构设计说明、基础图、结构平面布置图以及结构详图组成。

1. 结构设计说明

结构设计说明是结构施工图的纲领性文件。它以文字说明为主，主要表达以下内容：

(1) 工程概况，如建设地点、结构形式、抗震设防烈度、结构设计使用年限、混凝土结构抗震等级、砌体结构质量控制等级等。

(2) 设计依据，包括相关专业标准、规范(程)、业主提供的设计任务书及工程概况等。

(3) 材料选用及要求，如混凝土的强度等级、钢筋的级别，砌体结构中块材和砌筑砂浆的强度等级等。

(4) 结构的构造要求，如混凝土保护层厚度、钢筋的锚固、钢筋的接头等。

(5) 地基基础的情况，如地质情况，不良地基的处理方法和要求，对地基持力层的要求，基础的形式，地基承载力特征值或桩基的单桩承载力设计值以及地基基础的施工要求等。

(6) 施工要求，如对施工顺序、方法、质量标准的要求，与其他工种配合施工方面的要求等。

(7) 选用的标准图集及其他必要的说明。

2. 基础图

基础图是建筑物±0.000 标高以下的结构图。它是施工放线、开挖基槽(坑)、基础施工、计算基础工程量的依据。

基础图一般包括基础平面图和基础详图。桩基础还包括桩位平面图，工业建筑还包括设备基础布置图。

3. 楼、屋盖结构平面布置图

楼、屋盖结构平面布置图是房屋承重结构的整体布置图，表示结构构件的位置、数量、型号及相互关系，是预制楼(屋)盖梁、板安装，现浇楼(屋)盖现场支模、钢筋绑扎、浇筑混凝土的依据。

结构平面布置图包括以下内容。

(1) 楼层结构平面布置图，工业建筑还包括柱网、吊车梁、柱间支撑布置图。

(2) 屋顶结构平面布置图，工业建筑还包括屋面板、天沟、屋架、屋面支撑系统布置图。

4. 结构详图

结构详图包括梁、板、柱等构件详图，楼梯详图，屋架详图，模板、支撑、预埋件详图以及构件标准图等。

11.2 钢筋混凝土结构施工图

想一想

平法施工图中的基础、框架梁、框架柱、楼板及剪力墙等构件是怎样表达的？如何识读钢筋混凝土结构施工图？

结构施工图有两种表示方法：一是传统表示方法；二是平面整体表示方法（简称“平法”）。1996 年之前，采用传统表示方法；1996 年之后，平法在全国推广使用。所谓平法是指把结构构件的尺寸和配筋等，按照平面整体表示方法制图规则，整体直接表达在各类构件的结构平面布置图上，再配合标准构造详图，构成完整的结构施工图。以下介绍基于平法表示的钢筋混凝土结构的基础、板、梁、柱及剪力墙施工图的表达方式与识图。

11.2.1 基础平法施工图

钢筋混凝土房屋的基础形式类型较多，本节主要介绍独立基础、柱下条形基础和桩基础、筏形基础的施工图知识。

1. 独立基础

独立基础平法施工图有平面注写与截面注写两种表达方式。

1) 独立基础的平面注写方式

独立基础的平面注写方式，分为集中标注和原位标注两部分内容。

(1) 集中标注。集中标注是在基础平面图上集中引注基础编号、截面竖向尺寸、配筋三项必注内容，以及基础底面标高（与基础底面基准标高不同时）和必要的文字注解两项选注内容。

① 基础编号：独立基础编号按表11-1的规定。

② 竖向截面尺寸：阶形截面普通独立基础竖向尺寸的标注形式为 $h_1/h_2/h_3$（图11-1）。例如，独立基础 DJ_J××的竖向尺寸注写为 300/300/400 时，表示 $h_1=300$ mm、$h_2=300$ mm、$h_3=400$ mm，基础底板总厚度为 1 000 mm。

阶形截面杯口独立基础竖向尺寸分两组，一组表达杯口内，另一组表达杯口外，两组尺寸以“,”分隔,注写形式为 a_0/a_1, $h_1/h_2/h_3$……(图 11-2)。

表 11-1 独立基础编号

类 型	基础底板截面形状	代 号	序 号
普通独立基础	阶形	DJ_J	××
	锥形	DJ_P	××
杯形独立基础	阶形	BJ_J	××
	锥形	BJ_P	××

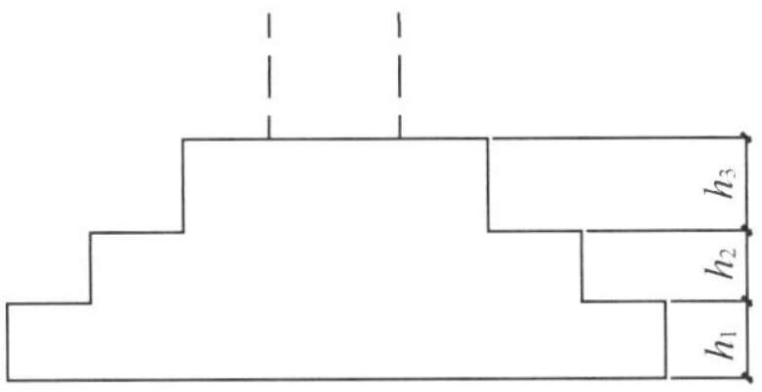

图 11-1 阶形普通独立基础尺寸

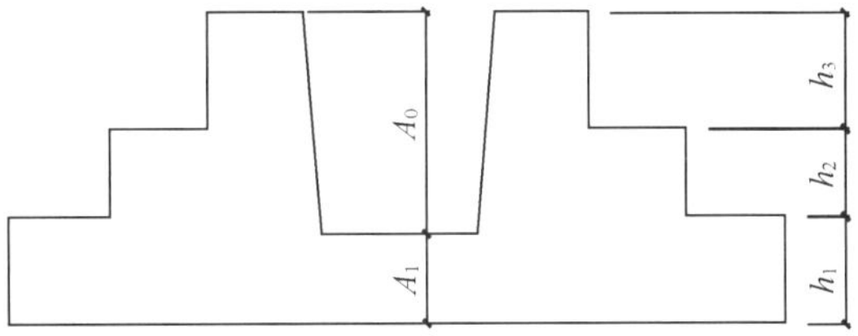

图 11-2 阶形杯口独立基础尺寸

③ 配筋:图 11-3 为独立基础底板底部双向配筋示意。图 11-3 中板的配筋:X ⌀ 16@150,Y ⌀ 16@200;表示基础底板底部配置 HRB335 钢筋,X 向直径为⌀16 mm,分布间距 150 mm;Y 向直径为⌀16 mm,分布间距 200 mm。

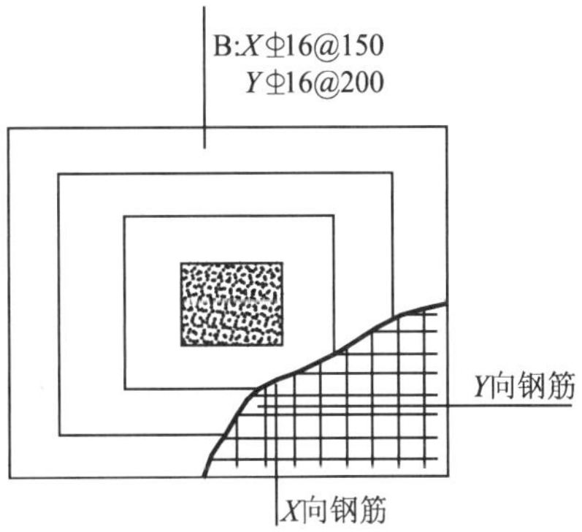

图 11-3 独立基础底板底部双向配筋示意

(2) 原位标注。钢筋混凝土和素混凝土独立基础的原位标注,是在基础平面布置图上标注独立基础的平面尺寸。图 11-4 为阶形截面普通独立基础原位标注。其中,x, y 为普通独立基础两向边长,x_c, y_c 为柱截面尺寸,x_i, y_i 为阶宽或坡形平面尺寸。图 11-5 为普通独立基础平面注写方式施工图示例。

2) 独立基础的截面注写方式

独立基础的截面注写方式,可分为截面标注和列表注写(结合截面示意图)两种表达方式。

2. 条形基础

条形基础的平法施工图有平面注写和截面注写两种表达方式。

条形基础编号分为基础梁、基础圈梁编号和条形基础底板编号,按表 11-2 的规定。

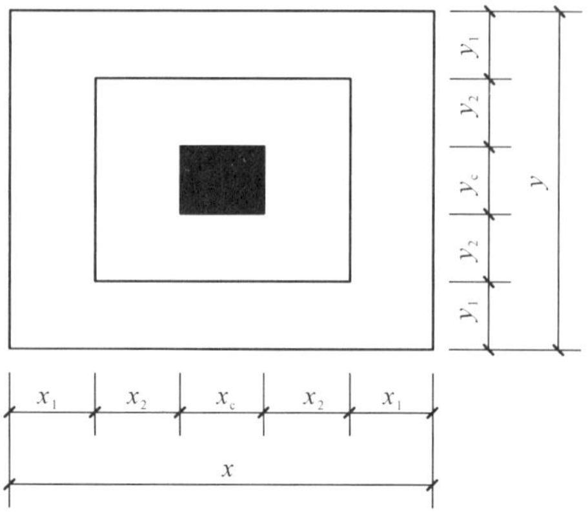

图 11-4　阶形截面普通独立基础原位标注

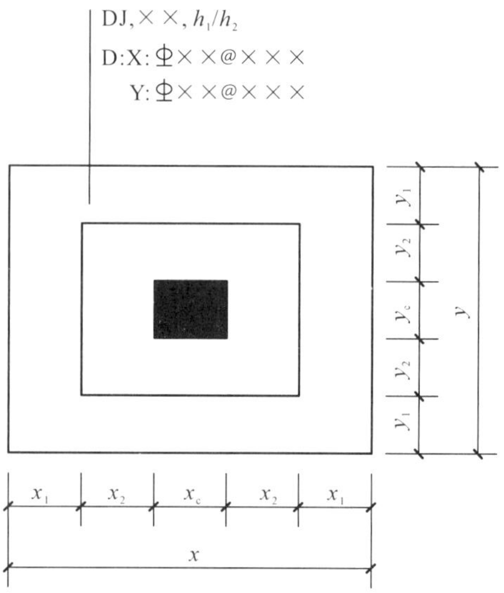

图 11-5　普通独立基础平面注写方式

表 11-2　条形基础梁及底板编号

类　型		代　号	序　号	跨数及有否外伸
基础梁		JL	××	(××)端部无外伸 (××A)一端有外伸 (××B)两端有外伸
条形基础底板	坡形	TJB_P	××	
	阶形	TJB_J	××	

1）基础梁的平面注写方式

基础梁 JL 的平面注写方式，分集中注写和原位标注两部分内容。

基础梁的集中标注内容为：基础梁编号、截面尺寸、配筋三项必注内容，以及基础梁底面标高（与基础底面基准标高不同时）和必要的文字注解两项选注内容。例如：11Φ14@150/250(4)，表示配置两种 HPB300 箍筋，直径均为 14 mm，从梁两端起向跨内按间距 150 mm设置 11 道，梁其余部位的间距为 250 mm，均为四肢箍。

2）条形基础底板的平面注写方式

条形基础底板 TJB_P、TJB_J 的平面注写方式，分集中标注和原位标注两部分内容。

条形基础底板的集中标注内容为：条形基础底板编号、截面竖向尺寸、配筋三项必注内容，以及条形基础底板底面标高（与基础底面基准标高不同时）和必要的文字注解两项选注内容。例如，B:Φ14@150/Φ8@250，表示条形基础底板底部配置 HRB335 横向受力钢筋，直径为 14 mm，分布间距 150 mm；配置 HPB300 构造钢筋，直径为 8 mm，分布间距 250 mm。

图 11-6 为条形基础平面注写方式施工图示例。

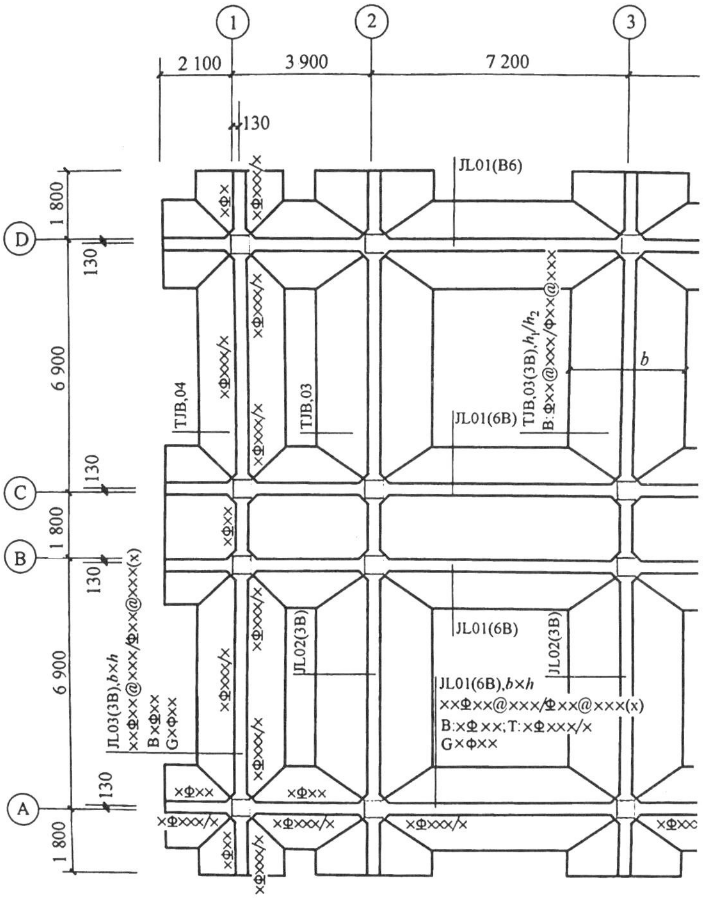

注：基础底面标高(m)为—×.×××；±0.000的绝对标高(m)为×××.×××。

图 11-6　条形基础平面注写方式施工图示意(mm)

3）条形基础的截面注写方式

条形基础的截面注写方式可分为截面标注和列表注写(结合截面示意图)两种表达方式。

3. 桩基承台

桩基承台分为独立承台和承台梁,编号按表 11-3、表 11-4 的规定。

表 11-3　独立承台编号

类型	独立承台截面形状	代号	序号	说明
独立承台	坡形	CT_J	××	单阶截面即为平板式独立平台
	阶形	CT_P	××	

表 11-4　承台梁编号

类型	代号	序号	跨数及有否悬挑
承台梁	CTL	××	(××)端部无外伸 (××A)一端有外伸 (××A)两端有外伸

1）独立承台的平面注写方式

独立承台的平面注写方式，分为集中标注和原位标注两部分内容。

独立承台的集中标注，是在承台平面上集中引注：独立承台编号、截面竖向尺寸、配筋三项必注内容，以及承台板底面标高（与承台底面基准标高不同时）和必要的文字注解两项选注内容。

独立承台的原位标注，是在桩基承台平面布置图上标注独立承台的平面尺寸。

2）承台梁的平面注写方式

承台梁 CTL 的平面注写方式，分集中标注和原位标注两部分内容。

承台梁的集中标注内容为承台梁编号、截面尺寸、配筋三项必注内容，以及承台梁底面标高（与承台底面基准标高不同时）和必要的文字注解两项选注内容。

3）桩基承台的截面注写方式

桩基承台的截面注写方式，可分为截面标注和列表注写（结合截面示意图）两种表达方式，可参照独立基础及条形基础的截面注写方式。

4. 筏形基础

筏形基础又称筏片基础、筏板基础，其形式有梁板式和平板式两种类型。梁板式又可细分为交梁式和梁式，板式也可以细分为板顶加礅或板底加礅式。框架结构一般采用交梁式筏板基础。

1）梁板式筏形基础

梁板式筏形基础平法施工图，是在基础平面布置图上采用平面注写方式表达。

梁板式筏形基础由基础主梁、基础次梁、基础平板等构成，其构件编号按表 11-5 的规定。

表 11-5　梁板式筏形基础构件编号

构件类型	代号	序号	跨数及有否外伸
基础梁（柱下）	JZL	××	(××)或(××A)或(××B)
基础次梁	JCL	××	(××)或(××A)或(××B)
梁板筏基础平板	LPB	××	

注：(××)端部无外伸，(××A)一端有外伸，(××B)两端有外伸。

2）平板式筏形基础

平板式筏形基础由柱下板带、跨中板带组成，其构件编号按表 11-6 的规定。

表 11-6　平板式筏形基础构件编号

构件类型	代号	序号	跨数及有否外伸
柱下板带	ZXB	××	(××)或(××A)或(××B)
跨中板带	KZB	××	(××)或(××A)或(××B)
平板筏基础平板	BPB	××	

注：(××)端部无外伸，(××A)一端有外伸，(××B)两端有外伸。

图 11-7 为交梁式筏板基础平面图示例。

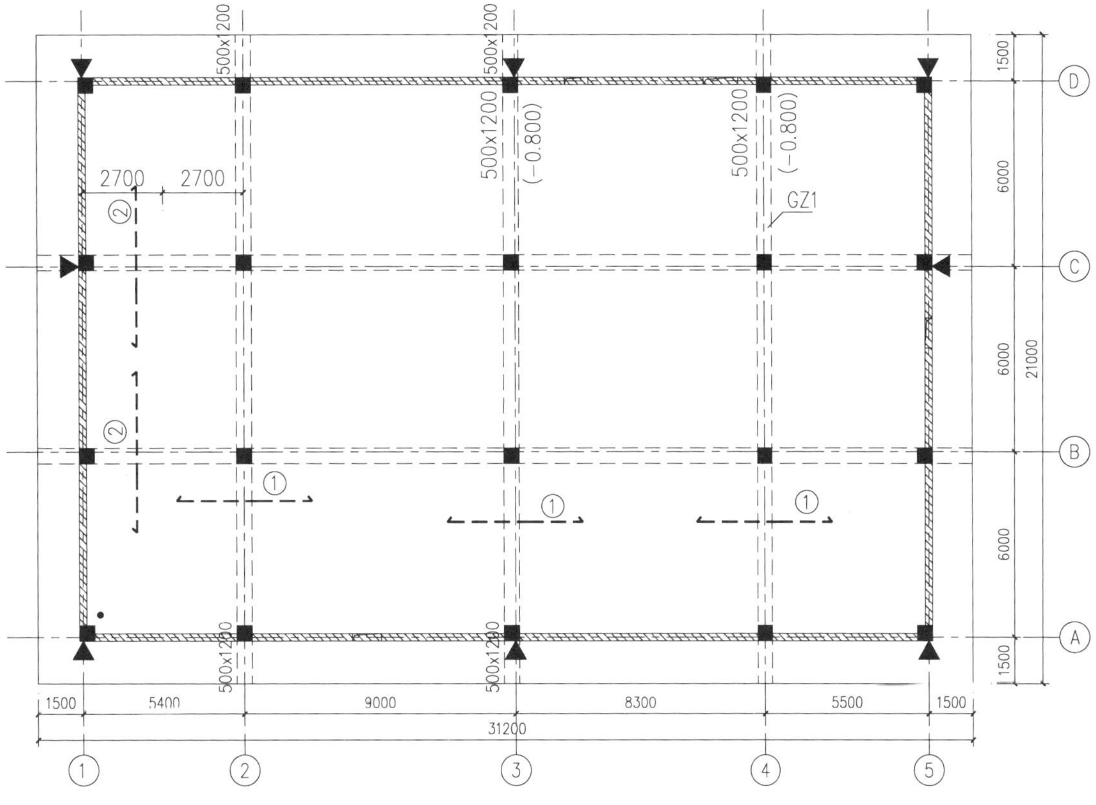

图 11-7　筏形基础平面布置图示意

11.2.2　柱平法施工图

柱的平法表示方法有两种：一种是列表注写方式，另一种是截面注写方式。

1. 列表注写方式

列表注写方式就是在柱平面布置图上，分别在同一编号的柱中选择一个截面标注几何参数代号，然后在柱表中注写柱号、柱段起止标高、几何尺寸与配筋的具体数值，并配以各种柱截面形状及箍筋类型图的方式来表达柱平法施工图。柱表中注写内容及相应的规定如下：

（1）柱编号。柱编号由类型代号和序号组成如表 11-7 所示。

（2）各柱段的起止标高。自柱根部往上以变截面位置或截面未变但配筋改变处为界分段注写。框架柱和框支柱的根部标高是指基础顶面标高；芯柱的根部标高是指根据结构实际需要而定的起始位置标高；梁上柱的根部标高是指梁顶面标高。剪力墙的根部标高分两种：当柱纵筋锚固在墙顶部时，其根部标高为墙顶面标高；当柱与剪力墙重叠一层时，其根部标高为墙顶面向下一层的结构层楼面标高。

表 11-7　柱的编号

柱类型	代号	序号
框架柱	KZ	××
转换柱	ZHZ	××
芯柱	XZ	××

（3）几何尺寸。不仅要标明柱截面尺寸 $b \times h$（圆柱用直径数字前加 d 表示），而且还要标明柱截面与轴线的关系。

（4）柱纵筋。当柱纵筋直径相同，各边根数也相同时，将柱纵筋注写在“全部纵筋”一栏中，除此之外，柱纵筋分角筋、截面 b 边中部筋和 h 边中部筋三项分别注写（对称配筋的矩形截面柱，可仅注写一侧中部筋）。

（5）箍筋类型号和箍筋肢数。

（6）柱箍筋。包括钢筋级别、直径与间距。当箍筋分为加密区和非加密区时，用斜线“/”区分柱端箍筋加密区与柱身非加密区长度范围内箍筋的不同间距。当箍筋沿柱高全高为一种间距时，则不使用“/”。当框架节点核心区内箍筋与柱箍筋设置不同时，在括号内注明核心区箍筋直径及间距。当圆柱采用螺旋箍筋时，需在箍筋前加“L”。例如：

① Φ 8@100，表示沿柱全高范围内箍筋为 HPB300 钢筋，直径 8 mm，间距 100 mm。

② Φ 8@100/200，表示柱箍筋为 HPB300 钢筋，直径 8 mm，加密区间距 100 mm，非加密区间距 200 mm。

③ Φ 8@100/200(Φ 10@100)，表示柱中箍筋为 HPB300 钢筋，直径 8 mm，加密区间距 100 mm，非加密区间距 200 mm；框架节点核心区箍筋为 HPB300 钢筋，直径 10 mm，间距 100 mm。

④ L Φ 8@100/200，表示柱箍筋为 HPB300 钢筋，螺旋箍筋，直径 8 mm，加密区间距 100 mm，非加密区间距 200 mm。柱列表注写方式如表 11-8 所示。

表 11-8　柱列表注写方式示例

柱号	标高/m	$b\times h$/ mm×mm	b_1/ mm	b_2/ mm	h_1/ mm	h_2/ mm	全部纵筋	角筋	b 边一侧中部筋	h 边一侧中部筋	箍筋类型号	箍筋
KZ1	−0.020～15.870	700×650	350	350	150	500	24Φ25	—	—	—	1(5×4)	Φ10@100/200
	15.870～30.270	600×550	300	300	150	400	—	4Φ22	5Φ22	4Φ20	1(5×4)	Φ10@100/200
	30.270～51.570	500×450	250	250	150	300	—	4Φ22	5Φ22	4Φ20	1(5×4)	Φ8@100/200

2. 柱截面注写方式

柱截面注写方式是在柱平面布置图的柱截面上，分别在同一编号的柱中选择一个截面，直接在该截面上注写截面尺寸和配筋具体数值。具体做法如下：对所有柱编号，从相同编号的柱中选择一个截面，按另一种比例原位放大绘制柱截面配筋图，并在配筋图上依次注明编号、截面尺寸、角筋或全部纵筋（当纵筋采用一种直径且能够图示清楚时）及箍筋的具体数值。当纵筋采用两种直径时，须再注写截面各边中部筋的具体数值；对称配筋的矩形截面柱，可只在一侧注写中部筋。

图 11-8 为柱截面注写方式示例，从图中可以看出。框架柱的编号为 KZ3 的柱位于 5 轴和 A 轴的相交处；柱截面尺寸为 650 mm×600 mm；柱的纵向钢筋为直径 22 mm 的 24 根 HRB400 钢筋；柱的箍筋为直径 10 mm 的 HPB300 钢筋，加密区间距为 100 mm，非加密区间距为 200 mm。

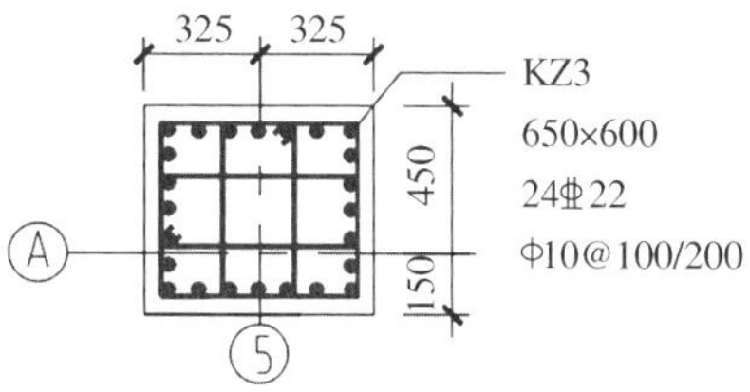

图 11-8　柱截面注写方式示意图

11.2.3　梁平法施工图

梁平法施工图是在梁平面布置图上采用平面注写方式或截面注写方式表达。采用平法表示梁的施工图时，需要对梁进行分类与编号，其编号的方法应符合表 11-9 的规定。

表 11-9　梁编号

梁类型	代号	序号	跨数及是否带有悬挑	备注
楼层框架梁	KL	××	(××)、(××A)或(××B)	(××A)为一端悬挑，(××B)为两端悬挑，悬挑不计入跨数。如 KL5(3A)表示 5 号框架梁，3 跨，一端有悬挑梁
屋面框架梁	WKL	××	(××)、(××A)或(××B)	
框支梁	KZL	××	(××)、(××A)或(××B)	
非框架梁	L	××	(××)、(××A)或(××B)	
悬挑梁	XL	××		
井字梁	JZL	××	(××)、(××A)或(××B)	

1. 平面注写方式

平面注写方式包括集中标注与原位标注两部分。

（1）集中标注——表达梁的通用数值。

（2）原位标注——表达梁的特殊数值。

当集中的某项数值不适用于梁的某部位时，则将该项数原位标注，施工时原位标注取值优先。

1）集中标注

集中标注的形式如图 11-9 所示。

KL4(3)250×700	——梁编号（跨数），截面宽×高。
ф 8@100/200(2)	——箍筋直径、加密区间距/非加密区间距（箍筋肢数）。
2 ф 22	——通长钢筋根数、级别和直径。
G4 ф 12	——构造钢筋根数、级别和直径。
(−0.100)	——梁顶标高与结构层标高的差值，负号表示低于结构层标高。

图 11-9　梁的集中注写形式

（1）梁截面标准规则。当梁为等截面时，用 $b \times h$ 表示。当为竖向加腋梁时用 $b \times h\mathrm{GY}c_1 \times c_2$ 表示，其中 c_1 为腋长，c_2 为腋高。当为水平加腋梁时，一侧加腋时用 $b \times h\mathrm{PY}c_1 \times c_2$ 表示，其中 c_1 为腋长，c_2 为腋宽。当有悬挑梁且根部和端部不同时，用斜线分隔根部与端部的高度值，即 $b \times h_1/h_2$，如图 11-10 所示。

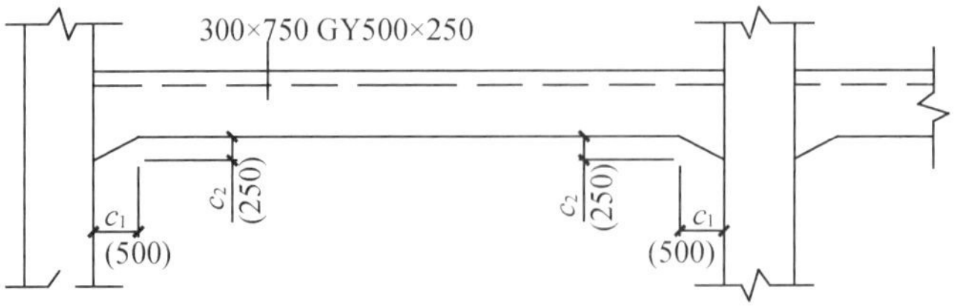

（a）竖向加腋

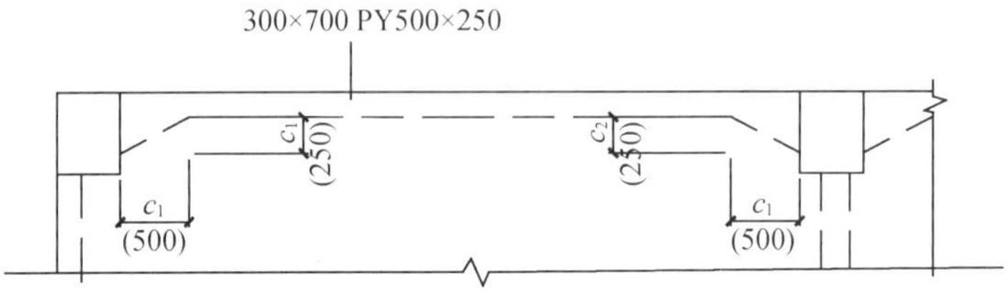

（b）水平加腋

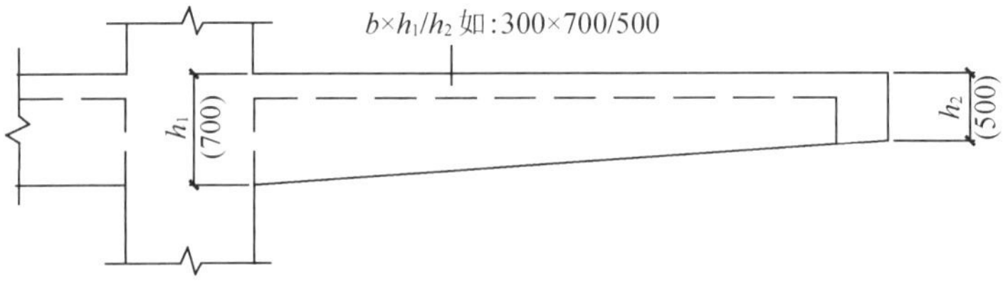

（c）悬挑梁不等高截面

图 11-10　加腋梁

(2) 箍筋的标注规则。当箍筋分为加密区和非加密区时，用斜线“/”分隔，肢数写在括号内，如果无加密区则不需用斜线。当抗震结构中的框架梁采用不同的箍筋间距和肢数时，也可用斜线“/”将其分隔开表示。例如：

Φ 8@100/200(4)，表示梁箍筋采用 HPB300 钢筋，直径 8 mm，加密区间距 100 mm，非加密区间距 200 mm，全部为四肢箍。

Φ 8@100(4)/150(2)，表示梁箍筋采用 HPB300 钢筋，直径 8 mm；加密区间距 100 mm，四肢箍；非加密区间距 150 mm，双肢箍。

(3) 梁上部通长钢筋或架立钢筋标注规则。在梁上部既有通长钢筋又有架立筋时，用“＋”号相连标注，并将通长筋写在“＋”号前面，架立筋写在“＋”号后面并加括号表示。例如，当梁配置四肢箍时，用 2 ⏀ 22＋(2 Φ 12)表示，其中 2 ⏀ 22 为通长筋，2 Φ 12 为架立钢筋。

若梁上部仅有架立筋，无通长钢筋，则全部写入括号内。当梁的上部纵向钢筋和下部纵向钢筋均为通长筋，且多数跨配筋相同，此时可将标准写在梁的下侧，并用分号“；”隔开。

(4) 梁侧钢筋的标注规则。梁侧钢筋分为梁侧纵向构造钢筋(即腰筋)和受扭纵筋。构造钢筋用大写字母 G 打头，接着标注梁两侧的总配筋量，且对称配置。如 G4 Φ 12，表示在梁的每侧各配 2 Φ 12 构造钢筋。受扭纵筋用 N 打头。如 N6 ⏀ 20，表示梁的每侧配置 3 ⏀ 20 的纵向受扭钢筋。

(5) 梁顶高差的标注规则。梁顶高差是指梁顶与相应的结构层的高度差值，当梁顶与相应的结构层标高一致时，则不标注此项；若梁顶与结构层存在高差时，则将高差值标入括号内。如(－0.05)表示梁顶低于结构层 0.05 m；若为(0.05)表示梁顶高于结构层 0.05 m。

2) 原位标注

(1) 梁支座上部纵筋的标注规则。该部位标注包括梁上部的所有纵筋，也包括通长筋。

当梁上部纵筋不止一排时用斜线“/”将各排纵筋从上自下分开。如图 11-11 所示 6 ⏀ 25(4/2)，表示梁支座共有钢筋 6 ⏀ 25，上排 4 ⏀ 25，下排 2 ⏀ 25。

当同排纵筋有两种直径时，用加号“＋”将两种规格的纵筋相连表示，并将角部钢筋写在“＋”号前面。如 2 ⏀ 25＋2 ⏀ 22 表示共有 4 根钢筋，2 ⏀ 25 放在角部，2 ⏀ 22 放在中部。

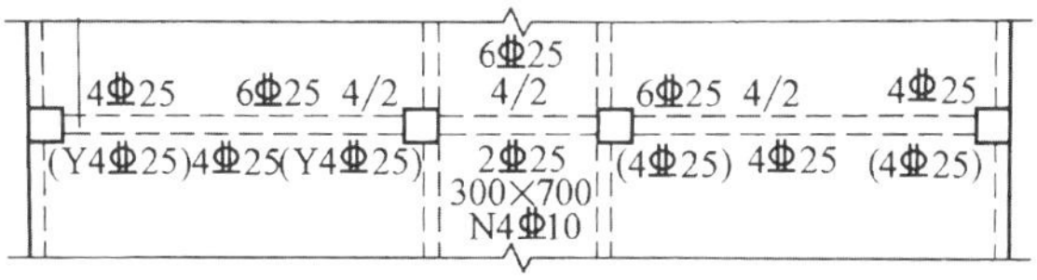

图 11-11 梁的平面注写方式示例

当梁上部支座两边的纵向筋规格不同时，须在支座两边分别标注；当梁上部支座两边纵筋相同时，可仅在支座一边标注，另一边可省略标注。

（2）梁下部纵向钢筋的标注规则。当梁下部纵向钢筋多于一排时，用“/”号将各排纵向钢筋自下而上分开。当同排纵筋有两种直径时，用“＋”号相连，角筋写在“＋”前面。当梁下部纵向钢筋不全部伸入支座时，将梁支座下部纵筋减少的数量写在括号内。

例如，梁下部注写为 6⏀25(2/4)表示梁下部纵向钢筋为两排，上排为 2⏀25，下排为 4⏀25，全部钢筋伸入支座。

例如，梁下部注写为 6⏀25 2(2)/4 表示梁下部为双排配筋，其中上排 2⏀25 不伸入支座，下排 4⏀25 全部伸入支座。

当梁上部和下部均为通长钢筋时，并在集中标注时已经注明，则不需在梁下部重复做原位标注。

2. 梁的截面注写方式

梁的截面注写方式是在按层绘制的梁平面布置图上，分别在不同编号的梁中各选择一根梁用剖面符号引出配筋图，并在剖面上注写截面尺寸和配筋的具体数值的方式。这种表达方式适用于表达异形截面梁的尺寸与配筋，或平面图上梁距较密的情况，如图 11-12 所示。

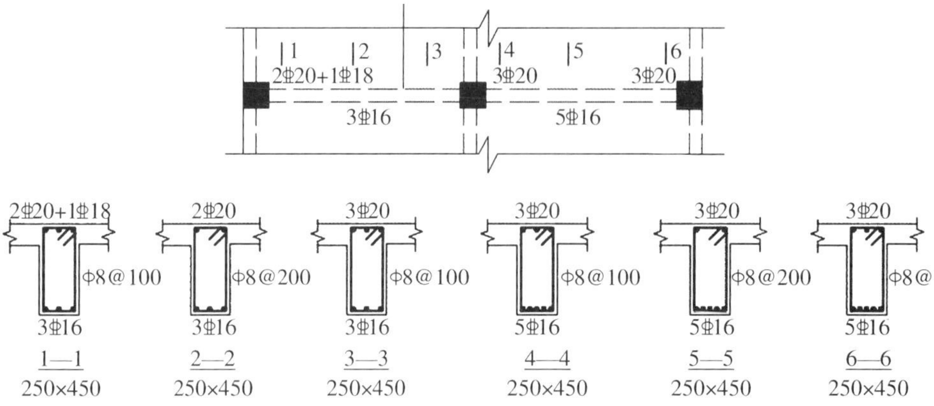

图 11-12　梁的截面注写方式示例

截面注写方式可以单独使用，也可以与平面注写方式结合使用。当梁距较密时，也可以将较密的部分按比例放大采用平面注写方式。

11.2.4　板平法施工图

现浇混凝土楼盖板平法施工图，是在楼面板和屋面板布置图上采用平面注写的方式表达，包括有梁楼盖板和无梁楼盖板。本节仅介绍有梁楼盖板。

板平面注写主要包括：板块集中标注和板支座原位标注。

1. 板块集中标注

板块集中标注的内容为：板块编号、板厚、贯通纵筋、当板面标高不同时的标高高差。

板块编号按表 11-10 的规定。

板厚注写为 h =×××(为垂直于板面的厚度);当悬挑板的端部改变截面厚度时,用斜线分隔根部与端部的高度值,注写为 h =×××/×××。

贯通纵筋按板块的下部和上部分别注写,以 B 代表下部、T 代表上部,B&T 代表下部与上部;X 向贯通纵筋以 X 打头,Y 向贯通纵筋以 Y 打头,两向贯通纵筋配置相同时以 X&Y 打头。

板面标高高差,是指相对于结构层楼面标高的高差,将其注写在括号内,无高差时不标注。

例如:LB5　h =110

　　B:X ⌀12@120;Y ⌀10@110

表示 5 号楼面板,板厚 110 mm,板下部配置贯通纵筋 X 向为⌀12@120,Y 向为⌀10@110,板上部未配置贯通纵筋。

XB5　　h =110/70

B:Xc&Yc ⌀10@200

表示 5 号悬挑板,根部厚 110 mm,端部厚 70 mm,板下部双向均配置构造钢筋⌀10@200。

表 11-10　板块编号

板类型	代号	序号
楼面板	LB	××
屋面板	WB	××
延伸纯悬挑板	YXB	××
悬挑板	XB	××

注:延伸悬挑板的上部受力钢筋应与相邻跨内板的上部纵筋连通配置。

2. 板支座原位标注

板支座原位标注的内容为板支座上部非贯通纵筋和悬挑板上部受力钢筋。

如图 11-13 所示,以一段适宜长度、垂直于板支座的中粗实线代表支座上部非贯通纵筋,线段上方注写钢筋编号、配筋值及横向连续布置的跨数(注写在括号内,当为一跨时可不注),以及是否横向布置到梁的悬挑端。板支座上部非贯通筋自支座中线向跨内的延伸长度,注写在线段的下方。若中间支座上部非贯通纵筋向支座两侧对称延伸时,可仅在支座一侧线段下方标注延伸长度,如图 11-13(a)所示;若为向支座两侧非对称延伸时,应分别在支座两侧线段下方注写延伸长度,如图 11-13(b)所示;贯通全跨或延伸至全悬挑一侧的长度值不注,只注明非贯通筋另一侧的延伸长度值,如图 11-13(c)、(d)所示。

图 11-13 为楼面板平法施工图示例。

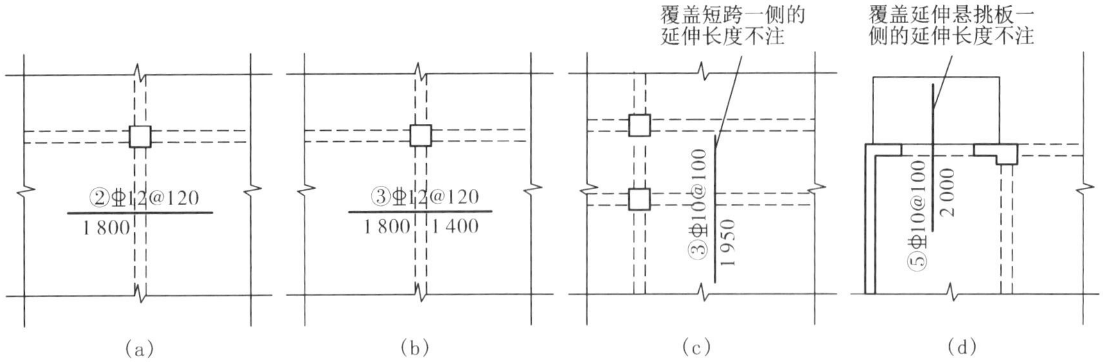

图 11-13　板支座原位标注

11.2.5　剪力墙平法施工图

剪力墙的平法表示也分为截面注写方式和列表注写方式。当剪力墙比较复杂或采用截面注写方式时，应按标准层分别绘制剪力墙的平面布置图，并应注明各结构层的楼面标高、结构层高及相应的结构层号，对于轴线未居中的剪力墙(包括端柱)应标注其偏心定位尺寸。

1. 构件的编号规则

剪力墙按剪力墙柱、剪力墙身、剪力墙梁三类构件分别编号，墙柱和墙梁的编号规则如表 11-11 所示。

表 11-11　剪力墙构件编号

构件类型		代号	序号
墙柱	约束边缘构件	YBZ	××
	构造边缘构件	GBZ	××
	非边缘暗柱	AZ	××
	扶壁柱	FBZ	××
墙梁	连梁	LL	××
	连梁(对角暗撑配筋)	LL(JC)	××
	连梁(交叉斜撑配筋)	LL(JG)	××
	连梁(集中对角斜筋配筋)	LL(DX)	××
	暗梁	AL	××
	边框梁	BKL	××

注：1. 构造边缘构件包括构造边缘暗柱、构造边缘翼墙、构造边缘端柱、构造边缘转角墙四种。
2. 约束边缘构件包括约束边缘暗柱、约束边缘翼墙、约束边缘端柱、约束边缘转角墙四种。

2. 列表注写方式

剪力墙列表注写方式是指分别在剪力墙柱表、剪力墙身表和剪力墙梁表中，对应于剪力墙平面布置图上的编号，用绘制截面配筋图并注写几何尺寸与配筋具体数值的方式，来表示剪力墙平法施工图。剪力墙列表注写方式需要画出结构层楼面标高、结构层高表、暗梁或边框梁布置简图。

1）剪力墙身表

剪力墙身表包括墙身编号、各段墙身起止标高、墙厚、水平分布钢筋、竖向分布钢筋和拉筋的具体数值。表 11-12 为剪力墙身表示例。

表 11-12　剪力墙身表

编号	标高/m	墙厚/mm	水平分布筋	垂直分布筋	拉筋(双向)
Q_1	−0.030～30.270	300	Ф 12@200	Ф 12@200	Φ 6@600@600
	30.270～59.070	250	Ф 10@200	Ф 10@200	Φ 6@600@600
Q2	−0.030～30.270	250	Ф 10@200	Ф 10@200	Φ 6@600@600
	30.270～59.070	300	Ф 10@200	Ф 10@200	Φ 6@600@600

2）剪力墙柱表

剪力墙柱表包括墙柱的编号、截面配筋图、各段墙柱的起止标高、各段墙柱的纵向钢筋和箍筋。表 11-13 为剪力墙柱表示例。

表 11-13　剪力墙柱表

截面	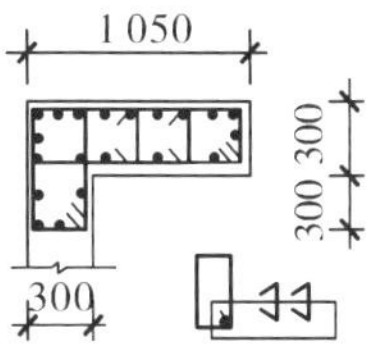	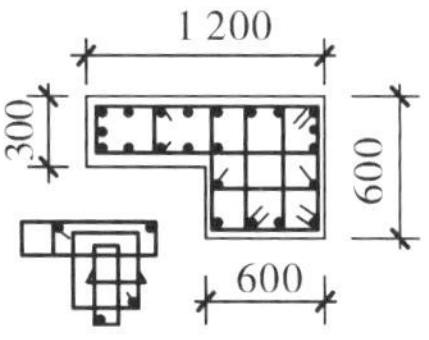	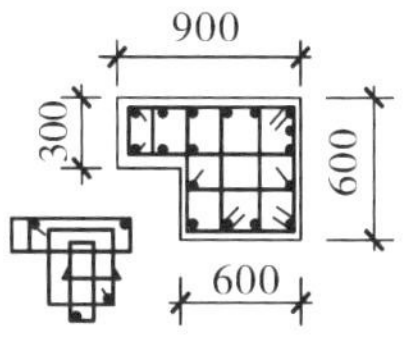	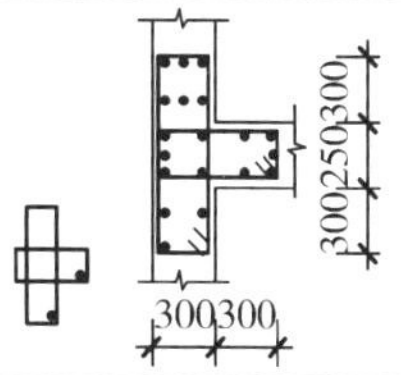
编号	YBZ1	YBZ2	YBZ3	YBZ4
标高	−0.030～12.270 m	−0.030～12.270 m	−0.030～12.270 m	−0.030～12.270 m
纵筋	24 Ф 20	22 Ф 20	18 Ф 22	20 Ф 20
箍筋	Φ 10@100	Φ 10@100	Φ 10@100	Φ 10@100

3）剪力墙梁表

剪力墙梁表包括墙梁编号、墙梁所在楼层号、墙梁顶面标高高差、墙梁截面尺寸及配筋。表 11-14 为剪力墙梁表示例。

表 11-14　剪力墙梁表

编号	所在楼层号	梁顶相对标高高差/m	梁截面 $b\times h$/mm×mm	上部纵筋	下部纵筋	箍筋
LL1	3～9	0.800	350×2 000	4 Ф 22	4 Ф 22	Φ 10@100(2)
	10～16	0.800	350×2 000	4 Ф 20	4 Ф 20	Φ 10@100(2)
	层面 1		250×1 200	4 Ф 20	4 Ф 20	Φ 10@100(2)

3. 剪力墙平法施工图的截面注写方式

剪力墙平法施工图的截面注写方式，是直接在墙柱、墙身、墙梁上注写截面尺寸和配筋具体数值的表达方法。

具体方法是选用适当比例原位放大绘制剪力墙平面布置图，其中对墙柱绘制配筋截面图，对所有墙柱、墙身、墙梁分别进行编号，并分别在相同编号的墙柱、墙身、墙梁中选择一根墙柱、一道墙身、一根墙梁进行注写。

(1) 墙柱。从相同编号的墙柱中选择一个截面标注全部纵筋及箍筋的具体数值。对于约束边缘构件，除需注明阴影部分具体尺寸外，还需注明约束边缘构件沿墙肢长度 l_c。图 11-14 为剪力墙柱截面注写示例。

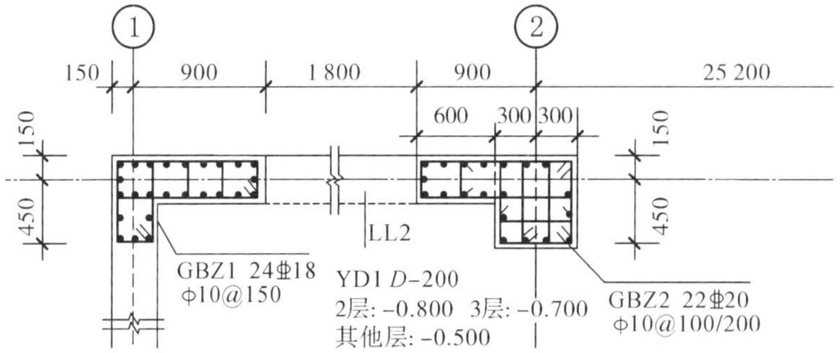

图 11-14 墙柱截面注写示例

(2) 墙身。从相同编号的墙身中选择一道墙身，按顺序引柱的内容为：墙身编号、墙厚尺寸、水平分布钢筋、竖向分布钢筋和拉筋的具体数值。图 11-15 为剪力墙身截面注写示例。

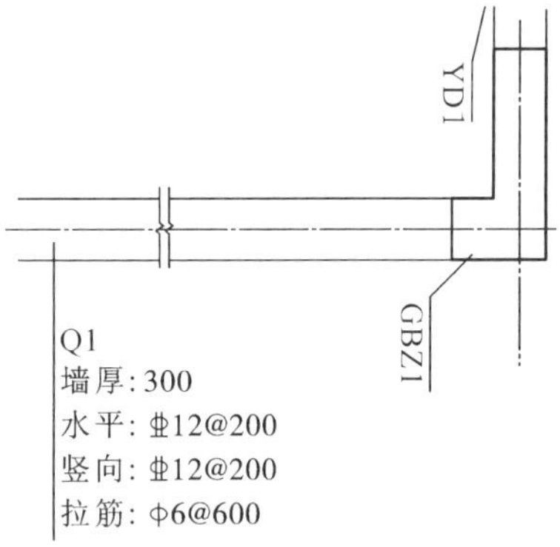

图 11-15 剪力墙身截面注写示例图

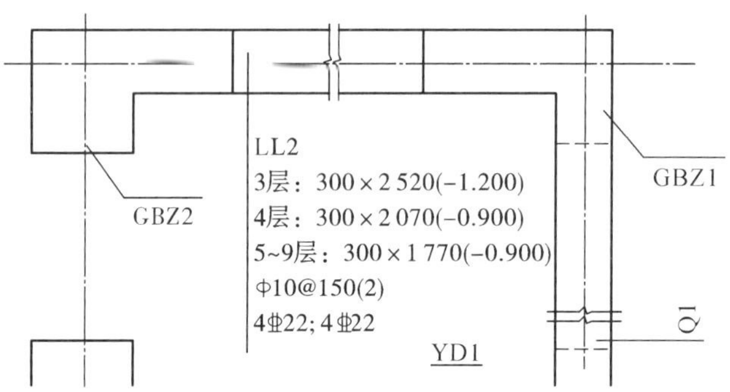

图 11-16 剪力墙梁截面注写示例

(3) 墙梁。从相同编号的墙梁中选择一根墙梁，按顺序引柱的内容为：墙梁编号、墙梁截面尺寸、墙梁箍筋、上部纵筋、下部纵筋和墙梁顶面标高高差的具体数值。图 11-16 为剪力墙梁截面注写示例。

4. 剪力墙洞口的表示方法

（1）在剪力墙平面布置图上绘制洞口示意，并标注洞口中心的定位尺寸。

（2）在洞口中心引注洞口编号、洞口几何尺寸、洞口中心相对标高、洞口每边的补强钢筋。

洞口编号规则：矩形洞口为 JD××（××为序号）；圆形洞口为 YD××（××为序号）。

洞口几何尺寸标注规则：矩形洞口为宽×高（$b \times h$）；圆形洞口为洞口直径 D。

洞口中心相对标高是指相对于结构层楼（地）面标高至洞口中心的高度。洞口中心高于楼（地）面时为正值，低于结构层楼（地）面时为负值。

洞口每边的补强钢筋按以下规则表示：

当矩形洞口的宽、高均不大于 800 mm 时，如果设置构造补强纵筋，即洞口每边加筋≥2Φ12 且不小于同向被切断钢筋总面积的 50%时，可以不标注。当不符合以上条件时，应注写洞口每边补强钢筋的数值。例如，JD2 400×300＋3.10 3Φ16，表示 2 号矩形洞口，宽 400 mm，高 300 mm，洞口至楼面 3.1 m，洞口四边每边补强钢筋为 3Φ16。

当矩形洞口的宽或圆形洞口直径＞800 mm 时，在洞口上下需设置补强暗梁，此时应注写暗梁的纵筋与箍筋（补强暗梁的梁高一律定为 400 mm，若梁高不是 400 mm 应另行标注）；当洞口上下为剪力墙的连梁时此项免标；洞口竖向两侧按边缘构件配筋，此项不标注。例如，JD5 1800×2 100 ＋1.80 6Φ20 Φ8@150 表示 5 号矩形洞口，洞宽 1 800 mm，洞高 2 100 mm，洞口中心距结构层 1.8 m，洞口上、下设置补强暗梁，暗梁高 400 mm，暗梁的纵筋为 6Φ20，箍筋为Φ8@150。

当圆形洞口设置在墙身或暗梁、边框梁位置，且直径≤300 mm 时，需注写圆洞四边的补强钢筋数值。当洞口直径 300 mm＜D＜800 mm 时，其加强钢筋按照外切正六边形的边角布置，此时，注写六边形中一边的补强钢筋的具体数值。例如，YD3 400＋1.00 2Φ14 表示 3 号圆形洞口，直径为 400 mm，洞中心距结构层 1 m，洞口加强钢筋呈外切正六边形布置，每一边为 2Φ14。

11.2.6 楼梯平法施工图

现浇混凝土板式楼梯由梯板、平台板、梯梁、梯柱等构件组成，以下主要介绍梯板平法施工图的表示方法，平台板、梯梁、梯柱的表达方式与前述板、梁、柱相同。

现浇混凝土板式楼梯平法施工图有平面注写、剖面注写和列表注写三种表达方式。

1. 梯段板的类型

《22G101-2 图集》包含 10 种类型的楼梯，梯板类型代号依次为 AT、BT、CT、DT、ET、FT、GT、ATa、ATb、ATc，其中 ATa、ATb、ATc 用于抗震结构，其余用于非抗震结构。AT、BT、CT 型梯段板的形状及支座位置如图 11-17 所示，其余参见《22G101-2 图集》。

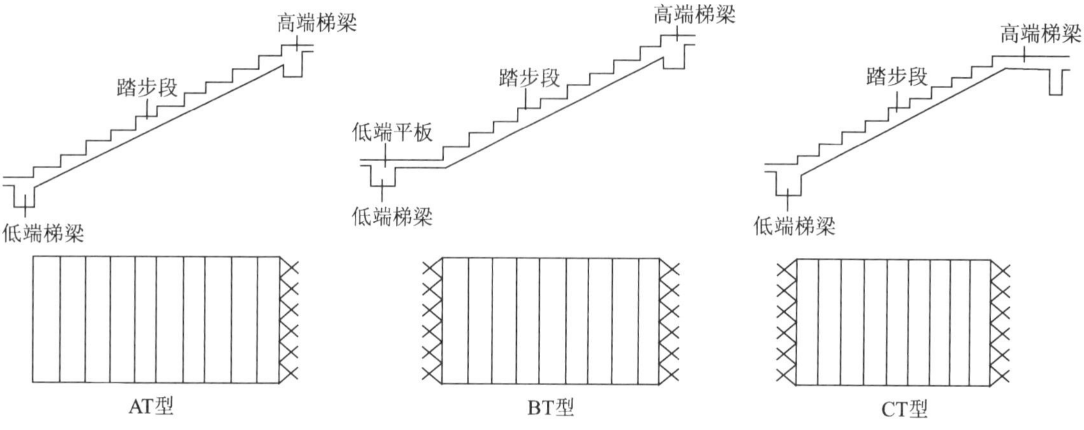

图 11-17　梯段板的类型及编号

2. 平面注写方式

平面注写方式是在楼梯平面布置图上，注写截面尺寸和配筋具体数值的方式来表达楼梯施工图，包括集中标注和外围标注。

1）集中标注

集中标注的内容及注写方式如下：

（1）梯板类型代号与序号，如 AT××。

（2）梯板厚度，注写为 h =×××。当为带平板的梯板，且梯段板厚度与平板厚度不同时，可在梯段板厚度后面括号内以字母 P 打头注写平板厚度。例如，h =100（P =120），表示梯段板厚 100 mm，梯板平板段厚 120 mm。

（3）踏步段总高度和踏步级数，二者间以“/”分隔。

（4）梯板支座上部纵筋和下部纵筋，二者间以“;”分隔。

（5）梯板分布筋，以 F 打头注写分布钢筋具体数值。该项可以在图中统一说明。

例如：AT3，h =100

　　1 800/12

　　Φ10@20;Φ12@150

　　FΦ8@250

表示 3 号 AT 型楼梯，梯板厚 100 mm，踏步段高度 1 800 mm，12 步，上部纵筋为Φ10@200，下部纵筋为Φ12@150，梯板分布筋为Φ8@250。

AT 型楼梯平面注写方式如图 11-18 所示，图 11-19 为楼梯设计示例。

2）外围标注

楼梯外围标注的内容包括楼梯间的平面尺寸、楼层结构标高、层间结构标高、楼梯的上下方向、梯板的平面几何尺寸，以及平台板、梯梁、梯柱的配筋。

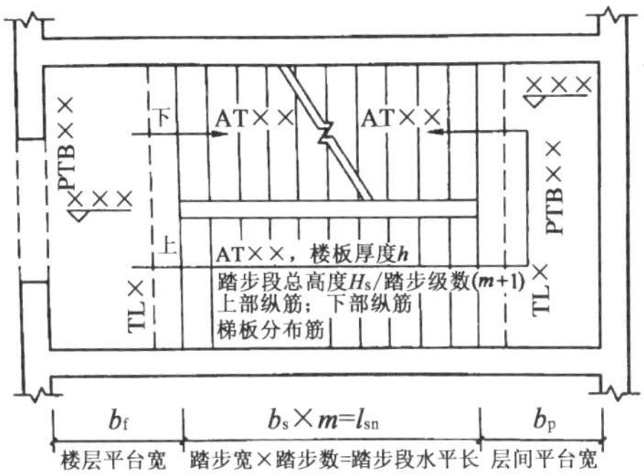

图 11-18　AT 型楼梯平面注写方式

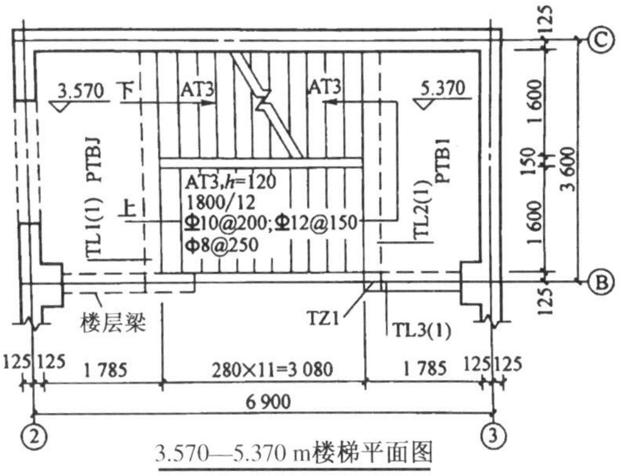

图 11-19　AT 型楼梯设计示例

3. 剖面注写方式

在楼梯平法施工图绘制中，对楼梯平面布置图和剖面图需注写内容，其注写方式分平面注写、剖面注写两部分。

楼梯平面布置图注写内容，包括楼梯间的平面尺寸、楼层结构标高、层间结构标高、楼梯的上下方向、梯板的平面几何尺寸，梯板类型及编号，以及平台板、梯梁、梯柱的配筋等。

楼梯剖面图注写内容，包括梯板集中标注、梯梁梯柱编号、梯板水平及竖向尺寸、楼层结构标高、层间结构标高等。

梯板集中标注内容有四项：

(1) 梯板类型及编号，如 AT××。

(2) 梯板厚度，注写形式同平面注写。

(3) 梯板配筋，注明梯板上部纵筋和下部纵筋，二者间以"；"分隔。

(4) 梯板分布筋，注写方式同平面注写方式。

4. 列表注写方式

列表注写方式是用列表方式注写梯板截面尺寸、配筋具体数值的方式来表达楼梯施工图。列表注写方式的具体要求与剖面注写方式相同，只需将梯板配筋改为列表注写即可。

11.3　砌体结构施工图

想一想

砌体结构施工图的组成是什么？施工图中的基础、框架梁、框架柱、楼板及剪力墙等构件是怎样表达的？如何识读钢筋混凝土结构施工图？

11.3.1 砌体结构施工图的组成

砌体结构施工图一般由结构设计说明、基础施工图、结构平面图和结构详图组成。

基础施工图一般表示基础的平面位置和宽度，承重墙的位置和截面尺寸，构造柱的平面位置，基础、圈梁、管沟的详细做法以及其他工种对基础的要求等。

结构平面图包括地下室结构平面图、标准层结构平面图、屋顶结构平面图。其主要内容一般包括梁、板、构造柱、圈梁、过梁、阳台、雨篷、楼梯、预留洞的平面位置以及板的布置或配筋。

结构详图一般包括楼梯、雨篷结构详图以及梁、板等构件详图。

11.3.2 基础施工图

砌体结构常采用无筋扩展基础(包括砖基础、毛石基础、混凝土基础等)、扩展基(柱下钢筋混凝土独立基础、墙下钢筋混凝土条形基础)，当地基土较软弱时也常采用筏形基础。

基础施工图一般由基础平面图和基础详图组成。

1. 基础平面图

基础平面图是假想在室内地面(正负零)处用水平剖切面剖切房屋，并将基础四周土层移开，向下投影而形成的图样。基础平面图主要包括以下内容：

(1) 图名、比例。

(2) 定位轴线及外部尺寸。纵横定位轴线及其编号必须与建筑平面图一致。外部尺寸一般只标注两道，即开间、进深等各定位轴线间的尺寸和首尾轴线间的总尺寸。

(3) 基础的平面布置和内部尺寸，即基础墙、基础梁、柱、基础底面的形状、尺寸及其与轴线的关系。

(4) 以虚线表示暖气、电缆等沟道的路线位置，对穿墙管洞应标明其尺寸、位置及洞底标高。

(5) 基础剖面图的剖切线及其编号，对基础梁、柱等注写基础代号，以便查找详图。

2. 基础详图

不同类型的基础，其详图的表示方法有所不同。如条形基础的详图一般为基础的垂直剖面图；独立基础的详图一般应包括平面图和剖面图。基础详图的主要内容如下：

(1) 图名、比例。

(2) 基础图轴线编号为通用面图，则轴线圆圈内可不编号。

(3) 基础面的形状及详细尺寸，被剖切的墙身用粗实线表示。

(4) 室内地面及基础底面的标高，外墙基础还需注明室外地坪的相对标高。

(5) 钢筋混凝土基础应标注钢筋直径、间距及钢筋编号。

(6) 防潮层的位置及做法，垫层材料等。

图 11-20 为某钢筋混凝土独立基础施工图。图 11-21 为某钢筋混凝土筏形基础平

面图。

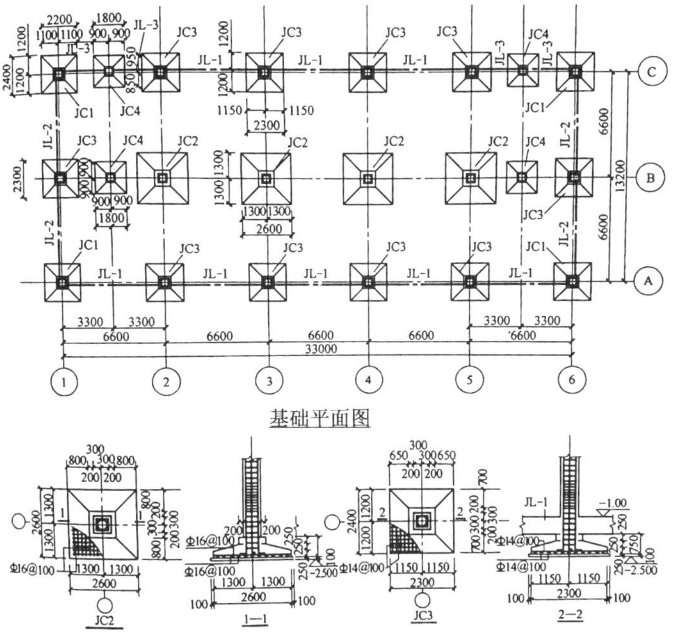

图 11-20　钢筋混凝土独立基础施工图示例

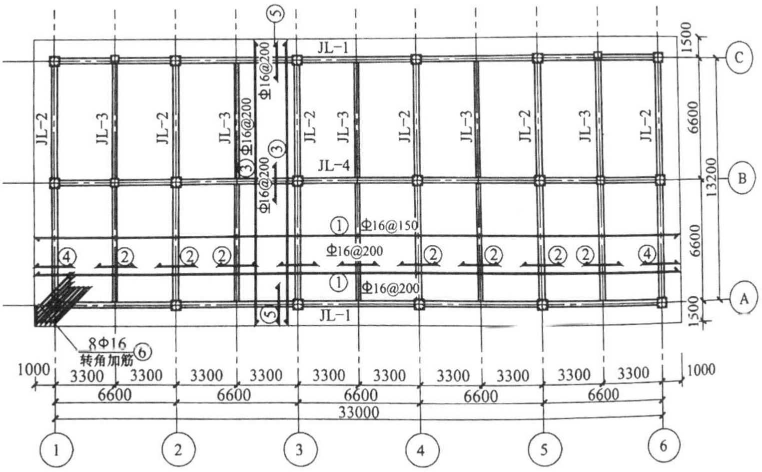

图 11-21　钢筋混凝土筏形基础平面图示例

11.3.3　结构平面图

1. 结构平面图的形成

根据建筑图的布局，结构平面图可以拆分为地下室结构平面、一层结构平面、标准层结构平面和屋顶结构平面。当每层的构件都相同时，一般归类为标准层结构平面；当每层的构件均有不同时，则必须分别表示每层的结构平面。结构平面一般是以某层的楼盖命名，比如一层结构平面是以一层楼盖命名，也可以按楼盖结构标高命名，如一层楼盖结构层标高为 3.25 m 时，可命名为 3.25 m 结构平面。

图 11-22 为某工程结构平面布置图示例。

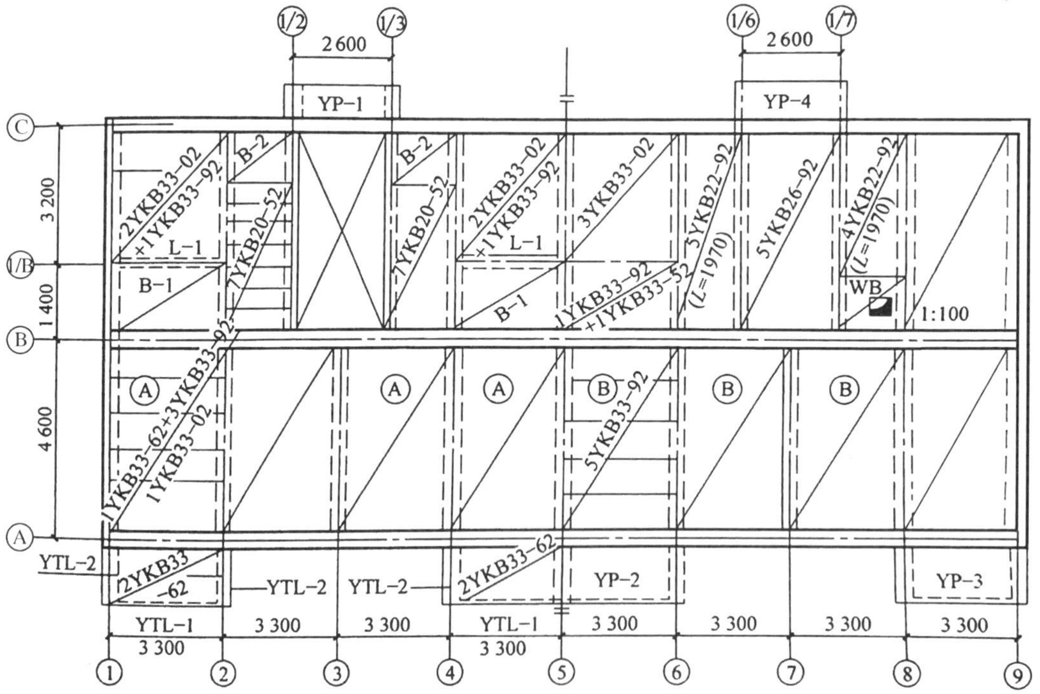

图 11-22　楼层(顶层)结构平面布置图示例

2. 结构平面图的图示要点

(1) 轴线网及轴线间距尺寸必须与建筑平面图相一致。外部尺寸一般只标注定位轴线的间隔尺寸和总尺寸。

(2) 标注墙、柱、梁等构件的位置、编号、定位尺寸等。可见墙体轮廓线用中实线，不可见墙体轮廓线用中虚线。

(3) 楼层的标高为结构标高，即建筑标高减去构件装饰面层后的标高。

(4) 当各层楼面结构布置情况相同时，只需用一个楼层结构平面图表示，但应注明合用各层的层数。

(5) 钢筋混凝土楼板的轮廓线用细实线表示，板内钢筋用粗实线表示。

(6) 对装配式楼(屋)盖，需标明预制板的数量、代号和编号以及板的铺设方向等(图 11-23)。

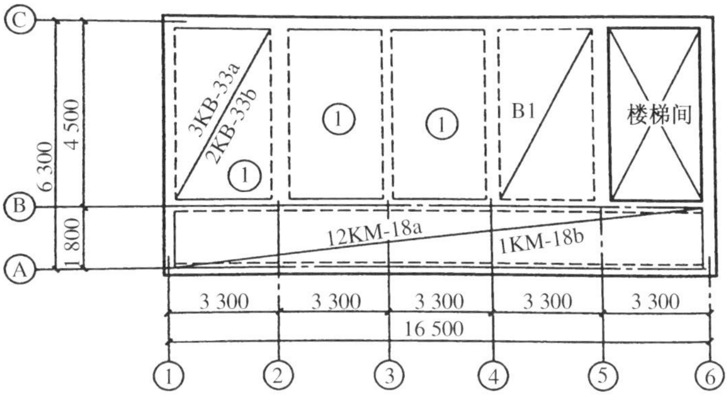

图 11-23　预制楼板平面布置示意

11.3.4　结构详图

1. 楼梯结构施工图

楼梯结构施工图包括楼梯结构平面图、楼梯结构剖面图和构件详图。

1）楼梯结构平面图

根据楼梯梁、板、柱的布置变化，楼梯结构平面图包括底层楼梯结构平面图、中间层楼梯结构平面图和顶层楼梯结构平面图。当中间几层的结构布置和构件类型完全相同时，只用一个标准层楼梯结构平面图表示。

在各楼梯结构平面图中，主要反映楼梯梁、板的平面布置，轴线位置与轴线尺时，构件代号与编号，细部尺寸及结构标高，同时确定纵剖面图位置。当楼梯结构平面图比例较大时，还可直接绘制出休息平台板的配筋。

楼梯结构平面图中的轴线编号与建筑施工图一致，并标注轴线的间隔尺寸。

钢筋混凝土楼梯的可见轮廓线用细实线表示，不可见轮廓线用细虚线表示，剖切的砖墙轮廓线用中实线表示，剖切的钢筋混凝土柱用涂黑表示，钢筋用粗实线表示。钢筋截面用小黑点表示。

2）楼梯结构剖面图

楼梯结构剖面图是根据楼梯平面图中剖面位置绘出的楼梯剖面模板图。楼梯结构剖面图主要反映楼梯间承重构件梁、板、柱的竖向布置，构造和连接情况；平台板和楼层的标高以及各构件的细部尺寸。

3）楼梯构件详图

楼梯构件详图包括斜梁、平台梁、梯段板、平台板的配筋图，其表示方法与钢筋混凝土构件施工图表示方法相同。当楼梯结构剖面图比例较大时，也可直接在楼梯结构剖面图上表示梯段板的配筋。

2. 现浇板配筋图

现浇板配筋图的图示要点如下：

(1) 在平面上详细标注出预留洞与洞口加筋或加梁的情况，以及预埋件的情况。

(2) 梁可采用粗点画线绘制，当梁的位置不能在平面上表达清楚时应增加剖面。

(3) 当相邻板的厚度、配筋、标高不同时，应增加剖面。

(4) 配合使用钢筋表或钢筋简图，表达图中所有现浇板的配筋情况和板的尺寸。

(5) 绘制时要注意双层配筋、内折角板的配筋、悬挑板配筋的表示方法。

图 11-24 为某现浇板配筋图。

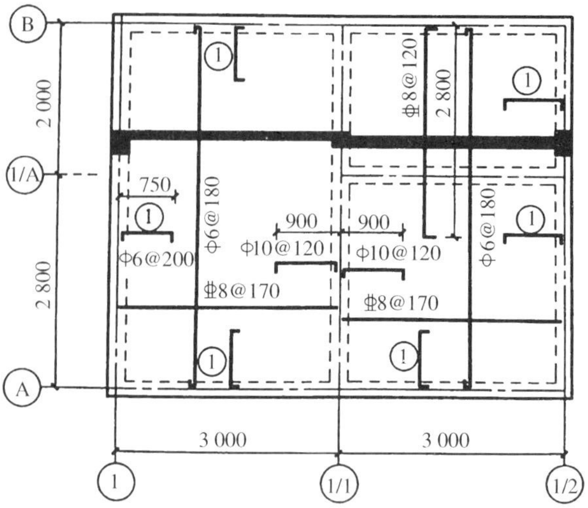

图 11-24　现浇板配筋图示例

模块小结

结构施工图是指承重构件的布置，使用的材料、形状、大小以及内部构造的工程图样，是承重构件以及其他受力构件施工的依据。结构施工图一般包括结构设计说明、结构布置图和结构详图三部分。本模块主要介绍了工程中常用的钢筋混凝土结构施工图和砌体结构施工图内容，包括地基基础、梁、板、柱、剪力墙以及楼梯等构件的平面表示方法。通过不同构件施工图示例的学习，能够识读结构施工图。

复习思考题

1. 建筑工程施工图分为哪几类？结构施工图有什么作用？
2. 简述结构施工图的识读步骤。
3. 什么是平法施工图？梁、柱的平法施工图分别有哪些表达方式？
4. 钢筋混凝土结构施工图主要表示哪些内容？
5. 请结合实际工程，识读钢筋混凝土结构、砌体结构施工图。

附录 A　各种钢筋的公称直径、公称截面面积及理论重量

表 A-1　钢筋的公称直径、公称截面面积及理论重量

公称直径/mm	不同根数钢筋的公称截面面积/mm^2									单根钢筋理论重量/($kg\cdot m^{-1}$)
	1	2	3	4	5	6	7	8	9	
6	28.3	57	85	113	142	170	198	226	255	0.222
8	50.3	101	151	201	252	302	352	402	453	0.395
10	78.5	157	236	314	393	471	550	628	707	0.617
12	113.1	226	339	452	565	678	791	904	1 017	0.888
14	153.9	308	461	615	769	923	1 077	1 231	1 385	1.21
16	201.1	402	603	804	1 005	1 206	1 407	1 608	1 809	1.58
18	254.5	509	763	1 017	1 272	1 527	1 781	2 036	2 290	2.00(2.11)
20	314.2	628	942	1 256	1 570	1 884	2 199	2 513	2 827	2.47
22	380.1	760	1 140	1 520	1 900	2 281	2 661	3 041	3 421	2.98
25	490.9	982	1 473	1 964	2 454	2 945	3 436	3 927	4 418	3.85(4.10)
28	615.8	1 232	1 847	2 463	3 079	3 695	4 310	4 926	5 542	4.83
32	804.2	1 609	2 413	3 217	4 021	4 826	5 630	6 434	7 238	6.31(6.65)
36	1 017.9	2 036	3 054	4 072	5 089	6 107	7 125	8 143	9 161	7.99
40	1 256.6	2 513	3 770	5 027	6 283	7 540	8 796	10 053	11 310	9.87(10.34)
50	1 963.5	3 928	5 892	7 856	9 820	11 784	13 748	15 712	17 676	15.42(16.28)

注：括号内为预应力螺纹钢筋的数值。

表 A-2　钢绞线的公称直径、公称截面面积及理论重量

种类	公称直径/mm	公称截面面积/mm^2	理论质量/($kg\cdot m^{-1}$)
1×3	8.6	37.7	0.296
	10.8	58.9	0.462
	12.9	84.8	0.666

（续表）

种类	公称直径/mm	公称截面面积/mm^2	理论质量/$(kg \cdot m^{-1})$
1×7 标准型	9.5	54.8	0.430
	12.7	98.7	0.775
	15.2	140	1.101
	17.8	191	1.500
	21.6	285	2.237

表 A-3 钢丝的公称直径、公称截面面积及理论重量

公称直径/mm	公称截面面积/mm^2	理论质量/$(kg \cdot m^{-1})$
5.0	19.63	0.154
7.0	38.48	0.302
9.0	63.62	0.499

附录 B　等截面、等跨连续梁在常用荷载作用下的内力系数

（1）在均布及三角形荷载作用下：

M＝表中系数×ql^2（或×gl^2）；

V＝表中系数×ql（或×gl）；

（2）在集中荷载作用下：

M＝表中系数×Ql（或×Gl）；

V＝表中系数×Q（或×Gl）；

（3）内力正负号规定：

M——使截面上部受压、下部受拉为正；

V——对临近截面所产生的力，沿顺时针方向者为正。

表 B-1　两跨梁

荷载图	跨内最大弯矩		支座弯矩	剪力		
	M_1	M_2	M_B	V_A	V_{Bz} V_{By}	V_C
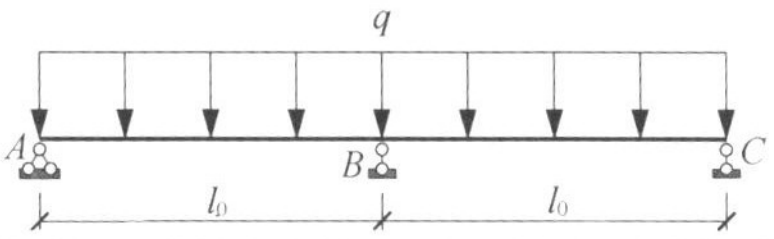	0.070	0.070	−0.125	0.375	−0.625 0.625	−0.375
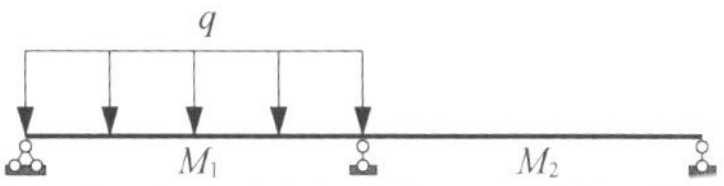	0.098	—	−0.063	0.437	−0.563 0.563	0.063
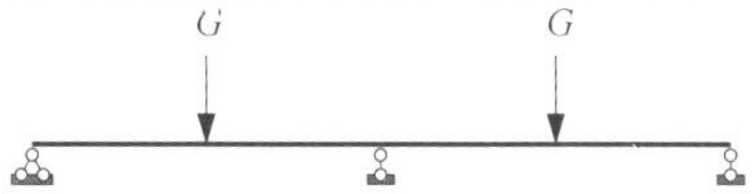	0.156	0.156	−0.188	0.312	−0.688 0.688	−0.312
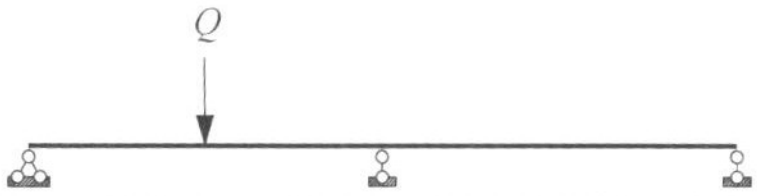	0.203	—	−0.094	0.406	−0.594 0.094	0.094
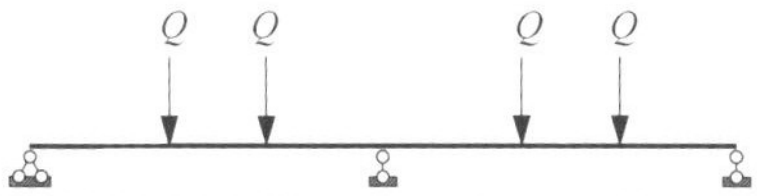	0.222	0.222	−0.333	0.667	−1.333 1.333	−0.667
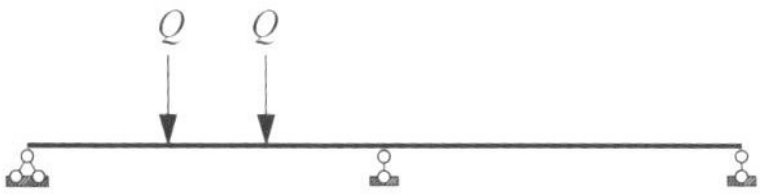	0.278	—	−0.167	0.833	−1.167 0.167	0.167

表 B-2　三跨梁

荷载图	跨内最大弯矩		支座弯矩		剪力			
	M_1	M_2	M_B	M_C	V_A	$V_{B左}$ $V_{B右}$	$V_{C左}$ $V_{C右}$	V_D
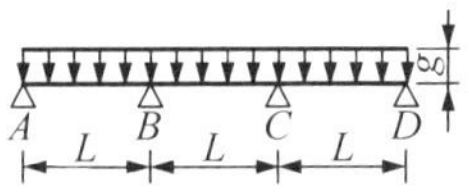	0.080	0.025	−0.100	−0.100	0.400	−0.600 0.500	−0.500 0.600	−0.400
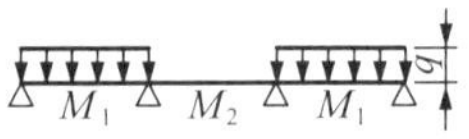	0.101	—	−0.050	−0.050	0.450	−0.550 0	0 0.550	−0.450
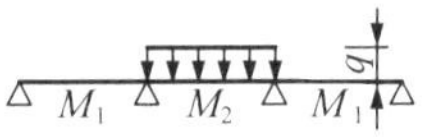	—	0.075	−0.050	−0.050	0.050	−0.050 0.500	−0.500 0.050	0.050
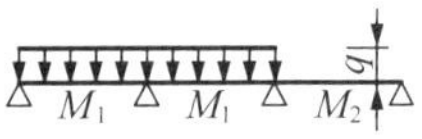	0.073	0.054	−0.117	−0.033	0.383	−0.617 0.583	0.083 −0.017	−0.017
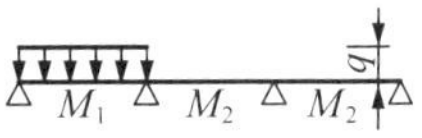	0.094	—	−0.067	0.017	0.433	−0.567 0.083	0.083 −0.017	−0.017
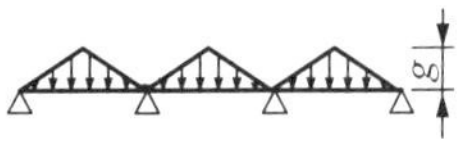	0.054	0.021	−0.063	−0.063	0.183	−0.313 0.250	−0.250 0.313	−0.188
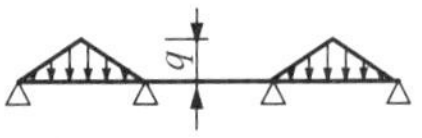	0.068	—	−0.031	−0.031	0.219	−0.281 0	0 0.281	−0.219
	—	0.052	−0.031	−0.031	0.031	−0.031 0.250	−0.250 0.051	0.031
	0.050	0.038	−0.073	−0.021	0.177	−0.323 0.302	−0.198 0.021	0.021
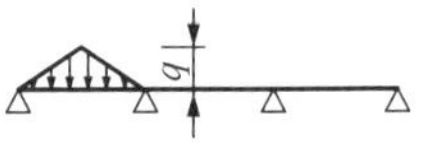	0.063	—	−0.042	0.010	0.208	−0.292 0.052	0.052 −0.010	−0.010
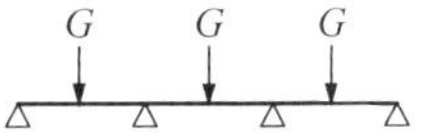	0.175	0.100	−0.150	−0.150	0.350	−0.650 0.500	−0.500 0.650	−0.350
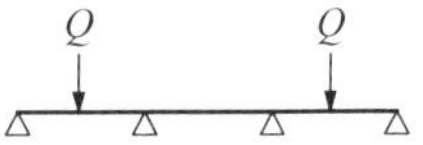	0.213	—	−0.075	−0.075	0.425	−0.575 0	0 0.575	−0.425
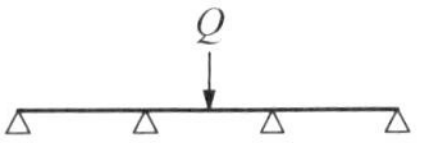	—	0.175	−0.075	−0.075	−0.075	−0.075 0.500	−0.500 0.075	0.075
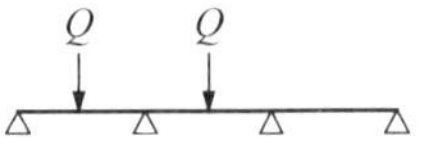	0.162	0.137	−0.175	−0.050	0.325	−0.675 0.625	−0.375 0.050	0.050
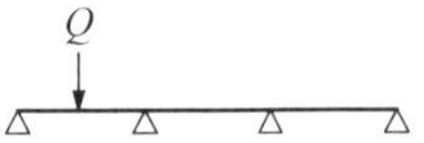	0.200	—	−0.100	0.025	0.400	−0.600 0.125	0.125 −0.025	−0.025
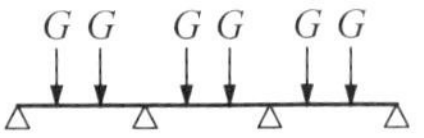	0.244	0.067	−0.267	0.267	0.733	−1.267 1.000	−1.000 1.267	−0.733

（续表）

荷载图	跨内最大弯矩		支座弯矩	剪力				
	M_1	M_2	M_B	M_C	V_A	$V_{B左}$ $V_{B右}$	$V_{C左}$ $V_{C右}$	V_D
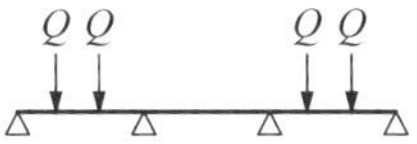	0.289	—	0.133	−0.133	0.866	−1.134 0	0 1.134	−0.866
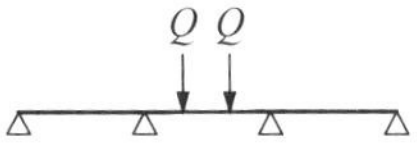	—	0.200	−0.133	0.133	−0.133	−0.133 1.000	−1.000 0.133	0.133
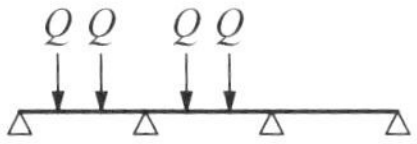	0.229	0.170	−0.311	−0.089	0.689	−1.311 1.222	−0.778 0.089	0.089
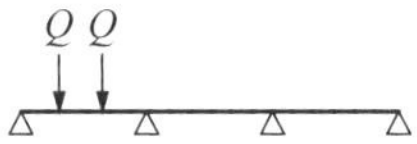	0.274	—	0.178	0.044	0.822	−1.178 0.222	0.222 −0.044	−0.044

附录C　1+X职业技能标准(摘录)

C.1　建筑工程识图　职业技能等级标准

标准代码：440002(2021年2.0版)，广州中望龙腾软件股份有限公司制定，2021年12月。[①]摘录部分内容如下：

6　职业技能要求

6.1　职业技能等级划分

建筑工程识图职业技能等级分为三个等级：初级、中级、高级，三个级别依次递进，高级别涵盖低级别职业技能要求。

【建筑工程识图】(初级)：掌握建筑投影规则、建筑制图标准，能应用CAD绘图软件。以一套小型建筑工程图样为载体，完成建筑专业图的识图和绘图任务，并通过对国家技术规范标准的认识与领会，养成基本的职业素养。主要面向建筑业技能型从业人员。

【建筑工程识图】(中级)：以一套中型工程施工图(不含人防设计)为载体，完成本专业的识图及绘图任务，并通过对国家技术规范标准的认识与应用，养成必备的职业素养。主要面向建筑业高素质技术技能型从业人员。

中级技能分为建筑设计、土建施工(结构)、建筑水暖、建筑电气四个专业类，参考者可根据所学专业和就业岗位进行选择：

(1) 建筑设计类方向：准确识读建筑设计总说明、建筑总平面图、平面图、立面图、剖面图、建筑详图等；能按照任务要求，应用CAD绘图软件绘制中型建筑工程建筑平面图、立面图、剖面图、建筑详图等。

(2) 土建施工(结构)类方向：结合建筑施工图，准确识读结构设计总说明、基础施工图、柱(墙)施工图、梁施工图、板施工图、结构详图等；能按照任务要求，应用CAD绘图软件绘制中型建筑工程基础施工图、柱(墙)施工图、梁施工图、板施工图、结构详图等。

【建筑工程识图】(高级)：以一套大型工程施工图(含人防设计)为载体，结合相关专业条件图，完成本专业的识图及绘图任务，并通过对国家技术规范标准的认识与应用及专业间协同，养成扎实的职业素养。主要面向建筑业高层次技术技能型从业人员。

高级技能分为建筑设计、土建施工(结构)、建筑水暖、建筑电气四个专业类，参考者可根据所学专业和就业岗位进行选择：

---

① 建筑工程识图职业技能等级标准(标准代码：440002)(2021年2.0版).广州：广州中望龙腾软件股份有限公司，2021.

（1）建筑设计类方向：结合结构及其他相关专业条件图，准确识读建筑设计总说明、建筑总平面图、平面图、立面图、剖面图、建筑详图等；能结合相关专业条件图，按照任务要求，应用CAD绘图软件绘制大型建筑工程建筑平面图、立面图、剖面图、建筑详图等。

（2）土建施工（结构）类方向：结合建筑施工图、相关专业条件图，准确识读结构设计总说明、基础施工图、柱（墙）施工图、梁施工图、板施工图、结构详图等；能结合相关专业条件图，按照任务要求，应用CAD绘图软件绘制大型建筑工程基础施工图、柱（墙）施工图、梁施工图、板施工图、结构详图等。

6.2 职业技能等级要求描述

表1 建筑工程识图职业技能等级要求（初级）

工作领域	工作任务	职业技能要求
1. 识图	1.1 建筑投影知识应用	1.1.1 掌握投影的基本知识、规则、特征和方法，识读点、线、面、体的三面投影图； 1.1.2 掌握识读剖面图、断面图的基本方法，准确区分和识读剖面图、断面图； 1.1.3 能识读常见轴测图的投影、正等测图、斜二测图
	1.2 建筑制图标准应用	1.2.1 能应用制图标准，能设置图幅尺寸； 1.2.2 能规范应用图线、字体； 1.2.3 能规范应用比例、图例符号、定位轴线、尺寸标注等
	1.3 建筑平面图、立面图、剖面图识读	1.3.1 能识读小型工程建筑平面图、立面图、剖面图的主要技术信息（平面及空间布局、主要空间控制尺寸、水平及竖向定位）； 1.3.2 能识读相关图例及符号等
	1.4 建筑设计说明及其他文件识读	1.4.1 能准确识读建筑设计说明； 1.4.2 能准确阅读门窗统计表； 1.4.3 能准确阅读其他建筑设计文件
2. 绘图	2.1 绘图环境设置	2.1.1 能按照绘制图形的类型，设置绘图比例及图形界限； 2.1.2 能按照工作任务要求，设置绘图环境相关参数； 2.1.3 能按照工作任务要求，设置图层、文字样式、尺寸标注样式； 2.1.4 能依据制图标准，绘制图幅与图框线，完成样板文件的创建
	2.2 三面投影图绘制	2.2.1 能按照工作任务要求，绘制点、线、面的三面投影图； 2.2.2 能按照工作任务要求，绘制基本形体、组合体的三面投影图
	2.3 轴测图绘制	2.3.1 能按照给出图形应用CAD绘图软件绘制基本形体轴测图； 2.3.2 能按照给出图形应用CAD绘图软件绘制组合体轴测图
	2.4 建筑平面图、立面图、剖面图绘制	2.4.1 能依据制图标准，根据任务要求，运用CAD绘图软件抄绘小型工程建筑平面图； 2.4.2 能依据制图标准，根据任务要求，运用CAD绘图软件抄绘小型工程建筑立面图； 2.4.3 能依据制图标准，根据任务要求，运用CAD绘图软件抄绘小型工程建筑剖面图
	2.5 绘图设备与打印样式设置	2.5.1 能按照工作任务要求对模型空间、图纸（布局）空间进行参数设置； 2.5.2 能按照工作任务要求对浮动视口进行参数设置

（续表）

工作领域	工作任务	职业技能要求
2. 绘图	2.6 虚拟打印输	2.6.1 能按照工作任务要求对打印样式、打印/绘图仪参数、纸张、打印范围进行设置； 2.6.2 能按照工作任务要求将指定图形虚拟打印为 pdf 格式文件

表 2 建筑工程识图职业技能等级要求（中级）

土建施工（结构）类方向		
工作领域	**工作任务**	**职业技能要求**
1. 识图	1.1 结构设计说明识读	1.1.1 能结合建筑施工图，掌握工程概况、设计依据等； 1.1.2 能掌握建筑结构安全等级、建筑抗震设防类别、抗震设防标准； 1.1.3 能掌握结构类型、结构抗震等级、主要荷载取值、结构材料、结构构造等
	1.2 基础施工图识读	1.2.1 能识读地基基础设计等级、基础类型、基础构件截面尺寸、标高； 1.2.2 能识读配筋构造、柱（墙）纵筋在基础中锚固构造等
	1.3 柱（墙）施工图识读	1.3.1 能识读柱（框架柱、梁上柱、剪力墙上柱）的截面尺寸、标高及配筋构造； 1.3.2 能识读剪力墙（剪力墙身、剪力墙柱及剪力墙梁）的截面尺寸、标高及配筋构造； 1.3.3 能识读剪力墙洞口尺寸、定位及加筋构造； 1.3.4 能识读地下室外墙截面尺寸、标高及配筋构造等
	1.4 梁施工图识读	1.4.1 能识读梁（楼层框架梁、屋面框架梁、非框架梁、悬挑梁）的截面尺寸； 1.4.2 能识读梁（楼层框架梁、屋面框架梁、非框架梁、悬挑梁）的标高； 1.4.3 能识读梁（楼层框架梁、屋面框架梁、非框架梁、悬挑梁）的配筋构造等
	1.5 板施工图	1.5.1 能识读有梁楼盖楼（屋）面板的截面尺寸、标高及配筋构造；明确悬挑板的截面尺寸、标高及配筋构造； 1.5.2 能识读板洞口尺寸、定位及加筋构造等
	1.6 结构详图识读	1.6.1 能识读现浇混凝土板式楼梯的截面尺寸、定位及配筋构造； 1.6.2 能识读现浇混凝土梁式楼梯的截面尺寸、定位及配筋构造； 1.6.3 能识读结构节点截面尺寸、定位及配筋构造等
2. 绘图	2.1 基础施工图绘制	能根据任务要求，应用 CAD 绘图软件绘制中型建筑工程基础施工图的指定内容
	2.2 柱（墙）施工图绘制	能根据任务要求，应用 CAD 绘图软件绘制中型建筑工程柱（墙）施工图的指定内容
	2.3 梁施工图绘制	能根据任务要求，应用 CAD 绘图软件绘制中型建筑工程梁施工图的指定内容
	2.4 板施工图图绘制	能根据任务要求，应用 CAD 绘图软件绘制中型建筑工程板施工图的指定内容
	2.5 结构详图绘制	能根据任务要求，应用 CAD 绘图软件绘制中型建筑工程结构详图的指定内容

表 3　建筑工程识图职业技能等级要求(高级)

土建施工(结构)类方向		
工作领域	**工作任务**	**职业技能要求**
1. 识图	1.1　结构设计说明识读	1.1.1　能结合建筑施工图及相关专业条件图,掌握工程概况、设计依据; 1.1.2　能掌握建筑结构安全等级、建筑抗震设防类别、抗震设防标准; 1.1.3　能掌握结构类型、结构抗震等级等; 1.1.4　能掌握人防地下室的设计类别、防常规武器抗力级别、防核武器抗力级别; 1.1.5　能掌握主要荷载取值、结构材料、结构构造(含人防构造)等
	1.2　基础施工图识读	能结合建筑施工图及相关专业条件图,明确以下内容: 1.2.1　地基基础设计等级、基础类型等; 1.2.2　基础构件截面尺寸、标高及配筋构造(含人防构造)、柱(墙)纵筋在基础中锚固构造等
	1.3　柱(墙)施工图识读	能结合建筑施工图及相关专业条件图,明确以下内容: 1.3.1　柱(框架柱、梁上柱、剪力墙上柱、转换柱)的截面尺寸、标高及配筋构造(含人防构造)等; 1.3.2　剪力墙(剪力墙身、剪力墙柱及剪力墙梁)的截面尺寸、标高及配筋构造等; 1.3.3　剪力墙洞口尺寸、定位及加筋构造等; 1.3.4　地下室外墙的截面尺寸、标高及配筋构造等; 1.3.5　明确人防墙截面尺寸、标高及配筋构造等
	1.4　梁施工图识读	能结合建筑施工图及相关专业条件图,明确以下内容: 1.4.1　梁(楼层框架梁、屋面框架梁、非框架梁、悬挑梁、框支梁、井字梁)的截面尺寸、标高等; 1.4.2　梁配筋构造(含人防构造)等
	1.5　板施工图识读	能结合建筑施工图及相关专业条件图,明确以下内容: 1.5.1　有梁楼盖楼(屋)面板的截面尺寸、标高及配筋构造(含人防构造)等; 1.5.2　悬挑板截面尺寸、标高及配筋构造等; 1.5.3　板洞口尺寸、定位及加筋构造等
	1.6　结构详图识读	能结合建筑施工图及相关专业条件图,明确以下内容: 1.6.1　现浇混凝土板式楼梯的截面尺寸、定位及配筋构造等; 1.6.2　现浇混凝土梁式楼梯的截面尺寸、定位及配筋构造等; 1.6.3　人防口部大样的截面尺寸、定位及配筋构造等; 1.6.4　其他结构节点截面尺寸、定位及配筋构造等
	1.7　建筑施工图识读	1.7.1　明确工程的类别、功能、等级、规模、内外装饰构造等; 1.7.2　掌握建筑总平面图、平面图、立面图、剖面图有关的技术信息; 1.7.3　掌握建筑详图有关的技术信息
	1.8　设备专业条件图识读	1.8.1　能识读给排水地沟尺寸、标高; 1.8.2　能识读暖通地沟尺寸、管线进出口位置、尺寸及标高,管井位置、标高等; 1.8.3　能识读配电箱位置、尺寸、明暗挂,照明开关和插座的位置等

（续表）

工作领域	工作任务	职业技能要求
2. 绘图	2.1 基础施工图绘制	能根据任务要求，应用 CAD 绘图软件绘制大型建筑工程基础施工图（含人防构造）的指定内容
	2.2 柱（墙）施工图绘制	能根据任务要求，应用 CAD 绘图软件绘制大型建筑工程柱（墙）施工图（含人防构造）的指定内容
	2.3 梁施工图绘制	能根据任务要求，应用 CAD 绘图软件绘制大型建筑工程梁施工图（含人防构造）的指定内容
	2.4 板施工图绘制	能根据任务要求，应用 CAD 绘图软件绘制大型建筑工程板施工图（含人防构造）的指定内容
	2.5 结构详图绘制	能根据任务要求，应用 CAD 绘图软件绘制大型建筑工程结构详图（含人防构造）的指定内容

C.2 建筑工程施工工艺实施与管理 职业技能等级标准

（2021 年 2.0 版），中铁二十局集团有限公司制定，2021 年 12 月①。

摘录部分内容如下：

6 职业技能要求

6.1 职业技能等级划分

建筑工程施工工艺实施与管理职业技能等级分为三个等级：初级、中级、高级，三个级别依次递进，高级别涵盖低级别职业技能要求。

【建筑工程施工工艺实施与管理】（初级）：主要面向建筑工程项目和施工企业，在生产、施工、技术、质量等技能人员，根据操作流程的规定，实施完成建筑工程基础、主体结构、装配式结构、屋面及防水、装饰装修施工等作业。

【建筑工程施工工艺实施与管理】（中级）：主要面向建筑工程项目设计、生产、施工、监理和建设等企业，在工程设计、生产、施工、质量验收、监理、建设规划等岗位，根据技术规范与规程的要求，完成建筑工程项目设计、生产安排、施工管理、质量检查、技术管理等作业。

【建筑工程施工工艺实施与管理】（高级）：主要面向建筑工程项目设计、生产、施工、咨询等企业和培训机构、行业组织与主管部门，在项目设计、生产、施工、管理、监理等岗位，根据技术及业务要求，完成建筑生产与施工管理、质量验收评审、技术服务等工作。

① 建筑工程施工工艺实施与管理职业技能等级标准（2021 年 2.0 版）.西安：中铁二十局集团有限公司，2021.

6.2 职业技能等级要求描述

表 1 建筑工程施工工艺实施与管理职业技能等级要求(初级)

工作领域	工作任务	职业技能要求内容
施工图识读	1.1 建筑构造识读	1.1.1 能根据给定的建筑物构件二维图,指出建筑物构造名称。 1.1.2 能根据给定的建筑物三维模型,指出建筑构造物名称
	1.1 建筑构造识读	1.1.3 能根据给定建筑物构件,准确指出建筑构造组成名称。 1.1.4 能通过给定的参数化剖面模型,准确描述出各层构造名称
	1.2 建筑施工图识读	1.2.1 能根据给定的建筑施工图,准确查阅建筑设计总说明。 1.2.2 能根据给定的建筑施工图,准确识读门窗统计表、工程做法表。 1.2.3 能根据给定的建筑施工图,准确查阅总平面图、标准平面图、立面图。 1.2.4 能根据给定的建筑施工图,对标准平面图、剖面图、外墙详图、楼梯详图、门窗详图等图的标高、轴线、位置、尺寸等参数进行复核
	1.3 结构施工图识读	1.3.1 能根据给定的结构施工图,查阅结构设计总说明。 1.3.2 能根据给定的结构施工图引用图集名称,准确查阅对应图集。 1.3.3 能根据给定的结构施工图,查阅基础结构平面布置图、梁板结构平面布置图、柱墙结构平面布置图、节点图、楼梯详图等图。 1.3.4 能根据给定的结构施工图,对标准平面图、节点详图、楼梯详图等图的标高、轴线、位置、尺寸等参数进行复核。 1.3.5 能应用 G101 平法系列图集规则,对结构基础、柱、墙、梁、板、楼梯等构件图进行识读

表 3 建筑工程施工工艺实施与管理职业技能等级要求(高级)

工作领域	工作任务	职业技能要求内容
施工图审核及优化	1.1 施工图审核及检查	1.1.1 根据给定的建筑图纸进行审核,核对,检查出图中问题。 1.1.2 根据给定的结构图纸进行审核,核对,检查出图中问题。 1.1.3 根据给定的建筑、结构图纸进行对照核对,检查出建筑和结构冲突问题。 1.1.4 能根据给定的 BIM 模型,对建筑物进行碰撞检查
	1.2 施工图优化设计	1.2.1 能根据给定的建筑图纸会审问题进行建筑优化设计,符合设计要求。 1.2.2 根据给定的结构图纸会审问题进行结构优化设计,符合设计要求。 1.2.3 根据给定的建筑、结构图纸会审问题进行优化设计,符合设计要求。 1.2.4 根据给定的 BIM 模型,对建筑物进行碰撞检查,提出合理解决方案
	1.3 节点图细化设计	1.3.1 能根据给定施工工艺任务及设计图纸,进行建筑工艺做法细化设计。 1.3.2 根据给定施工工艺任务及设计图纸,细化结构构件设计。 1.3.3 能根据给定模板工程施工工艺任务,绘制模板拼装图。 1.3.4 能根据给定脚手架工程施工工艺任务,绘制脚手架搭设图

附录 D　影响系数数值表

表 D-1　影响系数 φ(砂浆强度等级≥M5)

β	$\frac{e}{h}$ 或 $\frac{e}{h_T}$						
	0	0.025	0.05	0.075	0.1	0.125	0.15
≤3	1	0.99	0.97	0.94	0.89	0.84	0.79
4	0.98	0.95	0.90	0.85	0.80	0.74	0.69
6	0.95	0.91	0.86	0.81	0.75	0.69	0.64
8	0.91	0.86	0.81	0.76	0.70	0.64	0.59
10	0.87	0.82	0.76	0.71	0.65	0.60	0.55
12	0.82	0.77	0.71	0.66	0.60	0.55	0.51
14	0.77	0.72	0.66	0.61	0.56	0.51	0.47
16	0.72	0.67	0.61	0.56	0.52	0.47	0.44
18	0.67	0.62	0.57	0.52	0.48	0.44	0.40
20	0.62	0.57	0.53	0.48	0.44	0.40	0.37
22	0.58	0.53	0.49	0.45	0.41	0.38	0.35
24	0.54	0.49	0.45	0.41	0.38	0.35	0.32
26	0.50	0.46	0.42	0.38	0.35	0.33	0.30
28	0.46	0.42	0.39	0.36	0.33	0.30	0.28
30	0.42	0.39	0.36	0.33	0.31	0.28	0.26

β	$\frac{e}{h}$ 或 $\frac{e}{h_T}$					
	0.175	0.2	0.225	0.25	0.275	0.3
≤3	0.73	0.68	0.62	0.57	0.52	0.48
4	0.64	0.58	0.53	0.49	0.45	0.41
6	0.59	0.54	0.49	0.45	0.42	0.38
8	0.54	0.50	0.46	0.42	0.39	0.36
10	0.50	0.46	0.42	0.39	0.36	0.33
12	0.47	0.43	0.39	0.36	0.33	0.31
14	0.43	0.40	0.36	0.34	0.31	0.29
16	0.40	0.37	0.34	0.31	0.29	0.27
18	0.37	0.34	0.31	0.29	0.27	0.25
20	0.34	0.32	0.29	0.27	0.25	0.23
22	0.32	0.30	0.27	0.25	0.24	0.22
24	0.30	0.28	0.26	0.24	0.22	0.21
26	0.28	0.26	0.24	0.22	0.21	0.19
28	0.26	0.24	0.22	0.21	0.19	0.18
30	0.24	0.22	0.21	0.20	0.18	0.17

表 D-2　影响系数 φ（砂浆强度等级 M2.5）

β	$\frac{e}{h}$ 或 $\frac{e}{h_T}$						
	0	0.025	0.05	0.075	0.1	0.125	0.15
≤3	1	0.99	0.97	0.94	0.89	0.84	0.79
4	0.97	0.94	0.89	0.84	0.78	0.73	0.67
6	0.93	0.89	0.84	0.78	0.73	0.67	0.62
8	0.89	0.84	0.78	0.72	0.67	0.62	0.57
10	0.83	0.78	0.72	0.67	0.61	0.56	0.52
12	0.78	0.72	0.67	0.61	0.56	0.52	0.47
14	0.72	0.66	0.61	0.56	0.51	0.47	0.43
16	0.66	0.61	0.56	0.51	0.47	0.43	0.40
18	0.61	0.56	0.51	0.47	0.43	0.40	0.36
20	0.56	0.51	0.47	0.43	0.39	0.36	0.33
22	0.51	0.47	0.43	0.39	0.36	0.33	0.31
24	0.46	0.43	0.39	0.36	0.33	0.31	0.28
26	0.42	0.39	0.36	0.33	0.31	0.28	0.26
28	0.39	0.36	0.33	0.30	0.28	0.26	0.24
30	0.36	0.33	0.30	0.28	0.26	0.24	0.22

β	$\frac{e}{h}$ 或 $\frac{e}{h_T}$					
	0.175	0.2	0.225	0.25	0.275	0.3
≤3	0.73	0.68	0.62	0.57	0.52	0.48
4	0.62	0.57	0.52	0.48	0.44	0.40
6	0.57	0.52	0.48	0.44	0.40	0.37
8	0.52	0.48	0.44	0.40	0.37	0.34
10	0.47	0.43	0.40	0.37	0.34	0.31
12	0.43	0.40	0.37	0.34	0.31	0.29
14	0.40	0.36	0.34	0.31	0.29	0.27
16	0.36	0.34	0.31	0.29	0.26	0.25
18	0.33	0.31	0.29	0.26	0.24	0.23
20	0.31	0.28	0.26	0.24	0.23	0.21
22	0.28	0.26	0.24	0.23	0.21	0.20
24	0.26	0.24	0.23	0.21	0.20	0.18
26	0.24	0.22	0.21	0.20	0.18	0.17
28	0.22	0.21	0.20	0.18	0.17	0.16
30	0.21	0.20	0.18	0.17	0.16	0.15

表 D-3　影响系数 φ(砂浆强度 0)

β	$\frac{e}{h}$ 或 $\frac{e}{h_T}$						
	0	0.025	0.05	0.075	0.1	0.125	0.15
≤3	1	0.99	0.97	0.94	0.89	0.84	0.79
4	0.87	0.82	0.77	0.71	0.66	0.60	0.55
6	0.76	0.70	0.65	0.59	0.54	0.50	0.46
8	0.63	0.58	0.54	0.49	0.45	0.41	0.38
10	0.53	0.48	0.44	0.41	0.37	0.34	0.32
12	0.44	0.40	0.37	0.34	0.31	0.29	0.27
14	0.36	0.33	0.31	0.28	0.26	0.24	0.23
16	0.30	0.28	0.26	0.24	0.22	0.21	0.19
18	0.26	0.24	0.22	0.21	0.19	0.18	0.17
20	0.22	0.20	0.19	0.18	0.17	0.16	0.15
22	0.19	0.18	0.16	0.15	0.14	0.14	0.13
24	0.16	0.15	0.14	0.13	0.13	0.12	0.11
26	0.14	0.13	0.13	0.12	0.11	0.11	0.10
28	0.12	0.12	0.11	0.11	0.10	0.10	0.09
30	0.11	0.10	0.10	0.09	0.09	0.09	0.08

β	$\frac{e}{h}$ 或 $\frac{e}{h_T}$					
	0.175	0.2	0.225	0.25	0.275	0.3
≤3	0.73	0.68	0.62	0.57	0.52	0.48
4	0.51	0.46	0.43	0.39	0.36	0.33
6	0.42	0.39	0.36	0.33	0.30	0.28
8	0.35	0.32	0.30	0.28	0.25	0.24
10	0.29	0.27	0.25	0.23	0.22	0.20
12	0.25	0.23	0.21	0.20	0.19	0.17
14	0.21	0.20	0.18	0.17	0.16	0.15
16	0.18	0.17	0.16	0.15	0.14	0.13
18	0.16	0.15	0.14	0.13	0.12	0.12
20	0.14	0.13	0.12	0.12	0.11	0.10
22	0.12	0.12	0.11	0.10	0.10	0.09
24	0.11	0.10	0.10	0.09	0.09	0.08
26	0.10	0.09	0.09	0.08	0.08	0.07
28	0.09	0.08	0.08	0.08	0.07	0.07
30	0.08	0.07	0.07	0.07	0.07	0.06

参考文献

[1] 中华人民共和国住房和城乡建设部.混凝土结构设计规范(2015年版)：GB 50010—2010[S].北京：中国建筑工业出版社,2016.

[2] 中华人民共和国住房和城乡建设部.砌体结构设计规范：GB 50003—2011[S].北京：中国建筑工业出版社,2012.

[3] 中华人民共和国住房和城乡建设部,中华人民共和国国家质量监督检验检疫总局.建筑抗震设计规范(附条文说明)(2016年版)：GB 50011—2010[S].北京：中国建筑工业出版社,2016.

[4] 中华人民共和国住房和城乡建设部.建筑结构荷载规范：GB 50009—2012[S].北京：中国建筑工业出版社,2012.

[5] 中华人民共和国住房和城乡建设部.建筑结构可靠性设计统一标准：GB 50068—2018[S].北京：中国建筑工业出版社,2019.

[6] 中华人民共和国住房和城乡建设部.建筑工程抗震设防分类标准：GB 50223—2015[S].北京：中国建筑工业出版社,2015.

[7] 中华人民共和国住房和城乡建设部.高层建筑混凝土结构技术规程：JGJ 3—2010[S].北京：中国建筑工业出版社,2011.

[8] 中华人民共和国住房和城乡建设部.砌体结构工程施工质量验收规范：GB 50203—2011[S].北京：光明日报出版社,2011.

[9] 中华人民共和国住房和城乡建设部.装配式混凝土结构技术规程：JGJ 1—2014[S].北京：中国建筑工业出版社,2014.

[10] 中华人民共和国住房和城乡建设部.混凝土结构施工图平面整体表示方法制图规则和构造详图(现浇混凝土框架、剪力墙、梁、板)：22G101-1[S].北京：中国计划出版社,2022.

[11] 中华人民共和国住房和城乡建设部.混凝土结构施工图平面整体表示方法制图规则和构造详图(现浇混凝土板式楼梯)：22G101-2[S].北京：中国计划出版社,2022.

[12] 中华人民共和国住房和城乡建设部.混凝土结构施工图平面整体表示方法制图规则和构造详图(独立基础、条形基础、筏形基础、桩基础)：22G101-3[S].北京：中国计划出版社,2022.

[13] 中华人民共和国住房和城乡建设部装.配式住宅建筑检测技术标准：JGJ/T 485—2019[S].北京：中国建筑工业出版社,2022.

[14] 吕西林.建筑结构抗震设计理论与实例[M].4版.上海：同济大学出版社,2015.

[15] 吕西林,熊海贝.建筑结构抗震[M].北京：高等教育出版社,2019.

[16] 东南大学,天津大学,同济大学.混凝土结构(上册)：混凝土结构设计原理[M].7版.北京：中国建筑工业出版社,2020.

[17] 东南大学,同济大学,天津大学.混凝土结构(中册)：混凝土结构与砌体结构设计[M].7版.北京：中国建筑工业出版社,2020.

[18] 胡兴福.建筑结构[M].4版.北京：中国建筑工业出版社,2017.

[19] 杨晓光,张颂娟.混凝土结构与砌体结构[M].2版.北京：清华大学出版社,2013.

[20] 唐岱新,龚绍熙,周炳章.砌体结构设计规范理解与应用[M].2版.北京：中国建筑工业出版社,2012.